Karl Ruß

Die sprechenden Papageien

Verone

Karl Ruß

Die sprechenden Papageien

1st Edition | ISBN: 978-9-92500-028-9

Place of Publication: Nikosia, Cyprus

Erscheinungsjahr: 2015

TP Verone Publishing House Ltd.

Buch über die Arten sprechender Papageien.

Die

sprechenden Papageien.

Ein Hand- und Lehrbuch

von

[signature]

Zweite vermehrte Auflage,

Inhalt.

*

**

Inhalt. IX

Vorwort zur zweiten Auflage.

Die Liebhaberei für sprechende Papageien ist nicht allein uralt, sondern auch in unsrer Gegenwart ungemein regsam und weit verbreitet. Der einzeln als Sprecher gehaltne Vogel wird in viel höherm Grade zum Freund und Genossen des Menschen, als jeder andre.

Billigerweise dürfen die ihm sich zuwendenden Liebhaber — ebenso wie die Liebhaber und Züchter dieser oder jener andern Vogelgruppe — verlangen, daß auch ihnen eine Quelle geboten werde, aus welcher sie Rathschläge für den Einkauf, die Verpflegung, Abrichtung u. drgl. schöpfen können. Eine solche zu gewähren, habe ich in dem vorliegenden Hand= und Lehrbuch unternommen.

In der ersten Auflage mußte ich selbstverständlich die Beurtheilung, ob es mir gelungen sei, den Erwartungen und Anforderungen, welche die Freunde dieser Vögel stellen dürfen, zu genügen, einerseits einer berufnen Kritik und andrerseits erfahrenen Vogelpflegern überlassen; nachdem das Werk nun aber seinen guten Weg in verhältnißmäßig kurzer Frist ge=

macht, darf ich einer freundlichen Aufnahme dieser zweiten Auflage doch wol mit Zuversicht entgegensehen.

Unsre Kenntniß der weitaus größten Mehrzahl aller Papageien ist bis jetzt noch keineswegs eine befriedigende, geschweige denn erschöpfende; ich erinnere nur an die Edelpapageien, die herrlichen Pinselzüngler, selbst manche Plattschweifsittiche u. a. m., welche erst in der letztern Zeit, theils durch Reisende und Forscher in ihrer Heimat, theils durch Pfleger und Züchter bei uns, einigermaßen eingehend erkundet worden — und deren nähere Kenntniß sodann ganz absonderliche Ergebnisse geliefert hat. So, dem immerwährenden, rastlosen Fortschritt der Erforschung folgend, hatte ich in dieser zweiten Auflage 9 Arten Papageien (nämlich 2 Langflügelsittiche, 1 Edelpapagei, 2 Edelsittiche, 2 Keilschwanzsittiche, 1 Schmalschnabelsittich und 1 Plattschweifsittich) neu aufzunehmen und zwar, weil sie seit dem Erscheinen des Werks erst als Sprecher festgestellt worden. Vor allem aber konnte ich die Abschnitte über Ver= pflegung und Abrichtung bedeutsam weiter ausbauen und namentlich auch inbetreff der Krankheiten viel mehr aussichts= reiche Anleitungen geben.

Angesichts der Thatsache, daß gerade „Die sprechenden Papageien" fast unter allen meinen Büchern die beste Aufnahme gefunden, daß dies Buch in die englische Sprache übersetzt worden, während eine französische Ausgabe vorbereitet wird und eine russische heimlich ohne meine Bewilligung erschienen sein soll, ferner inanbetracht dessen, daß gerade die Liebhaberei für alles sprachbegabte Gefieder eine weitverbreitete und über= aus eifrige ist, habe ich mich dazu entschlossen, das Werk zu einem zweibändigen zu gestalten, und zwar:

„Sprechende Vögel“,

I. Theil: Die sprechenden Papageien,

II. Theil: Allerlei sprechendes gefiedertes Volk,

(Raben= und Krähenvögel, Laubenvögel, Pastorvogel, Starvögel, Finkenvögel u. a.).

Der zweite Band wird im Lauf des nächsten Jahrs vollendet sein und ich bitte hiermit für ihn im voraus um eine gleichfalls freundliche Aufnahme.

Bei dieser Ankündigung sei aber ausdrücklich bemerkt, daß jeder Band ein abgeschloßnes, vollständiges Buch für sich ist, und daß also, wer „Die sprechenden Papageien“ anschafft und nur ein Freund dieser Vogelfamilie ist, keineswegs gezwungen zu sein braucht, auch „Allerlei sprechendes gefiedertes Volk“ zu entnehmen.

Berlin, im Herbst 1887.

Dr. Karl Ruß.

Aus dem Vorwort zur ersten Auflage.

Es sei mir gestattet, hier einerseits Hinweise anzufügen, inbetreff der Gesichtspunkte, welche bei Abfassung dieses Lehrbuchs maßgebend waren und andrerseits Andeutungen, die für den Gebrauch desselben nothwendig erscheinen.

Wer an die Ausarbeitung einer solchen Schrift sich wagt, muß doch vor allem mit den entsprechenden, auf Erfahrungen begründeten Kenntnissen ausgerüstet sein, andernfalls würde er den Lesern nur Täuschungen bringen und sich selber ein arges Armuthszeugniß ausstellen. Es ist allbekannt, daß ich mich seit Jahrzehnten ausschließlich mit praktischer Vogelpflege beschäftige und die beiweitem meisten Arten, welche ich beschreibe, im Lauf der Zeit selber gehalten habe; ich kenne sie daher aus Anschauung und zwar nicht bloß nach ihrem Aeußern, sondern auch in ihrem ganzen Wesen, nach allen ihren Eigenthümlichkeiten, Bedürfnissen und Leistungen. Die Fülle von Mittheilungen sodann, welche ich für mein größres Werk „Die fremdländischen Stubenvögel" (I. Band Körnerfresser oder Finkenvögel, III. Bd. Papageien, IV. Bd. Lehrbuch der

Stubenvogelpflege, Abrichtung und Zucht) raftlos gefammelt,
ergab fich erklärlicherweife auch für diefes kleinre Buch als
ungemein nutzbar. Praktifche Anleitungen nach allen Seiten
hin mußten für das letztre ja unter allen Umftänden als
Hauptfache gelten. Wer ferner die überaus reichen Schätze
an Schilderungen und allerlei Aufzeichnungen, die im Lauf des
letzten Jahrzehnts in meiner Zeitfchrift „Die gefiederte
Welt" von faft unzähligen Pflegern fprechender Papageien
niedergelegt worden, zu überblicken vermag und mir zutraut,
daß ich diefelben neben den eigenen Erfahrungen gewiffenhaft
und verftändnißvoll benutzt habe, wird ermeffen können, daß
ich wol mit voller Berechtigung und gutem Muth an die
Löfung der mir geftellten Aufgabe gehen durfte.

Das hervorragendfte Werk, welches wir auf dem Gebiet
der Papageienkunde haben, ift nach meiner Ueberzeugung die
Monographie „Die Papageien" von Dr. Otto Finfch
(Leyden 1867—1868). Seitdem diefelbe erfchienen, hat die
Forfchung freilich viel Neues gebracht; wenn aber auf Grund
deffen ein jüngrer Schriftfteller Finfch' Buch als veraltet bezeichnet, deffen Leiftung herabfetzen und an Stelle derfelben
den eignen Verfuch eines Conspectus psittacorum erheben will,
fo kann er fich dadurch in den Augen aller Sachverftändigen
nur lächerlich machen. Die vieljahrelangen Forfchungen des
erftgenannten Gelehrten, die forgfamen Vergleichungen in faft
allen Mufeen Europas und felbft in den zoologifchen Gärten
an lebenden Vögeln, die auf die gründlichften und gediegenften
Kenntniffe begründete Darftellung, fichern Finfch' Papageien-
werk zweifellos einen dauernden Werth. In diefer Ueberzeugung
habe ich mich in der wiffenfchaftlichen Befchreibung, ebenfo

wie in meinem genannten größern Werk auch in dem vor=
liegenden, mit vollem Vertrauen auf Dr. Finsch gestützt und
an seinem Buch immer einen Rathgeber gefunden, wie solchen
keine andre Quelle gewähren kann. Ich habe, was ich auch
hier ausdrücklich bemerken muß, die Beschreibung eines jeden
der Papageien, die ich bis jetzt lebend vor mir gehabt, in der
Weise gegeben, daß ich mit dem lebenden Vogel in der Hand
die von Finsch aufgestellte Beschreibung durchging, Punkt für
Punkt verglich und insbesondre die Färbung des Schnabels,
der Augen und Füße ergänzte und berichtigte; gleiches ist in=
betreff der Geschlechtsverschiedenheiten und Jugendkleider ge=
schehen, in allen Fällen, in denen die Einführung, Züchtung
oder anderweitige Erforschung im letzten Jahrzehnt Erfah=
rungen gebracht hat.

Dem Titel dieses Buchs entsprechend durften hier aus=
schließlich nur die Papageien berücksichtigt werden, von denen
bis jetzt festgestellt worden, daß sie sprachbegabt sind; nur
in wenigen Fällen habe ich eine noch nicht als Sprecher be=
kannte, aber einem solchen nächstverwandte Art mitgezählt, in
der Ueberzeugung nämlich, daß sie sich über kurz oder lang
gleichfalls als sprachfähig ergeben oder auch wol als überein=
stimmend fortfallen werde. Bei den Gruppen, deren Ange=
hörige von vornherein als Sprecher gelten — wie z. B. die
Amazonen — mußte ich natürlich auch die bisher erst äußerst
selten oder noch garnicht lebend eingeführten Arten anführen,
denn die Erfahrung hat bei meinen vorhergegangenen Büchern,
insbesondre dem „Handbuch für Vogelliebhaber", gelehrt, daß
selbst Arten, welche voraussichtlich der Einführung sich nicht
zugänglich zeigten, dennoch plötzlich im Handel erschienen und

wol gar in kürzester Frist als gemeine Stubenvögel gelten durften.

Inanbetracht dessen, daß ein solches Werk wie das vorliegende doch unbedingt auch einen gewissen internationalen Werth erlangen muß, habe ich nicht allein auf die Verhältnisse des Vogelhandels nach seinem ganzen Umfange hin Rücksicht genommen, sondern auch die Namen der behandelten Papageien in den Sprachen der vier Länder (Deutschland, England, Frankreich und Holland), in denen die Haupteinfuhr der Papageien stattfindet, so vollständig als möglich angefügt. Wie in allen meinen übrigen Werken habe ich es aber auch hier vermieden, Namen anzugeben, welche willkürlich und verständnißlos aufgestellt worden. Vor allem berücksichtige ich immer die bereits vorhandenen Benennungen, soweit sie irgend als zutreffend sich erweisen; wo ich neue bringen muß, übertrage ich stets in erster Linie die wissenschaftliche Benennung und erst, wenn dies nicht ausführbar ist, wähle ich eine solche, die den Eigenthümlichkeiten des Vogels möglichst entspricht oder ich stelle einen Widmungsnamen auf, durch welchen das Verdienst eines hervorragenden Forschers, Kenners, Pflegers oder Züchters geehrt wird. Auch die Heimatsnamen habe ich möglichst vollständig angeführt.

Für den praktischen Gebrauch dieses Handbuchs bitte ich folgendes beachten zu wollen. Zunächst suche man im Sachregister den Namen des Vogels, unter welchem man ihn eben kennt, auf und dann lese man auch an allen Stellen, an welchen er unter demselben, sowie seinen übrigen Benennungen zu finden ist, nach; vornehmlich unterrichte man sich in den Abschnitten, ‚Einkauf und Empfang‘, ‚Wohnungen‘, ‚Ernäh=

rung', ,Zähmung und Abrichtung', ,Gesundheitspflege' und ,Krankheiten' recht aufmerksam. Nur dann wird man Anleitungen und Rathschläge für alle Fälle in gewünschter Weise erlangen können.

Unter den vielen Büchern, welche in letzter Zeit auf dem Gebiet der Vogelliebhaberei, =Pflege und =Zucht erschienen sind, steht das vorliegende allein da, denn es gibt kein andres, welches sich mit den sprechenden Papageien ausschließlich und ausführlich beschäftigt. Um so dringender wünsche ich daher, daß es allen Erwartungen, welche die Liebhaber dieser werthvollsten Vögel inbetreff seiner zu hegen berechtigt sind, voll entsprechen möge!

Berlin, im Spätherbst 1882.

Der Verfasser.

Einleitung.

Viele Vorzüge sind es, die den Vogel vor allen anderen Thieren und selbst dem Menschen gegenüber auszeichnen.

Wir beneiden ihn vornehmlich um seines Flugs willen der herrlichen Gabe, die ihm ein gütiges Schicksal verliehen, sich hinauf in den Aether zu schwingen und hoch über allem andern Leben dahinzuschweben.

Seine Genossen in der Thierwelt bleiben aber auch noch in mancher andern Beziehung hinter ihm zurück, so z. B. in der Befähigung, menschliche Worte nachzuahmen. Diese Sprachbegabung finden wir bekanntlich nirgends weiter als bei den Vögeln; sogar den am höchsten stehenden Vierfüßlern Hund, Elephant, Pferd u. a., die ja nicht selten eine förmlich menschliche Klugheit entwickeln, ist sie versagt, während auch an geistiger Regsamkeit der sprechende Vogel jene zuweilen sämmtlich übertrifft. Freilich sind es beiweitem nicht alle Vögel, welche sprechen lernen, sondern nur aus einigen Familien im ganzen verhältnißmäßig wenige Arten.

Im allgemeinen sind wir daran gewöhnt, die Sprache als den bedeutungsvollsten Vorzug des Menschen vor seinen Mit=geschöpfen anzusehen. Sie ist es ja, welche ihn unter allen Umständen von jeglichem Gethier unterscheiden und selbst die

ihm thatsächlich am nächsten verwandten Thiere bedeutsam
unter ihm einreihen lassen soll.

Uebrigens haben ja aber auch die Thiere ihre Sprache:
Laute und Zeichen klarbewußter Verständigung. Wer an der
Richtigkeit dieser Behauptung zweifeln will, möge nur hinaus
kommen in die freie Natur, um das wirkliche Leben zu schauen.
Wenn ein Schwarm irgendwelcher Vögel, nehmen wir die
allergewöhnlichsten an, also Sperlinge, harmlos vergnügt
seinen Beschäftigungen nachgeht und futtersuchend sich umher=
tummelt, so bedarf es nur eines Warnungstons, um sie alle
von einer herannahenden Gefahr zu benachrichtigen, und je
nach der Art der Bedrohung sind ihre Rufe überaus ver=
schieden. Kommt ein Sperber in Sicht, so bringt ein ent=
setztes terrr! die ganze Schar zur schleunigsten Flucht; beim
Heranschleichen der Hauskatze veranlaßt das ganz anders klin=
gende terr! nur eine Anzahl der ängstlichsten davon zu huschen;
wenn es aber bloß ein Bube mit dem Blasrohr oder einer
Steinschleuder ist, so mahnt das ter! die Genossen nur zur
Aufmerksamkeit und Vorsicht, und vorläufig sieht man keine
Flüchtlinge forteilen. Dann wird drüben auf dem Hof
Wasser ausgegossen, und ein fröhliches schilp! ruft die Schar
herbei zum eifrigen Auslesen der mitgespülten Kartoffel= und
Brotstückchen und anderen Brocken. Ein Flug Krähen hat
sich in den Gipfeln der hohen Pappeln zur Nachtruhe nieder=
gelassen; unterhalb den Weg entlang gehen und fahren zahl=
reiche Leute, ohne daß sich die Vögel darum kümmern, sogar
ein Jäger mit der Flinte überm Rücken und einem Hunde an
der Leine wird kaum beachtet, denn nur wenige der scheuesten
fliegen hinweg. Dann aber kommt ein jugendlicher Schütz,
der einen gezähmten Fuchs an der Kette hält und für den=
selben hin und wieder Vögel erlegen muß; sobald sich dieser
selbst, hinter einem hohen Zaun gedeckt, nähert, ruft plötzlich

eine alte erfahrene Krähe ihr entrüstetes schwart!, und mit ge=
waltigem Geräusch erhebt sich der ganze Schwarm, um eiligst
von dannen zu ziehen. Dies sind Beispiele aus der Wirklich=
feit des Naturlebens, Beweise für die Sprache, bzl. Verstän=
digungsfähigkeit der Vögel. Ja, wir haben solche auch aus
den Kreisen der kleinsten, niedersten Thiere vor uns. Wenn
wir vermittelst eines Stocks am äußersten Rande eines Ameisen=
haufens ein wenig scharren, so eilen nicht allein sofort zahl=
reiche Ameisen herbei, sondern wir sehen auch, daß plötzlich
eine Bewegung von hier aus durch die gesammte Bewohner=
schaft geht, sodaß dieselbe bis tief zum Mittelpunkt hinein
und gleicherweise bis zur weitesten Grenze hin in Erregung
geräth; die Thiere vermögen einander also das stattgehabte
Ereigniß sogleich mitzutheilen.

Bedenken wir, wie verhältnißmäßig wenig verschieden
beim Menschen, vom hochstehenden Gebildeten herab bis zum
kaum der Kultur fähigen Wilden die Sprachbefähigung sich
abstuft, so werden wir zugeben müssen, daß die angeführten
Beispiele der Thiersprache — und der Naturkundige hat ihrer
ja unzählige vor Augen — uns bei näherer Kenntniß mit
Bewunderung erfüllen können; trotzdem darf uns aber die
menschliche Sprache, die volltönende, wohllautende Aeußerung
des Fühlens und Denkens, der klare Ausdruck wechselnder
Empfindungen doch immerhin als das höchste gelten, — und
wenn ein Thier diese Sprache des Menschen auch nur be=
dingungsweise nachzuahmen vermag, so gehört es entschieden
zu den am höchsten stehenden, eben dem Menschen am ähn=
lichsten erscheinenden Geschöpfen.

Mit voller Berechtigung wendet sich daher eine überaus
regsame, weit verbreitete Liebhaberei dem sprechenden
Thier, d. h. also dem sprachbegabten, abgerichteten
Vogel, zu.

Aus der Jugendzeit her erinnert sich Mancher wol als eines der wichtigsten Ereignisse in seiner Vaterstadt des Erscheinens eines sprechenden Vogels. Es war in der Regel ein weißer Kakadu, der träge und schläfrig in dem Bügel hockte, an welchen er gekettet und in dem er umhergetragen wurde, der dann aber die prächtige farbige Haube sträubte und komisch kopfnickend und flügelschlagend mit schriller Stimme sein „Kakadu", „Kakadu" rief. Alt und Jung lief herbei, und wenn er nun bedeutsam hinzufügte „Kakadu hat Hunger", da wurden nicht allein Zucker, Kuchen, Mandeln und Rosinen massenhaft gebracht, sondern es öffneten sich auch die Börsen, und Dreier, ja selbst Groschen, regneten förmlich auf den fahrenden Künstler mit seinem Wundervogel herab. Einen Scherz vom sprechenden Vogel erzählten die Zeitungen. In Wien beschaut ein erst jüngst eingekleideter Soldat den großen in philosophischer Ruhe dasitzenden Arara, und als er denselben einigemal umkreist hat, sagt dieser plötzlich „Schafskopf!" Hurtig greift der junge Vaterlandsvertheidiger nach der Mütze, macht eine hastige Verbeugung und bittet: „Verzeih'n Euer Gnoden, i hab' halter g'meint, Sie sei'n a Vogerl." — So verknüpft gewissermaßen der gefiederte Sprecher die gesammte Welt der Vögel mit dem Menschenleben, und seine Bedeutung reicht gleicherweise in unsere fernen Jugenderinnerungen zurück, wie sie uns auf dem ganzen Lebenswege und in allen Verhältnissen folgt. Heutzutage ist der sprechende Vogel keine besondre Seltenheit mehr, denn wir sehen ja allenthalben, selbst in kleinen Städten und bei ländlichen Besitzern schon Papageien und noch dazu in förmlich unzähligen Arten verbreitet, unter denselben aber fast mehr Sprecher als Schmuckvögel.

Es sind jedoch nicht die Papageien allein, welche die Befähigung haben, menschliche Worte nachsprechen zu lernen, sondern noch eine beträchtliche Anzahl anderer fremdländischen und einheimischen Vögel, die sich nach unsrer bisherigen Kenntniß freilich auf Angehörige bestimmter Familien beschränken; doch dürfen wir den letztern Ausspruch nicht etwa als unumstößliche Regel festhalten, denn in letztrer Zeit sind bedeutsame Ausnahmen vorgekommen. Bis vor kurzem kannte man als sprachbegabte Vögel solche aus den Reihen der Papageien, aber vorzugsweise nur der größeren Arten, ferner der Krähenartigen oder Raben und der Stare; neuerdings sind nun auch die Finkenvögel hinzugekommen, indem bereits in mehreren Fällen der Kanarienvogel sprechen gelernt hat*). Die vornehmsten und wichtigsten sprechenden Vögel bleiben indessen doch immer die Papageien, und zwar steht es als Thatsache fest, daß außer den längst bekannten großen Sprechern auch Angehörige der meisten übrigen Geschlechter bis zum Nymfensittich oder Keilschwanzkakadu und sogar bis zu einem der allerkleinsten, dem allbekannten Wellensittich, als sprachbegabt sich gezeigt haben.

Gern würde ich hier eine allgemeine Schilderung aller Papageien überhaupt geben, allein dazu reicht der Raum, über welchen ich in diesem Buch zu verfügen habe, beiweitem nicht aus, und ich muß mich also bescheiden, auf meine Werke „Die fremdländischen Stubenvögel“ III („Die Papageien‘) und „Handbuch für Vogelliebhaber“ I hinzuweisen. Nur die hauptsächlichsten Eigenthümlichkeiten dieser hochinteressanten Vögel will ich hervorheben, und selbstverständlich um so gründlicher werde ich weiterhin auf die Verpflegung und Abrichtung in besonderen Abschnitten eingehen.

---

*) Nach meinem „Lehrbuch der Stubenvogelpflege, =Abrichtung und =Zucht“ sollen sich auch eine Steindrossel (Steinschmätzer) und ein Gimpel oder Dompfaff als sprachbegabt erwiesen haben.

Bis jetzt sind bereits weit über 400 Arten Papageien bekannt; eine genaue, feststehende Zahl vermag ich nicht anzugeben, einerseits weil täglich neu entdeckte Arten hinzukommen können, andrerseits und hauptsächlich aber, weil es recht viele gibt, über welche die Vogelkundigen noch nicht einig sind, ob dieselben als wirkliche Arten oder nur als Spielarten, Lokalrassen oder bloße zufällige Abänderungen gelten dürfen. Die Heimat der Papageien erstreckt sich über alle Welttheile mit Ausnahme Europas, doch sind sie vorzugsweise Tropenbewohner. Eine so große Familie überaus vielgestaltiger und hochinteressanter Vögel mußte erklärlicherweise den Gelehrten seit altersher vielfachen Anreiz gewähren, und daher ist es nicht verwunderlich, daß wir eine sehr reiche Literatur inbetreff ihrer vor uns sehen. Unter allen Schriften, welche sie behandeln, steht aber das Buch „Die Papageien" von Dr. Otto Finsch (Leiden 1867—68) als wissenschaftliche Belehrungsquelle hoch obenan. In meinem vorhin genannten größern Werk habe ich mich nach der wissenschaftlichen Seite hin auf die Forschungen des genannten hervorragendsten Schriftstellers auf diesem Gebiet, soweit es nöthig war, gestützt, und dies geschieht also auch hier.

Ueberblicken wir die außerordentlich große Mannigfaltigkeit nun von dem Gesichtspunkt aus, der hier vorzugsweise unsre Aufmerksamkeit in Anspruch nimmt, so muß ich zunächst die Erfahrung als Thatsache hervorheben, daß fast sämmtliche Papageien-Geschlechter Angehörige zeigen, bei denen Sprachbegabung erwiesen ist. Sprecher haben wir also vor uns aus den Geschlechtern: Eigentlicher Papagei (Psittacus, *L.*), Amazonenpapagei (Chrysotis, *Swns.*), Edelpapagei (Eclectus, *Wgl.*), Langflügelpapagei (Pionias, *Wgl.*), eigentlicher Kakadu (Plectolophus, *Vgrs.*), Langschwanzkakadu (Calyptorrhynchus, *Vgrs. et Hrsf.*), Ararakakadu (Microglossus, *Gff.*), Keilschwanzkakadu

(Callipsittacus, *Lss.*), Keilschwanzlori (Trichoglossus, *Vgrs.*), Breitschwanzlori (Domicella, *Wgl.*), Stumpfschwanzlori oder Nestor (Nestor, *Wgl.*), Arara (Sittace, *Wgl.*), Langschnabel=sittich (Henicognathus, *Gr.*), Edelsittich (Palaeornis, *Vgrs.*), Keilschwanzsittich (Conurus, *Khl.*), Dickschnabelsittich (Bolbor-rhynchus, *Bp.*), Schmalschnabelsittich (Brotogerys, *Vgrs.*), Platt=schweifsittich (Platycercus, *Vgrs.*), Wellensittich (Melopsittacus, *Gld.*), — und bis jetzt sind noch nicht Sprecher nachgewiesen in den Geschlechtern: Maskarenenpapagei (Mascarenus, *Lss.*), Borstenkopfpapagei (Dasyptilus, *Wgl.*), Zwergpapagei (Psitta-cula, *Khl.*), Zwergkakadu (Nasiterna, *Wgl.*), Eulenpapagei (Stringops, *Gr.*), Papageichen (Coryllis, *Fnsch.*), Streifen=papagei (Psittacella, *Schl.*), Schönsittich (Euphema, *Wgl.*), Erdsittich (Pezoporus, *Ill.*). Wie gesagt aber, wir dürfen uns keineswegs bei den bisherigen Ergebnissen bescheiden oder gar behaupten wollen, daß es in den Reihen der zuletzt her=gezählten Papageien durchaus keine Sprecher gebe, denn ebensogut, wie sich unerwartet der Wellensittich als ein solcher kundgethan, dürfen wir dies auch von irgend einer Art der Schönsittiche, Zwergpapageien, Papageichen und übrigen er=warten.

Die Körperbeschreibung der Papageien würde hier als überflüssig anzusehen sein, wohlverstanden, soweit sie sich auf den Bau des Körpers und die Beschaffenheit aller Organe erstreckt, während natürlich das Gefieder und seine Farben bei jeder einzelnen Art zur Feststellung und Kennzeichnung angegeben werden müssen. Eine eingehende Beschreibung der Zunge, als des wesentlichsten Körpertheils des sprechenden Vogels — wie des Menschen — möchte ich hier jedoch keines=falls fortlassen: „In der Regel erscheint sie dick, fleischig, stumpf=kegelförmig; mitunter hat sie indessen eine kleine hornige, eichel=förmige Spitze, häufiger aber ist sie am vordern Ende mit unzähligen fadenförmigen Wärzchen besetzt, welche in dicken, etwas plattgedrückten Zylindern von übereinander geschichteten elastischen Fasern bestehen, über die sich die Zungenschleimhaut in mehreren Schichten und stark verhornt lagert. Bei den meisten Geschlechtern hat die Zunge die zuerst erwähnte glatte Beschaffenheit, nur bei wenigen, den großen Araras und Ararakakadus endigt sie in die hornartige Spitze, und bei den Pinselzünglern oder Loris zeigt sie die letztre von Dr. Weinland beschriebne Eigenthümlichkeit. Es ist noch nicht mit Sicherheit festgestellt, ob die Pinselzunge wirklich dazu dient, wie man behauptet hat, Honigsaft aufzusaugen. Ganz besonders muß hervorgehoben werden, daß die Arten mit dicker, fleischiger, glatter Zunge, also die eigentlichen Papageien, zum Nachsprechen menschlicher Worte am besten geeignet sich zeigen; im übrigen aber lernen, wie die Erfahrung dargethan hat, auch aus den anderen Geschlechtern, ja gleicherweise auch von den Pinselzünglern, manche Arten plaudern."

Hinsichtlich der geistigen Begabung der Papageien sind die Meinungen der Ornithologen wie der Vogelpfleger außerordentlich weit auseinandergehend. Während die Einen in liebevoller Voreingenommenheit oder auch wol in Unklarheit und unwillkürlicher Uebertreibung den sprechenden Vogel ebenbürtig neben den Menschen stellen, ihm nicht allein Klugheit und scharfen Verstand, sondern auch Vernunft und warmes Gefühl beimessen — sehen die Anderen selbst die ungewöhnlichen Leistungen eines hervorragend begabten und ausgebildeten Vogels lediglich als mechanisches Nachplappern, als bloßes Geschwätz ohne Vorstellung von dem Sinn der Worte an. Weiterhin werde ich mehrfach Veranlassung nehmen, hierauf eingehend zurückzukommen.

Auf die Lebensweise der Papageien in der Freiheit im allgemeinen näher einzugehen, muß ich mir gleichfalls versagen, während es in meinem erwähnten größern Werk ausführlich geschehen ist. Mit Rücksicht auf die Behandlung und Ver-

pflegung dieser Vögel in der Vogelstube war dies auch noth=
wendig, denn wie wollte man einen Vogel richtig ernähren,
sachgemäß behandeln und vor allem mit Erfolg züchten, wenn
man nicht sein Freileben und seine Gewohnheiten kennt und
seine Bedürfnisse zu befriedigen weiß! Der Papagei in der
Vogelstube tritt uns gleichsam im freien, oder doch nur halb=
wilden Zustand gegenüber, der Sprecher dagegen erscheint uns
ausschließlich als gefangner Vogel. Als solcher muß er auf
alles verzichten, was ihm die Freiheit geboten; weder die
regelmäßige Lebensweise, noch die ausreichende Bewegung kann
er haben. Luft, Licht, Wärme, ja vornehmlich die Nahrung,
alles ist verändert und den Verhältnissen der Heimat nur zu
fremd. Hier heißt es keineswegs wie bei der Züchtung: die
Natur möglichst treu nachzuahmen und für das Mangelnde
soweit als ausführbar naturgemäßen Ersatz bieten, sondern im
Gegentheil, hier müssen neue Verhältnisse geschaffen und in
ganz andrer Weise die Bedürfnisse befriedigt werden. Man
darf aber durchaus nicht glauben, daß es gleichgiltig sei, in
welcher Weise der Papagei im Käfig ernährt wird, vieljährige
Erfahrung hat vielmehr ganz bestimmte Gesichtspunkte fest=
stellen lassen, nach denen die Verpflegung geschehen muß. Jede
Uebertretung der Vorschriften, die ich auf Grund derselben
weiterhin in dem Abschnitt über Fütterung geben werde, bestraft
sich hart durch Erkrankung oder gar Verlust des mehr oder
minder werthvollen Vogels. Zunächst sei nur bemerkt, daß
alle Papageien vorzugsweise, zum Theil ausschließlich, Pflanzen=
fresser sind und von Früchten, Sämereien, aber auch Blüten,
Schößlingen und anderen weichen und zarten Gewächstheilen
sich ernähren. Viele, namentlich die kleineren Arten, bedürfen
auch für sich selbst oder zur Aufzucht der Jungen der Fleisch=
nahrung und verzehren daher in der Freiheit offenbar neben=
bei Kerbthiere.

Alle Papageien zeigen sich als arge Zerstörer, indem sie
viel mehr verderben, zerschroten, zermalmen, als sie zur Ernährung brauchen; daher können sie an Nutzgewächsen außerordentlichen Schaden verursachen. Ueberall, wo sie in großen
Schwärmen oder überhaupt zahlreich vorkommen, sind sie
daher häufigen Verfolgungen ausgesetzt. Außerdem erlegt man
sie aber auch zur Benutzung, so also, um ihr Gefieder zum
Schmuck, für allerlei Federnarbeiten u. drgl. zu verwenden,
ferner um die ganzen Bälge für Sammlungen zuzubereiten,
und schließlich werden viele Papageien als Wildbret gegessen.

Die Liebhaberei für sprechende Papageien ist offenbar
uralt. In allen Welttheilen, wo Europäer mit den Eingeborenen zuerst in Berührung traten, fanden sie bei denselben
bereits gezähmte Papageien vor; so in Ostindien, auf den
Inseln des Malayischen Archipels, in Amerika und auch in
Australien. Als die Entdecker Amerika's in dieser neuen Welt
landeten, kamen ihnen die Indianer mit großen gezähmten
Araras entgegen; in den Dörfern Guiana's sieht man niemals
spielende Kinder ohne Papageien und Affen zugleich, und in
Afrika findet man um die Hütten der Neger zahlreiche Graupapageien, welche jung aus den Nestern gehoben und aufgefüttert wurden und mit verschnittenen Flügeln auf den
Strohdächern und Bäumen umherklettern. Ein Volksglaube
besagt dort zwar, es herrsche im Jako-Nest derartige Hitze,
daß, wer hineingreife, sich die Hand verbrenne, und von solchen
vorwitzigen Versuchen sollen die weißen Flecke herstammen,
welche manche Neger an den Händen haben. Letztere ergeben
sich jedoch als Folge von Hautkrankheiten, und die ganze Fabel
ist nur für den Zweck erfunden, um die Genossen von der
Beraubung der Papageien-Nester abzuschrecken, erfunden nämlich durch diejenigen, welche dieses Geschäft selber betreiben.
In Südamerika gelten noch heutigentags die gewaltigen Bäume,

in denen die großen prächtigen Araras nisten, als Familien=
eigenthum, welches sich vom Vater auf den Sohn vererbt.
Die Federn solcher Vögel dienten früher zum Putz für die
Häuptlinge — und in jetziger Zeit schmücken mit denselben unsere
Frauen ihre Hüte u. a. m. Gleicherweise wie die lebenden
Araras selber, bilden daher auch ihre Federn einen bedeut=
samen Handelsartikel.

Bekanntlich werden alljährlich viele Tausende von Papa=
geien lebend bei uns eingeführt, und dieselben finden sämmtlich
willige Abnehmer. In diesem besonders seit dem letzten Jahr=
zehnt außerordentlich großartig gewordnen Vogelhandel
zeigt sich nun aber vonvornherein eine sehr üble Seite —
das massenhafte Erkranken und Sterben der eingeführten Papa=
geien (vornehmlich der Graupapageien) und auch mancherlei
andern kleinern Gefieders. Man darf keineswegs glauben,
daß diese betrübende Thatsache in einer etwaigen Weichlichkeit
der Vögel begründet liege; im Gegentheil darin, daß trotz
all' der furchtbaren Beschwerden und Leiden, welche sie durch=
machen müssen, dennoch die größte Anzahl lebend herüber=
kommt und daß sich von den krankhaft gewordenen viele,
manchmal, wenn auch selten, sogar die Mehrzahl erholen,
am Leben bleiben und völlig wieder gesunden, haben wir
sicherlich einen Beweis dafür, mit welcher staunenswerthen
Lebenskraft die meisten solcher anscheinend zarten Thiere aus=
gestattet sind.

Nothwendigerweise muß ich eine nähere Darlegung der
obwaltenden trübseligen Verhältnisse geben. Herr Fr. Con=
nor berichtet aus Brasilien in meiner Zeitschrift „Die ge=
fiederte Welt": Die Eingeborenen, Indianer und Mischlinge
von Negern, bringen die Papageien noch im leidlichen Zustande
nach den Hafenplätzen, füttern sie mit Früchten und Reis
und verkaufen sie an die Händler zum Preise von durch=

schnittlich 2 Milreis = 4 Mark für den Kopf; am zahl=
reichsten werden die Papageien jedoch im Innern durch Tausch=
handel erstanden, etwa um die Hälfte jenes Preises, und dann
gelangen sie auf den Flußdampfern, welche den Para= und
Amazonenstrom in großer Anzahl befahren, nach den Hafen=
städten. Die Aufkäufer halten sie sodann in einem großen
Kasten, in welchem einige Sitzstangen angebracht sind und
der vorn mit Latten vernagelt ist, sodaß die Vögel nur wenig
Luft und noch weniger Licht bekommen. Man denke sich solch'
einen unsaubern Aufenthaltsort mit keinerlei Vorrichtung zur
Reinigung, in den das aus Bananen, Orangen und gekochten
Kartoffeln bestehende Futter hineingeworfen wird, und wo alles
in kürzester Zeit bei der entsetzlichen Hitze in Säuerung und
Fäulniß übergeht! Da strotzen die bedauernswerthen Vögel von
Schmutz und Ungeziefer, und es ist also kein Wunder, daß
ihre Gesundheit untergraben wird und sie unheilbarer Krank=
heit verfallen. Hier müssen sie bleiben, bis sie verkauft und
auf einem Dampfer oder Segelschiff nach Europa übergeführt
werden. Ganz ähnlich ist die Behandlung der Graupapa=
geien in Afrika. Die Neger bringen sie in langen röhren=
förmigen, auf der Schulter getragenen Körben, aus welchen
einer nach dem andern, hinten angepackt, rückwärts heraus=
gezogen wird, sodaß er nicht beißen kann, zum Markt, und
die Verpflegung vonseiten der Aufkäufer ist nach übereinstim=
menden Berichten im wesentlichen überall eine gleiche. In
diesem wie in jenem Welttheil betrachtet man die lebenden
Vögel lediglich als Handelsware und sucht bei recht geringer
Mühe einen möglichst hohen Ertrag daraus zu gewinnen.
Noch viel schlimmer aber als bei den Aufkäufern ergeht es
den Papageien auf dem Dampfschiff. Sie werden in ver=
hältnißmäßig enge, nur vorn vergitterte Kasten massenhaft
eingepfercht und in den untersten Schiffsraum gebracht, wo

sie in der heißen, dunstigen und qualmigen Luft auch noch
daran leiden müssen, daß man ihnen, sei es aus Vorurtheil
oder Mangel, das Trinkwasser vorenthält. Trotz aller solchen
Unbillen bleiben sie, wie schon gesagt, staunenswertherweise in
der beiweitem größten Anzahl nicht allein am Leben, sondern
sie erscheinen, was uns doch geradezu wunderbar dünken muß,
fast regelmäßig wohlgenährt und kräftig und lassen keinerlei
Krankheits-Anzeichen erkennen. So kommen sie nach Europa,
wo sie nun den schweren Kampf ums Dasein, in der Gewöh=
nung an ein rauhes Klima, veränderte Ernährung, kurz und
gut an ganz andere, fremde Verhältnisse und damit zugleich
allerlei Unruhe und Beängstigung durchmachen müssen. Auch
hier erhalten sie sich gewöhnlich noch 1 bis 2 Wochen, ja
unter Umständen bis 6, in einzelnen Fällen sogar bis 8 Wochen
lebend, aber sie sind mit ganz wenigen Ausnahmen dennoch
unrettbar verloren. Auffallenderweise tritt die Erkrankung
sofort, wol schon nach Stunden oder doch in wenigen Tagen
bei einem bis dahin anscheinend ganz gesunden Papagei ein,
sobald er Trinkwasser erhalten hat.

Vor allen anderen sind es, wie schon erwähnt, die Grau=
papageien, welche unter den beschriebenen übelen Einwirkungen
zu leiden haben, und sie vornehmlich gehen auch an Blut=
vergiftung zugrunde, wie dies die Untersuchung zahlloser frisch
eingeführten gestorbenen hat feststellen lassen. Zur völligen
Abhilfe können nur zwei Wege führen. Entweder die Groß=
händler müssen sich dazu verstehen, den Ankauf der Grau=
papageien bereits in der Heimat so zu überwachen und regeln
zu lassen, daß die Vögel künftig nicht mehr aus bloßer Hab=
gier in unverantwortlicher Weise massenhaft zusammengerafft
und durch schändliche Vernachlässigung dem Verderben preis=
gegeben werden, mit anderen Worten, die Großhändler haben
dafür zu sorgen, daß die Papageien vom Anbeginn vernünftig

und zweckmäßig verpflegt werden, sodaß die außerordentlich lebenskräftigen Vögel lebensfähig bleiben und so bei uns anlangen; oder dem ganzen Handel mit den Graupapageien muß vorläufig ein Ende gemacht werden, dadurch, daß die Liebhaber einmüthig bis auf weitres auf den Ankauf derselben ganz verzichten. Hoffentlich wird es gelingen, wenn nicht anders durch das letztre Mittel, das erstre Ziel zu erreichen. Ueber alle bisherigen Versuche zur Heilung und die Ergebnisse derselben bitte ich im Abschnitt von den Krankheiten nachzulesen.

Die auf Segelschiffen herübergebrachten Papageien werden größtentheils vernünftiger gehalten und besser verpflegt und zeigen sich daher meistens ungleich ausdauernder; als unumstößliche Regel kann dies indessen leider doch nicht gelten, denn es kommt auch der entgegengesetzte Fall vor. Im übrigen sei noch darauf hingewiesen, daß die meisten Papageien, wie die fremdländischen Vögel überhaupt, wenn sie nicht gerade von der unheilvollen Sepsis oder Blutvergiftung ergriffen sind, nachdem sie die weite beschwerliche Seereise überstanden, sich vortrefflich erholen und sehr gut ausdauern.

Recht viele Papageien, vornehmlich grüne Kurzschwänze, die sog. Amazonen aus Amerika, aber auch eine beträchtliche Anzahl anderer aus Asien und Afrika, kommen schon gezähmt oder wenigstens halb zahm in den Handel. Dieselben sind nur zum Theil als alte Vögel in die Gefangenschaft gerathen. Ueber die Art und Weise des Papageienfangs ist bis jetzt noch fast garnichts bekannt. Von den kleinen Papageien weiß man wol, daß sie schwarmweise in Netzen, mit Vogelleim oder Schlingen bei der Tränke und ähnlichen Gelegenheiten erbeutet werden; inbetreff der großen Sprecher aber kann man nur im allgemeinen annehmen, daß es ebenso oder ähnlich geschehe. Hinsichtlich der Zähmung in der Heimat erzählen Reisende, daß alte Indianer-Weiber die staunenswerthe Kunst kennen,

einen wilden, unbändigen, bösartigen Papagei in kürzester
Frist fügsam und zahm zu machen, sodaß ihn nach einigen
Tagen, ja wol gar nach wenigen Stunden Jedermann, auch
ein ganz Fremder, auf die Hand nehmen und streicheln darf.
In dieser Hinsicht wird freilich viel gefabelt, doch dürfte die
Thatsache an sich nicht zu bezweifeln sein, und nur inbetreff
des Verfahrens ist man nicht im klaren, indem von Diesen
behauptet worden, daß die Indianerin nur ihre Hand ins
Wasser tauche und damit dem Vogel über den Rücken streiche,
während Jene meinen, sie flöße ihm betäubenden Pflanzensaft
ein; nach einer andern Angabe wieder soll er durch das Bei=
bringen des menschlichen Speichels so zahm werden. Die
meisten der in den Handel gelangenden zahmen Papageien
sind jedoch aus den Nestern gehobene und aus dem Munde
mit gekautem Mais u. a. aufgefütterte Vögel, die dann auch
bereits durch mehrere Hände gegangen; so vom Eingebornen,
Indianer oder Neger, zum Aufkäufer und von diesem oder
auch unmittelbar vom erstern zum Seemann, Matrosen oder
Schiffsbeamten, von diesen wiederum entweder an den Groß=
händler oder den Papageien=Abrichter in der Hafenstadt, von
einem der beiden Letzteren zum Kleinhändler und sodann von
hier oder auch schon vom Großhändler schließlich in die Hand
des Liebhabers. Auf diesem Wege hat der Papagei, wie sich
wol denken läßt, bereits mancherlei gute, aber auch schlimme
Lehren und Eigenthümlichkeiten angenommen. Die Abrichter
in den Hafenstädten, welche man Papageienlehrer nennen
könnte, sind kleinere Wirthe, Inhaber von Matrosen=Kneipen,
Barbiere, ausgediente Seeleute u. A., also größtentheils
ungebildete Menschen. Sie überliefern die Papageien, ins=
besondere Amazonen und Jakos, gewöhnlich schon fingerzahm
und mehr oder weniger sprechend, sodaß der Liebhaber also in
einem solchen Vogel selbstverständlich bereits ein werthvolles

Thier vor sich hat, welches sich für weitern Unterricht in
bester Weise zugänglich zeigt. Nur ein Uebelstand, freilich ein
gar arger, kommt dabei inbetracht, der nämlich einer sehr
häßlichen, breiten und unangenehmen Aussprache und nament=
lich auch von allerlei anderen abstoßenden Beigaben; so z. B.
hat solch' Papagei manchmal Schimpfworte, gemeine Redens=
arten oder auch andere widerwärtige Laute, wie das täuschende
Husten eines Brustkranken, Schnarchen, Röcheln, Ausspucken
u. drgl. nachahmen gelernt, und es hält dann außerordentlich
schwer, ihn davon wieder zu entwöhnen. Trotzdem braucht
man einen solchen Vogel keineswegs vonvornherein als un=
tauglich anzusehen; im Gegentheil, der Hauptwerth liegt ja
doch immer in der Begabung, und wenn man nur die Mühe
einer sorgfältigen Erziehung nicht scheut, so vermag man ihm
alles Ueble abzugewöhnen, und zwar in gleichem Maß wie
der Unterricht im Guten fortschreitet. In neuerer Zeit ist es
aufgefallen, daß die großen Vogelhandlungen bereits abgerich=
tete, zum Theil sogar schon viel sprechende Papageien immer
zahlreicher ausbieten. Dies liegt darin begründet, daß sie aus
den Vorräthen roher Vögel die besten auswählen und den
erwähnten Abrichtern übergeben. Solch' Verfahren ist an sich
lobenswerth und wird hoffentlich dahin führen, daß die noch
immer gar zu hohen Preise für die gefiederten Sprecher sich
allmählich wenigstens etwas herabmindern, sodaß dieselben auch
vielen weniger begüterten Liebhabern zugänglich werden. Der
vorhin besprochne Uebelstand der häßlichen Aussprache u. drgl.
kommt natürlich auch hier zur vollen Geltung.

Die sprechenden Papageien.

Dem Titel dieses Werks gemäß muß ich hier alle Papageien behandeln, welche sich bisher als sprachbegabt gezeigt haben, und zwar von den besten Sprechern herab bis zu jeder Art, von der nachgewiesen ist, daß wenigstens einer ihrer Angehörigen mindestens ein Wort aussprechen gelernt hat. Selbstverständlich werde ich das Verhältniß der so sehr verschiedenartigen Begabung entsprechend berücksichtigen, die werthvollen hervorragenden Sprecher ausführlich und die übrigen um so kürzer darstellen, je geringer sich ihre Bedeutung für diese Liebhaberei ergibt. In meinen vorhin genannten Büchern habe ich diese Vogelfamilie in zwei große Gruppen getheilt und zwar Kurzschwänze oder eigentliche Papageien und Langschwänze oder Sittiche. Die ersteren bergen in ihren Reihen die vorzüglichsten Sprecher, und ich beginne daher hier mit deren Schilderung. Unter ihnen gibt es Geschlechter, deren sämmtliche Glieder Sprachbegabung gezeigt, wie z. B. die Grau= und Schwarzpapageien und die Amazonen, während in vielen anderen Geschlechtern sowol der Kurz= als auch der Langschwänze sich bisher nur einige Arten oder auch nur eine einzige als sprachfähig erwiesen haben. Die Geschlechter, aus denen noch keine Art als sprechend ermittelt ist, sind hier S. 7 erwähnt, und

ich lasse sie im weitern unberücksichtigt. Eine Seite der Liebhaberei für Papageien, welche in neuerer Zeit recht bedeutungsvoll geworden, die Züchtung nämlich, muß ich hier nothge-
drungen, als nicht in den Rahmen dieses Buchs gehörend, vollständig übergehen. Von den kleineren und kleinsten Arten
werden manche bekanntlich bereits außerordentlich erfolgreich
gezüchtet und die Jungen von manchen mit Vorliebe zur Abrichtung als Sprecher benutzt. Mit den großen werthvollsten
Sprechern aber stellt man dergleichen Versuche bis jetzt kaum
an, einerseits, weil solch' Vogelpar einen besondern großen
Raum dazu braucht, und andrerseits und hauptsächlich, weil
man kostbare sprechende oder doch gute Aussicht für erfolgreiche
Abrichtung gewährende Papageien nicht einer etwaigen Gefahr
aussetzen will. Die letzte Befürchtung ist indessen auf einem
Vorurtheil begründet; denn nach meinen Erfahrungen ist der
Vogel während des Nistens bei sachverständiger Behandlung
und Verpflegung durchaus nicht mehr als sonst gefährdet.

Das Geschlecht **Eigentlicher Papagei**, zu welchem die Graupapageien (Psittacus, *L.*) und die Schwarzpapageien (Coracopsis
Wgl.) vereinigt sind, zählt den hervorragendsten aller Sprecher zu
seinen Angehörigen. Es sind sechs Arten, und zwar zwei graue und
vier schwarze, die auf den ersten Blick so verschieden erscheinen und
bei näherm Kennenlernen ihrer Eigenthümlichkeiten sich auch als so
wenig übereinstimmend ergeben, daß der Liebhaber sie kaum als zu-
sammengehörig betrachten möchte, während der Wissenschafter sie doch an
einander reiht. Ihre übereinstimmenden Kennzeichen sind: Der Schnabel
ist seitlich abgerundet, mehr oder minder breit und gewölbt, mit gerundeter First, der Oberschnabel ohne Zahnausschnitt, mit Feilkerben,
der Unterschnabel niedriger, mit abgerundeter Dillenkante, vor der
Spitze sanft ausgebuchtet; die Nasenlöcher sind groß, rund; Wachshaut, Zügel und breiter Augenkreis sind nackt; die Zunge ist dick,
glatt, mit abgestumpfter Spitze; die Flügel sind lang und spitz, mit

neun bis zwölf Armschwingen; der Schwanz ist breit, fast gerade oder abgerundet; das Gefieder ist weich, jede Feder breit, abgestutzt; die Füße sind stark, mit dicken Tarsen und kräftigen starf gefrümmten Nägeln. Sie wechseln zwischen Dohlen= bis Krähengröße. Bei den Grauen ist der Schnabel länger, mehr zusammengedrückt, mit längerer Spitze; der Schwanz ist kurz, fast gerade, die Federn sind am Ende klammerförmig. Bei den Schwarzen dagegen ist der Schnabel dick, ab= gerundet, so hoch wie lang mit wenig hervorragender kurzer Spitze; der Schwanz ist länger und mehr abgerundet. Beide erscheinen durch die nackten Gesichtstheile von den nächsten Verwandten (den Amazonen oder Kurzflügelpapageien aus Amerika) abweichend; bei den schwarzen Arten ist die schwarze Nasenhaut meistens etwas aufgetrieben. Die Bewegungen der grauen Arten sind schwerfällig, ihr Flug ist zwar rasch, doch ungewandt, ihr Gang auf der Erde unbeholfen und selbst das Klettern ist ungeschickt; bei den schwarzen Arten sind die Be= wegungen etwas behender, mindestens rascher. Die natürliche Stimme der Grauen ist schrill und gellend, die der Schwarzen kurz und rauh, zuweilen auch flötend. Die Sprachbegabung der ersteren ist wol die höchste unter allen Papageien überhaupt, die der letzteren zeigt sich als gering oder doch nur als mittelmäßig. Ueber das Freileben der hierher gehörenden Vögel ist bis jetzt recht wenig bekannt, umsomehr ist ihr Wesen in der Gefangenschaft in jeder Hinsicht erforscht worden. Alles Nähere werde ich in der Schilderung der einzelnen Arten mittheilen.

Der rothschwänzige graue Papagei
[Psittacus erithacus, *L.*].

Grauer Papagei oder Jako, Graupapagei, rothschwänziger Papagei und rothschwänziger Graupapagei. — Grey Parrot, Coast Grey Parrot. — Perroquet gris, Perroquet cendré, Jaco. — Grauwe of Grijze Papegaai.

Kein andrer Papagei, ja kein Vogel überhaupt steht in Hinsicht der Begabung so hoch wie der gemeine Graupapagei, und zwar erstreckt sich dieselbe nach mehreren Seiten hin, denn er ist unbedingt der vorzüglichste Sprecher und ein geistig reich veranlagtes Thier zugleich. Mit Recht erfreut er sich daher der größten und allgemeinsten Beliebtheit.

2*

Schon seit dem Alterthum her soll er bekannt sein, und wenn es auch nicht mit Sicherheit nachgewiesen werden kann, daß ihn die alten Kulturvölker bereits besessen, so sprechen doch schon unsere Schriftsteller aus dem 16. Jahrhundert von ihm. Im Mittelalter wurde er häufig nach Europa gebracht, und seitdem hat die Liebhaberei für ihn sich immer weiter verbreitet.

Im Gegensatz dazu erscheint es recht verwunderlich, daß die Reisenden bisher noch keine ausreichende Erforschung seines Freilebens zu erlangen vermochten, daß seine Ernährungsweise, sein Nisten, Jugendkleid und all' dergleichen wichtige Punkte noch keineswegs genügend bekannt sind.

Der Graupapagei ist aschgrau, an Kopf, Hals, Brust und Ober=rücken jede Feder mit hellem Saum; Flügel dunkler grau ohne helle Federnsäume, Schwingen grauschwarz; Mittelrücken, Unterrücken und Bürzel rein grauweiß; Schwanz, obere und untere Schwanzdecken scharlachroth; Brust, Bauch, Seiten und Hinterleib weißgrau; Schnabel schwarz; Auge je nach dem Alter schwarz, grau, gelb bis weiß; Nasenhaut, Zügel und Gegend ums Auge nackt, grauweiß; Füße bläulich= bis weißgrau, mit schwarzen Schildchen, Krallen schwarz. Das Gefieder ist wie bei vielen Papageien mit Federstaub (Puderdaunen) mehr oder weniger gefüllt. Die Größe*) wechselt außerordentlich, offenbar unabhängig von Alter und Geschlecht und wahrscheinlich je nach der Heimatsgegend; sie ist etwa die einer starken Haustaube (Länge 36—40 cm [beim kleinsten 30—32 cm]; Flügel 19,6—23 cm; Schwanz 7—8,9 cm). — Die Geschlechtsunterschiede sind bis jetzt mit Sicherheit noch nicht bekannt; man hat die kleinen, helleren Papageien für Weibchen und die großen, dunkleren mit langem Hals für Männchen gehalten; die Neger sollen behaupten, daß die Nasenlöcher beim Männchen rund, beim Weibchen länglich seien; das einzige sichre Unterscheidungszeichen dürfte (nach Soyaur)

---

*) Die Angabe der populären Größe täuscht oft, deshalb füge ich stets noch die genauen Maße, nicht allein an Bälgen, sondern auch an lebenden Vögeln gemessen, hinzu.

wol nur darin liegen, daß die Beckenknochen beim Männchen dicht neben einander, beim Weibchen aber so weit von einander entfernt sind, daß das Ei hindurchgelangen kann. — Das Jugendkleid ist bisher ebenfalls nicht sicher festgestellt, wenigstens hat Keiner der Afrikareisenden angegeben, ob der junge Vogel bereits mit rothem Schwanz oder, wie Jemand gesagt, der es freilich nicht beweisen kann, mit braunem Schwanz die Nesthöhle verlasse. Ueber die jungen Jakos, wie sie in den Handel kommen, schreibt Herr Otto Richter in Bremerhafen, er erkenne sie am sichersten an den braunen Nestfedern (am ganzen Körper, besonders am Kopf, mit aschgrauem Nestflaum), welche mit Ausnahme des Kopfs, der Schwingen, des Schwanzes und Bauchs den ganzen Körper bedecken und nach und nach den grauen hellgerandeten weichen. Bei der Ankunft haben diese jungen Vögel meistens noch schwarze Augen, dann färben dieselben sich allmählich dunkel aschgrau, nach etwa fünf Monaten hellgrau, binnen Jahresfrist graugelb bis blaßgelb und erst nach drei bis vier Jahren maisgelb bis gelblichweiß. Der Schwanz ist hellroth, jede Feder schwach bräunlich gesäumt; er verfärbt sich allmählich zu dunklerm Roth, während die schwärzlichbraune Färbung verschwindet. — Es kommen vielfache Farbenspielarten vor, von denen man die rothgescheckten selbst bis oberseits ganz rothen, die schon in ihrer Heimat sehr geschätzt und theuer sein sollen, in England Königsvogel (Kingbird oder nur King) nennt und mit hohem Preise bezahlt. Man glaubt, daß sie größre Begabung haben, doch dürfte dies noch keineswegs sicher feststehen. Außerdem gibt es ganz graue, also ohne rothen Schwanz, auch sollen Graupapageien mit weißem Schwanz vorkommen.

Der Name Jako, mit welchem man diesen Papagei gewöhnlich bezeichnet, soll nach Buffon die Wiedergabe eines Naturlauts und zwar in portugiesischer Aussprache sein. Seine Heimat bildet das westliche und mittlere Afrika, also ein weiter Bezirk, in dem er stellenweise überaus häufig ist und gesellig in großen Schwärmen leben soll. Als seine Nahrung kennt man bisher allerlei Baumfrüchte, vornehmlich Bananen und Palmennüsse, und sodann richten die Schwärme nicht selten großen Schaden in den Maisfeldern u. a. an, wo sie noch dazu viel mehr verwüsten als verzehren. Beim Plündern der

Feldfrüchte verhalten sie sich, wie übrigens fast alle Papageien, aus Vorsicht der Verfolgung wegen ganz still, während sie auf hohen Bäumen zum Uebernachten einfallend oder in der Höhe dahinziehend, weithin schallenden Lärm machen. Keulemans berichtet, daß die Brut im September nach der Regenzeit stattfinde, und zwar in einer sehr tiefen Baumhöhlung, auch meistens im unzugänglichen Waldesdickicht, sodaß es überaus schwer sei, das Nest zu erlangen. Gewöhnlich nisten sie gesellig, oft zu einigen Hundert Pärchen zusammen, doch immer nur ein solches in jedem Baumloch. Das Gelege soll aus 4—5 Eiern bestehen, welche, wie die aller Papageien, rein weiß sind, und die Jungen sollen mit langem Flaum bedeckt sein, schnell heranwachsen, schon nach vier Wochen (wahrscheinlich erst nach viel längrer Zeit) flügge werden und nach zwei Monaten die erste Mauser durchmachen; das Auge bleibe sieben Monate lang dunkel. Näheres ist leider nicht mitgetheilt. Der letzgenannte Reisende sagt auch, daß die Alten ihre Brut wacker zu vertheidigen wissen, und darin, daß die Neger sich vor den Schnabelhieben fürchten, möge es wol begründet sein, daß sie die Jungen stets erst dann rauben, wenn dieselben bereits das Nest verlassen haben, jedoch noch nicht fluggewandt sind. Die schon vollkommen flüggen Jungen sollen mit Schlingen oder Netzen leicht zu fangen sein. Beiläufig sei erwähnt, daß die meisten Reisenden diesen Vogel als wohlschmeckendes Wildbret rühmen.

An der Goldküste bringen die Neger die jungen Graupapageien, wie schon S. 12 gesagt, in röhrenförmigen Körben massenhaft nach den Hafenstädten zum Verkauf, und hier bezahlt man sie nach unserm Geld mit etwa 3 M. für den Kopf, während sie mehr im Innern von den Aufkäufern der Großhändler, in beträchtlicher Anzahl zusammen, natürlich viel billiger erhandelt werden. Der Preis steigt erklärlicherweise, so=

daß sie auf den großen Dampfschiffen nicht selten schon 15—18 M. der Kopf gelten. Bereits gezähmte und abgerichtete Papageien, welche von den halbkultivirten in Missionshäusern erzogenen Negern zum Verkauf gebracht werden und die wol bereits einige Worte in verdorbnem Englisch sprechen, stehen noch viel höher im Preis. Nach Dr. Fischer soll der Jako bei den Arabern ebenfalls sehr beliebt sein. Der Reisende fand ihn im Innern überall in den arabischen Niederlassungen; in Sansibar kostete er 30—40 M.

Die Händler machen unter den eingeführten Graupapageien bedeutsame Unterschiede, und zwar einerseits je nach der Gegend, aus welcher dieselben zu uns gelangen und andrerseits nach der Art und Weise der Einführung. Ussher berichtet, daß die schönsten Graupapageien aus den Wäldern von Akim nach den Städten der Kapküste und nach Akkra ausgeführt werden, wo sie 1—1½ Dollar für den Kopf preisen, und diese hellen Vögel hält man auch bei uns für die vorzüglichsten. Die großen, langhalsigen, dunkelgrauen Jakos, die aus dem Innern von Westafrika herkommen sollen, sind ebenfalls größtentheils vorzugsweise begabte Vögel, doch ergeben sich auch unter den ganz kleinen, hellgrauen neben ihnen nicht selten vortreffliche Sprecher. Als besonders werthvoll erachtet man weiter die sog. ‚Segelschiffvögel‘, also Graupapageien, welche in geringrer Anzahl und daher bei beßrer Verpflegung herübergebracht worden, größtentheils auch wol beim Einkauf sorgfältiger ausgewählt sind. Sie sollen die Sicherheit gewähren, daß sie unterwegs nicht den Keim jener unheilvollen Blutvergiftung (s. Abschn. „Krankheiten") empfangen haben und also vonvornherein mindestens für lebensfähig angesehen werden dürfen; hierin würde in der That ein bedeutsamer Werth liegen, allein in allen Fällen ist jene Voraussetzung leider nicht zutreffend. ‚Dampfschiffvögel‘ nennt man schließlich die, wie S. 12 er-

wähnt, massenhaft und unter den übelsten Verhältnissen einge=
führten Graupapageien.

Unterschiede liegen sodann noch in den Bezeichnungen
‚schwarzäugige‘ und ‚grauäugige‘ Jakos. Zunächst ist dabei
auf das in der Beschreibung S. 21 Gesagte zu achten und
außerdem füge ich nach Dr. Lazarus noch folgendes an: „Die
meisten in den Handel gelangenden jungen Graupapageien zeigen
noch dunkelaschgraue Augen; ich erachte aber einen solchen
mit bereits graugelben Augen als für den Einkauf am vor=
theilhaftesten, weil derselbe nicht mehr so zart und weichlich
wie ein ganz dunkeläugiger ist. Die hellgrau= bis graugelb=
äugigen (oder noch ganz dunkeläugigen), welche nicht groß
sind, einen schlanken Hals und einen kleinen länglichen Kopf
haben, ergaben sich mir stets als die gelehrigsten Vögel, wäh=
rend die großen mit rundem, dickem Kopf und kurzem, dickem
Hals sehr wenig gelehrig waren. Dies dürfte sich wenigstens
im allgemeinen als zutreffend erweisen.“ Im übrigen sei auf
das, was ich hinsichtlich der verschiedenartigen Begabung im
Abschnitt über Zähmung und Abrichtung weiterhin sagen werde,
schon hier hingewiesen und meinerseits ausdrücklich bemerkt,
daß ich Unterschiede in der Begabung nach der bedeutend
schwankenden Größe, der hellern oder dunklern Färbung, der
mehr schlanken oder mehr gedrungnen Gestalt, dem gleichfalls
verschiednen, größern und kräftigern oder kleinern Schnabel
und allen übrigen derartigen Merkmalen nicht gefunden habe
und an solche auch nicht glaube. Herr Kreisgerichtsrath Heer
hielt die Farbe der Augen für nicht im geringsten Ausschlag
gebend. „Ich erhielt,“ schreibt er, „einen gelbängigen Jako
von Fräulein Hagenbeck, der ganz ausgezeichnet sprechen ge=
lernt. Er sagt z. B. ohne allen Anstoß: ,’s war Einer,
dem’s zu Herzen ging, daß ihm der Zopf so hinten hing, er
wollt’ es anders haben.‘ Wer das hört, bricht in ein schallen=
des Gelächter aus.“

Wie schon eingangs erwähnt, sprechen bereits die ältesten Schriftsteller auf unserm Gebiet förmlich mit Begeistrung von den Fähigkeiten des Jako. Buffon lobt ihn „sowol wegen der Annehmlichkeit seiner Sitten als seines Talents und seiner Gelehrigkeit" und sagt, die Gesellschaft eines solchen Vogels, dessen Verkehr zwischen uns und ihm durch die Sprache vermittelt werde, sei entschieden angenehmer als die eines Affen, welcher nur durch sonderbare Nachahmung unserer Geberden Interesse erwecken könne. „Der sprechende Vogel unterhält, zerstreut und ergötzt uns, bietet uns in der Einsamkeit Umgang, spricht und antwortet uns, bewillkommnet uns, läßt zärtliche Töne hören, lacht oder erscheint ernsthaft wie ein Mensch, welcher Denksprüche redet. Seine Worte belustigen manchmal, weil sie garnicht passen und überraschen zuweilen, weil sie so genau zutreffen. So ist sein Spiel mit Worten ohne Gedanken verwunderlich und grotesk ohne lerer zu sein, als manches menschliche Geschwätz. Mit der Nachahmung unserer Worte scheint der Papagei zugleich etwas von unseren Neigungen und Sitten anzunehmen: er liebt und haßt, zeigt Anhänglichkeit, Eifersucht und Laune, hat bestimmte Lieblingsgegenstände, bewundert sich selbst, spendet sich Beifall, macht sich Muth, ist fröhlich oder traurig, bei Liebkosungen scheint er in Bewegung zu gerathen und wird sehr zärtlich, er küßt förmlich mit Inbrunst; in einem Trauerhause lernt er seufzen, und wird er gewöhnt, den Namen einer geliebten Person, welche abwesend ist, zu nennen, so verursacht er empfindsamen Seelen Freude oder Leid."

In diesen Worten des ältern Schriftstellers, welche wir bei den neueren mit mancherlei Abwechselungen immer wiederholt sehen, liegt mindestens in allgemeinen Umrissen eine durchaus zutreffende Kennzeichnung des Jako, zugleich haben wir in den geschilderten Vorzügen, bzl. Leistungen aber auch eine

Erklärung für die außerordentlich lebhafte Liebhaberei, Neigung und Vorliebe für den Graupapagei, welche wir von den rohen Völkern seiner Heimat bis über die ganze gebildete Welt verbreitet finden.

Unwillkürlich fragen wir nun aber, wie weit erstreckt sich die Begabung des sprechenden Vogels, und da ergibt eine sachgemäße Antwort große Schwierigkeiten. Wir sehen, daß die bedeutendsten Schriftsteller in ihren Urtheilen entweder über die Thatsächlichkeit hinaus gehen oder vor derselben zurückbleiben. In meinem Werke „Die fremdländischen Stubenvögel" III. habe ich eine Gegenüberstellung derartiger Aussprüche gegeben, aus welcher nachzuweisen ist, daß die Wahrheit hier, wie in den meisten Lebensverhältnissen überhaupt, in der Mitte liegt. Die nachstehend angeführten Beispiele mögen zur Erläuterung dienen.

Es gibt zunächst Schilderungen von einigen Papageien, welche von einer Naturgeschichte in die andre hinübergenommen werden und dadurch gleichsam historisch geworden sind; könnten wir sie nach ihrem wahren Werth prüfen, so würden wir uns sicherlich davon überzeugen, daß regelmäßig mindestens starke Uebertreibung abwaltet.

Levaillant erzählt, daß ein Papagei in Amsterdam eine große Anzahl von Redensarten deutlich sprach, ohne nur eine Silbe zu vergessen; „er konnte als ein wahrer Cicero gelten und man hätte ein ganzes Buch mit seinen Redensarten füllen können. Auch machte er allerlei Kunststücke, holte auf Befehl Nachtmütze und Pantoffel herbei u. s. w." Der Papagei des Präsidenten v. Kleinmayrn in Wien „sprach, sang und pfiff ganz ebenso wie ein Mensch"; selbst eine Arie aus der Oper „Martha" trug er vor. Zuweilen zeigte er sich in Augenblicken der Begeistrung als Improvisator (!). „Er zeigte durchaus menschlichen Verstand"; wenn er im Zimmer seines

Herrn war, blieb er so lange ruhig, als derselbe schlief. „Als im Frühjahr eine Wachtel neben ihm zum erstenmal schlug, wandte er sich gegen sie um und rief bravo." A. E. Brehm schildert den Graupapagei einer Dame, „welcher in drei Sprachen schwatzte, so deutlich wie ein Mensch, dabei aber oft Rede= wendungen auffaßte, welche ihm niemals vorgesagt worden (!) und die er dann zum Erstaunen Aller gelegentlich passend an= wandte. Er brachte auch holländische Worte sinnig (!) zwischen deutschen an, wenn ihm in der erstern Sprache das passende Wort mangelte oder nicht einfiel." Dann folgte ein Beispiel seines Scharfsinns, welches denn doch Alles übertrifft, was bisher in solcher Hinsicht von einem Papagei behauptet worden. „Ein dicker Major, welchen er gut kannte, machte eines Tags Versuche, ihn Kunststücke zu lehren. ‚Geh' auf den Stock, Papchen, auf den Stock!' befahl der Krieger. Der Papagei war entschieden verdrossen. Da plötzlich lacht er laut und sagt: ‚Major auf den Stock, Major!'" Brehm nennt dies freilich einen der Witze des Vogels und fügt dann hinzu: „Was der Papagei sonst noch Alles gesprochen und gethan, vermag ich nicht auf= zuzählen; er war ein halber Mensch."

Im Gegensatz zu derartiger überschwenglichen Auffassung steht der Ausspruch von Dr. J. Jäger: „Das Sprechen der Pa= pageien ist von dem ihres Lehrmeisters, des Menschen, weit verschieden, weniger der Form nach, denn in dieser Beziehung ist es eine vollkommne Nachahmung des vorgesprochnen Worts in Höhe, Klang und Betonung, als vielmehr darin, daß das Thier das Wort bloß als Laut auffaßt und es nur gerade so nachahmt, wie es ausgesprochen worden." Dr. Finsch geht darüber noch hinaus, indem er hinzufügt, „das Thier kennt die Bedeutung des menschlichen Worts nicht." Aber auch diese Urtheile sind sicherlich nicht zutreffend, sondern vonvornherein leicht zu widerlegen, indem man sich unschwer davon über=

zeugen kann, daß der Papagei sehr wohl die Bedeutung der
Worte kennen lernt und sie mit voller Erwägung anzuwenden
weiß. Meine persönliche Meinung über das Sprechen aller
Papageien habe ich vorhin bereits dargelegt, und da ich im
Abschnitt über die Abrichtung noch eingehend darauf zurück=
kommen muß, so brauche ich hier zunächst nichts mehr hinzu=
zufügen; nur den Ausspruch möchte ich noch wiederholen: trotz
zahlloser Schilderungen, trotzdem hervorragende Männer ihre
Federn um der gefiederten Sprecher willen in Bewegung ge=
setzt, ergibt sich dennoch die leidige Thatsache, daß unsere Be=
obachtungen, selbst gründlichen Forschungen, noch keineswegs
auf so festem Boden stehen, um uns völlige Klarheit inbetreff
des Seelenlebens jener Thiere gewähren zu können. Wir
sollten uns demnach mit der Feststellung der Thatsächlichkeit
begnügen, ohne bis jetzt aus derselben durchaus sichere Schlüsse
ziehen zu dürfen.

Fast unzählige Schilderungen sprechender Graupapageien
hat meine Zeitschrift „Die gefiederte Welt" im Lauf von mehr
als fünfzehn Jahren gebracht, und zur Kennzeichnung der so
überaus mannigfach verschieden begabten und gearteten Jakos
will ich hier eine Blumenlese aus solchen Mittheilungen
anfügen.

Ueber den Graupapagei des Herrn Direktor Kastner in
Wien, vielbekannt und bewundert als ein ausgezeichneter Vogel,
wird folgendes berichtet: In der ersten Zeit nach seiner An=
kunft sprach er nur, wenn Niemand im Zimmer war, bald
aber fing er an zu plaudern, ohne sich um die Umgebung zu
kümmern. Er lacht im herzlichen Ton mit, wenn es von
Anderen geschieht u. s. w.; bei leisem Pfeifen ruft er sogleich
‚Karo, wo ist der Karo' und pfeift den Hund dann selbst
herbei. Er flötet mit seltner Kunstfertigkeit die verschiedensten
Melodien, und namentlich täuschend ahmt er allerlei Thier=

stimmen nach. Sobald die Tischglocke erschallt, ruft er mit
immer höherer Stimme die Aufwärterin ‚Katti‘, bis sie erscheint. Auf Anklopfen ruft er ‚herein‘, doch läßt er sich nicht
täuschen, wenn es Jemand im Zimmer thut. Sieht er, daß
eine Flasche entkorkt werden soll, so ahmt er, lange bevor der Pfropf
herauskommt, genau den Laut nach. Mit sich selber spricht er
in sanftem zärtlichen Ton ‚du gutes, gutes Jackerl‘ u. s. w.
Mit kräftiger Männerstimme ruft er ‚Wach’ heraus‘ u. s. w.
und macht die Trommellaute ‚tra, ta, tra, ta‘ nach oder
schlägt sie mit dem Schnabel am Käfig an; dann zählt er ‚eins,
zwei, drei‘ u. s. w., und irrt er sich oder spricht er sonst ein
Wort undeutlich aus, so verbessert er sich solange, bis er es
richtig und deutlich gesagt hat. Wenn der neben ihm stehende
grüne Papagei schreit, so sucht er ihn erst durch den Zuruf
‚pst!‘ zu beschwichtigen und wenn dieser nicht hilft, so schilt
er mit erhobner Stimme ‚wart’, wart’, du!‘ Ueberhaupt
spricht er mit außerordentlich wechselndem Ausdruck, zärtlich
zu seinem Herrn und dessen Frau u. s. w., bittend, wenn
er etwas haben will, und scheltend, wenn er es nicht bekommt.
Spät abends pflegt er noch mit sich selber zu plaudern und
schließt dann regelmäßig mit den Worten ‚gute Nacht, gute
Nacht, Jackerl‘.

Zu den hervorragendsten Graupapageien gehört der des
Herrn Ch. Schwendt: „Einen Beweis dafür, daß man keinenfalls die Geduld verlieren darf, wenn ein Jako durchaus nicht
sprechen lernen will, hat der meinige in auffallender Weise gegeben; ich mußte volle 8 Monate warten, bis er nur das eine
Wort ‚Jakob‘ herausbrachte, dann aber wurde ich reichlich ent-
schädigt, denn nun lernte er fast an jedem Tage etwas Neues
hinzu und heute, nach vier Jahren, weiß er soviel, daß es mir
unmöglich ist, alles anzuführen, was er spricht. Es gibt fast
keinen Ausdruck der täglichen Unterhaltung in der Familie,

welchen er nicht nachsprechen gelernt hat — und wie trefflich
weiß er die Worte richtig anzuwenden! Er redet alle im Hause
befindlichen Menschen und Thiere mit ihren Namen an, ruft
und befiehlt den Hunden und Katzen, pfeift den ersteren, lockt
die letzteren oder schilt sie, ‚marsch hinaus‘ u. s. w. Läßt das
Schwarzköpfchen sich hören, so heißt es sogleich ‚wart‘ Schwarzkopf‘, schreit die Amsel, so ruft er, ‚bist still oder ich komm’
und du kriegst Wichse, Hex‘ (so heißt die Amsel). Gleicherweise unterscheidet er das „Hanserl‘, den Kanarienvogel, ‚’s Roth-
kehle‘ und die ‚Papageile‘ (Wellensittiche), ohne je deren Benennungen zu verwechseln. Von dem Ausdruck der zärtlichsten
Schmeichelnamen bis zum barschen Kommando ‚faßt das Ge-
wehr an‘ u. s. w. vermag seine Stimme in staunenswerther,
richtiger Betonung und deutlicher Aussprache zu wechseln.
Dann sagt er Verse her und lobt sich selbst, wenn er keinen
Fehler macht; geschieht dies aber, so sagt er, ‚’s ist nix, dummer
Kerl!‘ Jeden Gruß bringt er der Tageszeit entsprechend
richtig vor, alles was er haben möchte, weiß er zu fordern.
Er vermag auch bis 8 richtig zu zählen.“

Ein bemerkenswerthes Beispiel der so sehr verschiedenartigen Begabung gab der Graupapagei des Herrn W. Stücklen.
Er war kein hervorragender Sprecher und hatte vielleicht nur
einen Sprachschatz von 10 bis 12 Worten aufzuweisen, aber er
zeigte erstaunliche Klugheit. „Wenn ich ihn frei ins Zimmer
lasse und er an den Möbeln herumzunagen beginnt, so genügt
ein einziges Wort und er unterläßt es sofort. Wenn er meinen
Schritt hört, so begrüßt er mich mit lautem Ruf, bevor ich
noch die Thür geöffnet habe, und wenn ich an seinen Käfig
trete, scharrt und bettelt er solange, bis ich ihn aus dem
Käfig nehme. Beim Frühstück wendet er sich, während er
mich sonst nie verläßt, an meine Mutter, da er deren größre
Freigebigkeit kennt. Er ist ein Feinschmecker ersten Rangs

und kommt von seinem besondern Stuhl am Eßtisch auf den letztern, wenn er nicht von sämmtlichen Speisen etwas erhält. Bier trinkt er sehr gern und öffnet sich das Deckelglas selber, auch vermag er eine Flasche zu entkorken, indem er, sich mit den Füßen an den Flaschenhals hängend, den Stöpsel Stück für Stück herausnagt. Abends zwischen 8 und 9 Uhr, aber nie zu andrer Zeit, sagt er, sobald ich den Stuhl rücke, ‚gute Nacht‘. Morgens wird er mir von meinem Burschen ins Zimmer gebracht und klettert dann sogleich am Bett in die Höhe. Stelle ich mich schlafend, so berührt er mit dem Schnabel leise meine Lippen und bleibt regungslos solange sitzen, bis ich die Augen aufschlage. Jeden Scherz läßt er sich gern gefallen. Als er einst als Puppe ausgeputzt und in ein Wickelkissen gesteckt wurde, fühlte er sich augenscheinlich dadurch geschmeichelt, daß ihn Alle belachten. Wenn er sich bei einem schlechten Streich ertappt sieht, so duckt er demüthig den Kopf auf den Tisch. Als ich ihm einst, da er sich die Federn abzu= kneifen begonnen, die Stümpfe auszupfte und ihn auf den Rücken gelegt hatte, dachte er trotzdem nicht daran, mich zu beißen, sondern er unterwarf sich geduldig, obwol mir bei jedem Federriß ein kurzer Aufschrei bewies, wie schmerzhaft ihm das Rupfen war, und küßte meine Finger, wie um mich zu bitten, daß ich einhalten möge“ u. s. w.

Hierher gehört schließlich auch noch als eigenartig begabt der Jako des Afrikareisenden Soyaux, „ein alter und wilder Vogel, der auch nicht sehr zahm geworden, aber um seiner Größe willen immer bewundert wurde. Er sprach fast gar= nichts, sondern sagte nur selten einmal das Wort ‚Kusu‘ (Be= zeichnung der Papageien bei den Loango = Negern). Seine Hauptstärke lag im Pfeifen, und ich habe niemals etwas der= artiges von einem andern Papagei gehört. Nicht etwa, daß er besonders kunstvoll oder ganze Lieder pfiff, aber die Klang=

farbe war wunderbar, mächtig, voll und glockenrein, wie hohe
Orgeltöne; er rollte z. B. die Tonleiter hinauf und hinab,
stets jedoch so, daß er immer einen Ton übersprang und den
ausgelaßnen erst nach dem zweiten brachte. Sein ‚hu‘ und
sein ‚au‘ in den klarsten Tönen klang herrlich. Dann aber
war sein Gedächtniß für Vogelstimmen aus Afrika zu be=
wundern, er ahmte den Ruf des Regenpfeifers, der Schild=
krähe u. a. m. treu nach.“

Hinsichtlich des Einkaufs, den ich weiterhin in einem be=
sondern Abschnitt besprechen werde, muß ich hier inbezug auf
den Graupapagei schon Folgendes sagen: Für Anfänger in
dieser Liebhaberei widerrathe ich entschieden den Ankauf eines
schwarzäugigen, also ganz jungen Jako, weil selbst beim billigsten
Einkauf immer empfindlicher Verlust bevorsteht; namentlich aber
auch, weil das trostlose Hinsterben eines solchen Vogels einen
unendlich betrübenden und zugleich nur zu sehr abschreckenden
Eindruck macht. Mehrmals habe ich allerliebste noch ganz
junge Graupapageien, wie solche Seeleute mitzubringen pflegen,
in der Voraussetzung angekauft, daß sie unterwegs besser be=
handelt und also lebensfähig sein würden, in allen Fällen aber
starben auch sie unrettbar dahin. Endlich fand ich folgende
Erklärung. Bei der Ueberführung, wenn die Vögel massenhaft
in den Kästen zusammengepfercht sind, werden die jüngeren
regelmäßig von den älteren gefüttert, und solange dies ge=
schieht und sie zugleich in der hohen Wärme bleiben, sind sie
nicht der Erkrankung ausgesetzt; sie sterben aber um so rascher,
sobald diese beiden Bedingungen fortfallen. Ganz ebenso oder
doch ähnlich verhält es sich mit den erwähnten von Matrosen
eingeführten noch ganz jungen Graupapageien; sie sind nicht
allein gleichfalls im schwülen Schiffsraum gehalten, sondern
man hat sie, ebenso wie die Neger sie aufgezogen, bis zum
letzten Augenblick aus dem Munde mit gekautem Mais ge=

füttert. Es ist nun zum Erbarmen, mit anzusehen, wie ein solcher vom Liebhaber angekaufter, hilfloser Vogel nach Futter aus dem Munde seines bisherigen Ernährers jammert, ohne daß der neue Besitzer eine Ahnung davon hat, woran der Papagei zugrundegeht. Nur wer es kann und mag, ihn aus dem Munde weiterzufüttern, sollte einen solchen ganz jungen Jako kaufen. Dann wird diese Mühe freilich in der glänzendsten Weise belohnt, denn man hat die begründete Aussicht, nicht allein einen durchaus zahmen, sondern auch meistens reich begabten Vogel zu erlangen.

Wenn der Graupapagei frisch eingeführt in den Besitz des Liebhabers gelangt, nachdem er den S. 15 geschilderten Weg, wol durch soundsoviel Hände, schon zurückgelegt, so hat er damit vor allem den Beweis von seiner außerordentlichen Lebenskraft gegeben. Obwol Bewohner des heißen Afrika, vermag er doch, nach sachgemäßer Eingewöhnung, unser Klima gut zu ertragen, wie dies Beispiele beweisen, von entkommenen G., die sich manchmal lange Zeit in der Freiheit erhalten und weder durch die Witterungsunbillen, noch durch die veränderte in allerlei Früchten und Sämereien sich darbietende Nahrung gelitten haben. Trotzdem darf man es jedoch niemals außer Acht lassen, daß selbst der seit vielen Jahren in der Gefangenschaft befindliche und vielmehr selbstverständlich der soeben von der Reise angekommene, vielleicht noch jugendliche, andrerseits aber besonders der durch die Beschwerden der Reise angegriffne oder bereits krankhafte Jako gegen Witterungseinflüsse, selbst gegen plötzliche Wärmeschwankungen und selbstverständlich auch gegen unzweckmäßige Ernährung überaus empfindlich ist, wie ich dies in den Abschnitten über Empfang und Gesundheitspflege darlegen werde. Bei den Graupapageien kommen leider nur zu sehr und in bedeutenderm Maß als bei irgendwelchen andern Vögeln die im Abschnitt über Krankheiten noch

eingehend zu besprechenden schlimmen Einflüsse der Ueberfahrt
zur Geltung und vornehmlich unheilvoll wird für sie das Vor=
urtheil, daß sie kein Wasser bekommen dürfen oder der Um=
stand, daß für sie auf dem Schiff kein solches übrig ist.
Infolge des quälenden Dursts fressen sie dann ihre eigenen
Entleerungen, und namentlich dadurch, wie denn auch durch die
übrigen übelen Einwirkungen, insbesondre der heißen, qualmigen
Luft, wird der Grund gelegt zu jener verherenden Krankheit,
die man als Sepsis oder Blutvergiftung bezeichnet, die ich
S. 13 bereits erwähnt habe und weiterhin noch näher be=
sprechen werde. Es sei hier nur nochmals hervorgehoben,
daß der krankhafte Zustand sich äußerlich garnicht erkennen
läßt, daß die Vögel bei der Ankunft wie in bester Beschaffen=
heit erscheinen, während sie doch bereits den Todeskeim tragen
und durch kein Mittel mehr zu retten sind. Man befolge
also, um sich vor Verlusten zu bewahren, die im Abschnitt über
den Einkauf zu gebenden Rathschläge. Will man einen Versuch
mit billigen jungen Graupapageien machen, so beachte man
auch den Rath von Dr. Lazarus, daß man solche nur dann
anschaffe, wenn junger in Milch stehender Mais in Kolben zu
haben ist (von Ende Juli bis November), indem diese Nah=
rung, reichlichst gegeben, das Trinkwasser wenigstens einiger=
maßen ersetzt und so eine allmähliche Gewöhnung an das letztre
möglich macht. Aus Vorsicht reiche man übrigens einem
frisch angekauften Graupapagei, auch wenn man von seiner
Gesundheit überzeugt ist und der Verkäufer ausdrücklich ver=
sichert, daß er an Wasser gewöhnt sei, solches doch niemals
ohne weitres in Fülle; man benutze es vielmehr zugleich als
Zähmungsmittel, reiche es ihm zunächst nur täglich ein= bis
zweimal und lasse ihn jedesmal etwa drei Schluck nehmen.
Ferner achte man in der ersten Zeit auf die Entleerungen
des Vogels, ob ihm das veränderte Trinkwasser, auch wenn

es, wie weiterhin beschrieben wird, behandelt ist, nicht etwa
Durchfall verursacht, in welchem Fall man nur täglich einmal
einige Schluck spenden darf und wol auch Opiumtinktur
(3—5 Tropfen in 30 gr Wasser) hinzufügen muß. Gerade
beim Graupapagei halte man als wichtige Regel fest, daß
man einen solchen, der kein Trinkwasser bekommen soll, niemals
kaufen darf *). Im übrigen bitte ich, alle Rathschläge, die ich
im allgemeinen, besonders aber in den Abschnitten über Ein=
kauf, Empfang und Ernährung ertheilen werde, dem Graupapagei
gegenüber vorzugsweise sorgsam auszuführen. Unrichtige Ernäh=
rung, besonders die leider nur zu vielfach übliche Fütterung mit
allerlei menschlicher Kost, Fleisch, Gemüse, Kartoffeln u. a., bringt
ihm nur zu oft eine der schlimmsten Erkrankungen, das Selbst=
rupfen nämlich. Nur der gut gepflegte Jako erhält sich für
die Dauer und erreicht ein hohes Alter, welches nach vielfachen
Erfahrungen 50—80 und selbst 100 Jahre und darüber
währen kann.

Preise: frisch eingeführte ganz rohe Graupapageien stehen im
Großhandel manchmal, wenn auch selten, auf 4,50—6 Mark für den
Kopf, häufiger aber zu 15—18 M.; bei den Händlern zweiter Hand
gelten sie: selten 15—16 M., meistens 24—30 M.; ausgeboten
werden schwarzäugige Graupapageien à 20—30 M.; dieselben „an
Wasser gewöhnt" 30—50 M.; „akklimatisirte" Graupapageien 36—50
M.; frisch angekommene Segelschiffvögel 30—45 M.; sprechende Grau=
papageien 50—100 M., 300, 500, 600 bis 1000 M. und sogar noch
darüber.

---

*) Viele Händler, und insbesondre die großen Hamburger,
geben anstatt des Trinkwassers nur in Kaffe oder auch Thee er=
weichtes Weißbrot (Weizenbrot, Semmeln) und verdünnen dann den
Kaffe allmählich immer mehr mit warmem Wasser.

Der **braunschwänzige graue Papagei** [Psittacus timneh, *Frs.*] — Timneh, Timneh=Papagei, Timneh=Jako — Timneh Parrot — Perroquet timneh — Timneh Papegaai — unterscheidet sich von dem vorigen auf den ersten Blick nur dadurch, daß er dunkler grau ist, schokoladen= bis rothbraunen Schwanz und keinen ganz schwarzen, sondern auf der First und am Grunde blaßröthlich= grauen Schnabel hat, auch bemerkbar kleiner ist. Man hielt ihn früher für das Jugendkleid oder eine Spielart des gem. Graupapagei, doch ist er jetzt mit Sicherheit als selbständige Art festgestellt. Heimat: der Norden Westafrikas. Sein Freileben ist unbekannt. Im Handel erscheint er selten, doch ist er auf den Berliner Vogelausstellungen mehrmals vor= handen gewesen. Baronin Sidonie v. Schlechta in Wien, eine liebevolle, gut beobachtende Vogelfreundin, schildert ihn als anmuthig von Gestalt und sein Benehmen recht komisch, auch als überaus zutraulich gegen Jedermann. Er pfeife einen wundervoll reinen Ton und spreche deutlich, aber eigenthümlich langgezogen und nur verhältnißmäßig wenig. Das grunzende Geschrei des Jako habe er nicht, sondern einen hellen, schrillen Ruf. Nach mehrmaliger alljährlicher Mauser bekam er stets den rothbraunen Schwanz wieder und sein ganzes Gefieder blieb gleichmäßig. Fütterung: Sonnenblumensamen, sowie scharf gebackner, geriebner und mit Milch oder Wasser angefeuchteter Zwieback. Für die Liebhaberei wird der Timneh immer nur geringe Bedeutung haben, da er weder schöner, noch begabter als der Verwandte ist und nur den Reiz der Seltenheit gewährt. Preis 20—60 M.

Der große schwarze Papagei
[Psittacus vaza, *Shw.*].

Vasa oder Vaza, großer Vaza=Papagei, großer Schwarzpapagei, Mohrenpapagei. — Greater Vaza Parrot. — Grand Vaza, Perroquet Vaza. — Groote Vaza Papegaai.

Die Bedeutung der schwarzen Papageien kommt auch nicht annähernd der des Jako gleich; denn kein einziger von

ihnen hat sich bis jetzt, trotz zahlreicher eifrigen Abrichtungs=
versuche, als hervorragender oder auch nur bemerkenswerther
Sprecher gezeigt. Noch dazu kann man sie keinenfalls als
besonders schöne Schmuckvögel ansehen, indem sie in ihrem
schlichten, eintönigen Schwarz recht anspruchslos gefärbt
erscheinen. Der einzige Vorzug, den man ihnen nachrühmt,
liegt darin, daß sie laut und wohlklingend pfeifen, vortrefflich
Liederweisen nachflöten und auch Vogelgesang nachahmen ler=
nen; ferner nehmen sie ebenso gern allerlei andere Laute, wie
Hundegebell, Miauen der Katze, Hahnenschrei u. a. täuschend
an. Im übrigen sind sie sehr ruhige, stille Vögel, die nur
zeitweise etwas lebhafter werden, dann schnell mit den Flügeln
schlagen und den Schwanz ausbreiten, sonst aber stundenlang
träumerisch dasitzen. Im Käfig haben sie sich als kräftig und
ausdauernd erwiesen.

Der große Schwarzpapagei ist: am ganzen Oberkörper tief
und matt schwarz, zuweilen bräunlich oder graulich; Schwingen,
Flügeldecken und Schwanzfedern bräunlich= bis rußschwarz (schiefer=
grau) mit schwachem, violettgrünem Metallglanz; Schnabel zur
Parungszeit rein= bis röthlichweiß, nach derselben dunkel= bis schwarz=
braun; Wachshaut fleischfarbenweiß, zeitweise schwärzlich; Auge
dunkelbraun; Augenkreis fleischfarbenweiß; Füße graubraun mit
schwarzen Krallen; Krähengröße (Länge 52—54,5 cm; Flügel 26,6 bis
31,9 cm; Schwanz 16,8—22,2 cm). Gegen die Mauserzeit hin nimmt
nach Audebert das Gefieder eine verschoßne, röthliche Färbung an, auch
wird der Schnabel dann dunkel. — Heimat: Die Insel Madagaskar.

Herr J. Audebert, welcher lange Zeit auf Madagaskar
geweilt, gibt eine überaus interessante Schilderung, von der
ich im Nachstehenden wenigstens einen Auszug hier anfügen
will, da über das Freileben dieser Art bisher fast noch gar=
nichts und über das Gefangenleben wenig bekannt war: „Der
Mohrenpapagei lebt eigentlich nur im Hochwald, wo er
überall häufig ist und in kleinen Flügen von vier bis sechs

Köpfen, doch stets gesondert von denen der kleinern Art, die
Reis= und Maisfelder heimsucht, in denen er großen Schaden
anrichtet und zehnmal mehr verwüstet als er verzehrt, beim
Fressen sich lautlos verhaltend. Seine Nahrung bilden
außerdem vornehmlich Baumfrüchte und Beren; gegen Abend
besucht er die am Waldrand wachsenden wilden Himber=
sträucher. Da er auch gern und massenhaft Baumknospen
frißt, so wird er in Obstanlagen ebenfalls besonders schädlich.
Von Natur scheu oder wol mehr durch Verfolgungen miß=
trauisch und vorsichtig geworden, fliegt er stets sehr hoch und
gut, ist daher schwierig und nur zufällig zu erlegen. Wenn
man aber eine Schar überrascht und einen davon krank ge=
schossen hat, so lockt dessen klägliches Geschrei die übrigen
herbei und sie umflattern ihn klagend lange — wie dies ja
auch bei manchen anderen Papageien, sowie bei Krähenvögeln
der Fall ist —, sodaß man noch einen oder einige herab=
schmettern kann, bevor sie endlich davon eilen. Im Fluge
läßt er zeitweise den flötenden Ruf ‚tui, üi, üi‘ erschallen.
Gegen den Oktober hin hört man im Wald oft sein scharfes,
widerwärtiges Geschrei ‚gäk, gäk, gäk!‘, welches die um die
Weibchen heftig mit einander kämpfenden Männchen ausstoßen;
zu Ende dieses Monats sieht man die Pärchen, welche be=
ständig kosen, dabei das Gefieder aufblähen, die Augen ver=
drehen und ein aus klirrenden, knarrenden, brummenden Tönen
bestehendes Gemurmel oder Geplauder hören lassen. Das
Nest befindet sich in der Höhlung eines hohen und starken
Baums inmitten des Urwalds oder auf schwer zugänglichem
Felsen. Wahrscheinlich werden zwei Bruten in jedem Jahr
gemacht, und jede dürfte nur zwei Junge ergeben. Während
das Weibchen brütet, läßt das Männchen unermüdlich von
morgens 4 Uhr bis abends, beim Mondschein sogar bis
9 Uhr, seine langgezogenen Flötentöne, wechselnd mit leiseren

Kehllauten, erschallen. Das Jugendkleid gleicht dem der
Alten, doch haben die Federn noch keinen Metallschimmer;
Schnabel und Augenring sind gelb. Auch das alte Weibchen
zeigt während des Nistens den Schnabel und dessen Umgebung
gelb, welche Färbung, wie es scheint, durch irgend einen Nahrungsstoff hervorgebracht wird; außerdem habe ich keine Geschlechtsunterschiede auffinden können. Sein Fleisch ist sehr
sehnig und zähe, daher kaum genießbar, liefert aber eine
kräftige Brühe. Bei den Malagaschen findet man ihn selten
in der Gefangenschaft, dann jedoch sperren dieselben solche Papageien nicht ein, sondern verstutzen ihnen einige Schwingen, und
man sieht sie gewöhnlich auf dem Dach der Hütte sitzen.
Sie werden mit rohem oder gekochtem Reis und Bananen
gefüttert. Auf der Erde watscheln sie zwischen den Hühnern
u. a. unbeholfen umher oder hüpfen auf beiden Füßen zugleich rasch vorwärts. Ich kenne wenige Papageien, die ihrem
Pfleger so viel Freude machen und solche Anhänglichkeit zeigen,
wie dieser: er schreit und nagt nicht, ist gutmüthig, läßt sich
ohne Furcht mit den Händen anfassen, herumtragen und beißt
niemals. Jung aufgezogen pfeift er ausgezeichnet und lernt
ziemlich gut sprechen; außerdem ahmt er alle Thierstimmen
nach und verwebt damit seine natürlichen Töne. Am besten
hält man ihn auf einem Ständer. Eingesperrt vertragen sie
sich schlecht, freigelassen aber bekümmern sie sich nicht um
einander. Als Allesfresser darf der schwarze Papagei ohne
Bedenken mit menschlichen Nahrungsmitteln gefüttert werden;
die meinigen bekamen gekochtes oder gebratnes Fleisch, Fleisch-
brühe, Fisch, Gemüse, rohen und gekochten Reis, Bananen,
Zuckerrohr u. a.; rohes Fleisch berührten sie nie. Von allen
Dingen, die sie nicht kennen, wie Gläsern, Flaschen u. drgl.,
halten sie sich ängstlich fern; niemals benagte einer Tische
oder Stühle. Ein sehr begabter Mohrenpapagei wußte jeden

Ton der menschlichen Stimme zu deuten und folgte sofort
jedem Befehl; ich kann diese Art also als gelehrigen und
treuen Vogel empfehlen, doch setze ich voraus, daß man einen
jungen, noch unverdorbnen Schwarzpapagei erhalte. Auf
Madagaskar sind sie leicht in größrer Anzahl zu erlangen.
Der Preis beträgt dort nur 40 bis 100 Pfennige für den
Kopf."

Bei uns im Handel kommen sie, wenn auch nicht gerade
selten, so doch nur vereinzelt vor und werden eigentlich nur
von besonderen Liebhabern gehalten. Preis nach der Einführung 20 bis 30 M., zahm und sprechend 60—75 M.

Der kleine schwarze Papagei
[Psittacus niger, *L.*].

Kleiner Schwarzpapagei, kleiner Vaza=Papagei, bloß Schwarzpapagei. — Lesser
or Smaller Vaza Parrot. — Petit Vaza. — Kleene Vaza Papegaai.

Außer der unbedeutenden Verschiedenheit, daß das Gefieder
in der Regel nicht so tief schwarz, sondern stärker bräunlich oder
graulich erscheint und die Größe etwa um ein Drittel geringer ist
(Länge 34—36 cm; Flügel 22—25 cm; Schwanz 12—14 cm), stimmt
diese Art mit der vorigen völlig überein; Schnabel fleischfarbenweiß
bis schwärzlichbraun, Wachshaut weißgrau bis bräunlichfleischfarben;
Auge dunkelbraun, Augenkreis mehr oder minder reinweiß; Füße
dunkelhorngrau, Krallen schwarz. Heimat: gleichfalls Madagaskar.
Freileben bis jetzt ganz unbekannt. Er scheint, wenigstens nach
meinen persönlichen Erfahrungen, noch stiller als der vorige
und auch störrisch und ungelehrig zu sein. Sein Kreischen ist
anhaltend und nicht angenehm, wechselt jedoch mit melodischem
Flöten. Ich konnte keine Sprachbegabung bei ihm entdecken.
Im übrigen gilt alles über die schwarzen Arten im allgemeinen
Gesagte von ihm ebenfalls. In den Handel kommt er wie
der vorige vereinzelt. Preis 20—24 M.

Der rußbraune Papagei [Psittacus Barklyi, *Nwt.*] und der schwarze Papagei von den Komoren [Psittacus comorensis, *Ptrs.*]. Die beiden letzten Schwarzpapageien haben für uns hier bis jetzt fast gar keine Bedeutung; ich zähle sie daher nur der Vollständigkeit halber mit. Der rußbraune Papagei (Dohlenpapagei — Praslin Parrot, Barkly's Vaza Parrot — Perroquet de Barkly — Barkly's Papegaai) ist am ganzen Körper rauchbraun, unterseits kaum etwas, nur die unteren Schwanzdecken deutlich heller; Schwingen und Schwanzfedern an der Außenfahne düster braungrau, olivengrünlich scheinend, an der Innenfahne dunkel rauchbraun; Schwanzfedern dunkelrauchbraun mit braunen Schäften, unterseits die Schäfte weißlich= horngrau; Schnabel dunkelhornbraun mit hellerer Spitze, Wachshaut braun; Auge dunkelbraun; Zügel und Augenkreis braun; Füße und Nägel braunschwarz; Größe noch fast um ein Drittel geringer als die des kleinen schwarzen Papagei (Länge 28 cm; Flügel 15—17 cm; Schwanz 10—13 cm). Seine Heimat sind die Seychellen, doch soll er nur noch auf der Insel Praslin vorkommen. Er wird des Schadens wegen, welchen er an Mais u. a. Feldfrüchten verursacht, so arg verfolgt, daß sein Aussterben wol bevorsteht. Ueber seine Lebensweise ist nichts bekannt. Seit d. J. 1867 ist er zweimal in den zoologi= schen Garten von London, im ganzen in 5 Köpfen, gelangt, und i. J. 1881 hat ihn A. H. Jamrach in London in einigen Vögeln ausgeboten. — Der schwarze Papagei von den Komoren (Komoren=Vazapapagei, =Vaza und =Schwarzpapagei — Perroquet des Comores — Comoren Parrot — Comoren Papegaai) ist mit dem vorigen fast übereinstimmend, rauchbraun, an Schwingen, Deck= und Schwanz= federn dunkler schwarzbraun mit eigenthümlichem mattgraugrünem Schimmer; Schnabel und Wachshaut schwarzbraun; Auge fast schwarz, nur ein kleiner nackter Kreis unter dem Auge; Füße schwarzbraun mit schwarzen Krallen. Viel größer als der vorige (Länge 47—48 cm; Flügel 28—29 cm; Schwanz 16—19 cm). Heimat also die Komoren, wo ihn Professor Dr. Peters entdeckt und beschrieben hat. Er ist sogar als Balg in den Sammlungen selten, trotzdem jedoch schon lebend eingeführt, und zwar in 3 Köpfen nach dem zoologischen Garten von Hamburg.

*   *   *

Wie unter den Papageien der alten Welt die Arten des soeben
behandelten Geschlechts eigentlicher Papagei oder vielmehr nur eine
derselben, der rothschwänzige Graupapagei, so stehen unter denen der
neuen Welt die Amazonen in Sprach= und geistiger Begabung über=
haupt am höchsten; ja, es herrscht vielfach die Streitfrage, ob jener
erstre von manchen der letzteren nicht mindestens erreicht oder gar
übertroffen werde. Ich will mich bemühen, diese in gleicher Weise
wie jenen Sprecher zu schildern, um dann das Urtheil dem Er=
messen und der besonderen Neigung eines jeden Liebhabers selbst zu
überlassen.

Die **Amazonenpapageien** (Chrysótis, *Swns.*) unterscheiden sich
von den erwähnten Verwandten zunächst durch die Färbung, denn sie
sind sämmtlich — wie freilich beiweitem die meisten Papageien —
grün, mit weißen, gelben, rothen und blauen Abzeichen, entweder in
allen drei Farben zugleich oder nur in einer oder zweien. Im übri=
gen gleichen sie dem Graupapagei in der kräftigen, gedrungnen
Gestalt. Als ihre besonderen Kennzeichen sind hervorzuheben: Schnabel
groß, kräftig, mäßig gewölbt, stark nach unten gebogen, First nach
hinten scharfkantig abgesetzt, leicht gefurcht, Oberschnabel mit an=
sehnlich überhängender Spitze und gerundeter oder winkliger Aus=
buchtung, Unterschnabel so hoch wie der obre, mit breit abgerundeter
Dillenkante und gerundet ausgebuchteten Schneiden; Nasenlöcher
groß, frei, Wachshaut kurz, bogig, mit Borstenfederchen besetzt;
Zunge breit, gewölbt, fleischig, glatt, mit abgestumpfter Spitze; Auge
groß, rund, ausdrucksvoll; Flügel breit und stark, länger als der
Schwanz, letzterer kurz, breit, abgerundet; Füße stark mit kräftigen
Tarsen und stark gekrümmten, kräftigen Krallen; Gefieder knapp an=
liegend, Federn klein, breit, abgestutzt, einander schuppenförmig
deckend, bei einigen Arten mit Puderdaunen; Dohlen= bis nahezu
Rabengröße. Fast alle Amazonen, vornehmlich aber die Guatemala=
Amazone, zeigen die Eigenthümlichkeit, daß sie bei Beängstigung, z. B.
beim Nahen eines Hundes, mehr oder minder die Nackenfedern sträuben
und dann dem späterhin zu beschreibenden Kragenpapagei ähnlich er=
scheinen.

In ihrer Heimat, Südamerika, sind sie von den Laplatastaten
bis Südmexiko, vornehmlich aber im Norden und Osten Brasiliens,
in den Urwäldern längs des Amazonenstroms und anderer Flüsse,
sowie der Küste zu finden; nur wenige leben auch in den Steppen=

waldungen oder im Gebirg. Manche sind auf den westindischen Inseln heimisch. Die meisten Arten haben nur ein beschränktes Verbreitungs= gebiet. Alle sind eigentliche Baumvögel; sie klettern geschickt, gehen auf dem Erdboden dagegen watschelnd; ihr Flug ist schwerfällig und mäßig langsam, mit raschen Flügelschlägen, doch manchmal sehr hoch. Nächst den Mittheilungen, welche die reisenden Naturforscher, Prinz von Wied, Burmeister, v. Tschudi, Schomburgk u. A. über ihr Treiben gemacht, liegt eine hübsche Schilderung von Karl Petermann vor, und nach allen diesen Berichten will ich im Folgenden eine kurze Uebersicht der Lebensweise geben: Als das eigentliche Sinnbild des Urwalds erscheint die Papageienschar, und dem aufmerksamen Be= obachter fällt zunächst die Regelmäßigkeit in allen ihren Verrichtungen auf. Sobald das Frühroth den anbrechenden Tag kündet, beginnt das Geschwätz und der Lärm auf den Schlafplätzen der Schwärme; sie putzen das Gefieder und beginnen unter lautem Geschrei nach und nach in kleinen Trupps, immer pärchenweise zusammenhaltend, davonzuziehen; bald stehen die bis vor kurzem so belebten Baum= gruppen wieder in der Stille des Urwalds da. In weiter Entfernung fallen die Flüge an bestimmten Ruhepunkten ein, laut rufend und lockend, mit antwortendem Geschrei folgen die übrigen und unter betäubendem Lärm erhebt sich dann der ganze Schwarm, um nach den wol noch meilenweit entfernten Futterplätzen abzustreichen. Hier stürzen sie nun mit Heißhunger über die Fruchtbäume her, doch die argen Schreier sind jetzt still geworden, und man hört nur das Ge= räusch, welches die herabfallenden Reste verursachen. Ein Flug nach dem andern kommt lautlos herbei, nur das Zirpen Futter empfan= gender Jungen, das Rascheln einer abgerißnen, herabfallenden Frucht verräth die Fresser in den dichten Kronen der Bäume. Nachdem sie sich gesättigt und aus den mit Regenwasser gefüllten Kelchen der auf den Bäumen wachsenden Orchideen getrunken haben, halten sie Ruhe, während welcher sie leise, gleichsam murmelnde Töne von sich geben; bei sehr heißer Witterung, wenn das Wasser in den Blüten verdunstet ist, müssen sie manchmal weit zur Tränke fliegen und dies geschieht ebenfalls stets zur bestimmten Zeit. Gegen Abend be= ginnen einzelne lärmend kurze Flüge zu machen, immer mehrere werden lebendig und mit der sinkenden Sonne tritt ein Trupp nach dem andern die Rückkehr an. Auf die Sammelplätze kommen sie mit durchdringendem Geschrei, gleicherweise mit schrillen Rufen be=

grüßt von denen, die bereits angelangt waren, und jeder stimmt
aus Leibeskräften in das wirre Gekreisch ein; erst in voller Dunkel=
heit erstirbt die Geschwätzigkeit und der Zank um die besten Ruhe=
plätze. Solch' Treiben setzen sie während der ganzen Herbst= und
Winterszeit fort, indem sie von einem Bezirk, in welchem infolge
ihrer Plünderungen oder durch Ueberreife eine Frucht auf die Neige
geht, nach einem andern, der neue, lockende Früchte bietet, übersiedeln.
Bei Mißwachs oder auch aus anderen Ursachen verlassen sie wol
eine Gegend für längre Zeit. In der Nistzeit, vom September oder
Oktober bis zum März, sondern die Pärchen sich ab. Als Nisthöhle
wird ein meistens sehr tiefes Astloch hoch oben im gewaltigen Ur=
waldsbaum, welches daher schwer zugänglich ist, alljährlich von ein=
unddemselben Pärchen bezogen, und das Gelege besteht in zwei bis
vier sehr runden und wie bei allen Papageien reinweißen Eiern. In
jedem Jahr soll nur eine Brut stattfinden. Aus Vorsicht verhalten
sich die Amazonen, wie ja übrigens die meisten Vögel überhaupt, in
der Nähe des Nests lautlos, sodaß die Reisenden sagen, man könnte
meinen, sie haben zur Nistzeit ihre Stimme verloren. Ihre Nahrung
besteht in fleischigen und saftigen Beren und anderen, besonders auch
Schotenfrüchten, ferner in Nüssen, Fruchtkernen und dann vornehmlich
in allerlei Sämereien, Mais und anderm Getreide. Wenn sie in das
letzte einfallen, sind die Schreier gleichfalls still. Des von ihnen
verursachten Schadens, aber auch ihres wohlschmeckenden Fleisches und
selbst der Federn wegen, werden sie viel verfolgt; auf den Märkten
der Hafenstädte soll man sie zur Zeit der Wanderungen massenhaft
als Wildbret finden.

Auch sie sind seit altersher bekannt, jedenfalls ebenso lange wie
der Jako, doch erst in der neuesten Zeit sind die einzelnen Arten
sicher unterschieden und genau beschrieben. Das größte Verdienst in
dieser Hinsicht — wie um die Darstellung aller Papageien überhaupt
— hat Dr. Otto Finsch sich durch sein hier schon S. 6 erwähntes
Buch erworben. Herr Karl Hagenbeck, Besitzer der großartigen
Handelsmenagerie in Hamburg, hat sodann dadurch, daß er in den
Jahren 1878/79 eine Sammlung aller bisher lebend eingeführten
Amazonen zusammenbrachte und dieselbe mir zum Studium zur Ver=
fügung stellte, die Gelegenheit dazu gegeben, daß ich in der Klar=
stellung mancher Arten sichere Ergebnisse erreichen und nach den
lebenden Vögeln vor mir die Beschreibungen von Dr. Finsch ergänzen

konnte. So habe ich in meinem Werk „Die fremdländischen Stuben=
vögel" III. die beiden Arten Gemeine und Venezuela=Ama=
zone (Psittacus aestivus, *Lth.* et P. amazonicus, *L.*), welche in
sämmtlichen Händler=Preislisten, in allen volksthümlich geschriebenen
und selbst in manchen wissenschaftlichen Büchern bis dahin verwechselt
worden, zuerst mit Entschiedenheit aus einander gehalten; ferner
konnte ich die Rothschwänzige Amazone (P. erythrurus, *Khl.*),
welche Dr. Finsch noch für ein Kunsterzeugniß ansah, nach dem leben=
den Vogel als sichre Art feststellen und eine bis dahin noch unbekannte
Art, Hagenbeck's Amazone (P. Hagenbecki, *Rss.*) als neu be=
schreiben.

Die Amazonen werden von den Eingeborenen Südamerikas
größtentheils in früher Jugend aus den Nestern geraubt und auf=
gefüttert und von ihnen gilt hauptsächlich das S. 14 Gesagte. Des=
halb sind sie fast sämmtlich oder doch wenigstens in der größten
Mehrzahl bei der Einführung schon mehr oder minder gezähmt, und
viele sprechen einige spanische und von der Ueberfahrt her englische
oder holländische Worte. Von den bisher bekannten 37 Arten sind
bis jetzt 33 Arten lebend eingeführt. Manche kommen alljährlich
regelmäßig und in sehr großer Kopfzahl, andere seltener und in
wenigen Köpfen und die meisten nur einzeln und zufällig in den
Handel.

Ueber ihre Sprachbegabung lauten die Urtheile recht verschieden=
artig, und zwar nicht allein inbetreff der einzelnen Arten, sondern
auch über das Verhältniß, in welchem sie dem Graupapagei gegen=
überstehen. Dr. Lazarus meint, sie seien ihm wol in vieler Hinsicht
gleich, aber sie bleiben hinter ihm darin zurück, daß sie nicht, wie
er, die menschliche Sprache täuschend nachahmen können, sondern daß
ihr Sprechen doch immer eigenthümlich, wenn man so sagen dürfe,
papageienartig, ertöne. Eine Amazone, behauptet er, werde stets in
demselben Tone sprechen, gleichviel ob sie von einem bejahrten Mann,
einem Jüngling oder einer Frau abgerichtet sei; sie habe nicht die
Schmiegsamkeit der Sprache, daß sie so wie der Jako mit bittender,
schmeichelnder oder zürnender Stimme zu sprechen vermöge; ihre
Worte bleiben immer in gleicher Tonlage und Tonart. Bei sehr
großer Zahmheit vermöge sie doch niemals die kluge Anhänglichkeit
des Grauen zu äußern; es mache nie den Eindruck, als ob ihre
Leistungen, die Aeußerung ihrer Wünsche u. a. m. gleicherweise selbst=

bewußt wären. Während der Graupapagei mit der Zeit in eigner
Selbständigkeit immer neue, überraschende Seiten seiner Begabung,
ja gewissermaßen ein vermenschlichtes Wesen, entwickle, und man
darüber vergesse, daß er ursprünglich scheu und wild gewesen und
erst durch die Erziehung herangebildet worden, erinnere die Amazone
stets daran, daß sie doch nur ein abgerichtetes Thier sei. Der ge=
zähmte und abgerichtete Jako lege seine kreischenden Naturlaute mit
der Zeit völlig ab, dies sei bei der Amazone niemals der Fall, denn
auch der hervorragendste Sprecher aus ihren Reihen überlasse sich
zeitweise mit wahrem Wohlbehagen seinem Geschrei. Im allgemeinen
mag dieses Urtheil wol zutreffend sein; nur sollte man nicht ver=
gessen, daß unter den verschiedenen Arten der Amazonenpapageien
doch eine sehr bedeutsame Mannigfaltigkeit in der Begabung sich
ergibt; außerdem behaupte ich mit Entschiedenheit, daß unter den
Großen gelbköpfigen, Gemeinen oder Rothbug=, Surinam=, Gelbnackigen
Amazonen u. a. einzelne Sprecher vorkommen, welche hinter dem
gelehrigsten Graupapagei in keiner Hinsicht zurückbleiben. Diese ge=
nannten Arten gelten als die begabtesten, doch zählt man mehr
oder minder mit Vorliebe auch noch die Müller=, Rothrückige und
Venezuela=Amazone hinzu, während die beiden Weißköpfigen mit und
ohne rothen Bauchfleck, namentlich aber die Taubenhals=, Dufresne's
u. a. bereits beiweitem weniger gelehrig sein sollen, die kleineren,
wie der Kleine Gelbkopf, Sallé's, die Weißstirnige, Rothstirnige u. a.
Amazonen offenbar weit weniger hochbegabt, als vielmehr nur ihres
niedlichen und komischen Wesens halber beliebt sind.

In der Regel werden die Amazonen bei den Händlern mit
Hanf, Mais und eingeweichtem Weißbrot gefüttert; ich bitte das
weiterhin über die Fütterung der großen Papageien Gesagte zu be=
achten. Da aber aus den bisherigen Nachrichten über ihre Lebens=
weise hervorgeht, daß sie auch Fruchtfresser sind, so wolle man es nicht
versäumen, ihnen zeitweise gute süße Früchte und vornehmlich auch
Wall=, Hasel= u. a. Nüsse zu reichen. Bei keinen anderen Papageien
kommen sodann die schlimmen Folgen naturwidriger Ernährung
so übel zur Geltung, wie gerade bei diesen. Nach sachgemäßer Einge=
wöhnung und bei guter Verpflegung zeigen sie sich dagegen als sehr
kräftig und ausdauernd und erreichen dann gleich dem Graupapagei
ein hohes Alter. Sie gehören entschieden und mit Recht zu den be=
liebtesten aller Papageien. Alles Nähere werde ich bei den einzelnen

Arten mittheilen; über Einkauf, Verpflegung, Zähmung und Abrichtung bitte ich in den btrf. Abschnitten nachzulesen.

Eine absonderliche Beobachtung, welche Herr Alex. Bau gemacht, sei hier noch erwähnt. Seine junge, vollständig gesunde und kräftige Amazone wurde im Sommer eines Sonntags nachmittags plötzlich von Krämpfen befallen; sie sträubte die Federn, zitterte und wurde eiskalt; dabei sah sie fortwährend nach dem Himmel empor. Gegen Abend legte sich die Krankheit, und die ganze folgende Woche blieb der Vogel gesund. Am nächsten Sonntag Nachmittag aber traten genau dieselben Erscheinungen mit dem gleichen Verlauf ein. Da der Papagei keinen Blick vom Himmel wegwandte, so wurde er in ein andres Zimmer gebracht, wo er überraschend schnell sich wieder erholte. An seinen gewöhnlichen Platz zurückversetzt, bekam er den Krampf= anfall sogleich wieder. Jetzt folgte man seinen angsterfüllten Blicken — und da ergab sich als Ursache ein großer, sehr hoch stehender Papierdrachen. „Das sonderbare Benehmen des Vogels hielt während der ganzen Drachenzeit an; erst mit dem Aufhören derselben im Spätherbst blieben die Anfälle fort und bis zum Verkauf der Amazone im folgenden Frühjahr sind sie auch nicht wiedergekehrt." Diese Wahrnehmung ergibt, daß auch die Amazonen, gleich anderen Papageien, vor Beängstigungen und Erregungen möglichst zu be= wahren sind. —

In der Benennung habe ich mich an die in der Liebhaberei und zum Theil auch in der Wissenschaft gebräuchliche Bezeichnung A m a = z o n e n gehalten, während Dr. Finsch sie Kurzflügelpapageien und A. E. Brehm Grünpapageien heißt.

Der Amazonenpapagei mit rothem Flügelbug
[Psittacus aestivus, *Lth.*].

Gemeine Amazone, bloß Amazone oder Amazonenpapagei, blaustirnige, ge= wöhnliche, blau= und gelbköpfige Amazone, Rothbugamazone, Rothbug= Amazonenpapagei und Kurzflügelpapagei mit rothem Flügelbug. — Blue-fronted Amazon or Amazon Parrot. — Perroquet Amazone à front bleu, Perroquet Amazone à calotte bleu, Perroquet Lord du Brésil. — Gewone Amazone Papegaai.

Die allbekannte gemeine Amazone mit rothem Flügelbug wurde, wie schon S. 45 gesagt, bis zur neuesten Zeit mit

der nächstfolgenden Venezuela=Amazone, mit grünem Flügelbug,
vielfach verwechselt, weil der letztern von Linné der lateinische
Namen Amazonenpapagei beigelegt war, während er eigentlich
ihr gebührt. Sie ist in folgender Weise gefärbt: Stirnrand blau;
Oberkopf, Wangen und Kehle gelb; Flügelbug, Spiegelfleck im Flügel
und Grund der Schwanzfedern roth; ganzes übriges Gefieder grün,
an der Oberseite jede Feder mit deutlichem, dunklem Endsaum; die
kleinen und großen Flügeldecken gelbgrün gesäumt; ganze Unterseite
hellgrün; an Brust und Bauch jede Feder mit schmalem grünlichen
Endsaum; Schenkelgegend gelblich; Schnabel einfarbig schwärzlich=
braun bis schwarz, Wachshaut schwarz; Auge gelb bis orangeroth,
nackte Haut ums Auge bläulich; Füße blaugrau, Krallen schwarz. Die
Geschlechter sind bis jetzt noch nicht mit Sicherheit unterschieden.
Jugendkleid matter in den Farben; Auge schwarz bis graubraun.
Etwa Krähengröße (Länge 36,5—41,5 cm; Flügel 20,5—22,4 cm;
Schwanz 10,5—13 cm). Es kommen zahlreiche Farbenspielarten
vor, bei denen sich die blaue und gelbe Färbung am Kopf mehr oder
minder ausdehnt, die eine oder andre zuweilen ganz fehlt, das Roth
am Flügelbug kleiner oder größer, zuweilen gelbroth bis gelb
ist u. a. m.; ja es gibt ganz gelbe Amazonen, die allerdings sehr
selten sind*). Heimisch ist diese Amazone im Süden von Südamerika, Brasilien, Paraguay bis zum Amazonenstrom. Obwol sie die gemeinste und häufigste Art ist, hat man ihr Frei=
leben bis jetzt doch noch keineswegs völlig erforscht; im all=
gemeinen gilt für sie die Schilderung in der einleitenden
Uebersicht der Amazonen=Papageien S. 42 ff. Sie soll vor=
nehmlich in Orangegärten überaus großen Schaden ver=
ursachen.

Von den Eingeborenen wird sie am höchsten geschätzt,
weil sie für die Abrichtung am zugänglichsten von allen sich

---

*) Eine prachtvolle reingelbe, prächtig rothgezeichnete
Amazone hatte Herr O. Hertel auf der Ausstellung des Vereins
„Ornis" 1887 in Berlin und dieser Vogel wurde um seiner Seltenheit
und Schönheit willen mit einer silbernen Medaille prämirt.

zeigen soll. Man trifft sie daher überall bei den Indianern, und sie wird auch unter allen Arten am zahlreichsten in den Handel gebracht. Bei uns halten die Liebhaber sie ebenfalls für sehr werthvoll. Man hat Beispiele von erstaunlich reich begabten Amazonen, und diese ergeben sich nicht allein im Sprechenlernen, sondern ebenso im Nachsingen von mehreren Liedern oder im Nachflöten von drei bis vier Weisen als bewundernswerth gelehrig. Wie bei allen großen Sprechern kommen aber auch unter diesen Vögel vor, welche weniger oder wol garnichts lernen wollen — die man aber trotzdem niemals als untauglich bezeichnen sollte; Seite 16 habe ich in dieser Beziehung näheres mitgetheilt. Der Einkauf ist im übrigen bei der Amazone fast noch mehr, als bei jedem andern sprechenden Papagei Glückssache, und ich bitte die Rathschläge, welche ich in dieser Hinsicht geben werde, niemals außer acht zu lassen. Die meisten Amazonen gelangen mit den großen Dampfschiffen, welche zwischen Brasilien, bzl. Südamerika und Europa regelmäßig fahren, in den Handel, und man findet sie bei allen Groß- und Kleinhändlern. Der Preis beträgt im Großhandel für die frisch eingeführte, noch rohe Amazone selten unter 15 M., meistens aber 20, 24 bis 30 oder 40 M.; der sprechende Vogel wird je nach der Leistung mit 45 bis 60 M., 75 bis 90 M., 150 bis 500 Mk. und darüber bezahlt.

Der Amazonenpapagei mit grünem Flügelbug
[Psittacus amazonicus, *L.*].

Venezuela-Amazone; Kurzflügelpapagei mit grünem Flügelbug, Kurika; fälschlich bloß Amazonenpapagei, gemeine Amazone oder gar Neuholländer-Papagei. — Orange-winged Amazon Parrot. — Perroquet Amazone à ailes oranges. — Groenboeg Amazone Papegaai.

Im Handel viel seltner als der vorige, ist er auch beiweitem nicht so beliebt. Er erscheint in folgender Weise gefärbt: Stirnrand und Zügelstreif blau; Vorderkopf und Wangenfleck unter-

halb der Augen bis zum Schnabel brandgelb; Flügelbug grün, nur
an der Handwurzel gelb; Flügelspiegel gelblichroth; Schwanzfedern
am Grunde orangeroth; das ganze übrige Gefieder grün, die Federn
am Hinterhals dunkler gesäumt; ganze Unterseite heller grün, an
der Brust mit schwachem Anflug von Puder; Schnabel weißlich=
graugelb (horngraugelb) mit dunkelbrauner Spitze und am Grund des
Oberschnabels ein gelber Fleck; Auge hellgelb bis zinnoberroth;
Füße bräunlichhorngrau. Das Weibchen soll die Kopffärbung
matter zeigen. Größe etwas geringer als die des vorigen (Länge
34—36 cm; Flügel 18—20 cm; Schwanz 8,7—9 cm). Alle einge=
führten Vögel dieser Art erscheinen in fast genau übereinstimmender
Färbung. Als seine Heimat ist der Osten Brasiliens bekannt,
wo er sich in den Küstenwäldern manchmal in Schwärmen
von unzähligen Köpfen aufhält. Seine Nahrung soll in
allerlei Baumfrüchten bestehen, vornehmlich denen der Man=
grove= oder Manglebäume. Von den Ansiedlern wird er als
der eigentliche Schreier unter allen Verwandten bezeichnet.
Um ihn jung zu erlangen, werden manchmal hohe, unersteig=
liche Nistbäume gefällt. In der Heimat heißt diese Amazone
‚Kurika‘ und gilt dort als sehr gelehrig; auch Dr. Lazarus
bestätigt dies, und wenn sie trotzdem bei uns nicht so beliebt
wie die vorige ist, so liegt dies wol darin, daß sie auch als
sprechender Vogel ihr arges Geschrei nicht unterläßt. Von
Venezuela aus wird sie meistens durch die Matrosen der
großen Dampfschiffe mitgebracht. Der Preis beträgt gewöhn=
lich nur 30 M.; beim abgerichteten Vogel steigt er natürlich
im entsprechenden Verhältniß.

Der große gelbköpfige Amazonenpapagei
[Psittacus Levaillanti, *Gr.*].

Großer oder doppelter Gelbkopf, große gelbköpfige Amazone, Levaillant's
Amazonenpapagei, Levaillant's Kurzflügelpapagei. — Levaillant's Amazon
Parrot, Double-fronted Amazon. — Perroquet Amazone de Levaillant,
Perroquet à tête jaune. — Dubbele Geelkop Papegaai.

Viele Liebhaber sprechender Papageien schätzen den großen

Gelbkopf höher als alle anderen, ja meinen sogar, daß er an
Begabung in jeder Hinsicht selbst den Graupapagei übertreffe.
Solche Behauptung kann jedoch vonvornherein nicht als zu=
treffend gelten, denn man darf weder von der einen, noch von
der andern Art mit Entschiedenheit sagen, daß sie am her=
vorragendsten begabt sei. Ueberblickt man die außerordentliche
Stufenreihe und Mannigfaltigkeit in der Befähigung der ein=
zelnen Köpfe innerhalb einundderselben Art, so staunt man
über die Verschiedenheit ihrer Begabung und gelangt zu der
Einsicht, daß sich solche bei allen hierher gehörenden Arten
überhaupt wiederholen und sichere Vergleiche unter einander
nur zu sehr erschweren, wenn nicht geradezu unmöglich machen.
Die Berechtigung, hier eine bestimmte, auch nur einigermaßen
feststehende Reihenfolge aufzustellen, spreche ich daher Jeder=
mann entschieden ab. Allenfalls möge man sagen, diese Art
gehöre zu den mehr, jene zu den minder begabten; das ist
aber auch alles und darüber hinaus sollte man keinenfalls
gehen. Ohne Frage steht der große Gelbkopf als sprechender
Papagei hoch da, ihn jedoch für den allerbedeutendsten
auszugeben, ist durchaus nicht zutreffend.

Er ist an Stirn und Gegend um den Schnabel weißgelb, am
übrigen Kopf, Nacken und Hals schwefelgelb; Flügelbug, Spiegelfleck
im Flügel und Grundhälfte der Innenfahne an den vier äußersten
Schwanzfedern lebhaft scharlachroth; Schwingen am Ende der Außen=
fahne blau, ganze Oberseite dunkel=, Unterseite heller grün, überall
ohne dunkele Federnsäume; Schenkelgegend gelb; Schnabel gelblich=
weiß, Wachshaut fast reinweiß; Auge gelbbraun bis braunroth, um
die Pupille ein gelber oder grauer Ring; nackter Augenkreis bläulich=
weiß, manchmal gelbgrau; Füße weißblau, Krallen grau. Ge=
schlechtsunterschiede sind nicht bekannt. Das Jugendkleid
ist nur an Stirn, Oberkopf und Kopfseiten gelb; die rothen Abzeichen
sind hell und matt. Nahezu Rabengröße (Länge 38—44 cm; Flügel
21—23,5 cm; Schwanz 11—14 cm).

In seiner Heimat, Mexiko, soll er nur im Süden und Westen, sowie auf der Drei=Marieen=Insel vorkommen; er wird unter allen Amazonenpapageien am weitesten nach dem Norden hinauf gefunden. Sein Freileben ist fast garnicht bekannt. Gleicherweise wie bei uns wird er auch in seiner Heimat als Stubenvogel sehr geschätzt und darum steht er höher im Preise als alle Verwandten. Die Indianer rauben die Jungen aus den Nestern, und so gelangen alle Vögel dieser Art stets schon mindestens halbzahm und einige Worte sprechend, doch immer nur einzeln oder in wenigen Köpfen, in den Handel. Unmittelbar nach der Ankunft sind sie weich= lich und bedürfen großer Fürsorge (siehe die Abschnitte über Eingewöhnung und Verpflegung), eingewöhnt aber gehören auch sie zu den ausdauerndsten aller Papageien.

Ein besondrer Vorzug des großen Gelbkopf ist seine be= deutende Fassungsgabe, welche ihn vorgesagte Worte sogleich und stets sehr deutlich nachsprechen läßt. Im Gegensatz dazu gibt es auch unter den Angehörigen dieser Art einzelne, welche durchaus nichts lernen wollen; stets soll man jedoch den Er= fahrungssatz beachten, einen solchen Vogel nicht zu früh als unverbesserlich fortzugeben, weil nämlich der schon mehrfach beobachtete Fall eintreten kann, daß er noch nach vielen Jahren wol gar ein vortrefflicher Sprecher wird. Darauf muß ich übrigens noch hinweisen, daß auch der hervorragendste Vogel dieser Art zeitweise sein wüstes Naturgeschrei erschallen läßt. Der Preis beträgt bereits für den rohen, frisch eingeführten großen Gelbkopf 60, 66, meistens aber 75 M. und steigt sehr rasch für den Sprecher von 100 bis 250, 320, 450, selbst 600 M. und noch darüber.

Der gelbscheitelige Amazonenpapagei

[Psittacus ochrocephalus, *Gml.*].

Surinam=Amazone und Surinam=Papagei, gelbscheiteliger Kurzflügel=
papagei und Gelbscheitel=Amazone. — Yellow-fronted Amazon Parrot. —
Perroquet Amazone à front jaune, Perroquet de Cayenne. — Geelvoorhoofd
Papegaai; Geelvlek Papegaai.

Alle Papageien, welche man in der Gesammtbezeichnung
Amazonen zusammenfaßt, zeigen jeder in seiner Färbung und
seinen besonderen Abzeichen so auffallende Merkmale, daß selbst
ein oberflächlicher Kenner bei der Bestimmung und Unter=
scheidung der einzelnen Arten nicht in Zweifel geräth; trotzdem
sehen wir, daß von altersher bis zur neuern Zeit, gleicher=
weise bei Wissenschaftern wie bei Liebhabern, die hierher=
gehörenden Arten und vornehmlich der Surinampapagei
fortwährend mit anderen verwechselt worden. Auch jetzt noch
werden im Handel die beiden nächstfolgenden Arten meistens
ohneweitres mit ihm zusammengeworfen. Die Leser wollen
daher die in der Beschreibung angegebenen Merkmale recht
aufmerksam beachten.

Der gelbscheitelige Amazonenpapagei ist an der Stirn bis
zur Kopfmitte und mehr oder minder zum Hinterkopf hochgelb mit
einem breiten grünen Streif über dem Auge; Zügel, Kopfseiten und
Kehle sind gelbgrün; Hinterkopf, Wangen und Nacken dunkelgrün,
jede Feder fein schwärzlich gesäumt; die ganze übrige Oberseite ist
dunkelgrasgrün ohne dunklere Federnränder; Flügelrand roth, Flügel=
spiegel und Innenfahne der vier äußersten Schwanzfedern rothgelb
bis scharlachroth; ganze Unterseite heller grün als die obre; Schenkel=
gegend röthlichgelb; Schnabel schwarzbraun bis schwarz, am Grunde
des Oberschnabels jederseits ein röthlichweißer Fleck, Unterschnabel
schwärzlichhorngrau; Wachshaut schwärzlich, dicht mit schwarzen Här=
chen besetzt; Auge orangeroth mit feinem gelben und dann breiterm
braunen Rand um die Pupille, nackter Augenkreis bläulichweiß;
Füße bläulichweiß, Krallen fast reinweiß. Auch diese Art erscheint in
Abänderungen: das Gelb am Kopf ist enger oder weiter, zuweilen

bis über den ganzen Vorderkopf, auch über die Umgebung der Augen
und den Unterschnabel, zuweilen fehlt es oder beschränkt sich auf einzelne Federn an der Kopfmitte und den Zügeln, die gelben Federn
sind manchmal stellenweise roth gerandet, der Stirnrand ist grün:
die rothe Zeichnung im Flügel ist kleiner oder größer der Schnabel
ist heller oder dunkler schwarzbraun mit fahlrothem Fleck; Iris mit
gelbem bis bräunlichem innern und rothem äußern Ring, Augenkreis
grau. Weibchen und Jugendkleid nicht sicher bekannt. Die
in den Handel gelangenden jungen Vögel haben nur wenig Gelb
und die rothen Abzeichen sind matter gefärbt: Etwas unter Rabengröße (Länge 37—40,5 cm; Flügel 20,5—23 cm; Schwanz 10,9 bis
13,5 cm).

Seine Heimat erstreckt sich über den Norden von Südamerika. Die Reisenden berichten, daß er in Surinam,
Guiana und Venezuela überaus zahlreich und gemein sei.
Die geringen Nachrichten über sein Freileben besagen nichts
Absonderliches. Auch er wird des Fleisches und der Federn
wegen gejagt, vornehmlich aber aus den Nestern geraubt.
Die Indianer, welche ihn für einen der gelehrigsten Papageien
halten, sollen ihn mit besondrer Sorgfalt aufziehen und abrichten. Häufig sehe man Surinamamazonen um die In-
dianerhütten halbwild mit etwas gestutzten Flügeln umherfliegen, doch kehren sie abends immer wieder zurück. Bei
uns gehört diese Art zu den gewöhnlichsten im Handel, da
sie etwas zahlreicher als die vorige eingeführt wird. Man
schätzt sie als tüchtigen Sprecher, indem einzelne sich in her-
vorragendster Weise entwickeln, nicht bloß gut und deutlich
sprechen, sondern auch lachen, weinen, singen und hübsch pfeifen
lernen, während andere zurückbleiben, doch nicht häufig; als
gute Mittelvögel ergeben sich die meisten. Der Preis beträgt
für den rohen Vogel zwischen 24, 30 bis 36 M.; für die
erste Summe ist er jedoch nur selten zu haben. Der
sprechende kostet 45, 50, 100, 150 bis 300 M.

Der Panama=Amazonenpapagei [Psittacus panamensis, *Cb.*] — Panaman Amazon Parrot — Perroquet Amazone de Panama — Panama Amazone Papegaai — unterscheidet sich von dem vorigen nur durch den vorherrschend gelben Schnabel und das Fehlen des rothen Flecks am Grunde desselben, sowie durch die auffallend geringre Größe; außer dieser von Cabanis gegebnen kurzen Bemerkung war nichts über die Art bekannt, obwol sie schon längst neben der verwandten in den Handel gelangte. Auf der großen „Ornis"=Ausstellung in Berlin im Jahre 1880 hatte Herr Hagenbeck, wie schon erwähnt, alle Amazonenpapageien neben einander, und so konnte ich auch diesen nach dem lebenden Vogel genau beschreiben: Stirn blaß=gelb, Oberkopf blaugrün; breiter Streif oberhalb des Auges grün; Zügel gelb und grün gemischt; Hinterkopf, Nacken, Kopf= und Hals=seiten grasgrün; Gegend um den Schnabel und die Kehle blaugrün; ganze Oberseite grasgrün, ohne schwärzliche Federnränder; Spiegelfleck im Flügel, Flügelbug und Handrand roth; Schwanzfedern mit Ausnahme der beiden mittelsten an der Innenfahne roth; ganze Unterseite kaum heller grün (Schenkelgegend nicht gelb); am Unterleib ein merblauer Fleck: Schnabel weißlichhorngrau, Oberschnabel an den Seiten schwärzlich mit weißlichem Fleck am Grunde (zuweilen der ganze Schnabel weiß), Nasenhaut weiß bis schmutzighorngrau, ohne Här=chen; Auge roth mit schmalem, gelbem Streif um die Iris, nackter Augenrand bläulichweiß; Füße bläulichfleischfarben, Krallen weiß (zuweilen die Füße ganz weiß). Ein wenig über Dohlengröße (Länge 33—35 cm; Flügel 20—22 cm; Schwanz 11,5—12 cm). Heimat: Panama und Veragua. Die Amazone, welche ich einige Wochen beherbergt, war sehr zahm und liebenswürdig, sprach jedoch nur wenig und undeutlich. Daraufhin kann ich selbstverständlich kein entschiednes Urtheil über die Befähigung der Art abgeben, vielmehr muß ich die Vermuthung aussprechen, daß sie ebenso begabt wie die Nächstverwandten sein wird. In allem übrigen, auch im Preise, stimmt sie mit der vorherbeschriebenen überein.

Hagenbeck's Amazonenpapagei [Psittacus Hagenbecki, *Rss.*] — Hagenbeck's Amazon Parrot — Perroquet Amazone de Hagenbeck — Hagenbeck's Amazone Papegaai — ist die dritte Art, welche als Surinampapagei, wenn auch viel weniger als die beiden anderen, in den Handel kommt. Er ist an der Stirn bis zur Kopfmitte und den Zügeln gelb bis röthlichgelb; Binde über den Oberkopf bis zu den

Schnabelwinkeln grünblau; Hinterkopf, Nacken und Hals grün, ohne dunklere Federnränder; vordere Wangen und Oberkehle blaugrün; Flügelrand und -Bug grün, nur zuweilen mit einzelnen rothen Federchen; Spiegelfleck im Flügel scharlachroth; Schwanzfedern grün, nur mit schwach röthlichem Fleck; übrige Oberseite grasgrün, ohne dunklere Federnränder; Unterseite hellgrün; Schenkelgegend gelb; Schnabel hornweiß mit schwärzlicher Spitze, am Ober- und Unterschnabel ein röthlich-wachsgelber Fleck; Nasenhaut weißgelb, ohne Härchen; Auge roth mit sehr schmalem gelben und breitem braunen Ring um die Pupille; Füße blaugrau, Krallen grau. Etwa Krähengröße (Länge 36,5—42 cm; Flügel 20,3—22,6 cm; Schwanz 11 bis 13,2 cm). Von der Suriam-Amazone unterscheidet er sich durch den weißen Schnabel, von der Panama-Amazone durch das fast völlige Fehlen von Roth am Flügelrand und im Schwanz, sowie die abweichende Zeichnung des letztern, ferner durch viel heller gelbgrünen Unterkörper und ansehnlich bedeutendere Größe. Er gelangt höchst selten zu uns und seine Heimat ist noch nicht bekannt.

Der gelbschulterige Amazonenpapagei

[Psittacus ochrópterus, *Gml.*].

Kleiner Gelbkopf oder Sonnenpapagei, gelbflügeliger Kurzflügelpapagei, gelbflügeliger Amazonenpapagei, Gelbflügel-Amazone. — Yellow-shouldered Amazon Parrot, Single Yellow-headed Amazon. — Perroquet Amazone à épaulettes jaunes, Perroquet Amazone ochroptère. — Kleene Geelkop Papegaai.

In den Reihen der gewöhnlichsten Papageien des Handels stehend, ist der kleine Gelbkopf bei manchen Freunden gefiederter Sprecher sehr beliebt, während Andere auf ihn, wie auf alle kleinen Amazonen überhaupt nur mit Verachtung blicken. Dies mag darin begründet sein, daß die einzelnen Vögel von dieser Art eine geradezu erstaunliche Verschiedenheit in der Sprachfähigkeit zeigen. Es liegen Schilderungen von zuverlässigen Kennern (Baronin von Schlechta, Dr. Jung, Lehrer Neu u. A.) vor, nach denen es einzelne außerordentlich reich begabte Sonnenpapageien gibt, die zugleich dadurch werthvoll sind, daß sie ungemein zahm werden, im Benehmen überaus drollig erscheinen und namentlich allerlei Thierstimmen, wie Hahnen= krähen, Hennengackern, Taubengirren, Katzenmiauen, Hunde= gebell u. drgl. treu nachahmen; im Gegensatz dazu kommen natürlich auch recht viele kleine Gelbköpfe vor, welche wol liebenswürdig sich zeigen, aber durchaus nichts lernen wollen. Einen gewissen Werth hat jeder von ihnen vonvornherein dadurch, daß er zu den am leichtesten und vollständigsten zahm werdenden Stubenvögeln gehört.

Der gelbschulterige Amazonenpapagei läßt sich nach den Geschlechtern unterscheiden. Das Männchen ist an Stirn und Zügeln gelblichweiß; Vorder= und Oberkopf, Wangen, Kopfseiten, Ohr= gegend und Oberkehle gelb; Flügelbug mit großem gelben Fleck; Spiegelfleck im Flügel scharlachroth; die vier äußeren Schwanzfedern am Grunddrittel über beide Fahnen zinnoberroth; ganze übrige Ober= seite dunkelgrasgrün, jede Feder mit schwärzlichem Rand, nur die oberen Schwanzdecken einfarbig gelbgrün; Unterseite kaum bemerkbar heller grün, jede Feder gleichfalls dunkel gerandet; Schenkelgegend gelb; Schnabel hornweiß, mehr oder weniger bläulichgrau, Wachshaut grauweiß; Auge dunkelbraun, gelblichbraun bis rothgelb mit rothem äußern Kreis der Iris, nackte Haut ums Auge weiß; Füße und Krallen weißlichhorngrau. Das alte, ausgefärbte Weibchen ist in allen Farben matter und um den Unterschnabel, mehr oder minder weit über die Wangen, an Unterbrust und Bauch merblau. Das Jugendkleid hat gleichfalls die merblaue Färbung, und dieselbe erstreckt sich zuweilen auch über die Kopfseiten und Kehle. Bei manchen alten Vögeln sind die grünen Federn an Kopf, Wangen, Kehle, Hals und Flügelbug mehr oder minder mit gelben oder orangefarbenen ge= mischt. Etwa Dohlengröße (Länge 32—34 cm; Flügel 18—20,2 cm; Schwanz 9,6—11,5 cm). Heimat: Südamerika.

Er ist von den älteren Schriftstellern, so von Brisson (1760) bereits gut beschrieben, und Buffon gibt sogar eine recht hübsche Schilderung seines Lebens im Käfig, allein es herrschten inbetreff seiner bis zur neuesten Zeit wunderliche Irrthümer, und ich muß einige derselben, um manche meiner

Leser vor Zweifeln zu bewahren, berichtigen. Dahin gehört
vor allem, daß der bedeutendste Forscher auf diesem Gebiete,
Dr. Finsch, sich nicht allein in der Schnabelfärbung, sondern
auch in der Größe irrt, daß A. E. Brehm diese Art gleich=
falls zu den größten stellt und daß Anton Reichenow sogar
Maße angibt, die um ein volles Drittel zu groß sind. Der
kleine Gelbkopf ist an der geringern Größe, den dunkelen Feder=
rändern an der Ober= und Unterseite und dem breiten gelben
Flügelbug sogleich von allen Verwandten zu unterscheiden.
Der Preis beträgt für den frisch eingeführten Vogel zuweilen
15 M., gewöhnlich 18 bis 20 M., für den eingewöhnten
zahmen und schon sprechenden 24, 30, 45 und wol bis 100 M.

Der in meinem Werk „Die fremdländischen Stubenvögel“ III.
als besondre, von G. Lawrence neu beschriebne Art angeführte Ama=
zonenpapagei mit milchweißer Stirn (Psittacus lactifrons) fällt fort,
weil er nach Sclater's Untersuchung mit dem vorhergegangnen als
übereinstimmend sich ergeben hat.

Der bepuderte Amazonenpapagei
[Psittacus farinosus, *Bdd.*].

Müllerpapagei, Müller oder Mülleramazone, weißbepuderter Ama=
zonenpapagei, bereifter Kurzflügelpapagei. — Mealy Amazon Parrot. —
Perroquet Amazone poudrée, Meunier. — Muller Amazon Papegaai.

Wieder ein recht beliebter Sprecher, der entschieden zu den
begabtesten gezählt werden darf und zugleich sanft und liebens=
würdig sich zeigt, leider aber auch zu den schlimmsten Schreiern
gehört und selbst als abgerichteter und völlig zahmer Vogel
es nicht lassen kann, zeitweise ohrenzerreißenden Lärm zu machen.

Der bepuderte Amazonenpapagei ist an Stirn und Wangen
gelbgrün; Scheitelmitte gelb, zuweilen fein roth gefleckt; am Ober=
kopf jede Feder violett gerandet; ganze übrige Oberseite dunkelgras=
grün, an Hinterkopf, Nacken und Hinterhals jede Feder mit schwärz=
lichem Endsaum; Spiegelfleck im Flügel scharlachroth; Schwanz=

federn grün ohne Roth; ganze Unterseite heller gelblichgrün; untere Schwanzdecken grüngelb; Schnabel weißlichhorngrau, am Grunde des Ober= und Unterschnabels jederseits ein orangegelblicher Fleck, Nasenhaut schwärzlich; Auge dunkelbraun bis rothbraun, Iris mit kirschrothem Ring, nackter Kreis ums Auge weiß; Füße dunkelbraun, Krallen schwarz. Geschlechtsunterschiede und Jugendkleid nicht bekannt. Besondere Kennzeichen: Die Federn erscheinen wie mit Mehl bepudert und daher sieht die Oberseite graugrün aus, beim Stillsitzen ist der ganze Vogel einfarbig graugrün; weiter hat er bei rothem Flügelspiegel kein rothes Abzeichen im Schwanz und sein Gefieder ist mehr als das aller anderen Papageien mit Puderstaub gefüllt. Auch bei dieser Art kommen Abänderungen vor, bei manchen fehlt das Gelb am Scheitel, bei anderen erstreckt es sich über den ganzen Oberkopf; zuweilen zeigt einer die Puderdaunen garnicht. Rabengröße und darüber (Länge 47—49 cm; Flügel 22,2 bis 25,6 cm; Schwanz 11—14,6 cm). Er gehört also zu den größten unter allen Amazonenpapageien.

Seine Heimat ist Südamerika (mittleres Brasilien, Guiana, Ekuador, Bolivia bis Panama), und er soll besonders in Guiana zahlreich vorkommen. Ueber seine Lebensweise ist nichts weiter bekannt, als daß sie im wesentlichen mit der aller anderen übereinstimmt. Auch er wird viel gefangen, läßt sich leicht zähmen und abrichten und lernt recht gut sprechen, doch ist er eben seines Schreiens wegen nicht in dem Grade geschätzt wie die meisten vorhergegangenen Verwandten. Preis für den rohen Vogel 30, 36 bis 45 M., als abgerichteter Sprecher 75, 90 bis 100 M.

Der gelbnackige Amazonenpapagei
[Psittacus auripalliatus, *Lss.*].

Gelbnacken oder Gelbnacken-Amazone, gelbnackiger Papagei, Goldnacken-Amazone oder =Amazonenpapagei, bloß Goldnacken und gelbnackiger Kurzflügelpapagei. — Golden-naped Amazon Parrot. — Perroquet Amazone à collier d'or. — Goudnek Amazone Papegaai.

Dem vorigen nahe verwandt, ist diese Art doch für den Kenner leicht zu unterscheiden. Sie erscheint an Stirn, Ober=

kopf und Wangen hellgrasgrün; Scheitel merbläulich, Scheitelmitte
mehr oder minder, manchmal garnicht, gelb; Augengegend merblau,
jede Feder schwärzlich gerandet; Nacken zitrongelb; Flügelrand nur
zuweilen roth, manchmal mit einzelnen rothen Federn, doch auch bis
zu großen rothen Achseln, Spiegelfleck im Flügel roth; Schwanzfedern
am Grunddrittel der Innenfahne roth; ganze übrige Oberseite grasgrün, nur an Hinterhals und Halsseiten jede Feder mit schwärzlichem
Endsaum; Unterseite mehr gelbgrün; Schnabel dunkelhorngrau, am
Grunde ein gelblicher Fleck, Wachshaut schwärzlich mit schwarzen Borstenfederchen; Auge braun- bis röthlichgelb, Augenkreis weißlich; Füße
bräunlichhorngrau, Krallen schwarz. Jugendkleid nach Hagenbeck
ohne den gelben Nackenfleck. Besondere Kennzeichen: die merblaue Färbung an Scheitel und Augengegend, der gelbe Nacken
und die schwarzen Borstenfederchen auf der Nasenhaut. Im übrigen
ist er der Surinam-Amazone sehr ähnlich. Nahezu Rabengröße
(Länge 37—40 cm; Flügel 19,4—21,8 cm; Schwanz 11,6—12,4 cm).
Heimat: Mittelamerika bis Nikaragua. Nach Angaben des
Reisenden Dr. v. Frantzius soll er in Kostarika als Käfigvogel
sehr beliebt und als leicht lernender Sprecher hoch geschätzt
sein. Bei uns ist er im Handel etwas seltner als die nächsten
Verwandten, doch gehört er immerhin zu den bekanntesten
Papageien. Frau Hedwig v. Proschek schildert eine gelbnackige
Amazone, welche Vieles sprach, auch sang und lachte, als
überaus liebenswürdig. Der Preis beträgt schon für den
frisch eingeführten Gelbnacken 50 bis 75 M. und für den
abgerichteten Sprecher 100, 120 bis 150 M.

Natterer's Amazonenpapagei

[Psittacus Nattereci, *Fnsch.*].

Natterer's Kurzflügelpapagei, grüne (!) Amazone. — Natterer's Amazon-Parrot.
— Perroquet Amazone de Natterer. — Natterer's Amazone Papegaai.

Der österreichische Reisende Natterer hatte im Jahr 1829
diesen Papagei nur in einem einzigen Kopf im nordwestlichen
Brasilien erlegt, und nach demselben hat Dr. Finsch die Art

beschrieben und dem Forscher zu Ehren benannt. Dann wurde Natterer's Amazone von Fräulein Chr. Hagenbeck im Jahr 1877 zuerst lebend eingeführt und seitdem ist sie nach und nach mehrfach einzeln in den Handel gelangt. Sie ist an Stirn, Kopf= seiten und Kehle blaugrün; Augenbrauenstreif gelb; Hinterkopf mit bläulichaschgrauem Fleck; großer Spiegelfleck im Flügel roth; Schwanz= federn durchaus ohne Roth; ganze Oberseite dunkelgrün, an Nacken und Mantel jede Feder dunkler gesäumt; Unterseite kaum heller grün; Brust merblau angeflogen, unterseitige Schwanzdecken gelblichgrün; Schnabel horngrau, Spitze schwärzlich, am Grunde des Oberschnabels jederseits ein weißgelber Fleck, Wachshaut grauweiß; Auge braun bis orangeroth mit schmalem braunen Ring um die Iris, nackter Augenkreis weißgrau; Füße blaugrau, Krallen schwarz. Weibchen oder Jugendkleid: düstergrün, dem weißbepuderten Amazonen= papagei ähnlich, doch mit allen Artmerkmalen des Männchens. Be= sondere Merkmale: die bläuliche Färbung an Stirn, Zügeln und Augengegend; durchaus ohne gelben Scheitel; Flügelbug und Rand des Unterarms roth. Etwa Rabengröße (Länge 47—49 cm; Flügel 22,2—24,7 cm; Schwanz 11,8—14,6 cm). Als Heimat ist nur das nordwestliche Brasilien bekannt. Ueber das Freileben ist Näheres nicht angegeben. Für die Liebhaberei hat diese Ama= zone erst geringe Bedeutung; bei häufigerer Einführung würde sie wol den vorhergegangenen nächsten Verwandten in jeder Hinsicht gleichen. Preis unbestimmt.

Der Guatemala-Amazonenpapagei
[Psittacus guatemalensis, *(Hrtl.)*].

Guatemala=Amazone, Blauscheitel=Amazonenpapagei, blauscheiteliger Kurz= flügelpapagei. — Guatemalan Amazon Parrot. — Perroquet Amazone de Guatemale. — Guatemala Amazone Papegaai.

Unter den frisch eingeführten Amazonenpapageien sieht man in der Regel mehrere Arten zusammen, welche, aus den= selben oder doch naheliegenden Gegenden herstammend, von den Aufkäufern gleichzeitig auf die Schiffe gebracht werden; so kommt stets die Guatemala= mit der Mülleramazone herüber, doch ist sie viel seltner als letzte. Karl Hagenbeck sagt, sie sei wol schon vor länger als 20 Jahren, jedoch stets nur in wenigen Köpfen alljährlich, zu uns gelangt. Sie ist an Stirn, Oberkopf bis Nacken himmelblau; die Kopfseiten sind lebhaft grün; Nacken, Hinterhals, Mantel und Schultern grünlichgrau; Spiegelfleck im Flügel scharlachroth; Flügelrand ohne Roth; Schwanzfedern durchaus ohne Roth; ganze Oberseite dunkelgrasgrün; Unterseite kaum heller grün; Hinterleib und untere Schwanzdecken gelbgrün; Schnabel schwärzlich, Oberschnabel mit röthlichweißem Fleck, Wachshaut bläulichgrau; Auge karminroth, Iris mit breitem braunen Rand, Augenrand bläulichweiß; Füße weißgrau, Krallen schwarz. Das Weibchen ist an der Stirn grün, jede Feder nur blau gesäumt, Oberkopf und Nacken mehr lilablau, Wangen, Kopfseiten und Kehle grasgrün; Schnabel heller, schwärzlichhorngrau, nur mit weißlichem Fleck am Grunde des Unterschnabels; der rothe Ring in der Iris des Auges viel schmaler. Besondere Kennzeichen: der bläuliche Oberkopf; kein Roth am Flügelrand und im Schwanz; Puderdaunen am Rückengefieder. Fast über Rabengröße (Länge 47 — 48 cm; Flügel 22 — 23 cm; Schwanz 11,6 — 12 cm). Als Heimat ist Mexiko, vornehmlich der Süden, von den Reisenden angegeben; über das Freileben ist aber garnichts bekannt. Im Wesen weicht die Guatemala=Amazone von den Verwandten durchaus nicht ab, namentlich gleicht sie dem „Müller“, und wie alle anderen wird sie leicht zahm und lernt gut sprechen, ist aber zeitweise ein unleidlicher Schreier. Preis für den rohen Vogel schon 60 bis 75, für den Sprecher 90 bis 100 M.

Der Amazonenpapagei mit gelbem Daumenrand [Psittacus mercenarius, *Tschd.*] — Kurzflügelpapagei mit gelbem Daumenrand, Soldaten=Amazone (!) — Mercenary Amazon Parrot — Perroquet Amazone mercénaire — wurde von J. von Tschudi in Peru entdeckt. Dieser Reisende hebt besonders die Regelmäßigkeit in allen Verrichtungen seines Freilebens hervor, welche derartig sich zeigt, daß die Eingeborenen den Vogel daher ‚Tagelöhner‘ nennen; doch sagt Herr

K. Petermann, jene Angabe sei während der Nistzeit nicht zutreffend. Als Heimat sind auch noch Neugranada und Ekuador bekannt. Diese Art steht der Venezuela-Amazone am nächsten, doch ist sie durch den Mangel der gelben oder blauen Färbung am Kopf bei rothem Spiegelfleck im Flügel zu unterscheiden. Sie ist an Ober= und Hinterkopf grün, jede Feder mit schwärzlichem Endsaum; am Ober= rücken sind die Endsäume undeutlich; Spiegelfleck im Flügel scharlach= roth, Flügelrand grün, Daumenrand röthlichgelb; roth im Schwanz; ganze Oberseite dunkelgrasgrün; Unterseite heller grün; an Hals und Brustseiten jede Feder mit schwärzlichem Endsaum; untere Schwanz= decken gelbgrün; Schnabel gelblichhorngrau, Spitze des Ober= und Grund des Unterschnabels braun; Auge gelb; Füße braun, Krallen schwärzlich (nach Tschudi und Finsch). Etwas unter Krähengröße (Länge 32—35 cm; Flügel 18—20 cm; Schwanz 9—10 cm).

Der **graunackige Amazonenpapagei** [Psittacus canipalliatus, *Cb.*], von Cabanis beschrieben, fällt nach Dr. Sclater in London als das Jugendkleid der Amazone mit gelbem Daumenrand mit jener Art zusammen.

Bouquet's Amazonenpapagei [Psittacus Bouqueti, *Bchst.*] — Blaukopf, Bouquet's Kurzflügelpapagei — Blue-faced Amazon or Bouquet's Amazon Parrot — Perroquet Amazone de Bouquet — Bouquet's Amazone Papegaai — eine Art, welche bereits von Ed= wards (1758) gut abgebildet und also den älteren Schriftstellern be= kannt war, hat trotzdem bis zur neuesten Zeit Anlaß zu Irrthümern gegeben, und, obwol als lebend eingeführt in der Liste der Thiere des zoologischen Gartens von London verzeichnet, war sie thatsächlich dort noch nicht vorhanden, sondern Dr. Sclater hatte sich insofern geirrt, als er sie mit einer andern verwechselte. Sie war in jenem Verzeichniß also jahrelang, als in 3 Köpfen in der Sammlung be= findlich, fälschlich mitgezählt. An Stirn, Ohrgegend, Wangen und Oberkehle violettblau, ist sie an der ganzen Oberseite dunkelgrasgrün; Halsseiten heller; Spiegelfleck im Flügel roth, Flügelrand grün; seitliche Schwanzfedern am Grunde der Innenfahne scharlachroth; Kehle und Oberbrust roth; übrige Unterseite hellgrasgrün; Schnabel horngrau, Oberschnabel jederseits mit orangegelbem Fleck, Nasenhaut grauweiß; Auge orangegelb, nackter Augenkreis hellfleischfarben; Füße schwärzlichgrau, Krallen schwarzbraun, Krähengröße. Die Heimat

war bisher nicht bekannt, neuerdings aber hat Herr Lawrence diese
Art als neu unter dem Namen P. Nicholsi nach einem Vogel von
St. Dominique beschrieben, welcher sich im Nationalmuseum von
Washington befindet. Für die Liebhaberei ist der Vogel bisjetzt ohne
Bedeutung.

Der blaumaskirte Amazonenpapagei [Psittacus cyanops, *Vll.*]
— blaumaskirter Kurzflügelpapagei — Blue-faced Amazon Parrot —
Perroquet Amazone à face bleue — Blauwmasker Amazone Papegaai — war es, welchen Dr. Sclater für die vorige Art gehalten
hatte, während er nun festgestellt, daß die erwähnten drei Vögel, als
Bouquet's Amazonen in der Liste verzeichnet, dieser Art angehören.
Beide, sagt der Gelehrte, kommen auf benachbarten Inseln vor, beide
erscheinen grün mit blauem Gesicht und rother Flügelzeichnung und
unterscheiden sich nur dadurch, daß die Deckfedern der Schwingen
erster Ordnung bei der erstgenannten Art grün und bei der letztern
blau sind. Hiernach haben wir in dieser einen lebend eingeführten
Amazonenpapagei vor uns, der jedoch zu den allerseltensten gehört
und daher für die Liebhaberei kaum größre Bedeutung als die noch
garnicht herübergebrachten Arten hat. Er ist an Vorderkopf, Zügeln
und vorderen Wangen dunkelultramarinblau; Scheitel, Ohrgegend und
Oberkehle blau; ganze Oberseite dunkelgrasgrün, an Hinterkopf, Hals
und Rücken jede Feder schwarz gesäumt; obere Schwanzdecken gelbgrün; Spiegelfleck im Flügel scharlachroth; Deckfedern der ersten
Schwingen blau; die beiden äußersten Schwanzfedern an der Innenfahne mit rothem Fleck; Kehle, Brust und Bauch weinroth; Schenkel,
Hinterleib und untere Schwanzdecken gelbgrün; Schnabel bräunlich-
horngrau; Auge?; Füße und Krallen schwarzbraun. Besondere
Kennzeichen: weinrothe Unterseite, blaue Deckfedern der ersten
Schwingen und rother Spiegelfleck im Flügel. (Beschreibung nach
Dr. Finsch.) Krähengröße. Heimat St. Lucia in Westindien.

Der braunschwänzige Amazonenpapagei [Psittacus augustus,
Vgrs.] — braunschwänziger Kurzflügelpapagei, Blaukopf, Kaiser-
Amazone (!) — Imperial Amazon or August Amazon Parrot —
Perroquet Amazone impériale — Bruinstaart Amazone Papegaai —
soll die größte unter allen Amazonen sein. Sie ist am Oberkopf
düster röthlichbraun mit bläunlichem Schein; Hinterkopf grünlichgrau;
Zügel und Wangen braun; Nacken, Hinterhals und Halsseiten violett-

schwarz; Oberrücken, Flügeldecken und Hinterrücken, Bürzel und obere Schwanzdecken grasgrün, bläulichscheinend; Spiegelfleck im Flügel scharlachroth; Handwurzelfleck roth; Schwanz düster purpurbraun; ganze Unterseite röthlichbraun, mit blauviolettem Schein; Schnabel horngrau, Oberschnabel am Grunde gelblich; Auge?; Füße und Krallen dunkelhornbraun. Rabengröße. (Beschreibung nach Dr. Sclater.) Heimat Dominika. Diese Art ist erst einmal lebend eingeführt und soll selbst in ihrem Vaterland überaus selten sein. Sie hat daher für die Lieb=haberei nur geringe Bedeutung.

Guilding's Amazonenpapagei [Psittacus Guildingi, *Vgrs.*] — Guilding's Amazone, Guilding's Kurzflügelpapagei, St. Vincent=Amazone, Königs=Amazone(!) — Guilding's Amazon Parrot — Perroquet Amazone de Guilding — Guilding's Amazone Papegaai — gehörte bis vor kurzem selbst als Balg noch zu den seltensten Vögeln der Museen, ist aber seit d. J. 1874 in zwei Köpfen in den Londoner, dann i. J. 1880 in den Amsterdamer zoologischen Garten und neuerdings durch A. Jamrach in London und Fräulein Chr. Hagenbeck in Hamburg mehrfach in den Handel gelangt. Er ist einer der prächtigsten: an Stirn, Ober=, Hinter=kopf und Gegend ums Auge weiß; Nacken, Schläfe, untere Wangen und Ohrgegend blau; Hinterhals und Halsseiten düstergrünlich; Mantel, Rücken und Schultern grünlich, kastanienbraun verwaschen; Hinterrücken und obere Schwanzdecken mehr kastanienrothbraun; Spiegelfleck im Flügel lebhaft orangegelb; Handrand und Schwanz=federn am Grunddrittel gleichfalls orangegelb; ganze Unterseite kastanienbraun, an Brust und Bauch schwärzlich, an Bauchmitte und Schenkeln grünlich scheinend; Hinterleib und untere Schwanzdecken grüngelb, schwach bläulich scheinend; Schnabel horngrau, Wachshaut grauweiß; Auge dunkel= bis rothbraun, nackter Augenkreis bläulich=weiß; Füße horngraubraun, Krallen schwärzlich. Nahezu Raben=größe (Länge 40 cm; Flügel 22 cm; Schwanz 14 cm). Heimat: Die Insel St. Vincent. In seinen Eigenthümlichkeiten und also auch in der Sprachbegabung wird er wol mit den vor=

hergegangenen Verwandten übereinstimmend sich zeigen. Hoffent=
lich kommt er demnächst häufiger in den Handel.

Der gelbbäuchige Amazonenpapagei [Psittacus xanthops, *Spx*.]
— gelbbäuchiger Kurzflügelpapagei, Goldbauch=Amazone (!) — Yellow-
bellied Amazon Parrot — Amazone à ventre jaune — Geelbuik
Amazone Papegaai — befand sich in zwei Köpfen, jedenfalls den
ersten, welche lebend eingeführt worden, in der hier schon mehrfach
erwähnten Sammlung des Herrn Karl Hagenbeck auf der ersten
„Ornis"=Ausstellung in Berlin. In der Liste des zoologischen Gartens von London v. J. 1877 war die Art als in einem Vogel vor=
handen angegeben, doch ist sie in der nächsten Ausgabe fortgelassen
und also auch irrthümlich vermerkt gewesen. Der gelbbäuchige Ama=
zonenpapagei ist an Stirn und Vorderkopf bis zur Kopfmitte gelb,
Ober= und Hinterkopf grün, Wangen und Kopfseiten grüngelb,
Wangenfleck zuweilen dunkelgelb; kein rother Spiegelfleck im Flügel;
Deckfedern am Unterarm gelb; die äußeren Schwanzfedern mit rothem
Fleck über beide Fahnen; ganze übrige Oberseite olivengrünlichgras=
grün; Unterseite heller grün; Bauch mit breiter gelber, jederseits in
einen rothen Fleck endender Binde; Schnabel horngelb, Spitze weiß=
lich, Nasenhaut weiß; Auge braungrau bis gelbroth mit orange=
gelbem Ring um die Iris, nackte Haut weiß; Füße und Krallen
bräunlichhorngrau. Zuweilen ist ein breiter schwach blauer Stirnrand vor=
handen; der ganze Kopf, Hals und die Oberkehle sind gelb; im Nacken
einige grüne Federn; Ohrgegend röthlichorangegelb; Schwingen zweiter
Ordnung an der Außenfahne breit roth, im Schwanz dagegen kein
Roth; Achseln, Brust= und Oberbauchseiten gelblichzinnoberroth; Unter=
seite röthlichorangegelb; Schenkel, Hinterleib und untere Schwanz=
decken grün. Krähengröße (Länge 36,5—40 cm; Flügel 20,2—22 cm;
Schwanz 10,5—12,5 cm). Heimat: westliches Brasilien. Die Reisenden
Spix und Natterer hatten zahlreiche Stücke eingesammelt und meinen,
daß diese Vögel sehr stumpfsinnig sich zeigten, jedenfalls weil sie das
furchtbare Feuerrohr noch nicht kannten. Ueber das Freileben ist
kein besondrer Bericht vorhanden. Für die Liebhaberei hat dieser
Papagei noch keine Bedeutung.

Der blaukehlige Amazonenpapagei

[Psittacus festivus, *L.*].

Blaubart, blaubärtige Amazone, rothrückiger Amazonenpapagei, rothrückige
Amazone, blaukinniger Kurzflügelpapagei. — Festive Amazon Parrot. —
Perroquet Amazone à dos rouge, Perroquet Tavoua. — Blauwkeel Ama-
zone Papegaai.

Seit Linné her bekannt, wurde diese Amazone von den
älteren Schriftstellern, so besonders von Buffon, als Sprecher
gerühmt, der sogar den Graupapagei übertreffen solle, doch
habe sie zugleich sehr böse Eigenschaften, denn sie sei falsch
und boshaft und beiße, während man sie liebkose. Auch
neuere Reisende, wie Schomburgk, behaupten, daß sie zu den
gelehrigsten Papageien gehöre, sehr deutlich sprechen und Lieder
nachpfeifen lerne. Aufmerksame Beobachtung in letztrer Zeit
hat aber ergeben, daß diese Aussprüche größtentheils unrichtig
sind. Falsches, tückisches Wesen zeigen alle Papageien, welche
schlecht erzogen worden, und unter allen bis hierher geschilderten, lebend eingeführten Amazonen steht diese an Sprachbegabung ganz entschieden beträchtlich zurück.

Sie zeigt Stirnrand und Zügel blutroth; Augenbrauen- und
Schläfenstreif hellblau; Oberkopf mit breitem grünen Fleck, Hinter-
kopf bis zum Nacken blau, Kopfseiten grün; Hinterrücken und Bürzel
scharlachroth; Flügel ohne rothen Spiegelfleck, Deckfedern der ersten
Schwingen und Eckflügel dunkelblau; nur die äußerste Schwanzfeder
beiderseits am Grunde roth; ganze übrige Oberseite dunkelgrasgrün;
Unterseite heller grün; Kehle blau; untere Schwanzdecken gelbgrün;
Schnabel blaßfleischfarben, Wachshaut schwärzlich; Auge braun bis
karminroth mit dunkelbraunem Ring um die Iris, nackte Haut ums
Auge weißlichgrau; Füße grauweiß bis bräunlichhorngrau, Krallen
schwarzbraun. (Bei manchen sind Hinterrücken, Bürzel und Schwanz
einfarbig grün; ob dies das Kleid des Weibchens oder das Jugendkleid
sei, ist noch nicht bekannt. Auch der rothe Zügel fehlt zuweilen; der
grüne Fleck auf dem Oberkopf erstreckt sich mehr oder minder weit;
der Hinterkopf ist bis zum Nacken blau.) Krähengröße (Länge 36,5
cm; Flügel 19,2—20 cm; Schwanz 8,9—9,6 cm). Burmeister und

5*

nach ihm Brehm stellen diese irrthümlich zu den größten Amazonen. Heimat: Brasilien, Bolivia, Guiana und Venezuela; trotz der weiten Verbreitung ist aber über ihr Freileben fast garnichts bekannt. Im Handel erscheint sie nicht häufig, und daher mag es kommen, daß sie schon als roher Vogel ziemlich hoch bezahlt wird. Preis 30 bis 50, selbst 60 bis 75 M.

Bodinus' Amazonenpapagei

[Psittacus Bodini, *Fnsch.*].

Rothstirn-Amazone. — Bodinus' Amazon Parrot. — Perroquet Amazone de Bodinus. — Bodinus' Amazone Papegaai.

Unter den vielen Beispielen, in denen die Liebhaberei und der Vogelhandel der Wissenschaft große Dienste geleistet, steht die Einführung dieser Amazone hoch obenan. Ein solcher Vogel befand sich im Jahr 1872 im zoologischen Garten von Berlin, wurde von Dr. Finsch beschrieben und dem Direktor Dr. Bodinus zu Ehren benannt. Er hat eine breite scharlach= rothe Stirnbinde bis zur Kopfmitte; Zügelstreif schwärzlich; Kopfseiten bläulich; Unterrücken und Bürzel scharlachroth; ganze übrige Oberseite (auch obere Schwanzdecken und Flügelrand) grün; nur die beiden äußersten Schwanzfedern am Grunde der Innenfahne roth; kein rother Spiegelfleck im Flügel; Wangen, Kehle und übrige Unterseite dunkel= grasgrün, ohne schwärzliche Federränder; Schnabel schwärzlich, Wachs= haut graugelb; Auge braun bis orangegelb, nackte Haut weißlich; Füße schwärzlichgrau, Krallen schwarz. Krähengröße (Länge 35—36 cm; Flügel 19,5—20 cm; Schwanz 9—9,9 cm). Heimat: Venezuela. Der blau= kehligen Amazone sehr ähnlich, unterscheidet sich diese durch den schwärzlichen Zügelstreif und das Fehlen des blauen Augenbrauen= und Schläfenstreifs, die bläulichen, anstatt grünen Kopfseiten, die grünen oberen Schwanzdecken, den grünen und nicht blauen Flügelrand, die dunklere Unterseite und den schwärzlichen Schnabel. Im Jahr 1879 brachte

Fräulein Hagenbeck eine zweite Bodinus' Amazone auf die Berliner Vogelausstellung, und seitdem gelangt sie immer von Zeit zu Zeit in den Handel. Irgend etwas Näheres über das Freileben ist bis jetzt noch nicht veröffentlicht, doch dürfte sie darin den vorangegangenen nächsten Verwandten gleichen, wie dies auch im Gefangenleben der Fall ist. Ein feststehender Preis läßt sich der Seltenheit wegen kaum angeben.

Sallé's Amazonenpapagei

[Psittacus Salléi, *Scl.*].

St. Domingo-Amazone, weißstirnige Portoriko-Amazone, Blaukrone, Sallé's Kurzflügelpapagei. — Sallé's Amazon Parrot. — Perroquet Amazone de Sallé, Perroquet Amazone de St. Domingue. — Sallé's Amazone Papegaai.

Mit dieser Art beginnt eine Gruppe kleiner Amazonen, welche von den Händlern gewöhnlich sämmtlich Portoriko-Papageien genannt werden. Sie bleiben, wie schon S. 46 erwähnt, an Sprachbegabung und Klugheit hinter den voraufgegangenen großen Sprechern entschieden weit zurück, dagegen werden sie stets ungemein zutraulich und liebenswürdig, während sie freilich immer als arge Schreier gelten müssen.

Sallé's Amazonenpapagei ist an Stirn und Zügeln weiß; Vorderkopf und Scheitel düsterblau; Wangen grün; Ohrgegend schwarz; obere Schwanzdecken gelbgrün: Deckfedern der ersten Schwingen und Eckflügel blau; äußere Schwanzfedern an der Grundhälfte scharlachroth, welche Färbung nach Innen zu an Ausdehnung abnimmt; ganze übrige Oberseite dunkelgrasgrün, jede Feder schwärzlich gesäumt; Unterseite heller grasgrün; Hinterleib mit rundem düster scharlachrothem Fleck; Schenkelgegend bläulichgrün; Schnabel gelblichhorngrau, Wachshaut weißgrau: Auge dunkelbraun bis rothbraun, nackter Augenkreis fast reinweiß; Füße weißgrau, Krallen horngrau. Besondere Kennzeichen: Der Mangel des rothen Stirnrands, Augenbrauenstreifs und Spiegelflecks im Flügel; die Stirn ist zuweilen gelblichweiß. Etwa Dohlengröße (Länge 31,5 bis 33 cm; Flügel 17,2—18,7 cm; Schwanz 9,6—10 cm). Heimat: die Insel St. Domingo.

Der niedliche Papagei wurde schon von Brisson (1760) beschrieben und war also den älteren Schriftstellern bekannt, doch hielt man ihn für das Weibchen der weißköpfigen Amazone und erst Dr. Sclater (1857) hat ihn mit Sicherheit als Art festgestellt. Ueber sein Freileben sind keine Mittheilungen zu finden. Er gelangt verhältnißmäßig selten in den Handel und ist auch nicht besonders beliebt. Im übrigen gilt von ihm das vorhin von allen kleinen Amazonen Gesagte. Preis 20 bis 24 M. für den frisch eingeführten und 75 bis 120 M. für den gezähmten und abgerichteten.

Der rothstirnige Amazonenpapagei
[Psittacus vittatus, *Bdd.*].

Rothstirnige Portoriko-Amazone, bloß Portoriko-Amazone, rothstirniger Kurzflügel-papagei. — Red-fronted Amazon Parrot. — Perroquet Amazone à front rouge, erronément Perroquet de St. Domingue. — Roodvoorhoofd Amazone Papegaai.

Auch diese Art wurde als das Weibchen einer andern angesehen. Sie ist von Boddaert (1783) beschrieben, doch war bis zur neuern Zeit nichts über sie bekannt. Sie hat einen scharlachrothen Stirnrand; ihre ganze Oberseite ist dunkelgrasgrün, jede Feder mit breitem schwarzen Endsaum; Deckfedern der ersten Schwingen und Eckflügel düsterblau, Flügelrand meistens grün; äußerste Schwanzfedern am Grunde mit rothem Fleck; Kehlfleck roth; ganze Unterseite hellgrün, an Hals und Brust jede Feder schwarz gesäumt; Bauch und untere Schwanzdecken gelbgrün; Schnabel horngrau, Oberschnabel am Grunde graugelb, Wachshaut weiß; Auge braun-bis rothgelb, nackter Augenkreis weißlich; Füße bräunlichfleischfarben, Krallen braun. Abänderungen: Zuweilen auch Gesicht und Oberkehle roth; Flügelrand lebhaft gelb; der rothe Kehlfleck fehlt. Besondere Kennzeichen: bei rothem Stirnrand und blauen Deckfedern und Eckflügel, kein rother Spiegelfleck im Flügel. Dohlengröße (Länge 33,8 cm; Flügel 16,6—18 cm; Schwanz 9—10,5 cm). Von dem Reisenden Moritz wurde sie auf Portoriko beobachtet, und nach seinen Angaben weicht sie in der Lebensweise von der aller größeren Verwandten nicht ab. Sie soll scharenweise die Maisfelder verheeren. Aus dem Nest geraubt und von Frauen aufgezogen und abgerichtet, lerne sie alle möglichen Töne von Menschen und Thieren nachahmen. Zu den gemeinsten Vögeln im Handel gehörend, wird sie auch von einzelnen Liebhabern recht geschätzt, im ganzen gilt jedoch inbetreff ihrer Begabung das über die kleinen Arten Gesagte, und ihr Preis steht dementsprechend auch keineswegs hoch, denn man kauft sie zwischen 20 bis 30, 40 bis höchstens 60 M.

Der weißköpfige Amazonenpapagei mit rothem Bauchfleck
[Psittacus leucocephalus, *L.*].

Rothhalsige Kuba=Amazone, bloß Kuba-Amazone, rothbäuchiger Kurz=flügelpapagei. — White-fronted Amazon Parrot. — Perroquet Amazone à tête blanche, Perroquet Amazone de Cuba. — Havana of Cuba Amazone Papegaai.

Dieser Weißkopf gehört zu den am längsten bekannten amerikanischen Papageien, denn er wird schon von Aldrovandi erwähnt. Von Edwards zuerst beschrieben, hat ihn Linné wissenschaftlich benannt. Die alten Schriftsteller lobten ihn sehr, und Catesby heißt ihn sogar Paradispapagei; auch Bechstein zählt diese zu den gelehrigsten Arten und hebt hervor, daß sie sehr viel plaudere und überaus zahm werde.

Sie ist an Stirn, Oberkopf, Zügeln und Augenrand weiß; Wangen, Ohrgegend und Kehle sind purpurroth; obere Schwanzdecken gelbgrün; Deckfedern der ersten Schwingen und Eckflügel blau; Schwanzfedern an der Grundhälfte der Innenfahne scharlachroth; ganze übrige Oberseite dunkelgrasgrün, jede Feder mit breitem schwarzen Endsaum; Unterseite grasgrün, jede Feder nur schmal schwarz gesäumt; Bauch purpurviolett; Schenkel hellblau; untere Schwanzdecken gelbgrün; Schnabel schwach gelblichweiß, Wachshaut reinweiß; Auge bräunlich= bis röthlichgelb, Augenkreis weiß; Füße weißlichfleischfarben, Krallen fleischfarben. Beim Weibchen soll der rothe Kehlfleck sich bis auf die Oberbrust ausdehnen und auch die Unterbrust purpurviolett sein. Jugend= kleid: nur die Stirn weiß; Ohrfleck mehr grauschwärzlich; Wangen grün mit einzelnen rothen Federn. Besondere Kennzeichen: Mangel des rothen Stirnrands und Augenbrauenstreifs; Flügel ohne rothen Spiegelfleck: dagegen der purpurviolette Bauch. Stark Dohlengröße (Länge 32—34 cm; Flügel 17,6—19,6 cm; Schwanz 10,6—11 cm). Heimat: nur die Insel Kuba. Ueber das Frei= leben hat Dr. Gundlach berichtet, und ich bitte das in der Uebersicht der Amazonen S. 42 ff. Gesagte nachzulesen. „Dieser Papagei verursacht besonders am Obst Schaden, doch auch an anderen Nutzgewächsen und wird deshalb, wie auch seines Fleisches wegen, welches jedoch hart sein soll, verfolgt. Durch das Herunterschlagen des Gehölzes wird er immer mehr in den Urwald zurückgedrängt. Die Nistzeit beginnt im April und dauert bis Juli; als Nest wird ein Astloch vornehmlich in einer verdorrten Palme benutzt, und das Gelege besteht in 3 bis 4 Eiern. Die Jungen werden vielfach geraubt und aufgefüttert, und man schätzt sie, weil sie leicht Worte und Sätze nachsprechen lernen, sehr zahm und zutraulich werden, angenehmes Wesen und schönes Gefieder haben."

Unsere Liebhaber loben ihn ebenfalls als gelehrig, gut= müthig und leicht zähmbar. Er plappert sehr gern, sagt Herr K. Petermann in Rostock, und anhaltend, jedoch meistens unverständlich, und wenn er auch bedeutendes Unterscheidungs= vermögen und ein vorzügliches Gedächtniß hat, so bleibt er doch an Begabung in jeder Hinsicht hinter dem Graupapagei und den hervorragenden Amazonen zurück. Dieser Ausspruch ist entschieden zutreffend. Der genannte liebevolle Vogelpfleger hat eine solche Kuba=Amazone, welche in 22 Jahren niemals krank gewesen ist. Der Preis steht nicht hoch, manchmal auf 15—20, abgerichtet auf 30 bis 45 M.

Der weißköpfige Amazonenpapagei ohne rothen Bauchfleck

[Psittacus collarius, *L.*].

Weißköpfige Amazone; Jamaika-Amazone, Jamaika-Amazonen-Papagei, weißköpfiger Kurzflügelpapagei. — Red-throated Amazon Parrot. — Perroquet Amazone à gorge rouge, Perroquet Amazone de la Martinique. — Witkop Amazone Papegaai.

Mit der vorigen früher vielfach verwechselt oder zusammen- geworfen und ihr auch überaus ähnlich, ist diese weißköpfige Amazone gleichfalls schon längst bekannt, von Brisson (1760) beschrieben und von Linné benannt. Sie erscheint an Stirn und Zügeln reinweiß; der übrige Oberkopf ist bläulichgrün bis blau; die Kopfseiten und Oberkehle, auch meistens der Hinterhals sind wein- roth; Gegend unterm Auge blaßblau; Ohrgegend grünlichblau; obere Schwanzdecken gelbgrün; Deckfedern der ersten Schwingen bläulich- grün; alle Schwanzfedern mit Ausnahme der beiden mittelsten rein- grünen an der Grundhälfte scharlachroth; ganze übrige Oberseite grasgrün, an Nacken und Hinterhals jede Feder schwärzlich gesäumt; Unterseite schwach heller grün; Schenkel, Hinterleib und untere Schwanz- decken gelbgrün; Schnabel wachsgelb, Spitze des Oberschnabels grau- weiß (hellhornfarben, am Grunde blaßschwefelgelb), Wachshaut grau- weiß; Auge dunkel- bis rothbraun, Augenkreis grauweiß; Füße bräunlichgelbgrau, Krallen schwarz. Stark Dohlengröße (Länge 32 bis 33 cm; Flügel 17—17,4 cm; Schwanz 9,4—10,3 cm). Unterschei- dungszeichen von der vorigen Art: Oberseite einfarbig gras- grün ohne die breiten schwarzen Federnsäume, die nur an Nacken und Hinterhals schmal und schwach sich zeigen; der rothe Bauchfleck fehlt. Heimat nur Jamaika; dort soll er ziemlich häufig sein, sich vornehmlich von Orangen ernähren und in der Lebensweise und allem übrigen mit den nächstverwandten übereinstimmen. Auch ihn schätzen manche Liebhaber als gelehrig, doch dürfte er kaum den vorigen erreichen, ihm höchstens gleichkommen. In den Handel gelangt er verhältnißmäßig selten und daher steht sein Preis etwas höher 30, 45 bis 60 M.

Der weißstirnige Amazonenpapagei
[Psittacus albifrons, *Sprrm.*].

Brillen-Amazone, weißstirnige Amazone, Weißstirn-Amazone, weißzügeliger Kurzflügelpapagei. — White-browed Amazon Parrot, Spectacle Parrot. — Perroquet Amazone à front blanc, Perroquet à joues rouges. — Witvoorhoofd Amazon Papegaai.

Schon von Hernandez i. J. 1651 beschrieben, war dieser Papagei trotzdem in den Museen als Balg bisher noch immer selten, während er im Handel längst, wenn auch keineswegs zu den häufigen, doch zu den bekannteren gehörte; neuerdings ist er auch oft auf den Vogelausstellungen aufgetaucht. Er erscheint an Stirn und Vorderkopf weiß mit blauem Scheitelfleck, schmaler Stirnrand, Zügel und Streif oberhalb des Auges und Gegend breit ums Auge neben dem Schnabel scharlachroth (der rothe Stirnrand fehlt zuweilen); Hinterkopf und Nacken bläulichgrün; Wangen und Ohrgegend gelbgrün; Eckflügel und Deckfedern der ersten Schwingen scharlachroth, Flügelrand grün; die vier äußeren Schwanzfedern an der Grundhälfte über beide Fahnen roth; ganze übrige Oberseite dunkelgrasgrün, jede Feder schwärzlich gesäumt; Unterseite schwach heller grün mit verwaschenen dunkelen Federnsäumen; Bauch und untere Schwanzdecken gelbgrün; Schnabel graulichwachsgelb, Nasenhaut gelbgrau; Auge gelb- bis röthlichbraun, nackte Haut ums Auge schieferschwarz; Füße bräunlichgrau, Krallen schwärzlich. Etwa Dohlengröße (Länge 31—32 cm; Flügel 18,5 bis 19 cm; Schwanz 9,6—11 cm). Heimat: Mexiko, Honduras, Guatemala, Nikaragua und auch Kostarika.

Diese bis dahin wenig beachtete Amazone ist von Herrn Friedrich Arnold in München kürzlich mit großer Liebe geschildert worden. „Sie spricht sehr viel, aber nur wenige Worte deutlich; sie lernt sehr rasch und vergißt ebenso schnell. Im übrigen ist sie ein herziger Hausfreund, der sich von den Kindern alles gefallen, im Puppenwagen spazieren fahren läßt u. s. w.; sie neckt auch gern selbst, klettert z. B. am Vorhang genau so hoch, daß ihre kleinen Freunde sie nicht erreichen können und fordert nun diese durch fortwährende Zurufe auf, sie vermittelst Stuhl und dann Tisch weiter zu verfolgen, bis sie endlich auf der Vorhangsstange in sichrer Höhe gleichsam würdevoll auf= und abschreitet. Ihren verschiedenen Wün= schen, wie Köpfchen krauen, Pfote geben und Erlangung von Milch= brotstückchen oder Apfelschnittchen, muß immer bald folgegeleistet werden, denn wenn man diese bescheidenen Ansprüche nicht beachtet, so zieht sie sich zurück und weist jeden Versöhnungsversuch mit Schnabel= hieben ab. Im übrigen zerstört sie Alles, was sie erreichen kann, und wenn sie bestraft werden soll, so weiß sie mit wirklich bewunderns= werther Verschlagenheit durch ganz außerordentliche Liebenswürdigkeit die Aufmerksamkeit abzulenken. Sie ist und bleibt daher der Liebling aller Familienmitglieder." Auch hier haben wir also eine Be= stätigung des Urtheils über die Begabung der kleineren Ama= zonenarten, wie ich es S. 46 ausgesprochen, vor uns. Der Preis beträgt der Seltenheit wegen 20 M. für den soeben angekommenen, selten 30 M., steigt aber auch nur bis zu 50 M. für den abgerichteten Vogel.

Der weißstirnige Amazonenpapagei mit gelbem Zügel= und Kopfstreif [Psittacus xantholórus, *Gr.*] — Gelbzügel=Amazone, gelb= zügeliger Kurzflügelpapagei — Yellow-lored Amazon Parrot — Perro= quet Amazone à oreilles jaunes — Geeloor Amazone Papegaai — eine Art, von der Dr. Finsch noch 1867/68 sagt, sie sei den meisten Ornithologen unbekannt und selten in den Museen vorhanden, auch werde sie immer mit der vorhergegangenen verwechselt, hatte ich trotzdem in einem hübschen Vogel bereits i. J. 1872 vor mir, und habe sie dann auch seitdem mehr= fach im Handel und namentlich auf den Ausstellungen gesehen. Sie ist am Vorderkopf und bis über die Scheitelmitte mehr oder minder weit hinauf reinweiß; Augenbrauen und breiter Streif unterm Auge scharlachroth; Zügel und schmaler Streif oberhalb der rothen Augenbrauen um die Stirnplatte zitrongelb; an der Ohrgegend ein runder bräunlichschwarzer Fleck; Deckfedern der ersten Schwingen schar= lachroth; Schulterrand, Flügelbug und Achsel roth; äußere Schwanz= federn mit rothem Fleck am Grund der Außen= und Innenfahne; ganze übrige Oberseite dunkelgrasgrün, jede Feder breit schwarz ge= säumt; ganze Unterseite heller grün, gleichfalls jede Feder breit schwarz

gesäumt; unterseitige Schwanzdecken gelbgrün; Schnabel düsterwachs=
gelb, Nasenhaut rußschwarz; Auge braun bis orangeroth, nackte Haut
ums Auge blau; Füße bräunlichgelb, Krallen braun. Besondere Kenn=
zeichen: Gelber Zügel; breite weiße Stirn; geringes oder garkein Blau
am Oberkopf; schwarzer Ohrfleck; geringes Roth im Schwanz; Eck=
flügel grün, doch zuweilen breit roth; am Ober= und Unterkörper deut=
liche dunkele Federsäume. Etwa Dohlengröße (Länge 28—30 cm; Flügel
16—18 cm; Schwanz 8,5—9 cm). Eine der kleinsten Amazonen.
Heimat: Honduras und Pukatan. Uebrigens ist die Gelb=
zügelige Amazone von Kuhl i. J. 1821 beschrieben und von
Gray i. J. 1859 benannt. Im Wesen und in der Be=
gabung, namentlich in der Liebenswürdigkeit, gleicht sie durch=
aus den vorigen. Preis 30 bis 60 M.

Prêtre's Amazonenpapagei
[Psittacus Prêtrei, *Tmm.*].

Prêtre's Kurzflügelpapagei, Pracht-Amazone (!). — Prêtre's Amazon
Parrot. — Perroquet Amazone de Prêtre. — Prêtre's Amazone Papegaai.

In der ersten Auflage dieses Werks (1882) mußte ich
von dieser, einer der schönsten aller Amazonen, noch sagen,
sie sei eine von den Arten, über welche wir leider noch fast
garnichts wissen. Sie erscheint an Stirn, Vorderkopf, Zügeln und
Augenkreis scharlachroth; Deckfedern der ersten Schwingen, Eckflügel,
Unterarm und Handrand gleichfalls scharlachroth; Schwanzfedern ohne
Roth und wie die der ganzen übrigen Oberseite olivengrünlichgrasgrün,
an der Endhälfte mehr grüngelb, am Grunde der Innenfahne mattbräun=
lichschwarz; ganze Unterseite grasgrün; Schenkelgegend scharlachroth;
Hinterleib und untere Schwanzdecken reingelbgrün; Schnabel bräunlich=
horngrau, am Oberschnabel jederseits ein röthlicher Fleck; Auge braun;
Füße und Krallen dunkelhornbraun. Besondere Kennzeichen: das viele
Roth, insbesondre am Kopf, und der Mangel desselben in den Schwanz=
federn.   Nur ein Balg befand sich bis dahin im britischen
Museum, doch ohne Angabe des Sammlers; in der Heine'schen
Sammlung war ein Stück vorhanden, welches H. Knorre im

südlichsten Brasilien erlegt hat, und das Berliner Museum enthielt ein solches aus Uruguay, jetzt aber haben wir bereits 4 Köpfe lebend vor uns gesehen, im Besitz von E. Klaus in Hamburg, J. Faulring in Dresden, G. Vandermann in Hamburg und den vierten hatte Herr Oberküchenmeister L. Schaurte in Berlin auf der „Ornis"-Ausstellung d. J. 1886.

Der Amazonenpapagei mit rothen Flügeldecken [Psittacus ágilis, *L.*] — Rothspiegel=Amazone, Kurzflügelpapagei mit rothen Schwingendecken — Active Amazon Parrot — Perroquet Amazone active — Roodvleugel Amazone Papegaai — war wiederum den älteren Schriftstellern schon bekannt, denn bereits Edwards (1751) hat ihn beschrieben und Linné (1767) benannt. Buffon bezeichnet ihn als den eigentlichen „Krik", nach welchem alle hierhergehörenden Amazonen gleichfalls mit diesem Namen belegt worden. Er ist am Oberkopf grünlichblau; erste Schwingen an der Außenfahne, zweite an der Endhälfte blau; Deckfedern der ersten Schwingen zinnoberroth; Schwanzfedern am Grunde der Innenfahne gelb mit rothem Fleck, die beiden mittelsten Schwanzfedern jedoch einfarbig grün; ganze übrige Oberseite (auch Eckflügel, Flügelbug und die übrigen Deck= federn) grasgrün; Unterseite kaum heller grün; untere Schwanzdecken gelbgrün; Schnabel grauschwarz, am Grunde des Oberschnabels jeder= seits ein hellerer Fleck, Wachshaut schwärzlichaschgrau; Auge dunkel= braun; Füße und Krallen grauschwarz. (Bei manchen, wahrscheinlich jungen, Vögeln ist das Roth der Deckfedern der ersten Schwingen sehr blaß oder es fehlt beinahe ganz.) Beschreibung nach Finsch und Gosse. In der Größe gleicht er den beiden weißstirnigen Amazonen= papageien, und dies wird auch wol in allen übrigen Eigenthümlich= keiten der Fall sein. Heimat: Jamaika. Der letztgenannte Forscher berichtet, daß der Amazonenpapagei mit rothen Flügeldecken in Scharen von 6 bis 20 Köpfen in den Wäldern lebe, zur Erntezeit aber, wie alle diese Papageien, in großen Schwärmen die Pflanzungen überfalle und vielen Schaden verursache. Trotzdem ist er bis jetzt erst einmal in den zoologischen Garten von London gelangt und sonst noch gar= nicht eingeführt worden.

Der rothmaskirte Amazonenpapagei

[Psittacus brasiliensis, *L.*].

Rothmasken-Amazone, rothmaskirter Kurzflügelpapagei. — Red-masked Amazon
Parrot. — Perroquet Amazone à masque rouge. — Roodmasker Amazone
Papegaai.

Als ein vorzugsweise interessanter Papagei steht diese
Amazone, die nicht mehr zu der Gruppe der kleinen gehört, sondern im Gegentheil eine der größten ist, vor uns.
Auch sie zählt zu denen, welche von Edwards zuerst beschrieben
und von Linné benannt sind, doch haben die älteren Schriftsteller garnichts Näheres über sie angegeben und bis zur
neuern Zeit mangelte inbetreff ihrer Lebensweise, ja selbst ihrer
Heimat, jede Nachricht. Sie ist an Stirn und Oberkopf scharlachroth (Zügel und Stirnseiten mattscharlachroth, Stirnmitte und Vorderkopf fahlroth mit gelblichgrünem Schein); Wangen und Ohrgegend
blauröthlich (Streif über dem Auge und Ohrgegend kornblumenblau);
Hinterkopf und Nacken grün (jede Feder mit rothem Fleck in der
Mitte); Schwingen erster und zweiter Ordnung an der Außenfahne
mehr oder minder gelb; Schwanzfedern an der Endhälfte scharlachroth mit grüngelber Spitze, die beiden mittelsten ohne Roth; ganze
übrige Oberseite grasgrün, ohne dunkele Federnränder (doch an Mantel,
oberen Flügeldecken und Schultern mit kräftig schwarzblauem Schein,
Rücken, Bürzel und obere Schwanzdecken reingrün); ganze Unterseite
gelbgrün; Oberkehle blauröthlich; Schnabel bräunlichhorngrau mit
heller First, schwärzlicher Spitze und jederseits am Oberschnabel ein
gelbgrauer Fleck, Unterschnabel gelblichhorngrau, Nasenhaut grau;
Auge braun mit orangerothem Ring (zuweilen dunkelblau), nackte
Haut graublau; Füße grau, Krallen schwarz. Als besondres
Kennzeichen ist der schwarzblaue Schein des Gefieders zu betrachten.
Fast über Rabengröße (Länge 39—45 cm; Flügel 22—24 cm;
Schwanz 11—15 cm). Neuerdings erst ist Südbrasilien als
Heimat ermittelt.

Im Jahr 1828 befand sich eine rothmaskirte Amazone
in der Sammlung lebender Vögel des Kaisers von Oester-

reich in Schönbrunn, viele Jahrzehnte später hatte der Graf
Hollstein eine solche von seiner Reise aus Brasilien mitgebracht,
die dann in den Besitz des Herrn Karl Hagenbeck überging,
welcher sie auf der großen „Ornis"-Ausstellung in Berlin in
der schon mehrfach erwähnten Amazonen=Sammlung zeigte.
Die dritte Amazone dieser Art erlangte Herr K. Petermann
in Rostock durch den Vogelhändler A. Schäffer in Hamburg.
Nach den beiden letzteren ist die von Finsch gegebne Beschrei=
bung vervollständigt worden. Hagenbeck sagt und Petermann
bestätigt es, daß diese Amazone überaus zahm wird und so
sanft sich zeigt, daß man alles Mögliche mit ihr beginnen
kann, ohne daß sie beißt. Neuerdings ist sie von Vander=
mann 1884 und 1885 in je einem Kopf, eingeführt; der erstre
Vogel war zahm, sprach viel, pfiff ein Lied und lernte leicht.

Der rothschwänzige Amazonenpapagei
[Psittacus erythrurus, *Khl.*].

Rothschwänziger Kurzflügelpapagei, Rothschwanz-Amazone. — Red-tailed Amazon
Parrot. — Perroquet Amazon à queue rouge. — Roodstaart Amazone
Papegaai.

In alter Zeit kam es vielfach vor, daß die Eingeborenen
und zwar ebensowol in Amerika wie in Indien, aus den
Federn, bzl. Bälgen der verschiedensten Arten einen Vogel zu=
sammensetzten und ihn als absonderlich schöne, seltne oder noch
nicht bekannte Art verhandelten; selbst gegenwärtig wird diese
Kunst noch, wenn auch nicht häufig, betrieben. Früher wurde
sie mit solcher Geschicklichkeit ausgeführt, daß sich sogar her=
vorragende Gelehrte zuweilen täuschen ließen. Die roth=
schwänzige Amazone zeigt nun aber gerade einen entgegen=
gesetzten Fall, indem Dr. Finsch das einzige vorhandne Stück
(im Pariser Museum), welches er freilich nicht selber gesehen,
für solch' „Artefakt" hielt. Drei lebende Amazonen dieser

Art brachte dann jedoch Herr Karl Hagenbeck auf die „Ornis"-
Ausstellung nach Berlin i. J. 1879, und somit konnte ich nach
dem vor mir stehenden lebenden Vogel die Beschreibung geben.
Stirnrand, bis fast zur Mitte des Oberkopfs, und Streif oberhalb der
Augen scharlachroth; Oberkopf, Zügel, Gegend unterm Auge, Wangen
und Kehle blau; Hinterkopf und Nacken grasgrün, jede Feder fein
schwärzlich gerandet; Mantel und Rücken dunkelgrün, jede Feder breit
gelb gerandet; Unterrücken, Bürzel und obere Schwanzdecken gelblichgrün; übrige Oberseite grasgrün; Flügelrand mit schmalem scharlachrothen Streif, Flügelbug und Handrand grün; Schwanzfedern über
beide Fahnen scharlachroth, am Grunde grün, am Ende gelbgrün;
ganze Unterseite grün, jede Feder fein schwärzlich gerandet; Schnabel
grauweiß mit schwärzlicher Spitze, Wachshaut bleiblau; Auge orangeroth, nackte Haut reinblau; Füße blaugrau, Krallen schwarz. Krähengröße (die Maße vermag ich nicht anzugeben, doch werden dieselben
mit denen der gemeinen Amazone wol genau übereinstimmen).
Von Hagenbeck's rothschwänzigen Amazonen gelangte eine in
den Besitz des Herrn Direktor Westermann in Amsterdam, die
zweite in den zoologischen Garten von London und die dritte
als Balg in die Sammlung des Herrn Dr. Sclater. Es
sind offenbar die einzigen bis jetzt bei uns vorhanden gewesenen
Vögel dieser Art. Die Heimat ist mit Sicherheit noch nicht
ermittelt; dagegen kann ich hinsichtlich der Begabung dieser
Art die Annahme aussprechen, daß sie in derselben, wie im
ganzen Wesen von den nächsten Verwandten nicht verschieden
sein und als Sprecher etwa zu den mittelmäßigen gehören wird.

Der weinrothe Amazonenpapagei
[Psittacus vináceus, *Pr. Wd.*].

Weinrothe Amazone, Taubenhals-Amazone, rothschnäbeliger Kurzflügelpapagei. — Vinaceous Amazon Parrot. — Perroquet Amazone à couleur
de vin; Amazone à bec couleur de sang. — Roodbek Amazone Papegaai.

Obwol bereits Brisson (1760) bekannt, ist diese Art doch
erst von Prinz Max von Neuwied (1820) genau beschrieben.

Die weinrothe Amazone, wie sie in der Liebhaberei und im Handel meistens genannt wird, erscheint in ihrer Färbung recht schön, und zwar: Stirnrand und Zügelstreif sind blutroth; Stirn dunkelgrün; Wangen gelblicholivengrün; Kopf und Oberrücken dunkelgrasgrün, jede Feder schmal schwärzlich gerandet; Hinterhals lilablau, jede Feder schwärzlich gesäumt; Spiegelfleck im Flügel scharlachroth (Schwingen zweiter Ordnung breit roth über Außen= und Innenfahne), Handrand roth; äußere Schwanzfedern über beide Fahnen scharlach= roth; ganze übrige Oberseite dunkelgrasgrün;. Wangen hellgrün; Kehle mit scharlachrothem Fleck (der zuweilen fehlt); Brust und Bauch dunkel= weinroth (zuweilen bis über den Hinterleib); Schenkel und untere Schwanzdecken gelbgrün; Schnabel hell= bis kräftig blutroth, Spitze gräuweiß, Unterschnabel röthlichgrau, Wachshaut grünlich= oder bräun= lichgrau; Auge braun= bis orangeroth, nackter Augenring grünlich oder bräunlichgrau; Füße bläulichweiß, Krallen horngrau. Etwa Krähengröße (Länge 34 cm; Flügel 19,2—21,3 cm; Schwanz 10,9 bis 11 cm). Heimat: Südbrasilien und Paraguay.

Ueber das Freileben haben Prinz von Wied, Natterer, Azara und Burmeister Mittheilungen gemacht, die zwar sämmtlich kurz sind, aus denen jedoch hervorgeht, daß diese Art sich nicht wesentlich von den anderen unterscheidet. Herr Petermann, der sie gleichfalls in der Heimat beobachtet, traf sie in den hohen, üppigen Urwäldern der Küsten von St. Katharina mehrmals in großen, lärmenden Schwärmen, auch hat er sie vielfach im Käfig gehalten. In der Erregung sträubt sie die Nackenfedern und, so schreibt Herr Petermann, ihre orangerothen Augen verrathen unbändigen Trotz, doch ist sie nicht bösartig, sondern sanft, und selbst alte flügellahm geschossene wurden bald zahm. In der Gefangenschaft zeigt sie sich überaus ruhig, aber klug und gelehrig, doch lernt sie nur verhältnißmäßig wenig und auch nicht besonders deutlich sprechen; sie dürfte in dieser Beziehung unter den Amazonen nur zu denen gehören, welche den zweiten Rang einnehmen.

Sie gelangt nicht häufig in den Handel und steht ziemlich hoch im Preise: 50 bis 75 M. für den frisch eingeführten Vogel.

Der scharlachstirnige Amazonenpapagei

[Psittacus coccinifrons, *Snc.*].

Scharlachstirnige Amazone, Grünwangen-Amazone, grünwangiger Kurz-flügelpapagei. — Green-cheeked Amazon Parrot. — Perroquet Amazone à front d'écarlate, Perroquet Amazone à joues vertes. — Groenwang Amazone Papegaai.

Auch diese gehört zu den erst in neuerer Zeit bekannt gewordenen Arten, denn sie wurde von Lesson (1844) erwähnt und von Cassin (1853) zuerst beschrieben. Sie ist an Stirn, Zügeln und Vorderkopf (zuweilen auch Ober- und Hinterkopf) scharlachroth, Wangen smaragdgrün, Streif oberhalb der Augen um Schläfe und Ohr blau; Spiegelfleck im Flügel scharlachroth (Schwingen zweiter Ordnung an der Außenfahne roth); Flügelrand und -Decken grün; äußerste Schwanzfedern nur an der Innenfahne schwach röthlich; ganze übrige Oberseite dunkelgrasgrün, jede Feder schwarz gesäumt; Unterseite gelbgrün mit schmalen und verwaschenen dunkelen Federsäumen; Schnabel weißgelblichgrau, Oberschnabel jeder-seits mit gelblichem Fleck, Wachshaut grauweiß; Auge blaßstrohgelb bis röthlichgelb, nackte Haut grauweiß; Füße gelblichhorngrau, zu-weilen blaugrau, Krallen schwärzlich. Besondere Kennzeichen: einfarbig grüne Unterseite, ohne schwarze Endsäume der Federn, und am Grunde grüne Schwingen erster Ordnung. Etwa Krähengröße (Länge 35,5—36 cm; Flügel 20—21 cm; Schwanz 10,5—11 cm). Heimat: Neu-Granada, Ekuador, Kolumbia; über ihr Frei-leben ist garnichts bekannt. Im Jahr 1863 gelangte sie in den zoologischen Garten von London, wurde i. J. 1878 von Fräulein Hagenbeck in zwei Köpfen eingeführt, wie sich auch ein solcher in der Sammlung des Herrn Karl Hagenbeck be-fand; seitdem ist sie hin und wieder einzeln angeboten worden; doch blieb sie immer noch selten; trotzdem steht sie aber nicht zu hoch im Preise, denn man kauft den frisch eingeführten

Vogel für 20, 30, 36 M. und sprechende für 60 bis 100 M. Ueber ihre Sprachbegabung ist nichts besondres bekannt; vorzugsweise großen Werth hat sie wol nur für Liebhaber seltener Vögel.

Finsch' Amazonenpapagei

[Psittacus Finschi, *Scl.*].

Grünwangen-Amazone, Blaukappen-Amazone, Finsch' Kurzflügelpapagei. — Finsch' Amazon Parrot. — Perroquet Amazone de Finsch. — Finsch' Amazone Papegaai.

Diese Amazone wurde bis vor kurzem immer mit der vorigen verwechselt, dann aber von Dr. Sclater beschrieben und nach dem hochverdienten Papageienkundigen benannt. Sie erscheint in folgender Weise gefärbt: Stirnrand (zuweilen fast bis zur Kopfmitte) und Zügel dunkelblutroth, am Oberkopf jede dunkelgrasgrüne Feder mit lilablauem Endsaum; am Nacken jede Feder mit breitem schwarzen Endsaum, am Mantel undeutlicher; Wangen und Ohrgegend grasgrün; Spiegelfleck im Flügel scharlachroth (Schwingen zweiter Ordnung an der Außenfahne roth), Eckflügel und Flügelrand grün; Schwanzfedern ohne Roth; ganze übrige Oberseite dunkelgrasgrün; ganze Unterseite kaum heller grün, jede Feder deutlich schwarz gesäumt; Schnabel gelblichhorngrau, Oberschnabel mit dunkelgelbem Fleck, Wachshaut grauweiß; Auge röthlichgelb, nackte Haut blaugrau; Füße und Krallen blaugrau. Besondere Kennzeichen: Ober- und Hinterkopf blau; Grundhälfte der ersten Schwingen schwarz; Unterseite mit deutlichen schwarzen Federsäumen. Etwas unter Krähengröße (Länge 32,5—34 cm; Flügel 20,4—23,4 cm; Schwanz 10—10,7 cm). Heimat: nur Mexiko. Ueber das Freileben ist bis jetzt garnichts bekannt. Jetzt kommt er hin und wieder einzeln in den Handel und auf die Ausstellungen. Preis 30, 50 bis 75 M.

6*

Der gelbwangige Amazonenpapagei
[Psittacus autumnalis. *L.*].

Gelbwangige Amazone, Gelbwangen=Amazone, Herbst=Amazone, Herbst=
Papagei, gelbwangiger Kurzflügelpapagei. — Yellow-cheeked Amazon Parrot.
— Perroquet Amazone à joues jaunes. — Geelwang Amazone Papegaai.

Die Herbstamazone, wie sie in der Liebhaberei gewöhnlich
heißt, wurde, obwol schon lange bekannt, nämlich von Edwards
(1750) abgebildet und beschrieben und von Linné benannt, doch
bis zur neuesten Zeit von den Vogelkundigen gleicherweise wie
von den Händlern fast immer mit der Diademamazone ver=
wechselt oder zusammengeworfen, und dies geschieht nicht selten
noch gegenwärtig. Sie ist an Stirnrand und Zügeln scharlachroth,
Oberkopf grün, jede Feder mit lilablauem Endsaum (zuweilen kräftig
blau scheinend): Wangen grasgrün: Wangen= oder Bartfleck hoch= bis
rothgelb: Nackenfedern grasgrün, fein schwärzlich gesäumt: Spiegel=
fleck im Flügel scharlachroth (Schwingen zweiter Ordnung an der
Außenfahne roth), Flügelbug grün: nur die äußersten Schwanzfedern
mit verwaschen rothem Fleck: ganze übrige Oberseite grasgrün: Unter=
seite gelbgrün (zuweilen mit schwärzlichen Federnrändern); Schnabel
horngrau, Spitze und Unterschnabel schwarz, Wachshaut fleischfarben=
weiß: Auge roth mit feinem gelben Irisrand, nackter Augenkreis
weißlich: Füße weißlichgrau, Krallen schwärzlich. Etwa Krähengröße
(Länge 36,5 cm: Flügel 18—20,2 cm; Schwanz 10—10,7 cm). An den
besonderen Kennzeichen: rother Stirn und rothen Zügeln, mehr
oder minder lebhaft blauem Oberkopf und hochgelbem Wangen= oder
Bartfleck ist er von den Verwandten, vornehmlich der Diadem=Ama=
zone, zu unterscheiden: zuweilen ist die Kehle roth gefleckt. Heimat:
Mittelamerika, südliches Mexiko, Honduras und Guatemala;
nach Dr. v. Frantzius auch Kostarika. Ueber das Freileben
ist nichts bekannt. Die gelbwangige Amazone gelangte i. J.
1869 zuerst in den zoologischen Garten von London und
kommt etwa seit 1878 auf den Ausstellungen und in den
Vogelhandlungen bei uns hin und wieder vor. Die fünf
Köpfe, welche die „Ornis“=Ausstellung i. J. 1879 von Herrn

Karl und Fräulein Chr. Hagenbeck aufzuweisen hatte, ließen mit voller Entschiedenheit die Unterscheidungszeichen der beiden naheverwandten Arten erkennen. Hinsichtlich der Begabung und Abrichtungsfähigkeit darf man diese beiden Amazonen nur als Sprecher zweiten Rangs ansehen; sie stehen daher, obwol sie selten sind, doch nicht hoch im Preise: 45 bis 60 M. für den frisch eingeführten Vogel.

Der Diadem-Amazonenpapagei
[Psittacus diadematus, *Shw.*].

Diadem-Amazone, Amazone mit lilafarbnem Scheitel, lilascheiteliger Kurzflügelpapagei. — Diademed Amazon Parrot. — Perroquet Amazone à diadème, Perroquet Amazone couronné. — Kroonen Amazone Papegaai.

Schmaler Stirnrand und Zügel dunkelscharlachroth, Oberkopf und Nacken grün, jede Feder mit breitem blaßlilablauen Endsaum, Hinterkopf gelblich, Zügel, Wangen und Kopfseiten smaragdgrün; Spiegelfleck im Flügel scharlachroth (Schwingen zweiter Ordnung an der Außenfahne roth), Flügelrand und =Decken grün; äußerste Schwanzfedern an der Außenfahne hochroth; ganze Oberseite grasgrün, ohne dunkle Federnsäume; Unterseite heller grasgrün, gleichfalls ohne dunkle Federnsäume; Schnabel gelb, Oberschnabel längs des Rands und der Spitze schwärzlich, Wachshaut weißgrau; Auge dunkelbraun bis schwarz mit großem, nacktem, weißgrauem Kreis, Füße und Krallen schwärzlichgrau. Etwa Krähengröße (Länge 36,5 cm; Flügel 18—20,2 cm; Schwanz 10 bis 10,7 cm). Besondere Kennzeichen: dunkelscharlachrother Stirnstreif und Zügel; lilablauer Oberkopf; Wangen und Kopfseiten smaragdgrün, nur mit einem gelben Fleck unterm Auge. Heimat: Gebiet des Amazonenstroms, Guiana, Kolumbia und Panama. Diese Art wurde von Spix (1825) beschrieben und auch abgebildet. In der Sammlung des Kaisers von Oesterreich in Schönbrunn befand sich schon i. J. 1845 eine Diadem-Amazone, in den zoologischen Garten von London gelangte sie i. J. 1871; auf den Berliner Ausstellungen ist sie seit dem

Jahre 1876 immer in einzelnen Köpfen aufgetaucht. In allen Eigenthümlichkeiten ist sie mit den vorigen übereinstimmend. Ihr Preis beträgt 30, 45 bis 60 M.

Dufresne's Amazonenpapagei

[Psittacus Dufresnei, *(Lvll.) Khl.*].

Granada-Amazone, Goldmasken-Amazone (!). Dufresne's Kurzflügelpapagei. — Dufresne's Amazon Parrot. — Perroquet Amazone de Dufresne. — Dufresne's Amazone Papegaai.

Gelber Zügel, blaue Wangen und rother Vorderkopf sind die besonderen Kennzeichen dieser Art. Sie ist grasgrün, an Hinterkopf und Nacken jede Feder mit schmalem, schwärzlichem Endsaum; Vorderkopf scharlachroth, Zügel hochgelb, Wangen und Oberkehle himmelblau; an Rücken und Mantel jede grüne Feder schwärzlich gesäumt; Spiegelfleck im Flügel zinnoberroth (die ersten drei Schwingen zweiter Ordnung an der Außenfahne roth); Flügelrand und -Decken grün; die fünf äußersten Schwanzfedern mit großem blutrothem Fleck; ganze Unterseite heller grün, ohne dunkele Federnränder; Schnabel hell- bis korallroth, Wachshaut röthlichweiß; Auge orängeroth, nackte Haut weiß; Füße gelblichgrau, Krallen horngrau. (Zuweilen ist der ganze Vorderkopf scharlachroth, nebst Zügelstreif auch Schnabelgrund und Oberkehle gelb, nebst Wangen auch die Kehle blau.) Etwa Krähengröße (Länge 36,5 cm; Flügel 18—20 cm; Schwanz 10—10,7 cm). Heimat: vom mittlern und nördlichen Brasilien bis Guiana und Neugranada.

Ueber das Freileben haben Schomburgk, Prinz Max von Wied, Natterer u. A. berichtet, ihre jedoch verhältnißmäßig kurzen Angaben bieten der Lebensweise der übrigen Amazonen gegenüber nichts Neues. Die Indianer nehmen die Jungen gern aus dem Nest, um sie aufzuziehen. In der Sammlung des Kaisers von Oesterreich in Schönbrunn befand sich eine Dufresne's Amazone bereits i. J. 1830; zu uns ist dieselbe in neuerer Zeit hin und wieder in den Handel gebracht, doch gehört sie immerhin zu den seltensten Arten.

Inbetreff ihrer Begabung sind die Meinungen schon bei den Reisenden verschieden, denn während der Prinz behauptet, daß sie sehr gelehrig sei und leicht sprechen lerne, verneint dies Schomburgk. Herr Petermann sagt, er habe diesen besonders prächtigen Papagei in Brasilien vielfach und noch in der Provinz Santa Katharina als Brutvogel beobachtet. Sein Ruf sei wohlklingend und erschalle wie „noat". An demselben könne man ihn sogleich von allen Verwandten unterscheiden. Die Brut enthalte bis zu drei Jungen. Nach der Niftzeit schweifen sie familienweise umher, sammeln sich aber niemals zu großen Scharen an. Seiner hervorragenden Sprach= begabung wegen sei er hochgeschätzt und werde schon dort mit 100 Milreis bezahlt. Preis bei uns 60 bis 75 M. für den noch fast rohen Vogel.

Der blauwangige Amazonenpapagei [Psittacus coeligenus, *Lawrnc.*] — Blauwangen=Amazone — Blue-cheeked Amazon Parrot — Perroquet Amazone à joues bleues — Blauwwang Amazone Papegaai —, erst i. J. 1880 von George N. Lawrence beschrieben, ist an Stirn und Kopfseiten matt gelblichorange, Wangen hell himmelblau, am Oberkopf grünlichhellgelb, Hinterkopf und Nacken schwärzlich; dunkelgrün; Rücken und obere Schwanzdecken dunkelgrün; Spiegelfleck im Flügel orangeroth (Schwingen zweiter Ordnung mit orangerothem Fleck und tiefblauer Spitze), Flügelrand blaßgelb; die äußeren Schwanzfedern am Ende blaßgelb; ganze übrige Oberseite dunkel= grün; Kehle bläulichhellgrün; Brust und Unterleib gelblichgrün, jede Feder=schmal schwärzlich gerandet; Oberschnabel hellhorngrau, jeder= seits mit röthlichem Fleck, Unterschnabel dunkelhorngrau; Auge ?: Füße schwärzlichgrau. Etwa Krähengröße (Länge 34 cm; Flügel 22,8 cm; Schwanz 13 cm). Von Gestalt gedrungen mit kräftigem Schnabel und gleichen Füßen. Heimat: Guiana. Beschreibung von Dr. Finsch nach einem Vogel, welcher von A. H. Alexander im Winter 1875/1876 in Neu=Jersey erlegt worden; ein zweiter befindet sich im zoologischen Garten in London; einen dritten führte im Sommer 1886 H. Fockelmann in Hamburg ein.

*   *   *

Weit hinter den Angehörigen der beiden voraufgegangenen Ge=
schlechter, Eigentliche und Amazonenpapageien, bleiben die jetzt fol=
genden **Langflügelpapageien** (Pionias, *Wgl.*) inhinsicht der Sprach=
fähigkeit, sowie der geistigen Begabung überhaupt zurück, während sie
ihnen im Körperbau und allen Eigenthümlichkeiten, sowie auch in der
Lebensweise, nahestehen. Sie lernen eigentlich nur plappern, nicht
wirklich sprechen. In den Reihen der bisher bekannten nahezu 50
Arten haben wir erst 5 Sprecher vor uns; damit ist indessen keines=
wegs bewiesen, daß über kurz oder lang von den vielen übrigen nicht
noch einige, vielleicht sogar die meisten, als sprachbegabt sich zeigen
werden. Ich muß daher alle Forschungen und Erfahrungen, die wir
inbetreff der Langflügel im allgemeinen vor uns haben, hier umso=
mehr eingehend mittheilen.

Als ihre besonderen Merkmale sind anzusehen: Schnabel kräftig,
länger als hoch, etwas zusammengedrückt, mit weit überhängender
Spitze, meistens deutlichem Ausschnitt, stark gekrümmter, scharfkantiger
First und deutlicher Längsrinne, Unterschnabel gleichhoch, mit breiter,
abgerundeter Dillenkante und schwach ausgebuchteten Schneiden;
Zunge dick, fleischig, breit und abgestumpft; Nasenlöcher frei, rund;
Wachshaut mit einzelnen Vorsten besetzt oder sammtartig befiedert;
Augenkreis nackt; Zügel befiedert; Flügel lang, spitz, mehr als dop=
pelt so lang wie der Schwanz; letzterer breit, gerade, am Ende
hammerförmig, seltner abgerundet; Füße stark, kurz mit kräftigen
sehr gekrümmten Krallen; Gefieder weich bis derb, aus breiten Fe=
dern, bei manchen Arten an Kopf und Hals schuppenförmig, Puder=
daunen fehlen; Färbung vorwaltend grün, kein Spiegelfleck im
Flügel; Gestalt kurz, dick, gedrungen; Star= bis nahezu Krähengröße.

Die Verbreitung der Langflügel ist eine weitere, als die aller
anderen Papageien, denn sie kommen in Asien, Afrika und Amerika
vor. Bis jetzt sind die Nachrichten, welche wir über ihr Freileben
haben, leider nur zu gering; wir wissen nur, daß sie vorzugsweise
Baumvögel sind, außer der Brutzeit gesellig leben, in vielköpfigen
Schwärmen an den Nutzgewächsen zuweilen großen Schaden anrichten,
von allerlei Früchten und Sämereien sich ernähren und gleich allen
übrigen in Baumhöhlen nisten.

Der Handel bringt eigentlich nur eine Art, den kleinen Mohren=
kopf, regelmäßig und in größrer Anzahl, alle übrigen nur zufällig
und einzeln. Die Langflügel, welche vorzugsweise doch nur als

Schmuckvögel gelten können, haben liebevolle Pfleger und Beobachter an den Herren Regierungsrath v. Schlechtendal in Merseburg und Universitätsbuchhändler Fiedler in Agram gefunden. Selbstverständlich habe auch ich eine beträchtliche Anzahl von ihnen im Lauf der Jahre gehalten. Sogleich nach der Einführung sind sie in der Regel recht hinfällig, sobald sie aber die Nachwehen schlechter Behandlung unterwegs überwunden haben, ergeben sie sich fast sämmtlich als kräftig und ausdauernd; doch scheinen sie nicht so alt wie andere Papageien zu werden, denn es sind in dieser Hinsicht keine Angaben gemacht. Die meisten zeigen sich als stille, wenig bewegliche Vögel, welche leicht zahm und zutraulich werden, zeitweise jedoch geradezu unausstehlich schreien; einige kleine Arten sind überaus sanfte und liebenswürdige Vögel, die auch niemals widerwärtige Töne erschallen lassen. Im ganzen dürfen sie als nicht besonders beliebt gelten, weil sie fast alle unscheinbar gefärbt sind; manche Arten jedoch werden sowol ihrer Seltenheit als auch ihrer Schönheit und Anmuth wegen sehr hoch bezahlt. In ihrer Züchtung hat man bis jetzt noch keine Ergebnisse erreicht, und dies ist recht zu bedauern, weil auch die Reisenden noch nirgends Gelegenheit gefunden, ihre naturgeschichtliche Entwicklung zu erkunden. Ihre Verpflegung ist einfach und kostenlos, denn sie fressen eigentlich nur Sämereien und etwas Früchte; man füttert sie mit Kanariensamen, Hafer, Sonnenblumenkernen und Hanf, doch muß man mit dem letztern, namentlich bei heißem Wetter, recht vorsichtig sein. Gutes süßes Obst, noch in Milch stehende Maiskolben und ein wenig Grünkraut, sowie frische Zweige zum Benagen sind nothwendig.

Der orangebäuchige Langflügelpapagei

[Psittacus senegalus, *L.*].

Mohrenkopf-Papagei, bloß **Mohrenkopf**. — Senegal Parrot. — Perroquet du Sénégal, Perroquet à tête noire. — Senegal Langvleugel Papegaai.

Der hübsche Mohrenkopf, wie er fast ausschließlich genannt wird, gehört zu den gemeinsten Vögeln des Handels und gelangt alljährlich regelmäßig in beträchtlicher Anzahl zu uns. Auch er zählt zu den seit altersher bekannten Papageien, denn schon i. J. 1455 ist er von Aloysius Cada Mosto erwähnt und dann von Brisson (1760) beschrieben.

Das alte Männchen ist an Kopf, Wangen und Oberkehle bräunlichgrau bis schwärzlich: an Hinterrücken, Bürzel und oberen Schwanzdecken glänzend grasgrün: Schwingen olivengrünlichbraun: Flügeldecken grün mit bräunlicher Mitte: Achselfedern und kleine unterseitige Flügeldecken gelb: Schwanz und ganze übrige Oberseite hellgrasgrün: Kehle und Oberbrust grasgrün: übrige Unterseite gelb: Brust und Bauch orange= bis mennigroth: untere Schwanzdecken gelb: Schnabel dunkelhorngrau bis schwarzbraun, Wachshaut schwärz= lich: Auge schwefelgelb bis dunkelbraun, nackter Augenkreis schwärz= lichgrau bis schwarz: Füße schwarzbraun, Krallen schwarz. Weib= chen: Kopf heller bräunlichgrau: Unterseite einfarbig gelb (ohne orangeroth): untere Schwanzdecken gelblichgrün: sonst übereinstim= mend. Star= bis Dohlengröße (Länge 26—28 cm: Flügel 14,5 bis 15,7 cm: Schwanz 5,7—6,7 cm). Als seine Heimat kennt man Westafrika, doch wahrscheinlich ist er auch bis tief im innern Afrika verbreitet. Ueber seine Lebensweise haben wir bisher erst geringe Nachrichten. Familienweise bis zu sechs Köpfen halten sie sich in den riesigen Affenbrotbäumen auf und ver= rathen sich bei jeder Annäherung durch gellendes Geschrei. Beim Auffliegen und Niedersetzen unbeholfen, schwirren sie dann doch pfeilschnell dahin. Die Brut ist noch nicht erforscht. Nach der Nistzeit schweifen sie umher und verursachen an Bananen, Reis, Mais u. a. zuweilen erheblichen Schaden.

Der Mohrenkopf hat vorzugsweise nur als Schmuckvogel für zoologische Gärten oder besondere Liebhaber Bedeutung; während die älteren Schriftsteller einstimmig behaupten, daß er keine Sprachbegabung habe, ist dies neuerdings in mehreren Fällen widerlegt, indem von sprechenden Mohrenköpfen be= richtet worden. Derartige Schilderungen liegen, außer von den beiden vorhin genannten Kundigen, auch noch von Herrn A. E. Blaauw vor. Der alte Vogel dieser Art zeigt sich überaus wild und störrisch, mit gellendem Geschrei wirft er sich bei jeder Annäherung kopfüber von der Sitzstange herab, drückt sich dummscheu in eine Ecke und läßt ein sonderbares Knarren erschallen; der junge Vogel wird leicht zahm und sehr liebenswürdig. Ein solcher vermochte jede Käfigthür zu öffnen, spielte gern und war außerordentlich drollig, auch sehr zutraulich und gutmüthig, ließ sich gern den Kopf krauen, sowie sich aus dem Käfig nehmen und liebkosen; er lernte jedoch nur einzelne Worte nachsprechen, zugleich aber auch die Töne anderer Vögel nachahmen. Herr Blaauw sagt, daß sein Mohrenkopf sehr hübsch französisch sprach, und zwar sehr deut= lich und mit sanfter Stimme. „Sonderbar klingt es, wenn er die verschiedenen Worte und Sätze in sein natürliches Ge= kreisch mischt und also gleichsam artikulirt schreit.“

Unmittelbar nach der Einführung hat sich, wenigstens in der neuern Zeit, auch dieser sonst so kräftige und ausdauernde Papagei sehr hinfällig gezeigt; er erkrankt dann insbesondre bei jedem Futterwechsel und, wie es scheint, ebenso durch zu reich= liche Gabe von Hanfsamen. Man reiche ihm also anfangs nur Kanariensamen und Hafer und erst späterhin und all= mählich Hanf= und Sonnenblumensamen. Immer muß er als Zugabe gute süße Frucht, jedoch nur wenig, bekommen. Den frisch eingeführten Mohrenkopf kauft man für 10 M., den gezähmten für 20 bis 30 M.; den Preis für einen Sprecher vermag ich nicht anzugeben, da ein solcher bis jetzt noch immer als Seltenheit gelten muß, die im Vogelhandel wol kaum zu erlangen ist.

Guilelmi's Langflügelpapagei [Psittacus Guilelmi, *Jard.*] — Goldkopf der Händler, Guilelmi's Papagei (Br.), Goldkopf=Papagei (Ruß „Handbuch“), rothstirniger Langflügelpapagei (Max Schmidt) und Kongopapagei (Hagenbeck) geheißen — Perroquet à tête d'or — Jar= dine's Parrot — Guilelmi's Langvleugel Papegaai — ist nicht zu selten im Handel. Er erscheint schön grasgrün; Stirn, Vorderkopf und Scheitel gelblich= bis orangeroth; Zügel schwärzlich; Rücken,

Schultern, Flügel und Schwanz braunschwarz, jede Feder dunkelgrün gesäumt; Bürzel gelblichgrün; Flügelbug und Handwurzel gelblich= roth; an Bauchseiten und unteren Schwanzdecken jede Feder in der Mitten olivengelb; Schenkel gelblichroth; Schnabel bräunlichhorngrau, Spitze schwarz; Wachshaut fleischröthlichgrau; Auge braun= bis orange= roth; nackter Augenkreis fleischfarben; Füße schwarzbraun. Nahezu Graupapageiengröße. Heimat: Westafrika, von Guinea bis Kongo herab. Er ist vereinzelt in zoologischen Gärten und bei Liebhabern zu finden. Sehr still und wenig beweglich, läßt er nur bei Erschrecken und Beängstigung schrilles Geschrei hören. Seine Sprachbegabung hat sich bisher als eine geringe bewiesen. Der Preis ist verhältniß= mäßig hoch: 30 M. für den frisch eingeführten Vogel und bis 75 M. für den Sprecher.

Der Langflügelpapagei vom Kap [Psittacus robustus, *Gml.*] — braungelbköpfiger Langflügelpapagei (Finsch), Kap= oder Levaillant's= Papagei (Br.) — Perroquet du Cap — Levaillant's Parrot — Levail- lant's Langvleugel Papegaai — ist grün; Kopf, Hals und Kehle olivengrünlichgelb; Stirn und Wangen mennigroth; Zügel schwarz, Rücken, Schultern, Flügel und. Schwanz olivengrünlichbraun; Bürzel bläulichgrün; Flügelbug und Handrand gelblichroth; Brust bläulich= grau; Schenkel mennigroth; Schnabel gelblichgrauweiß; Auge roth= braun; Füße bräunlichhorngrau. Etwas größer als der vorige. Seine Heimat ist Südafrika, doch hat ihn Kirk auch im Osten am Zambesi gefunden. In den Handel kommt er sehr selten; Dieckmann bot in Altona i. J. 1883 ein Männchen als zahm, sprechend und pfeifend aus und später noch ein Pärchen, dessen Weibchen bei ihm im Käfig drei Eier legte.

Der blauköpfige Langflügelpapagei
[Psittacus menstruus, *L.*].

Blaukopf, fälschlich blauköpfiger Portoriko=Papagei, Schwarzohrpapagei, schwarz= geöhrter Langflügelpapagei, auch wol Veilchen= oder veilchenblauer Papagei (Händler). Maitaka. — Maitaka Parrot, Red-vented Parrot, Blue-headed Parrot. — Perroquet à tête bleue. — Blauwkop Langvleugel Papegaai.

Diese Art, welche schon von Edwards i. J. 1764 gut abgebildet und von Linné beschrieben war, ist trotzdem immer

wieder verwechselt worden, obwol man sie unter den Ver=
wandten vonvornherein daran erkennen kann, daß Kopf, Hals
und Brust blau sind. Sie ist in folgender Weise gefärbt:
breite Stirnbinde kornblumenblau, Oberkopf, Nacken und Hinterhals
grün und blau geschuppt, Ohrfleck schwarz (aber auch hier jede Feder
zart blau gesäumt); Oberrücken olivengrün, Unterrücken, Bürzel und
obere Schwanzdecken reiner grün; alle Schwingen und Deckfedern
grün; die mittleren Schwanzfedern grün, an der Spitze blau, die
äußeren blau, am Grunde der Innenfahne roth; ganze übrige Ober=
seite dunkelgrasgrün, an den Flügeldecken gelbbräunlicholivengrün:
Wangen, Kopfseiten und Oberkehle blau; Oberbrust grünlichblau,
röthlich scheinend, Unterbrust und Bauch olivengrün; untere Schwanz=
decken dunkelpurpurroth, mit grüner Binde und blauem Endfleck:
Schnabel schwarzbraun, am Grunde des Oberschnabels ein rother
Fleck (im Alter auch am Unterschnabel), Wachshaut dunkelgrau; Auge
grau= bis schwarzbraun, Augenring schiefergrau; Füße weißlichgrau
mit schwarzen Schuppen und Krallen. Weibchen nicht mit Sicher=
heit bekannt. Jugendkleid fast einfarbig grün; Stirn und Ober=
kopf sonderbarerweise röthlich; Kehle und Oberbrust bläulich; Schnabel
graugelb bis röthlichorange. Etwas unter Dohlengröße (Länge
27,3 cm; Flügel 16,2—18,3 cm; Schwanz 5,9—7,8 cm). Nach
Finsch in allen Kleidern daran zu erkennen, daß der Bürzel
und die oberen Schwanzdecken grün sind, die unteren Schwanzdecken
grüne Enden und die beiden mittelsten Schwanzfedern blaue Enden
haben.

Die Heimat dieses Langflügels ist Südamerika von Süd=
brasilien bis Panama und in neuerer Zeit wurde er auch in
Mittelamerika gefunden; nach Sclater sogar in Mexiko und auf
der Insel Trinidad. In der Lebensweise dürfte er von den
Amazonen nicht abweichen; die kurzen Angaben der Reisenden
(Prinz von Wied, Natterer, Léotaud u. A.) sprechen nur vom
regelmäßigen Hin= und Herfliegen, sagen, daß er in der Nistzeit
parweise und nach derselben in großen lärmenden Schwärmen
zu sehen sei, nahrungsuchend auch bis an die Seeküste komme;
als Wildbret sei er wohlschmeckend und werde als solches in

den Städten zu Markt gebracht. An den Maispflanzungen verursache er vielen Schaden. Herr Petermann berichtet, daß er ihn vielfach erlegt und Fleisch und Brühe sehr wohlschmeckend gefunden habe. Allerlei tropische Früchte und Beren, besonders die Schotenfrüchte der Inkabäume, einer Art Akazien, bilden seine Nahrung. Er werde außerordentlich zahm und anhänglich, zeige auch bedeutende Klugheit, trotzdem aber geringe Sprachbegabung.

Schlechtendal bezeichnet ihn als gutmüthigen, etwas plumpen Vogel, welcher leicht zahm werde, aber eine wenig angenehme Stimme habe. Frau von Proscheck in Wien hatte einen Maitaka = Papagei, der sprach, und Herr Großhändler Fockelmann in Hamburg besaß einen ebensolchen, welcher letztre zugleich hübsch pfeifen lernte. Herr Fiedler besaß mehrere, die fast den ganzen Tag häßliches Geschrei erschallen ließen; es waren jedoch wol bereits alte Vögel. Der junge „Blaukopf", wie er im Handel meistens heißt, dürfte nach meiner Erfahrung immer ein ebenso liebenswürdiger Stubengenosse werden wie der Mohrenkopf und gleichfalls wie jener ein wenig, doch niemals bedeutend, plappern lernen. Dieser Ausspruch, den ich in der vorigen Auflage dieses Werks gethan, bewahrheitete sich in schönster Weise an einem Blaukopf, dessen Fräulein H. Schenke in Berlin drei Jahre sich erfreut, und der ebenso lieblich und anmuthig, als klug sich gezeigt, aber nur wenig gesprochen hat. Der Preis für den immerhin seltnen Papagei ist verhältnißmäßig gering, denn man kauft das Pärchen mit 60 M. und einen einzelnen zahmen Sprecher mit 60 bis 75 M.

Der Kragen-Langflügelpapagei

[Psittacus accipitrinus, *L.*].

Kragen-Papagei, Hollen-Langflügelpapagei, Fächerpapagei(!). — Hawk-headed Parrot, Hawk-headed Caique, Hooded Parrot. — Perroquet à cravatte, Perroquet maillé. — Havikkop Langvleugel Papegaai.

Unter allen Papageien überhaupt steht der Kragen-Langflügel vonvornherein als einer der schönsten und absonderlichsten zugleich da. Seine seltsame Holle aus braun- und blaubunten Federn, die er in der Erregung so sträuben kann, daß sie einen Kreis um den Kopf bilden, gibt ihm ein eigenthümliches Aussehen. Er wurde schon von Klusius (1605) erwähnt und von Edwards abgebildet; Brisson (1754) konnte ihn nach einem lebenden Vogel im Besitz der Marquise de Pompadour beschreiben; Linné hat ihn benannt. Natürlich ist über einen so auffallenden Vogel viel gefabelt worden.

Er ist in folgender Weise gefärbt und gezeichnet: Vorderkopf und Oberkopf weiß, Zügel, Ohrgegend, Kopfseiten und Oberkehle fahlbraun, jede Feder mit weißlichem Schaftfleck, an Hinterkopf und Nacken bis 4,4 cm lange, breite Federn, welche am Grunde fahlbraun und am Ende breit blau gerandet sind und den beweglichen Halskragen bilden; Hinterhals und ganze übrige Oberseite dunkelgrasgrün, die ersten Schwingen und deren Deckfedern jedoch schwarz, nur mit grün gesäumter Außenfahne; ganze Unterseite braun, jede Feder breit blau gerandet; Schenkel und untere Schwanzdecken grasgrün, jede Feder schwärzlich gerandet; Schnabel schwarzbraun, Oberschnabel mit hellerer First, Wachshaut braun; Auge braun bis grellgelb, nackter Augenkreis braun; Füße schwarzbraun, Krallen schwarz. Dieser Papagei ist, obgleich er in manchen Farbenschattirungen veränderlich erscheint, doch immer leicht zu erkennen und niemals mit einem andern zu verwechseln. Er gehört zu den stattlichsten aller Papageien und ist fast von Rabengröße (Länge 36,5 cm; Flügel 17,4 bis 19,4 cm; Schwanz 12—14,4 cm). Seine Heimat ist der nördlichste Theil von Südamerika, und die Verbreitung dürfte sich über Nordbrasilien, Guiana und Surinam erstrecken. Die

Reisenden Natterer, Schomburgk, Wallace u. A. haben über
sein Freileben berichtet, jedoch leider nur zu kurz. In der
Regel sieht man ihn nur parweise und höchst selten in größeren
Scharen. Der Ruf im Fluge erklingt hiah! Als Aufenthalt
liebt er lichte und niedere Waldungen. Der Brutverlauf
dürfte von dem anderer Papageien nicht abweichen; das Gelege sollen bis zu vier Eier bilden.

Burmeister meint, daß der Kragenpapagei weichlich sei
und nur deshalb so selten nach Europa in den Handel ge-
lange. Diese Behauptung ist indessen durch viele Beispiele
widerlegt, in denen ein solcher sich überaus kräftig gezeigt und
sich lange Jahre hindurch im Käfig vortrefflich erhalten hat.
Herr Drechslermeister Wigandt in Danzig schildert einen, den
er seit 11 Jahren besaß. Als prächtiger und absonderlicher
Schmuckvogel dient er vornehmlich zum Schaustück in den
zoologischen Gärten und anderen Naturanstalten. Ein Kragen-
papagei des Herrn Wiener in London, welchen ich eine Zeitlang beherbergte, erschien überaus zahm, gesittet und liebenswürdig, zeigte ein kluges, intelligentes Wesen und sprach
einige englische Worte sehr deutlich und mit vollem Verständniß. Den Halskragen sträubte er mehr aus Freude und Vergnügen als im Zorn. Als ungemein ruhig, friedlich und sanft,
nicht falsch und hinterlistig oder boshaft, wird er von Allen
gerühmt, die ihn gehalten haben; so von den Herren Ober-
gymnasialdirektor Scheuba, Wiener, Blaauw, Linden. Im
ganzen Wesen bedächtig, spricht er langsam, pfeift laut und
nicht unangenehm, doch nicht oft, schreit durchdringend und
gellend, hört jedoch sogleich auf, wenn man mit ihm spricht.
Herr Scheuba besaß einen, der den ganzen Tag plauderte,
selten schrie und nach dessen Begabung und Abrichtungsfähigkeit der erfahrene Papageienpfleger und Kenner diese Art zu
den am höchsten stehenden zählen möchte. Als Futter reicht

man vorzugsweise Sämereien mit Zugabe von etwas Biskuit oder Eierbrot, süßem Obst und frischen Zweigen zum Benagen. Im Handel und auf den Ausstellungen kommt er immer nur vereinzelt vor; der Preis ist hoch: 120, 180 bis 200 M.

* * *

Die Edelpapageien [Eclectus, *Wgl.*] sind große, stattliche Vögel, welche sich den Amazonen sowol, als auch den Langflügelpapageien unmittelbar anreihen, während sie sich doch durch ganz besondere Merkmale von beiden unterscheiden lassen. Diese Kennzeichen sind folgende: Schnabel auffallend groß und kräftig, ziemlich dick und breit, am Grunde stark nach unten gebogen, seitlich und längs der First abgerundet, Spitze des Oberschnabels mäßig hervorragend, vor derselben ein schwacher Zahnausschnitt, Unterschnabel niedriger mit breiter Dillenkante, die Schneiden vor dem Ende tief ausgebuchtet; Zunge dick, fleischig, mit abgestumpfter Spitze; Nasenlöcher klein und rund, nächst der Wachshaut meist in den Federn versteckt; Augenkreis befiedert; Flügel länger als der Schwanz; letzterer breit, fast gerade oder abgerundet; Füße stark und kurz; Krallen kräftig, gekrümmt; Gefieder derb und hart; Farbe grün oder dunkelrot; Gestalt gedrungen und kräftig; Rabengröße und darunter. Als ihre Heimat sind erst neuerdings Neuguinea, die Molukken und Philippinen festgestellt und ihre Verbreitung dürfte sich westlich bis Celebes, östlich bis zu den Salomonsinseln und Neuirland und nördlich den Philippinen erstrecken. Im allgemeinen ist anzunehmen, daß ihre Lebensweise mit der anderer großen Papageien übereinstimme; nur dürften sie im Freien ebenso wie im Käfig ruhiger, weniger beweglich, schwerfälliger und zugleich stiller als alle übrigen sich zeigen. Ihre Nahrung besteht, soweit bis jetzt bekannt, in Sämereien, Nüssen und anderen Stein=, sowie auch weichen, süßen Früchten. Wo sie häufig sind, verursachen sie gleich den Verwandten zuweilen großen Schaden. Ihr Flug ist schwerfällig, aber weithin reißend schnell; auch im Klettern und Gehen auf der Erde erscheinen sie unbeholfen. Sie sollen im Walde mehr einzeln als scharenweise leben.

Dr. Finsch hat die Edelpapageien in zwei Gruppen geschieden, und zwar erstens grüne oder rothe Arten ohne Flügelzeichnung mit fast geradem Schwanz und von Federchen bedeckter Nasenhaut, und zweitens gelbgrüne Arten mit Flügelzeichnung, längerm, abgerundetem Schwanz und nackter Nasenhaut. Wenn man diese Eintheilung nun auch beibehält, so muß doch die Trennung der ersten Gruppe in grüne und rothe Arten fortfallen, denn der Reisende Dr. A. B. Meyer, gegenwärtig Direktor des Naturhistorischen Museum in Dresden, machte die hochinteressante Entdeckung, daß zwei solcher verschieden gefärbten Vögel immer zusammen eine Art bilden, in welcher der Grüne das Männchen und der Rothe das Weibchen ist. Die Annahme, zu welcher Dr. Meyer dadurch gelangte, daß die vielen von ihm erlegten grünen Edelpapageien sich bei der Unter= suchung stets als Männchen und die rothen als Weibchen ergaben, wurde anfangs viel bestritten und sogar arg befehdet; doch ist sie nun einerseits durch die Züchtungen seitens der Herren Dr. A. Frenzel in Freiberg und P. Hieronymus in Blankenburg, andrerseits dadurch, daß auch Dr. Finsch noch von Ort und Stelle aus berichtet hat, als Thatsache bestätigt. Im Jugendkleid ist das Männchen grün mit den rothen Abzeichen, das Weibchen roth.

Die Edelpapageien, insbesondre das Männchen Neuguinea=Edel= papagei, gehören zu den in der Gefangenschaft längst bekannten Vögeln; trotzdem werden sie fast sämmtlich nur einzeln eingeführt und die meisten sind überaus selten. Unmittelbar nach der Herüberkunft zeigen sie sich alle sehr hinfällig, und es bedarf großer Sorgfalt, um sie am Leben zu erhalten und einzugewöhnen; sobald sie aber die Gefahren der fremden Verhältnisse in den ersten Monaten überstanden haben, sind sie überaus kräftig und dauern unter günstigen Um= ständen viele Jahrzehnte aus. Ihre schon erwähnte geringe Beweg= lichkeit im Käfig würde die Schuld daran tragen, wenn sie nicht be= sonders beliebt wären; aber ihre auffallend schönen, glänzenden Farben verleihen ihnen Werth als Schmuckvögel. An geistiger Begabung stehen sie hinter dem Graupapagei und den Amazonen entschieden zurück, doch dürften sie die Langflügel wol übertreffen; man hat Beispiele von sehr zahmen und liebenswürdigen Edelpapageien, wie auch von ein= zelnen hochbegabten Sprechern unter ihnen, während sie alle zusammen im Durchschnitt nur als Sprecher dritten bis höchstens zweiten Rangs gelten können.

Hinsichtlich der Verpflegung verursachen sie bedingungsweise Schwierigkeiten, denn bei der Einführung sind sie gewöhnlich nur an gesottnen Reis, Bananen u. a. weiche Früchte gewöhnt; man thut gut daran, sie baldigst, doch natürlich nur allmählich in der weiterhin anzugebenden Weise, an Kanariensamen, Hafer, etwas Hanf= und Sonnenblumensamen, auch rohen, ungehülsten Reis und gute Frucht (am besten aber nur Kirsche, Birne oder Apfel), nebst Zugabe von etwas in Wasser aufgeweichtem Eierbrot oder auch trocknem Biskuit zu gewöhnen; Vogelberen werden ebenfalls gern genommen und sind sehr zuträglich. Zweige zum Benagen dürfen nicht fehlen und besonders lieben sie junge Fichtenschößlinge. Kann man Maiskolben frisch aus dem Garten, wenn möglich mit noch in Milch stehenden Körnern erlangen, so hat es mit der Eingewöhnung keine Noth. — Ihre Krankheiten sind die aller übrigen Papageien, nur leiden sie in der ersten Zeit bei jedem Luftzug oder Wärmewechsel sogleich an Husten, Schmatzen, Ausfluß aus der Nase und also an Entzündung der Athmungswerkzeuge (deren Schleimhäute), welche jedoch bei zweckmäßiger Behandlung ohne Gefahr verläuft. Die Preise sind so verschieden, daß ich sie bei jeder einzelnen Art angeben muß.

Der Neuguinea-Edelpapagei

[Psittacus Linnéi, *Rss.*].

(P. polychlorus, *Scpl.* als Männchen, P. Linnéi, *Wgl.* als Weibchen.)
Das Männchen wurde bisher Grünedelpapagei, großer grüner Edelpapagei und von den Händlern fälschlich Wachsschnabellori oder bloß Wachsschnabel genannt. — Red-sided Eclectus or Red-sided green Lory. — Grand Perroquet vert ou Lori Perruche à flancs rouges. — Groote groene Edelpapegaai. Das Weibchen heißt gewöhnlich Linné's Edelpapagei. — Linnean Eclectus or Linnean Lory. — Perroquet de Linné. — Linné's Edelpapegaai. New-Guinea Parrot. — Perroquet de la Nouvelle Guinée. — New-Guinea Edelpapegaai.

Ein Par dieser großen, so außerordentlich von einander verschiedenen Papageien, welche beisammen sitzen und Zärtlichkeiten austauschen, gewährt einen absonderlichen Anblick, und Unkundige halten es regelmäßig vonvornherein für unmöglich, daß zwei solche Vögel als Pärchen zusammengehören; auch

7*

die großen Händler wollten, nebenbei bemerkt, lange Zeit nicht recht daran glauben.

Das Männchen ist grasgrün, ober= und unterseits gleichmäßig; die ersten Schwingen und deren Deckfedern sind dunkelblau, Eckflügel, Bug und kleine Deckfedern längs des Unterarms hellblau, Achselfedern, unterseitige Flügeldecken und Fleck an den Brustseiten scharlachroth; die äußeren Schwanzfedern jederseits dunkelblau; alle Schwingen und Schwanzfedern unterseits mattschwarz, letztere am Ende fahlgelblich; Oberschnabel korallroth, Spitze wachsgelb, Unterschnabel schwarz; Auge schwarzbraun, mit sehr schmalem graubraunen bis orange= farbnen Ring; Füße bleigrau mit schwarzen Schildchen und Krallen. Rabengröße (Länge 36—39 cm; Flügel 25,6—27 cm; Schwanz 12,6—14 cm). — Das Weibchen ist an Kopf, Hals und Brust hell= scharlachroth; um das Auge ein schmaler blauer Ring; ein breites Querband über den Oberrücken dunkelultramarinblau; Schwingen erster Ordnung dunkelindigoblau, Innenfahne mattschwarz, die großen Deckfedern gleichfalls dunkelroth, Flügelrand, längs des Unterarms und kleine unterseitige Flügeldecken dunkelblau; Schwanz oberseits mit breitem hellrothen Ende, unterseits schwärzlich, am Ende fahlroth; ganze übrige Oberseite dunkelscharlachroth; Brustseiten und Bauch glänzend dunkelblau; untere Schwanzdecken hellroth, fein gelb ge= randet; Schnabel schwarz; Auge schwarzbraun, mit perlweißem Ring um die Iris; Füße grau mit schwarzen Schildern und Krallen. Größe kaum bemerkbar geringer (Länge 36—38 cm; Flügel 24 bis 25,2 cm; Schwanz 11—11,6 cm). — Von der nächstfolgenden Art unterscheidet sich dieses Männchen durch helleres Grün und geringe blaue Zeichnung im Schwanz, das Weibchen durch den Ring von schön blauen Federchen ums Auge.

Als Heimat sind die Inseln der Neuguinea = Gruppe be= kannt. Ueber das Freileben vermag ich nichts anzugeben. Die Eingeborenen sollen sie gleich anderen Papageien zahlreich aus den Nestern heben. Das Männchen wurde von Scopoli (1738) beschrieben und schon von Edwards gut abgebildet; das Weibchen ist von Müller (1776) erwähnt, aber erst von Wagler (1832) beschrieben. Die alten Schriftsteller waren

in mancherlei Irrthümern inbetreff dieser Papageien befangen;
so ließ man z. B. das grüne Männchen in China hei=
misch sein.

Seit Edwards' Zeit (1754) schon sind sie einzeln lebend
herübergebracht. Das Männchen gehört längst zu den ge=
meinen Erscheinungen des Vogelhandels, während das Weibchen
als Linné's Edelpapagei bis vor kurzem immer noch als
Seltenheit gelten mußte. Nach der Eingewöhnung sind sie beide
sehr ausdauernd und halten sich auch vortrefflich bei uns im
Freien. Einzelne sind im Käfig überaus bösartig, zeigen trotz=
dem aber manchmal die wunderliche Eigenthümlichkeit, daß sie
sich herausnehmen lassen und fast plötzlich völlig zahm werden.
Es gehört freilich Muth dazu, solchen großen Papagei mit
dem gewaltigen Schnabel ohne weiteres an den Füßen zu
packen; geschieht es aber, so scheint dies solchen Eindruck auf
ihn zu machen, daß er jeden Widerstand aufgibt. Dr. Bodinus
erzählte von einem grünen Edelpapagei, welcher vortrefflich ge=
sprochen hat, und gleicherweise erachtet Herr Obergymnasial=
direktor Scheuba einen solchen Vogel für ungemein gelehrig.
Auch vom Weibchen kann ich sagen, daß es zahm und zu=
traulich wird und einzelne Worte gut sprechen lernt. Als
Sprecher gehalten, sind beide nicht arge Schreier, als Brut=
vögel dagegen machen sie, insbesondre frühmorgens, beträcht=
lichen Lärm; auch zeigen sich dann die Weibchen in hohem
Grade bösartig. Preise: das grüne Männchen 50, 60, 66
bis 75 M.; das rothe Weibchen 60, 75, 90 bis 120 M.
und entsprechend bis 150 M. und wol noch darüber.

Der Halmahera-Edelpapagei

[Psittacus grandis, Rss.].

(P. polychlorus, *Scpl.* als Männchen, P. grandis, *Gml.* als Weibchen.)

Das Männchen hat dieselben deutschen, englischen, französischen und holländischen Namen wie das der vorigen Art.

Das Weibchen heißt großer rother Edelpapagei, Rothedelpapagei und bei den Händlern Granbiluri. — Grand Eclectus. — Grand Perroquet rouge, Grand Eclectus rouge. — Groote roode Edelpapegaai.

Halmahera Parrot. — Perroquet de Halmahèra. — Halmahera Edelpapegaai.

Es ist eine seltsame Erscheinung, daß das Männchen dieser Art sich als durchaus übereinstimmend mit dem der vorigen zeigt, sodaß beide durch kein sicheres Merkmal von einander unterschieden werden können.   Ich brauche das Männchen Halmahera=Edelpapagei daher nicht weiter zu beschreiben. Das Weibchen ist: an Kopf und Nacken scharlachroth; Querband über den Oberrücken ultramarinblau mit purpurviolettem Schein; Schwingen erster Ordnung, deren Deckfedern, der Flügelrand und kleine unterseitige Flügeldecken indigoblau; Schwanz scharlachroth, am Grunde schwärzlich, am Ende unter= und oberseits breit zitrongelb; ganze übrige Oberseite düsterscharlachroth: Brust und Bauch blau= violett: untere Schwanzdecken zitrongelb: Schnabel schwarz; Auge dunkelbraun, Iris hell= bis braungelb: Füße grau, mit schwarzen Schildern und Krallen.   Größe genau die des vorigen (Länge 36— 39 cm: Flügel 22,8—26,6 cm: Schwanz 11,8—12,6 cm).   Unter= scheidungszeichen: die verschiedne Schattirung des Roth, das breite gelbe Schwanzende und besonders die gelben unteren Schwanzdecken. Heimat: die Inseln der Halmahera=Gruppe.   In allem übrigen dürfte diese Art der vorigen durchaus gleichen.   Das Weibchen ist gleichfalls schon von Müller (1776) erwähnt, von Gmelin (1788) benannt und von Kuhl beschrieben.   Das rothe Weibchen von Halmahera ist zeitweise etwas häufiger im Handel als das von Neuguinea, doch kommt es auch stets nur einzeln vor; der vorhin erwähnte Züchter, Herr P. Hieronymus, hatte auf der „Ornis"=Ausstellung 1887 ein von dieser Art selbstgezogenes, etwa zwei Jahr altes Männchen, welches prächtig

im Gefieder war, sehr viel, deutlich und in liebenswürdiger
Weise sprach. Der Preis beträgt 50, 60 bis 75 M. und
für den sprechenden bis zu 150 M.

Der Ceram-Edelpapagei

[Psittacus intermedius, *Rss.*].

(P. intermedius, *Bp.* als Männchen, P. cardinalis, *Bdd.* als Weibchen.)
Das Männchen wurde bisher mittlerer grüner Edelpapagei und 'Mitteledelpapagei'
genannt, von den Händlern aber garnicht unterschieden.
Das Weibchen hieß mittlerer rother Edelpapagei und Kardinaledelpapagei. —
Crimson-Lory, Blue-breasted Lory. — Lori d'Amboine.
Ceram Parrot. — Perroquet de Céram. — Ceram Edelpapegaai.

Auch das Männchen dieser Art ist denen der beiden
vorigen überaus ähnlich, fast nahezu gleich, sodaß nach Dr.
Meyer's Ansicht alle drei als eine Art zusammengefaßt
werden könnten.

Das Männchen Ceram=Edelpapagei ist dunkelgrasgrün; die ersten
Schwingen sind indigoblau, zweite Schwingen ebenso, doch an der
Außenfahne grün; Flügelrand schmal himmelblau, unterseitige Flügel=
decken und Achselfedern scharlachroth; die äußersten Schwanzfedern an
der Außenfahne bläulich, am Ende schmal gelblich gerandet; Ober=
schnabel roth, Spitze gelblich, Unterschnabel schwarz; Auge schwarz=
braun, Augapfel orangeroth; Füße aschgrau, mit schwärzlichen
Schildchen und schwarzen Krallen. Unterscheidungsmerkmale:
dunkleres Grün; sehr schmaler blauer Flügelrand, nur die drei äußersten
Schwanzfedern an der Außenfahne bläulich. Größe kaum bemerkbar
geringer als die der beiden vorigen (Länge 32—34 cm; Flügel 20,8—
22,5 cm; Schwanz 11,6—12,6 cm). Das Weibchen ist dunkelscharlach=
roth, an der Oberseite mehr kirschbraunroth; Band über den Ober=
rücken dunkelblau, violett scheinend; Flügelrand, kleine unterseitige
Flügeldecken, Schwingen erster Ordnung und deren Deckfedern blau;
Schwanz oberseits roth, unterseits orangegelb, Endsaum ober= und
unterseits kräftig gelb; ganze Unterseite dunkelblau: untere Schwanz=
decken orangeroth. Die letzteren sollen das Hauptunterscheidungszeichen
sein (Länge 32 cm; Flügel 20,8—22 cm; Schwanz 10—11,8 cm).

Heimat: die Inseln der Ceram = Gruppe. Das Männchen wurde erst von Bonaparte (1854) beschrieben, das Weibchen dagegen ist schon von Brisson beschrieben und von Boddaert benannt. In den Handel kommt das Männchen zuweilen, wenn auch sehr selten; ich besaß ein solches, welches Herr Dr. Platen mitgebracht, mehrere Jahre hindurch. Das Weibchen erscheint auf dem Vogelmarkt kaum jemals. Erstres hat den Preis von 100, 120 bis 150 M.

Westerman's Edelpapagei [Psittacus Westermani, *Rss*.]. — (P. Westermani, Bp. als Männchen, P. Corneliae, Bp. als Weibchen.) — Das Männchen wurde Westerman's Edelpapagei und das Weibchen Kornelia's Edelpapagei genannt. — Westerman's Eclectus or Westerman's Parrot — Perroquet de Westerman — Westerman's Edelpapegaai. — Beide Geschlechter sind bis jetzt aus der Freiheit nicht bekannt, sondern sie wurden von Bonaparte in den Jahren 1849 und 1850 nach lebenden Vögeln im zoologischen Garten von Amsterdam beschrieben und gelangten dann auch in den zoologischen Garten von London. Das Männchen ist grasgrün; Schwingen indigoblau, die zweiten an der Außenfahne grün, an der Spitze blau; Flügelrand himmelblau, unterseitige Flügeldecken roth; Achsel= und Seitenfedern aber grün; Schwanz grün mit schwärzlichblauem Schein, die äußersten Federn an der Außenfahne blau, alle am Ende breit gelb gesäumt und unterseits schwarz; Oberschnabel roth, Unterschnabel schwarz; Auge gelb; Füße und Krallen schwarz. Unterscheidungszeichen: bedeutend geringre Größe und nur die kleinen unterseitigen Flügeldecken roth. — Das Weibchen ist scharlachroth; Rücken, Flügel und Schwanz rothbraun; Schwingen an der Außenfahne und Flügelrand blau; kleine unterseitige Flügeldecken roth mit Blau gemischt; Schwanz ganz, auch am Ende, einfarbig roth; untere Schwanzdecken roth; Iris blaßgelb mit schmalem rothen Rand; Füße dunkelbraun. Unterscheidungs= zeichen: fast einfarbig roth, nur Flügelrand und Außenfahne der Schwingen blau. Die Heimat wurde bisher noch nicht ermittelt, für die Liebhaberei hat diese Art noch keine Bedeutung, und daher muß ich es bei dieser kurzen Beschreibung bewenden lassen.

Der schwarzschulterige Edelpapagei

[Psittacus megalorrhynchus, *Bdd.*].

Großschnabelpapagei, Schwarzschulter-Edelpapagei. — Great-billed Eclectus or Black-shouldered Parrot. — Perroquet à épaulettes noires. — Zwartschouder Edelpapegaai.

Die jetzt folgenden Arten sind von den vorherbeschriebenen auf den ersten Blick dadurch zu unterscheiden, daß ihre Flügeldeckfedern abweichend gefärbte Säume haben und der Flügel also nicht einfarbig ist, sondern eine eigenthümliche Zeichnung zeigt; die Schnäbel sind noch bedeutend größer und meistens einfarbig roth. Die hierher gehörenden Weibchen sind nicht wie die jener vorigen Arten roth gefärbt, sondern dürften sich, soweit bis jetzt bekannt, von den Männchen nicht oder nur wenig unterscheiden.

Der schwarzschulterige Edelpapagei ist grasgrün; Mantelfedern verwaschen bläulich gesäumt; Unterrücken und Bürzel himmelblau; die Schwingen merblau, Innenfahne schwärzlich gesäumt; Deckfedern der ersten und zweiten Schwingen merblau, die letzten vier bis fünf grün, am Ende schwarz mit breitem, orangegelbem Saum an Innen- und Außenfahne, die übrigen großen Deckfedern schwarz, an Innen- und Außenfahne breit orangegelb gerandet; Flügelbug schwarz, kleine unterseitige Flügeldecken tief olivengelb; Schwanzfedern dunkelgrün, am Ende olivengelb, unterseits ganz olivengelb; ganze untre Körperseite olivengelblichgrün; Brust und Bauchseiten mehr gelb; Schnabel zinnoberroth, Spitze weißlich; Auge dunkelbraun, nackter Augenkreis schwärzlichgrau; Füße gelbbraun mit schwarzen Schildchen und Krallen. Rabengröße (Länge 36—39 cm; Flügel 21,5—24,9 cm; Schwanz 12,8—15,7 cm). Heimat: Die östlichen Moluften; die ganze Verbreitung dürfte noch nicht sicher festgestellt sein. Er wurde schon von Brisson (1760), Buffon u. A. erwähnt und von Boddaert (1783) beschrieben. Die älteren Schriftsteller geben nichts über ihn an. Inbetreff seiner Lebensweise haben wir bis heute leider nur spärliche Nachrichten. Die Reisenden Dr. A. B. Meyer und dann v. Rosenberg berichten, daß er sich einsam im Walde, fern von menschlichen Ansiedelungen, aufhalte und bei Annäherung laute Schreie erschallen lasse. Ernährung, Brut u. s. w. sind bis jetzt noch nicht erforscht. Im Handel erscheint er immer nur vereinzelt, die größte Anzahl, und zwar 6 Köpfe auf einmal, brachte Herr Dr. Platen von Celebes mit. Uebrigens soll er gut sprechen lernen, doch liegt noch kein Bericht vor. Preis: 60—80, 100 und selbst 120 M. für den einzelnen.

Der grünschulterige Edelpapagei [Psittacus affinis, *Wllc.*] — Grünschulter-Edelpapagei — Green-shouldered Parrot — Perroquet à épaulettes vertes — Groenschouder Edelpapegaai — ist dem vorigen sehr ähnlich, aber in Folgendem verschieden: Schwingen grün, an der Schaftmitte wenig bläulich; nur die mittelsten Flügeldecken in der Mitte schwärzlich, an den übrigen Flügeldecken und Schultern keine schwarze Färbung. Heimat mehr der Westen (Amboina, Ceram, Buru). Näheres ist bis jetzt nicht bekannt. Es ist möglich, daß der Vogel garkeine selbständige Art bildet. Für die Liebhaberei hat er kein Interesse.

Der blauscheitelige Edelpapagei [Psittacus luçonensis, *L.*] — Blauscheitel-Edelpapagei — Blue-crowned Eclectus, Varied-winged Parrot — Perroquet couronné bleu ou Perroquet aux ailes chamareés — Blauwkop Edelpapegaai — ist an Vorderkopf und Kopfseiten grasgrün, Ober- und Hinterkopf meerblau; Schwingen grasgrün, Innenfahne schwarz; Deckfedern der zweiten Schwingen am Grunde grün, an der Endhälfte himmelblau, Außenfahne gelb gesäumt, die übrigen Deckfedern blau, grünlichorangebraun gesäumt mit dreieckigem Mittelfleck, Flügelbug und Unterarm schwarz, Achseln fast olivengelb, Schulterdecken grün mit blauem Endfleck, Eckflügel grün, kleine unterseitige Flügeldecken gelbgrün; Schwanzfedern dunkelgrasgrün, Innenfahne graugelb, unterseits dunkelolivengelb; ganze übrige Oberseite gelblicholivengrün, am lebhaftesten Hinterhals und Mantel, der übrige Rücken und Bürzel weniger gelblich; Schnabel dunkelkorallroth, Unterschnabel blasser, Spitze horngrauweiß; Auge schwarzbraun mit breitem rothgelben Streif um die Iris; Füße bräunlichhorngrau, Krallen schwarz. Größe etwas geringer als die des schwarzschulterigen Edelpapagei (Länge 30—33 cm; Flügel 18—19,5 cm; Schwanz 12,5—13,5 cm). Unterscheidungszeichen: blauer Hinterkopf; schwarzer Flügelrand; Deckfedern der zweiten Schwingen mit blauen

Enden; Hinterrücken und Bürzel bei manchen blau, bei anderen grün. Heimat: Philippinen, besonders Luzon. Er wurde bereits von Brisson beschrieben, doch ist bis zum heutigen Tag nichts näheres über ihn bekannt geworden. Obwol überaus selten, gelangt er doch hin und wieder einzeln lebend in den Handel; im zoologischen Garten von London befanden sich zwei Köpfe i. J. 1871 und 1875. Fräulein Hagenbeck hat ihn mehrmals und J. Abrahams in London i. J. 1882 in einem Kopf eingeführt. Inbetreff seiner Begabung, Verpflegung u. s. w. muß ich auf die bekannten Arten, den vorangegangnen schwarzschulterigen und den folgenden Müller's Edelpapagei verweisen; über diesen selbst ist bis jetzt noch garnichts angegeben. Der Preis steht der Seltenheit wegen überaus hoch.

Müller's Edelpapagei

[Psittacus Mülleri, *Tmm.*].

Neuerdings wunderlicherweise auch noch Weißschnabelpapagei benannt. — Müller's Parrot. — Perroquet de Müller. — Müller's Edelpapegaai, Molenaar.

Unter den kleineren Edelpapageien ist dieser der bekannteste, da er, wenn auch keineswegs häufig und zahlreich, so doch zeitweise eingeführt wird und dann gewöhnlich lange Zeit in den Vogelhandlungen verbleibt, weil er sich nämlich keiner besonders großen Beliebtheit zu erfreuen hat. Er ist grasgrün; Kopf rein und lebhaft grün; Hinterhals und Mantel mehr gelblicholivengrün; Mittel-, Unterrücken und Bürzel merblau; obere Schwanzdecken gelblichgrasgrün; Innenfahne der Schwingen schwärzlich, Außenfahne grün, fein gelb gesäumt; Deckfedern ebenso; kleine Deckfedern am Flügelbug und oberste Schulterdecken breit blau gerandet; Schwanzfedern oberseits grasgrün, gelblich gesäumt, unterseits olivengrünlichgelb; ganze Unterseite olivengrünlichgelb; Schnabel korall- bis zinnoberroth; Auge blaßgelb bis braun; Füße graugelb, Krallen schwärzlich. Das Weibchen soll übereinstimmend sein und nur durch das dunkle Auge sich unterscheiden. Jugendkleid: reiner grün; Schnabel weiß. Besondere Kennzeichen: lebhaft olivengrüngelbe Färbung an Hinterhals, Mantel und der ganzen Unterseite; der blaue Unterrücken und Bürzel und die kleinen blauen Flügeldecken am Unterarm; die schwarze Zeichnung an Flügelbug und oberen Flügeldecken fehlt. Heimat: Celebes, Shangir-Inseln, Sula-Inseln. Diese Art war schon lange Zeit ohne Heimatsangabe im Leydener Museum vorhanden, und erst i. J. 1828 erlangte Dr. S. Müller einen solchen Vogel auf Buton, wo er indessen, wie sich späterhin herausgestellt hat, freilebend garnicht vorkommt. Dann wurde er von Temminck i. J. 1844 beschrieben und benannt. Bis zur neuesten Zeit hinauf hat man zwei Spiel-arten unterschieden: den rothschnäbligen und den weißschnäb-ligen Müller's Edelpapagei; nach den Forschungen von Dr. Meyer, deren Ergebnissen auch Dr. Platen zustimmt, ist der weißschnäblige Vogel nur der jüngere. Ueber das Freileben haben die beiden Letztgenannten, sowie Wallace und v. Rosen-berg berichtet, jedoch leider nur zu kurze Angaben gemacht. Still und geräuschlos, möglichst immer im Waldesdunkel, in den Kronen der Bäume versteckt und selbst freisitzend in seiner Regungslosigkeit schwer zu entdecken, auch meistens nur einzeln oder parweise, hat er den Beobachtern bisher erst wenig Ge-legenheit zur Erforschung gewährt. Sein Brutgeschäft ist da-her ganz unbekannt; als Nester sollen Höhlungen in schroffen, unersteiglichen Klippen benutzt werden. Die in den Handel gelangenden Müller's Edelpapageien sind daher meistens alte Vögel. Dr. Platen und Frau hatten 20 Köpfe mitgebracht, leider aber fand der freilich unscheinbare Papagei keine be-sonders freundliche Aufnahme bei unseren Züchtern, und es ist mir nicht bekannt geworden, ob meine damals gegebne An-regung zu Züchtungsversuchen irgendwo befolgt worden; Züch-tungserfolge sind keinenfalls erreicht worden. Als Käfigvogel wird er hier und da, wenn auch selten, einzeln gehalten; träge sitzt er den ganzen Tag da und vermag also den Papageien-Lieb-haber nicht besonders zu fesseln. Ueber den Grad seiner Be-fähigung als Sprecher liegen gleichfalls noch keine Mittheilungen vor, doch ist es ja möglich), daß er eine solche in bedeutendem Maße zu entwickeln vermag. Dagegen ist wenigstens ein Beispiel von großer Ausdauer vorhanden, denn ein Müller's Edelpapagei in Halberstadt erreichte das Alter von 85 Jahren. Sein Preis ist gering; derselbe beträgt für den rohen Vogel nur 20, 30 bis 50 M., für den gezähmten 75 bis 100 M.

Everett's Edelpapagei [Psittacus Everetti, *Tweed.*] von Butuan im Norden von Mindanao und Samar (Philippinen) steht dem jungen Müller's Edelpapagei nahe, unterscheidet sich jedoch durch tiefes Blau am Rücken und geringre Größe. Er wurde erst einmal i. J. 1882 von J. Abrahams in London in einem Kopf lebend eingeführt.

Der Zwergedelpapagei

[Psittacus incertus, *Shw.*].

Rothachseliger Zwergpapagei, blauköpfiger Zwergpapagei, Rothachsel. — Blueheaded Parrot, Blue-rumped Parrot. — Perroquet à tête bleue, Petit Perroquet de Malacca. — Dwerg Edelpapegaai.

In seiner äußern Erscheinung, im Körperbau und besonders Schnabel, sowol als auch in seinem Wesen gleicht dieser kleine, liebenswürdige Papagei den vorhergegangenen Edelpapageien, und ich reihe ihn daher denselben an, obwol ihn Dr. Finsch zu den Zwergpapageien [Psittacula, *Khl.*] gestellt hatte. Frau Dr. Platen, welche ihn in großer Anzahl lebend vor sich gesehen, erklärt sich aus voller Ueberzeugung zustimmend und sagt, daß er namentlich Müller's Edelpapagei nahekomme.

Der Zwergedelpapagei ist in folgender Weise gefärbt: Altes Männchen: Stirn und Oberkopf hyazinthblau (fein grün quergestreift scheinend); Zügel und Gegend neben dem Schnabel graublau, Wangen reiner blau; Hinterhals und Nacken grünlichgraublau; Mantel und kleinste Schulterdecken schwärzlichgrau, jede

Feder hellgrau gesäumt; Hinterrücken, Bürzel und obere Schwanz=
decken ultramarinblau; Schwingen an der Außenfahne grün, fein
hellgelb gesäumt, Innenfahne schwärzlichgrau, breit hellgrau gesäumt
und fein hellgelb gerandet; Deckfedern der ersten Schwingen blau=
grün, die übrigen Deckfedern grün, an Innen= und Außenfahne
hellgelbgrün gesäumt, Achsel= und kleine Deckfedern am Unterarm
dunkelblutroth, unterseitige Flügeldecken etwas heller scharlachroth,
kleine Flügeldecken am Unterarm schwärzlichblau und gelbgrün ge=
zeichnet, Flügelrand hellgelb und blaugrün geschuppt; Schwanzfedern
grüngelb, am Ende blau und dunkler gesäumt, die beiden mittelsten
einfarbig grün, alle unterseits hellgrünlichgelb; Kehle gelblichblaugrün;
übrige Unterseite grünlichblaugrau, Schenkelgegend mit blauem Fleck;
untere Schwanzdecken grünlichgelb, blau gespitzt; Oberschnabel korall=
roth, Unterschnabel schwärzlichhornbraun, Auge rothbraun, Wachshaut
und schmaler nackter Augenkreis schwärzlichgrau; Füße braungrau.
Weibchen: grasgrün: Kopf, Hals und Wangen kastanienrothbraun,
Zügel heller; Fleck unterm Schnabel fast gelb; nur Bürzel und Deck=
federn der ersten Schwingen blau, alle Deckfedern mit schmalen,
gelben Säumen, kleine oberseitige Deckfedern am Unterarm purpur=
braun, kleine unterseitige Flügeldecken scharlachroth; alles übrige,
auch der Schnabel, wie beim Männchen. Etwa Drosselgröße (Länge
20,5—24 cm; Flügel 10,9—12,2 cm; Schwanz 4,4—4,6 cm).
Heimat: Malakka, Sumatra, Borneo. Ueber das Freileben
haben nur Herr und Frau Dr. Platen kurz berichtet. Im
Stromgebiet des Sarawak sahen sie ihn in Flügen von 3 bis
8 Köpfen. Die Brutzeit soll in die Monate Februar bis
Mai fallen, das Nest immer eine Höhlung in einem der
höchsten, meistens abgestorbenen Bäume sein und das Gelege
in zwei bis drei Eiern bestehen.

Er wird schon von Sonnerat (1782) erwähnt. Eine
Beschreibung und Abbildung von einem Zwergedelpapagei,
welchen Lady Read in London 9 Jahre im Käfige gehalten,
gab Shaw bereits i. J. 1790. Bei den übrigen älteren
Schriftstellern ist nichts über ihn zu finden. In den zoolo=
gischen Garten von London gelangte je einer in den Jahren
1866 und 1867. Ich erhielt einen Vogel dieser Art von

Herrn G. Alpi in Triest, der von seiner Liebenswürdigkeit
förmlich schwärmte und ihn i. J. 1877 nach Berlin zur
„Ornis"=Ausstellung sandte; dann schickte mir Herr Wiener in
London einen gleichfalls zur Berliner Ausstellung, welcher später
an Herrn Dr. Bodinus für den zoologischen Garten von Berlin
geschenkt wurde.

Der liebliche kleine Papagei führte einen wunderlichen
Tanz unter Flügelklappen und mit gespreiztem Schwanz auf,
dabei ließ er zugleich ein singendes Geplauder mit einzelnen
langgezogenen, gellenden Tönen hören. Er fraß nur Säme=
reien und ein wenig gekochten Reis. Frau Dr. Platen schildert
sein Wesen in der Gefangenschaft in folgender Weise: „In
seiner ganzen Haltung, im Benehmen u. a. gleicht er Müller's
Edelpapagei. Es ist recht unterhaltend, die Ordnung und
gleichsam vornehme Ruhe in einem mit Zwergedelpapageien
besetzten Käfig zu beobachten. Jeder hat seinen bestimmten
Platz, und bei der geringsten Bewegung zwingen ihn sofortige
Schnabelhiebe der Nachbarn dazu, an seine Stelle zurückzu=
kehren. So putzen sie sich das Gefieder mit Vermeidung jeder
unliebsamen gegenseitigen Störung, und bisweilen lassen sie
einen leisen metallisch klingenden Ruf erschallen. Fleißig werden
weiche Holztheile benagt, doch muß sich jeder mit seinem Zweig
in seine Ecke zurückziehen, um die übrigen nicht zu stören.
Einer nach dem andern steigt zum Futter herab, frißt und
begibt sich auf seinen Platz zurück, ohne den Genossen zu nahe
zu kommen. — Meine Eingewöhnungsversuche sind leider ohne
Erfolg geblieben, und hierin dürfte die Ursache der spärlichen
Einfuhr nach Europa begründet liegen; auch die Eingeborenen
behaupten, daß sich diese Vögel niemals längre Zeit im Käfig
erhalten lassen. Ich habe alles versucht, was mir zu Gebote
stand: Hanf, Mais, gekochten und rohen Reis, eingeweichten
und trocknen Biskuit, gekochte Kartoffeln, Yams, gelbe Rüben,

Zweige und Knospen verschiedener Pflanzen. Die Zwergedel=
papageien nahmen nur gekochten Reis in geringer Menge und
einige etwas Frucht. Mit Ausnahme eines einzigen, der an
Augenentzündung schon früher zugrunde ging, starben alle im
Verlauf von 6 bis 8 Wochen an der Auszehrung."

Wenn dieser Papagei im Handel nicht so äußerst selten
wäre, so würde er ein willkommener Gast in der Vogelstube
und auch als Sprecher beliebt sein. Nach Angabe von Motley
soll er einige Worte nachplappern lernen. Die beiden er=
wähnten, welche ich vor mir hatte, ließen nichts hören; trotz=
dem zweifle ich keineswegs an der Sprachbefähigung, nur
glaube ich nicht, daß dieselbe einen hohen Grad erreichen wird.
Hin und wieder wird er von den Großhändlern in einigen
Köpfen eingeführt, und dann erhalten sie sich recht gut, sobald
sie an Sämereien, besonders Kanariensamen gewöhnt sind.
Preis unbestimmt und hoch.

*   *   *

Die Kakadus gehören vonvornherein zu den bekanntesten und
in gewissem Sinne auch zu den beliebtesten unter allen Papageien.
Die Seite 4 erwähnte Jugenderinnerung knüpft sich mehr an den
Kakadu als an irgend einen andern fremdländischen Vogel. Kaka=
dus und Araras sind es, welche seit den ältesten Zeiten nach Europa
gebracht worden und bis zur Gegenwart her, mindestens beziehungs=
weise, vornehmlich als Vertreter der vielbewunderten Erzeugnisse
tropischer Natur gelten dürfen. Die Papageienruppe oder Unter=
familie, welche die Kakadus umfaßt, theilte Dr. Finsch in fünf Ge=
schlechter und zwar: Eigentliche Kakadus (Plectólophus, *Vgrs.*), Lang=
schwanzkakadus [Calypthorrhynchus, *Vgrs. et Hrsf.*], Ararakakadus
[Microglossus, *Gffr.*], Zwergkakadus [Nasiterna, *Wgl.*] und Keil=
schwanzkakadus [Callipsittacus, *Lss.*]. Für den Rahmen dieses Werks
kommen indessen nur vier Geschlechter inbetracht, während ich das
fünfte, die Zwergkakadus, fortlassen muß, weil bis jetzt weder eine Art
dieser winzigen Vögel als Sprecher bekannt, noch lebend bei uns ein=
geführt ist.

Die Kakadus überhaupt zeigen folgende Merkmale. Zunächst unterscheiden sie sich von allen oder doch fast sämmtlichen übrigen Papageien dadurch, daß sie ohne Ausnahme eine Federhaube haben, welche bei den einzelnen Arten allerdings sehr verschiedenartig gestaltet erscheint. Sodann haben sie unter allen Papageien den kräftigsten Schnabel, sehr entwickelte Schwingen und einen kurzen, geraden Schwanz (nur die Langschwanzkakadus und der Keilschwanzkakadu machen in letztrer Hinsicht eine Ausnahme). Ihr Gefieder ist mehr als bei allen anderen Papageien einförmig, vorwaltend weiß oder schwarz gefärbt.

Sie sind in Australien und den Ländergebieten des indischen Archipels heimisch. Man findet sie viel mehr in lichten Wäldern, als im dichten Urwald. Als eigentliche Baumvögel klettern sie geschickt und fliegen auch gewandt, gehen aber auf der Erde unbeholfen. Sie zeigen die bei den Amazonen geschilderte Regelmäßigkeit in allen Verrichtungen. Fast alle Arten leben gesellig, nur die größten einzeln oder pärchenweise; zuweilen sammeln sie sich in außerordentlich vielköpfigen Schwärmen an, die dann ein so furchtbares Geschrei erschallen lassen sollen, wie man es von irgendwelchen anderen Vögeln niemals hört. Als besondre Eigenthümlichkeit haben die Reisenden auch bei ihnen jene bei den Amazonen u. a. erwähnte Anhänglichkeit beobachtet, in welcher ein herabgeschoßner von seinen Genossen unter schrillen Klagetönen solange umflattert wird, bis der Jäger noch mehrere erlegt hat; erst dann flüchten die übrigen endlich davon. Ihre Nahrung besteht in Nuß- und Kern-, weniger in fleischigen Früchten, außerdem in allerlei Sämereien, Knollen und natürlich auch Mais und anderm Getreide. Gleich den übrigen Papageien nisten sie in Baumhöhlen, einige jedoch in Klippen- und Felsenhöhlen, und ihre Brutzeit fällt, dem dortigen Frühling entsprechend, in unsre Herbst- und Wintermonate. Bei den größeren Arten soll das Gelege nur in zwei bis drei, bei den kleineren in vier bis sechs Eiern bestehen. Nach der Niftzeit überfallen die Scharen die Nutzgewächse der Ansiedler und verursachen erklärlicherweise argen Schaden. Des letztern wegen werden sie überaus eifrig verfolgt, zugleich aber auch als wohlschmeckendes Wildbret und um ihrer Federn willen. Die Ansiedler erlegen sie mit Schießgewehren und die Eingeborenen mit dem Bumerang, einer Wurf- oder Schleuderwaffe. Dadurch sind sie aus den bewohnten Gegenden schon meistens vertrieben und in die Wildniß zurückgedrängt.

Bereits Buffon lobt sie, indem er sagt, ihre Schönheit werde durch Anmuth und sanftes Benehmen erhöht, sie seien nicht allein keck, lustig und drollig, sondern auch behend und lebhaft, an Gelehrigkeit (Abrichtungsfähigkeit) scheinen sie alle anderen Papageien zu übertreffen, allein an Sprachbegabung bleiben sie weit hinter den meisten zurück. Auch andere Schriftsteller bis zu denen unserer Tage herab sprechen sich über die Kakadus in ähnlich günstiger Weise aus. Unbegrenzt ist ihre Neugierde, schreibt Lord Buxton, ja man darf behaupten, daß sie auf den Menschen und sein Treiben mit dem höchsten Interesse, vermischt mit Erstaunen, vielleicht sogar mit einem Anflug von Verachtung, blicken. Herr Stadtrath Friedel sagt, der Kakadu sei ein denkender philosophischer Vogel wie kein anderer, der seiner scharf ausgeprägten Individualität wegen eine besondre rücksichtsvolle Behandlung verlange, leider aber werde diese ihm selten zutheil. In Thiergärten und Menagerien sei bei der großen Anzahl derartiger Vögel vonvornherein nicht an eine solche zu denken, in den vornehmen Familien, wo man mit einem Kakadu und hauptsächlich mit seinem Käfig der Eitelkeit und Prunksucht fröhne, bekümmre sich erstrecht Niemand um ihn; in beiden Fällen lohne dieser Vogel solche Vernachlässigung mit mürrischem Wesen. In der Bürgerfamilie, wo er verhätschelt, aber ebensowenig verstanden werde, wachse er vermöge seiner großen Lebensklugheit der Umgebung, namentlich den weiblichen Mitgliedern, in überraschend kurzer Zeit völlig über den Kopf. Mit seinem betäubenden Geschrei, das jeden Widerstand niederschmettert, führe er dann eine Schreckensherrschaft über das ganze Haus. Solle er wirklich einmal gezüchtigt werden, so wisse er durch schlaues Bitten und komische Zärtlichkeit jeden Zorn bald zu entwaffnen. Dem verständigen Liebhaber dagegen, der sich in seinen Charakter hineinzudenken vermöge und ihn wie einen verständigen Freund behandle, zeige er eine Tiefe und einen Reichthum der Thierseele, gegen welche der Hund, den man doch gewöhnlich in dieser Beziehung obenan stelle, bestimmt in den Schatten trete.

Zu den liebevollsten Beobachtern und tüchtigsten Kennern der Kakadus gehört Herr Kaufmann Ernst Dulitz in Berlin, dessen Schilderung ich hier im Auszug anfügen will: „Wer die Gelegenheit hat, einen wirklich zahmen Kakadu in seiner Schönheit, seinem wech=

felvoll anmuthigen und übermüthig lebhaften Wesen längere Zeit zu beobachten, wird sicherlich mit mir beklagen, daß dieser herrlichste aller Papageien verhältnißmäßig selten zum Stubengenossen erwählt wird. (Die Ursache liegt in den Verhältnissen begründet, welche ich weiter= hin inbezug auf alle Papageien erörtern werde.) Ein Kakadu, der für seinen Pfleger keine Zuneigung fassen, für sein liebebedürftiges Herz kein Entgegenkommen finden kann, zeigt sich als ein unwirscher, mißtrauischer Vogel, mit dem sich, wenn in dem Verhältniß keine Aenderung eintritt, allerdings Niemand zu befreunden vermag; aber gerade in dieser Charaktereigenthümlichkeit dürfte seine hohe geistige Begabung zu erkennen sein. Eine Amazone, ein Graupapagei fügen sich in ein gleichgiltiges Verhältniß zwischen dem Besitzer und ihnen und dulden zeitweise Vertraulichkeiten nach seiner Laune, wenn sie dieselben auch nicht erwidern. Anders der Kakadu: er liebt seinen Herrn mit heißem leidenschaftlichen Herzen oder er lebt mit ihm auf Kriegsfuß. Nur ganz alte Vögel, die mehrmals ihren Besitzer ge= wechselt haben, machen hierin eine Ausnahme. Nachdem ich im Lauf der Jahre 15 Arten Kakadus besessen und verpflegt, darf ich die entschiedne Behauptung aufstellen, daß kein andrer von allen in den Handel gelangenden Papageien so hervorragende Eigenschaften besitzt, um einen Liebhaber, der mit Verständniß Vögel pflegt und beobachtet, zu befriedigen, als gerade ein Kakadu, gleichviel von welcher Art, vorausgesetzt jedoch, daß es ein bereits zahmer oder wenigstens leicht zähmbarer Vogel ist. Leider kommen solche aber keineswegs häufig, ja, wie es scheint, in letztrer Zeit immer seltner in den Handel. Vor 20 bis 25 Jahren konnte man einen der großen Kakadus wol kaum billiger als für 25 Thaler erwerben. Heutzutage, da ein Schiff zu= weilen hundert Köpfe und darüber einführt und dadurch der Preis auf weniger als die Hälfte, zeitweise auf ein Viertel des frühern her= abgesunken ist, kann man keinenfalls erwarten, daß ein solcher Kakadu stets seinem Besitzer Freude bereiten werde. Um zu dem gewünschten Ziel zu gelangen, gibt es keinen andern Weg als den, daß man sich an einen zuverlässigen Händler wende und von diesem einen Kakadu ver= lange, von welchem dieser mit Bestimmtheit weiß, daß derselbe begabt und zähmbar ist; ein Irrthum kann kaum vorkommen, denn die erfahrenen Händler kennen jeden Vogel genau. Selbstverständlich darf man dann aber auch nicht um 15—20 Mark mehr geizen, da es sich ja um den Erwerb eines Vogels handelt, welcher auf viele Jahre hinaus für

8 *

den Besitzer eine Quelle von Vergnügen und Freude, entgegengesetzten=
falls von Ärger und Verdruß, sein kann. Befolgt man diese Rath=
schläge, so wird es sicherlich nicht lange dauern, bis viele Vogelfreunde
anstelle einer Amazone oder eines andern Sprechers den ungleich
schönern und unendlich mehr liebreizenden Kakadu zum Stubengenossen
erwählen."

Im Gegensatz dazu äußert sich Dr. Lazarus nicht besonders
günstig über die Kakadus, indem er schreibt: „Ein Liebhaber, welcher
Gelegenheit hatte, längre Zeit hindurch die eigentlichen Sprecher,
namentlich Graupapageien und Amazonen zu halten und kennen zu
lernen, dürfte schwerlich für ebensolange Zeit seine Liebe den Kakadus
erhalten. Jeder Vogel aus den Reihen der letzteren wird durch den
Mangel einer bedeutenderen Sprachbegabung für die Dauer langweilig,
während die größeren Arten, wie Molukken= und Inkakakadu, die
allerdings ein interessantes, fesselndes Wesen zeigen, durch ihr ohren=
zerreißendes Geschrei, welches doch wahrscheinlich nur höchst selten
einer von ihnen völlig ablegt, sich als Stubengenossen geradezu un=
erträglich machen. Trotz einzelner Stimmen, welche begeistert für die
Kakadus als Stubenvögel sprechen, muß ich dieselben daher ent=
schieden in große Parkanlagen, geräumige Vorhöfe und allenfalls
Vorzimmer verweisen, wo sie durch ihr Geschrei weder die Nachbarn,
noch den Besitzer arg belästigen können. Nach meiner Ueberzeugung
werden die beiweitem meisten Liebhaber, welche die Gelegenheit
hatten, die Kakadus kennen zu lernen, sich meiner Ansicht an=
schließen."

A. E. Brehm spricht auch beim Kakadu von hochbegabtem Geist
und sagt, er verbinde verschiedene Worte in sinngebender Weise,
wende ganze Sätze bei passender Gelegenheit an, und ein sehr hoher
Verstand sei nicht zu verkennen.

Aus allen übrigen Schilderungen, so besonders denen der
Herren Universitätsbuchhändler Fiedler in Agram, A. E. Blaauw in
Amsterdam und sodann aus meinen eigenen Erfahrungen ergibt sich,
daß Kakadus einzelne Worte und selbst Sätze recht gut sprechen ler=
nen, allein sie bringen es auch nicht annähernd zu der Fertigkeit und
dem umfangreichen Wortschatz wie der Graupapagei und die hervor=
ragendsten Sprecher unter den Amazonen. Abgesehen von ihrer
Schönheit, die besonders erhöht wird, wenn solch' Vogel in der Er=
regung seine meist bunten Haubenfedern und auch eine Anzahl der

übrigen Körperfedern sträubt, erscheint ein gesunder, sich in jeder
Weise wohl und behaglich fühlender Kakadu als der lustigste Vogel,
den man sich denken kann. Seine Lebhaftigkeit und Anmuth, mehr
aber noch sein komisch-ausgelaßnes Gebahren spotten jeder Beschreibung; kopfnickend und unter den drolligsten Verbeugungen, den bunten
Federbusch in wechselvollem Spiel klappend, spielt, turnt und klettert
er, und mit überaus spaßhaftem Eifer ahmen die übrigen nach, was
der einzelne vorbringt und zwar nicht allein die geschilderten Bewegungen, sondern auch die gelernten Worte und vor allem das
Geschrei. Herr A. E. Blaauw schreibt übrigens, er habe die Erfahrung gemacht, je mehrere Kakadus beisammen gehalten werden,
desto weniger lassen sie ihr Geschrei hören; „Diese gesellig lebenden
Vögel lieben es, sich gegenseitig zu sehen; sie machen sich Verbeugungen, sträuben die Hauben, kurz, sie langweilen sich weniger, und
Langeweile ist ein Hauptanreiz für das Kakadugeschrei." Bei liebevoller
Behandlung wird ein Kakadu im Gegensatz zu vielen anderen Papageien überraschend bald zahm und zutraulich, aber es gibt auch einzelne, welche nicht allein wild und unbändig, sondern sogar äußerst
boshaft sind; so kann ein solcher, der gegen seinen Herrn ungemein
liebenswürdig ist, gegen Fremde bissig sein, ja, man hat sogar die
üble Wahrnehmung gemacht, daß ein sonst guter, liebenswürdiger Vogel
anscheinend ohne Veranlassung plötzlich boshaft und wüthend geworden. Seine Bisse können in solchem Fall recht gefährlich werden.
Ferner hat man Beispiele, in denen gerade die Kakadus für Belei-
digungen ein staunenswerth weit reichendes Gedächtniß gezeigt und
eine Züchtigung oder auch nur Neckerei jahrelang nachgetragen und
bei günstiger Gelegenheit sich für dieselbe gerächt haben."

Während die bedingungsweise wenigen Kakadus, welche früher
lebend nach Europa eingeführt wurden, immer von den Eingeborenen
aus den Nestern gehobene und aufgefütterte junge Vögel waren,
haben sich in neuerer Zeit diese Verhältnisse anders gestaltet. Die
Kakadus werden jetzt in größter Anzahl gleich den meisten übrigen
tropischen Vögeln in Netzen gefangen und von Aufkäufern nach Europa
ausgeführt. Alle Arten gelangen nun alljährlich in beträchtlicher Zahl
in den Handel, und die Preise sind bedeutend herabgegangen. Vorzugsweise finden wir diese Prachtvögel freilich eigentlich nur als
Schaustücke in den Thiergärten und anderen zoologischen Anstalten;
einer weitern allgemeinen Liebhaberei sind sie erst wenig zugänglich

geworden, und zwar liegt dies, abgesehen von den seitens des Herrn Dulitz angegebenen Ursachen, auch noch darin, daß solch' großer Vogel einen Raum beansprucht, den man nicht in jeder Häuslichkeit für ihn übrig hat, sodann daß er eben als arger Schreier gilt, ferner daß er doch nicht zu den hervorragendsten Sprechern gehört und schließlich daß man den großen, noch wilden oder nicht gut gezognen Kakadu seiner gefährlichen Bisse wegen fürchtet. Man findet ihn daher im Privatbesitz fast nur in den Prunkkäfigen der Salons, Vorzimmer u. drgl. Trotzdem haben ja aber auch sie, wie die voraufgegangenen Schilderungen ergeben, ihre besonderen Liebhaber, welche sie mit großer Vorliebe halten, beobachten und studiren und sie mit wahrer Begeisterung als werthvolle Stubenvögel preisen.

Die Ernährung der Kakadus ist sehr einfach; man gibt zunächst Sämereien, Hanf, Kanariensamen, Hafer und Mais nebst etwas alt= backnem trocknen Weißbrot, Biskuit oder Eierbrot und gutem Obst, vornehmlich Apfel; gekochten Reis, der früher viel gefüttert wurde, vermeidet man besser. Ein eingewöhnter Kakadu, gleichviel von welcher Art, gehört zu den ausdauerndsten Vögeln und kann ohne Gefahr über Winter im ungeheizten Raum gehalten werden. Bei guter Pflege erreicht er auch ein staunenswerth hohes Alter. Bei seiner Beherbergung ist darauf zu achten, daß er vermittelst seines Schnabels, „welcher als Hammer, Zange und Schraubenzieher zugleich benutzt werden kann und vermöge seiner Klugheit und List und mit Hilfe seines Muthwillens in dem Oeffnen von Käfigthüren, dem Lösen von Fußketten u. s. w. Erstaunliches zu vollbringen vermag; „Fußketten und deren Schlösser, Ständer, Gitter, Futter= und Trink= gefäße, starke Bretterwände und selbst Blechbeschlag, alles fällt der Zerstörung anheim; sogar eine doppelt wirkende Schraube lernt er bald aufdrehen," sagt Fiedler. — Man hat bereits mehrfach Züchtungs= versuche angestellt, bis jetzt jedoch erst mit einem einzigen Erfolg, dem des Herrn E. Dulitz in der Züchtung des großen gelbhäubigen Kakadu.

Das Wort Kakadu ist nach Karl Hagenbeck's Angabe kein na= türlicher Laut, sondern wird dem Vogel ‚angelernt‘. Dr. A. B. Meyer sagt, es bedeute Zange oder Krebsschere und beziehe sich auf den Schnabel.

*

Die eigentlichen Kakadus [Plectólophus, *Vgrs.*] zeichnen sich durch folgende Merkmale besonders aus: Schnabel kräftig, seitlich schwach gewölbt, Oberschnabel mit tiefer Ausbuchtung, stark nach innen gekrümmter Spitze, breiter, etwas gerundeter First und zuweilen schwacher Längsrinne, Unterschnabel meist niedriger mit bogig aufsteigender Dillenkante, Schneidenränder gerade, am Endtheil plötzlich in die Höhe gebogen, Dille mit gerundetem Ausschnitt; Nasenlöcher klein, rund, frei in schmaler Wachshaut, manchmal mit kurzen Borstenfederchen besetzt; Zunge dick, fleischig, mit breiter, stumpfer, gerundeter Spitze; Auge hervorstehend, sehr rund, ausdrucksvoll, Augenkreis nackt; Zügel befiedert; Flügel lang und spitz; Schwanz mittelmäßig, breit, gerade oder wenig zugerundet, zuweilen schwach ausgerandet; Gefieder seidenartig weich, jede Feder am Ende abgerundet, selten mit Puderdaunen; Haube aus den verlängerten Stirn- und Oberkopffedern gebildet, verschieden gestaltet, in der Erregung aufzurichten oder fächerartig auszubreiten; Füße stark und kräftig mit starken, sichelförmigen Krallen; Färbung vorwaltend weiß mit farbigen Abzeichen, Gestalt gedrungen; Dohlen- bis Krähengröße. Zwei Arten unterscheiden sich durch einen sehr verlängerten Oberschnabel und werden Langschnabel- oder Nasenkakadus [Licmetis *Wgl.*] genannt. Die hierhergehörenden Vögel sind im indoaustralischen Gebiet heimisch. Sie werden fast sämmtlich lebend eingeführt, sind als Stubengenossen mehr oder minder beliebt und bilden einen bedeutenden Handelsgegenstand. Ob sie mehr Sprachbegabung als die Verwandten haben, dürfte bis jetzt noch unentschieden sein. Ihre natürliche Stimme ist schrill und gellend.

Der kleine hellgelb gehäubte Kakadu
[Psittacus sulfúreus, *Gml.*].

Kleiner gelbgehäubter, kleiner Gelbhauben-, kleiner gelbbäckiger, kleiner gelbwangiger und Gelbwangenkakadu, Salonkakadu, gelbwangiger Kakatu mit gelber Haube. — Lesser Sulphur-crested Cockatoo, Small Cockatoo, Java Cockatoo. — Petit Cacatois à huppe jaune, Petit Cacatois blanc à huppe jaune. — Kleene Geelkuif Kakketoe.

Unter den seit den ältesten Zeiten her bekannten Papageien gehört dieser kleine gelbhäubige und gelbwangige Kakadu

bis zur Gegenwart immerhin zu den beliebteren. Er wurde
bereits von Brisson im Jahr 1760 beschrieben, von Seba
(1764) abgebildet und von Gmelin (1788) benannt; übrigens
ist er schon von Aldrovandi und Geßner erwähnt worden.
Er erscheint reinweiß mit langer zweizeiliger, nach hinten gerichteter
und mit der Spitze nach vorn gekrümmter, hochschwefelgelber Haube
(die drei bis vier vordersten Federn weiß, die übrigen kräftig gelb,
sodaß die Stirn weiß erscheint und das schöne Gelb erst in der Er=
regung sichtbar wird, wenn der Kakadu die Haube sträubt); großer
runder Fleck an der Ohrgegend schwefel= bis orangegelb; Flügel und
Schwanzfedern unterseits hellgelb; Schnabel schwarz, Nasenhaut
weiß; Auge tief dunkelbraun, nackte Haut ums Auge bläulichweiß;
Füße schwärzlichgrau, Krallen schwarz. Das Weibchen ist über=
einstimmend, hat aber nach Dr. Platen eine hellrothbraune Iris.
Etwas unter Krähengröße (Länge 28—32 cm; Flügel 20,4—24,5 cm;
Schwanz 9,4—10,5 cm); er zählt zu den kleinsten Kakadus. Seine
Heimat erstreckt sich über Celebes, Buton, Lombock, Timor,
Flores, Sumbawa und die Inseln in der Tominibucht.
Die Reisenden Wallace, A. B. Meyer und neuerdings
Platen haben ihn in der Freiheit beobachtet und geben über
seine Lebensweise eigentlich nur das in der Einleitung im all=
gemeinen Gesagte an. S. Müller und von Martens, wie
ja auch die Erstgenannten, fanden ihn bei den Eingeborenen
in der Gefangenschaft und zwar überaus zahlreich, vielfach
auf Stöcken oder Krücken und mit einem doppelten Ring von
Büffelhorn an einem Bein befestigt.

Schon Buffon schildert sein drolliges Benehmen, lebhaftes
und ausdrucksvolles Kopfnicken und Auf= und Zuklappen der
Haube, lobt ihn als sanft und gelehrig und ungemein zärtlich
gegen seine Herrin; er sei auch äußerst reinlich und in seinem
weißen Gefieder daher sehr schön. Herr A. Röse erzählt von
einem, welcher ‚guter, guter Karl‘ sprach, tanzte und beim
Abschied unter zierlichen Knixen ‚Gott mit Euch‘ rief. Jeder
Kakadu dieser Art ohne Ausnahme wird leicht und rasch zahm,

ist überaus zutraulich und niemals falsch und bissig; auch ge=
hört er zu den kräftigsten und ausdauerndsten Stubenvögeln.
Seine Sprachbegabung geht indessen nur soweit, daß man
einige Worte von ihm erwarten darf. Der Preis beträgt
zwischen 15, 20, 25, 30, 45, 48—60 M., gelangt jedoch
nur selten zur Höhe der zuletzt angegebnen Summe.

Buffon's gelbgehäubter Kakadu [Psittacus Buffoni, *Fnsch.*]
— Buffon's Kakadu — Buffon's Cockatoo — Cacatois de Buffon —
Buffon's Kakketoe — ist ebenfalls weiß; Wangen reinweiß oder
schwach gelblich; Haubenfedern schwefelgelb; Schwingen und Schwanz=
federn an der Grundhälfte schwach schwefelgelb. Er gleicht also dem
vorigen fast völlig und unterscheidet sich eigentlich nur dadurch, daß
der gelbe Wangenfleck garnicht oder nur schwach vorhanden, der
Schnabel kleiner und dünner und die Körpergröße etwas geringer
sein soll. Heimat: Timor und Samoa. Für die Liebhaberei ist er
bedeutungslos.

Der kleine dunkelgelb gehäubte Kakadu [Psittacus citrino-
cristatus, *Frs.*] — kleiner orangehäubiger Kakadu, orangegehäubter
Kakatu, Goldwangenkakadu (!) — Citron-crested Cockatoo — Cacatois à huppe orangée — Oranjekuif Kakketoe — ist weiß mit
kräftig zitrongelben Haubenfedern (die vordersten sind jedoch wie bei
den vorigen weiß, sodaß bei zugeklappter Haube das Gelb nicht zu
sehen ist); Wangenfleck zitrongelb, doch bemerkbar heller; Schwingen
und Schwanzfedern hellgelb; ganze Unterseite kräftig gelb angehaucht,
Bauch sogar lebhaft weißgelb; Schnabel schwarz, Wachshaut weiß;
Auge dunkel, braun bis schwarz, Augenkreis weiß; Füße grauschwarz,
Schildchen und Krallen schwarz. Etwas unter Krähengröße. (Länge
28—32 cm; Flügel 20,4—26,5 cm; Schwanz 9,4—10,5 cm.) Heimat:
Timorlaut und die Tenimberinseln. Er wurde von Fraser im Jahr
1844 beschrieben, aber bis zum heutigen Tage liegen weder über sein
Freileben, noch über sein Benehmen in der Gefangenschaft eingehende
Mittheilungen vor; Lazarus hatte nur beiläufig die kurze Bemerkung
gemacht, daß er nicht so sehr wie die großen Arten schreie. Linden
gibt an, daß der seinige alle Bewegungen eines großen gelbhäubigen
Kakadu nachahmte. Gleich dem kleinen hellgelb gehäubten Kakadu

wird er in der Regel von Celebes aus eingeführt, doch ist er viel seltner und daher auch etwas theurer: 45, 48, 50—75 M. für den Kopf.

Der große gelbgehäubte Kakadu

[Psittacus galeritus, *Lth.*].

Großer gelbhäubiger Kakadu; großer Gelbhauben-Kakadu; großer weißer Kakatu mit gelber Haube. — Great Yellow-crested Cockatoo, Greater Sulphur-crested Cockatoo, Great White Cockatoo. — Grand Cacatois à huppe jaune, Grand Cacatois blanc à huppe jaune, Cacatois à crête jaune. — Reus Geelkuif Kakketoe of Groote Geelkuif Kakketoe.

Dieser stattliche Kakadu gehört zu den auf Cook's Reisen gesammelten Vögeln, welche von Latham (1790) beschrieben und benannt worden. Die alten Schriftsteller geben nichts bemerkenswerthes über ihn an, doch ist er bereits sehr früh lebend eingeführt worden.

Auch er erscheint gleich den vorigen am ganzen Körper weiß; Stirnfedern, Vorderkopf und erste Haubenfedern reinweiß, die übrigen langen, stark nach hinten und oben gekrümmten, fein zerschlissenen Haubenfedern schwefelgelb; Wangenfleck gelblichweiß; Schwingen und Schwanzfedern unterseits hellgelb; Schnabel schwarz, Wachshaut weiß; Auge schwarz, dunkelbraun bis rothbraun, schmaler nackter Augenkreis weiß; Füße schwarzgrau mit schwarzen Schildchen und Krallen. (Das Gefieder hat zuweilen an Brust und Unterkörper einen gelblichen, seltner einen roströthlichen Ton.) Starke Krähengröße (Länge 42—45 cm; Flügel 32,5—36 cm; Schwanz 16,6—17,2 cm). Heimat: Australien, doch nicht der Westen, dagegen Van-diemensland. Ueber das Freileben ist im allgemeinen das bekannt, was ich in der Einleitung über alle Kakadus gesagt. Auch das inbetreff der Verfolgungen, welche die Kakadus zu erleiden haben, Berichtete gilt für ihn. Er ist durch dieselben vorzugsweise scheu und mißtrauisch geworden, während er von Natur gerade ein harmloser und zutraulicher Vogel war. Sein Nest steht meistens in einem Gummibaum, und nur zwei Eier sollen das Gelege bilden.

Im Vogelhandel gehört er zu den gemeinen Erscheinungen, doch ist er nicht so häufig, wie der kleine gelbhäubige Kakadu. Bei angemeßner Verpflegung (siehe Einleitung S. 118) zeigt er sich sehr kräftig und ausdauernd, erreicht im Käfig ein hohes Alter, lernt tanzen u. a. Künste, jedoch nur wenige Worte sprechen, aber wie ein Mensch lachen. Der Umgang mit ihm erfordert besondre Vorsicht, weil mancher große gelb= häubige Kakadu vornehmlich bösartig ist; selbst ein sonst gut= artiger zeigt sich meistens gegen Fremde bissig. Herr Dulitz schildert ein Weibchen in seinem Besitz als anmuthig, liebens= würdig und klug. „Im Stehlen und Naschen übertrifft er jede Katze und gar zu gern treibt er allerlei Possen und Schaber= nack, zieht meiner Frau die Nadeln aus dem Strickzeug u. s. w. Anfangs sprach er nur seinen Namen, dann lernte er: ‚Wo ist denn meine Martha?‘, aber nichts weiter." Als Geschlechts= unterschiede vermag Herr D. mit Bestimmtheit anzugeben, daß das Männchen einen zweisilbigen Schrei erschallen läßt, das Weibchen einen einsilbigen, welcher letztre zugleich weniger barsch klingt. Diese Art ist seitdem i. J. 1883 von dem ge= nannten Vogelwirth gezüchtet worden. Preis: 15, 20, 30—75 und sogar 100 M. für den Kopf.

Der Triton-Kakadu

[Psittacus Triton, *Tmm.*].

Großschnäbeliger Kakatu mit gelber Haube oder bloß Triton. — Triton-Cockatoo. — Cacatois Triton. — Triton Kakketoe.

Dieser Kakadu wurde bisher mit dem vorigen fast immer als übereinstimmend angesehen. Er ist ihm auch in allem gleich, die Wangen sind jedoch fast garnicht gelb, der große nackte Augen= kreis ist blau, der Schnabel weit kräftiger und mehr gekrümmt, und an diesen Merkzeichen, sowie an der etwas geringern Körpergröße

wird er seitens der Händler und auch Liebhaber mit Leichtigkeit un=
terschieden. (Länge 30—34 cm; Flügel 24,9—30,8 cm; Schwanz
13,2—15,7 cm.) Heimat: 'Neuguinea, die Papu=, Aru= und
Keiinseln. Er wurde von Temminck erst i. J. 1849 be=
schrieben und benannt, und über sein Freileben liegen nur
einige Angaben von Dr. A. B. Meyer vor. Trotzdem er in
der Heimat außerordentlich zahlreich ist, wird er doch nur
selten und einzeln eingeführt und hat dementsprechend einen
hohen Preis; derselbe ist 50—75 M. für den rohen und
100—150 M. für den sprechenden Tritonkakadu.

Der große weißgehäubte Kakadu

[Psittacus leucólophus, *Lss.*].

Weißgehäubter oder weißhäubiger Kakadu, großer weißer Kakadu
mit weißer Haube, Weißhauben=Kakadu, weißgehäubter Kakatu. — Greater
White-crested Cockatoo. — Grand Cacatois à huppe blanche. — Witknif
Kakketoe.

Wiederum haben wir hier eine Art vor uns, welche seit
ältester Zeit her bekannt, vielfach beschrieben und auch gut
abgebildet worden und inbetreff derer doch bis zur Gegenwart
mancherlei Irrthümer herrschen, während über ihre Lebensweise
noch keine Mittheilungen vorliegen. Schon in Aldrovandi's
Werk finden wir das Bild des großen weißgehäubten Kakadu,
freilich mit hühnerartig aufrechtstehendem Schwanz; dann spricht
Pigafetta von ihm, Brisson und Latham beschreiben ihn bereits
vortrefflich und Bechstein schildert ihn, wenn auch kurz, als
Stubenvogel. Da man verständigerweise nichtssagende oder
widersinnige wissenschaftliche Namen fallen lassen und in solchem
Fall auf einen neuern zurückgreifen muß, so hat man erst die
obige lateinische Bezeichnung von Lesson (1831) für ihn fest=
gehalten.

Er ist reinweiß, mit langer, gerader, breiter, nach hinten lie=
gender, weißer Haube, ohne jede gelbe Färbung; Schwingen und
Schwanzfedern unterseits hellgelb; Schnabel schwarz, Wachshaut weiß
befiedert; Auge schwarz, dunkelbraun bis hochroth, breiter nackter
Augenkreis bläulichweiß; Füße blaugrau mit schwarzen Schildern und
Krallen. Fast Rabengröße, doch manchmal viel kleiner. (Länge
30—36 cm; Flügel 25,2—28,5 cm; Schwanz 12,4—16,4 cm.)
Seine Verbreitung scheint eine sehr weite zu sein; sie erstreckt
sich über die östlichen Molukken, doch ist sie noch nicht mit
voller Sicherheit festgestellt. Der weißhäubige Kakadu soll
etwas besser als die anderen sprechen lernen. Lord Buxton
(der Mischlinge von ihm und dem Leadbeater=Kakadu frei=
fliegend im Park züchtete) meint, er sei der begabteste, min=
destens klügste unter allen; insbesondre entwickelte ein solcher
Vogel eine staunenswerthe Kunstfertigkeit im Oeffnen von
jeglichem Verschluß an Käfigthür oder Fußkette. Herr
A. E. Blaauw sagt jedoch, daß er der furchtbarste Schreier
unter allen sei und einen wahren Höllenlärm verursachen
könne. Wie schon gesagt, traut man ihm mehr Sprachbegabung
als den Verwandten zu, und da er zugleich seltner als jene
im Handel vorkommt, so steht er auch etwas höher im Preise:
30, 40, 45, 50, 60—75 M. für den Kopf.

Der große weiße Kakadu mit gelber hängender Haube

[Psittacus ophthalmicus, Scl.].

Brillenkakadu, Salomon=Kakadu, Kakadu mit blauem Augenkreis, blau=
äugiger Kakadu, Nacktaugen=Kakadu, Kakatu mit gelber hängender Haube. —
Blue-eyed Cockatoo. — Cacatois ophthalmique, Cacatois à yeux bleus,
Cacatois à lunettes. — Blauwoog Kakketoe.

Erst seit dem Jahr 1862 überhaupt bekannt, indem er da=
mals lebend in den zoologischen Garten von London gelangte und
von Dr. Sclater in den „Proceedings of the Zoological Society
of London" beschrieben und abgebildet wurde. Er ist weiß;

Stirnfedern weiß und die dann folgendenlangen, zerschlissenen und nach hinten hängenden Haubenfedern sind hellgelb; Schwingen unterseits an der Innenfahne und Schwanzfedern unterseits an der Grundhälfte gelb; Schnabel schwarz, Wachshaut grau; Auge dunkelbraun, großer nackter Augenkreis blau; Füße grau, Schildchen und Krallen schwarz. Nahezu Rabengröße (Länge 31—35,5 cm; Flügel 25,6—27,3 cm; Schwanz 13—15,7 cm). Heimat: Salomonsinseln, Neuirland Neubritannien; in der letztern Gegend soll er nach Layard's Angabe überaus gemein sein, viel erlegt werden und eine schmackhafte Suppe liefern, auch zahlreich von den Eingeborenen gezähmt werden. Ueber seine Lebensweise ist jedoch noch nichts bekannt. Er wird alljährlich regelmäßig in mehreren Köpfen, namentlich von England aus, eingeführt. Seines hübschen Aussehens wegen und weil man ihn für einen vorzugsweise begabten Sprecher hält, hat er hohe Preise, 60—75, 100, 120, 150 bis 200 M. für den Kopf.

Der rothgehäubte Kakadu

[Psittacus moluccensis, *Gml.*].

Molukken=Kakadu, rothhäubiger Kakadu, Rothhauben=Kakadu, rothgehäubter Kakatu. — Rose-crested Cockatoo, Red-crested Cockatoo. — Cacatois à huppe rouge. — Roodkuif Kakketoe.

Der stattliche Kakadu, welchen Edwards (1751) beschrieben und zuerst abgebildet und Gmelin (1788) wissenschaftlich benannt hat, ist von den älteren Autoren, gleicherweise wie viele andere Vögel, häufig verwechselt oder mit anderen zusammengeworfen worden.

An Stirn, Kopf= und Halsseiten ist er reinweiß, die vorderen Haubenfedern sind weiß, die nächsten an der Außenfahne mennigroth, Innenfahne und Spitze weiß, die übrigen an der Außenfahne dunkel=, an der Innenfahne hellmennigroth; ganze übrige Ober= und Unterseite weiß, rosenroth angehaucht und im hellen Licht gelblich scheinend; Schwingen an der Unterseite hellgelb; Schwanzfedern an der

Unterfeite hellorangegelb; Unter= und Hinterleib rofenroth; Schnabel
ichwarz, Wachshaut dunkelbläulichgrau; Auge ichwarz bis dunkel=
braun, Augenkreis bläulichweiß; Füße bläulichichwarzgrau, Schildchen
und Krallen ichwarz. Faft Rabengröße; erscheint des dichten, oft
gefträubten Gefieders wegen noch größer als er in Wirklichkeit ift.
(Länge 39,5—43,4 cm; Flügel 29,9—33,8 cm; Schwanz 17—17,4 cm.)
Er hat die Eigenthümlichkeit, daß er nicht die Tolle allein,
fondern auch die langen Bartfedern zu fträuben vermag.
Heimat: Süd= und Weftauftralien. Ueber feine Lebensweife
liegen nur geringe Nachrichten vor. Das Gelege foll in vier
Eiern beftehen. Die nach der Niftzeit fich anfammelnden
Scharen richten namentlich an den Kokosbäumen argen
Schaden an. Durch die Verfolgungen ift diefer Kakadu wie
feine Verwandten fehr icheu und vorfichtig geworden. Er
wird häufig aus dem Neft geraubt und aufgezogen.

Bei guter Behandlung erreicht er ein fehr hohes Alter,
und ich felbft habe einen gekannt, welcher nachweislich nahezu
100 Jahre alt geworden. Im allgemeinen gilt er als vor=
zugsweise liebenswürdig, klug und ebenfo fprachbegabt. Herr
Fiedler fagt, er fei fanfter und fchreie auch nicht fo fchrill wie
die übrigen; feinem Herrn folge er auf Schritt und Tritt
und verdiene fowol um feiner Anmuth als feiner Schönheit
willen gefchätzt zu werden. Dr. Lazarus dagegen machte die
Erfahrung, daß ein folcher Kakadu fchlimmer fchrie als alle
übrigen, denn man konnte fein Gefchrei viele hundert Schritt
weit hören; er gewährte dann, namentlich wenn er frei im
Bügel eines Papageienftänders hing, mit hochaufgerichteter
feuerfarbner Haube und gefträubten pfirfichfarbenen Bart=,
Hals= und Nackenfedern, ausgebreiteten Flügeln und Schwanz
einen prachtvollen Anblick, aber das ohrenzerreißende Gekreifch
war nicht zu ertragen. Ein andrer fchrie weniger ftark und
anhaltend, aber mehrmals am Tage fo einförmig, daß er da=
durch ebenfalls läftig wurde. „Die ftärkften Ketten durchbiß

der erstre mit Leichtigkeit, und sein Geschrei wurde schließlich
so quälend und ertönte so häufig, daß die Nachbarschaft ernste
Klagen erhob und ich ihn abschaffen mußte. Aber ich werde
stets bedauern, daß es mir nicht möglich ist, einen so liebens=
würdigen und zugleich schönen Vogel halten zu können. Von
den drei rothhäubigen Kakadus, welche ich besessen, zeigte sich
der letzte auch sehr gelehrig im Nachpfeifen, indem er mit
sanfter Flötenstimme leichte Signale und Melodieen lernte.
So oft im Vorhof eine Drehorgel sich hören ließ, versuchte
er die einzelnen Stücke nachzupfeifen, und wenn ihm dies auch
nicht so leicht gelang, so traf er doch Rhythmus und Tonart
immer sogleich. Im Sprechen brachte er es dagegen nur auf
zwei Worte." Herr G. Hoffmann erhielt einen jungen Kakadu
dieser Art, welcher eine höhere Sprachbegabung entwickelte.
Er lernte mehrere Sätze sehr gut und besonders ausdrucksvoll
nachsprechen. Zugleich schrie er niemals widerwärtig, sondern
ließ nur ein nicht unangenehmes Gemurmel hören. Das so
sehr verschiedenartige Benehmen der einzelnen Köpfe dieser Art
beruht erklärlicherweise lediglich darin, ob solch' Vogel jung
aus dem Nest genommen und aufgefüttert oder bereits alt
eingefangen und wol gar schlecht behandelt ist. Im letztern
Fall wird er eben jene unliebenswürdigen Eigenschaften,
im erstern mehr die angenehmen zeigen, im letztern ist er aber
störrischer und unzugänglicher als fast jeder andre Papagei.
Alle Vögel dieser Art kommen bereits sehr zahm in den Handel.
Dr. Platen hatte 20 Köpfe mitgebracht; im übrigen wird der
Molukken=Kakadu nicht häufig eingeführt und sein Preis wechselt
außerordentlich, sodaß er manchmal, wenn auch selten, auf
30 bis 45 M., meistens aber auf 80, 90, 120 bis 150 M.
für den Kopf und 200 M. für das Par steht.

Der Inkakakadu

[Psittacus Leadbeateri, *Vgrs*.].

Leadbeater's Kakabu, Leadbeater's Kakatu. — Leadbeater's Cockatoo. — Cacatois de Leadbeater, Cacatois à huppe tricolore. — Driekleur Kakketoe of Leadbeater's Kakketoe.

Erst i. J. 1831 wurde dieser Kakadu, welcher eigentlich als der schönste unter allen angesehen werden kann, von Vigors beschrieben. Er ist in folgender Weise gefärbt: schmaler Stirnrand dunkelrosenroth, Stirn- und Vorderkopffedern weiß, am Grunde hellrosenroth, Haube aus sechszehn spitz zulaufenden, an der Spitze nach vorn gebogenen Federn gebildet, die am Grunde zinnoberroth, dann breit gelb, darauf wieder rosenroth und am Ende weiß sind, sodaß die zugeklappte Haube weiß und nur die in der Erregung gesträubte Haube prachtvoll dreifarbig erscheint; Hinterkopf, Kopfseiten, Hals, Unterrücken und ganze Unterseite hellrosaroth; Oberrücken und Flügel weiß; Schwingen an der Innenfahne und unterseits dunkelrosenroth; Schwanz oberseits weiß, unterseits an der Grundhälfte rosenroth; Schnabel gelblich grauweiß, Wachshaut und Nasenlöcher von rosafarbenen Federchen verdeckt; Auge schwarz, tiefbraun bis rothbraun, schmaler Augenkreis gelblichweiß; Füße bräunlichgrau, Schildchen und Krallen schwarz. Etwa Krähengröße (Länge 31—34 cm; Flügel 25,6—27,6 cm; Schwanz 13,2—15,4 cm). Das Weibchen soll nach Gould kürzere Haubenfedern mit schmalerer gelber Binde haben und an der Unterseite heller weiß, nur rosa überflogen sein.

Heimat: Süd- und Westaustralien. Gould sagt, er bilde einen auffallenden Schmuck des australischen Urwalds, erscheine zu gewissen Zeiten in großen Schwärmen an bestimmten Oertlichkeiten. Seine Stimme sei nicht so schrill und gellend wie die der anderen Kakadus, sondern sanft und klagend; er sei auch nicht so laut und stürmisch.

Gleicherweise wie bei dem vorigen und selbstverständlich aus denselben Ursachen sind die Urtheile über die einzelnen Vögel dieser Art weit auseinandergehend. Während der Inka-

kakadu im allgemeinen als sanftmüthig und liebenswürdig, auch
friedlich mit anderen Vögeln geschildert wird, sagt Herr Apo=
theker Jänicke, daß sich ein solcher in seinem Besitz unbe=
schreiblich unbändig und bösartig zeigte und daß jeder Zäh=
mungsversuch fehlgeschlagen sei.   Herr Pullack berichtet, daß
ein Pärchen bei ihm anfangs unerträglich geschrieen habe,
dann aber überaus zahm geworden, das Geschrei fast ganz
unterlassen habe und nur noch melodisch plaudre. Sodann
schreibt Herr A. E. Blaauw, ein Inkakakadu sei sogleich nach
der anstrengenden Reise von London bis Amsterdam ihm auf
den vorgehaltnen Finger gekommen, habe nach Verlangen die
prachtvolle Haube aufgeklappt, Küßchen gegeben und allerliebst
geplaudert und geflötet. Selbst gegen Fremde sei er so liebens=
würdig gewesen, doch konnte er einzelne Personen nicht leiden,
empfing dieselben stets mit Geschrei und Schnabelhieben, ohne
daß eine besondre Ursache dafür aufzufinden war.   Herr
Dr. Lazarus meint, die Inkakakadus kämen fast sämmtlich
wenig oder garnicht gezähmt in den Handel, sie seien viel
weniger munter, anmuthig und begabt als andere; trotz aller
Mühe vermochte er die seinigen weder zahm zu machen, noch
ihnen ein Wort oder das Nachflöten eines leichten Signals
beizubringen.   Zugleich waren sie arge Schreier.   Auch die
gewaltsame Zähmung, welche beim Jako, den Amazonen u. a.
immer mit Erfolg unternommen wird, machte einen Inka=
kakadu im Gegentheil nur bösartiger und unbändiger.   Wenn
dieser letzte Vogel allerdings auch zu den vorhin erwähnten
Ausnahmen gehört, so ist es doch bezeichnend, daß er selbst
durch Hunger und Durst sich nicht bändigen ließ.   Im all=
gemeinen stimmt diese Art wol wesentlich mit den vorher=
gegangenen nächsten Verwandten überein.   In der That kann
sie nicht zu den hervorragend begabten Sprechern gezählt
werden, denn ein Leadbeaterkakadu lernt wahrscheinlich über=

haupt nur einzelne Worte, höchstens einige Sätze nach=
plappern.

Erst i. J. 1854 ist ein solcher in den zoologischen Garten
von London gelangt; seit dem Jahr 1863 kommt er in den
Vogelhandlungen bei uns, wenn auch nicht zahlreich, doch so
oft vor, daß er als eine allbekannte Erscheinung des Vogel=
markts angesehen werden darf. Sein buntes Aussehen und
seine auffallenden Geberden bestechen manchen Käufer, der
ihn dann nicht zu behandeln versteht und baldigst wieder ab=
schafft. Der Preis wechselt zwischen 30—50, 60—75 M.
für den frisch eingeführten und 100—150 M. für den zahmen,
sprechenden.

Der Kakadu mit rosenrothem Stirn- und Zügelstreif
[Psittacus sanguineus, *Gld.*].

Rothzügeliger Kakadu, Rothzügel=Kakadu, rothzügeliger Kakatu. — Blood-stained
Cockatoo, Red-faced White Cockatoo. — Cacatois à lunettes rouges, Cacatois à front rouge. — Roodtengel Kakketoe.

Auch dieser Kakadu gehört zu den Arten, über welche bisher
erst gar geringe Mittheilungen vorliegen. Er ist weiß; schmaler
Stirnrand, Zügelstreif und Gegend um den Schnabel dunkelrosaroth;
Schwingen und Schwanzfedern an der Grundhälfte der Innenfahne
gelb; Schnabel bläulichgrauweiß, Wachshaut und Nasenlöcher von
rosarothen Federchen verdeckt; Auge tiefbraun bis grau, breiter nackter
Augenkreis weiß; Füße hellbräunlichgrau mit schwarzen Schildchen
und Krallen. Etwa Krähengröße (Länge 30—36 cm; Flügel 25,2
bis 28,5 cm; Schwanz 12,2—16,4 cm). Heimat: Nordwestküste
von Australien, Süd= und Zentralaustralien. Sein Aufenthalt
sollen sumpfige Gegenden sein, und seine Nahrung soll besonders
in Orchideenknollen bestehen. Erst i. J. 1842 von Gould
beschrieben, hat er von dem Forscher eine recht unpassende
Bezeichnung erhalten, denn Stirn= und Zügelstreif sind nur

9*

dunkelrosafarben, und außerdem zeigt er keine blutrothe Färbung. Ueber das Freileben ist nichts bekannt. Bis jetzt gelangte er nur selten lebend zu uns, doch einzeln haben ihn die Groß= handlungen und Vogelausstellungen wol aufzuweisen. Herr A. E. Blaauw in Amsterdam schildert ihn als einen überaus ängstlichen und stillen Vogel. „Erst nach geraumer Zeit nahm er ein Stückchen in Milch getauchtes Brot, welches er sehr gern fraß, aus meiner Hand an, doch geschah es stets mit Widerstreben und größter Vorsicht. Wurde er in den Garten hinausgebracht, so erwachte er aus seinem Stumpfsinn, kletterte hurtig und behend im Käfig umher und ließ rauhe und durch= dringende Schreie hören. Sprachbegabung schien er nicht zu haben, wenigstens nahm er nicht ein einziges Wort an, ob= wol wir uns viel mit ihm beschäftigten und ein sprechender Graupapagei in demselben Zimmer war. Ein zweiter Kakadu dieser Art benahm sich ebenso furchtsam und unfreundlich, wahrscheinlich aber würden junge Vögel sich der Zähmung und Abrichtung zugänglicher zeigen.“ Der Preis steht der Seltenheit wegen sehr hoch.

Goffin's Kakadu

[Psittacus Goffini, *Fnsch.*]

Goffin's Kalatu — Goffin's Cockatoo — Cacatois de Goffin — Goffin's Kakketoe

ist an Stirn und Zügeln weiß; Haubenfedern weiß, am Grunde rosa, unterseits hellgelb; Schwingen an der Innenfahne gelblichweiß, unter= seits Innenfahne schwefelgelb; Schwanzfedern unterseits an der In= nenfahne gelb; ganzer übriger Körper weiß, an Kopf, Hals und Brust jede Feder mit rosafarbnem Flaum; Schnabel horngrauweiß, Wachs= haut und Nasenlöcher mit weißen Federchen bedeckt; Auge schwarz= braun, dunkelbraun bis kirschroth, breiter Augenkreis bläulichweiß; Füße schwärzlichgrau mit schwarzen Schildchen und Krallen. Nahezu Krähengröße (Länge 32—33 cm; Flügel 24—26 cm; Schwanz 10,5 bis 12 cm). Er gleicht dem vorigen, hat aber keinen rothen Zügelstreif, auch ist die Gegend um den Schnabel weiß und seine Größe geringer. Die Heimat dieser Art soll Nordaustralien sein, und ihre Beschreibung hat Dr. Finsch i. J. 1863 nach lebenden Vögeln in den zoologischen Gärten von Amsterdam und Rotterdam gegeben. Sie zählt nicht zu den allerseltensten Arten, sondern erscheint, wenn auch einzeln, doch von Zeit zu Zeit im Handel. Dr. Platen hatte drei Köpfe eingeführt und der Großhändler Abrahams in London bot ein Par aus, welches englisch sprechen sollte. Herr Fiedler sagt, er gleiche im Wesen dem Inkakakadu, sei sanft, friedlich und liebenswürdig, sodaß kleine Kinder mit ihm spielen könnten, aber sein stundenlanges Kreischen sei unerträglich. Herr Apotheker Nagel besitzt einen Goffinkakadu von gleichen angenehmen Eigenschaften, der aber nicht schreit und einige Worte spricht. Preis sehr hoch, 100 bis 150 Mk.

Der **Philippinen=Kakadu** [Psittacus Philippinarum, *Gml.*] — rothsteißiger Kakadu, Rothsteiß=Kakadu — Red-vented-Cockatoo — Cacatois des Philippines, Cacatois à cul rouge — Roodstaart Kakketoe — ist an Stirn, Wangen und Kopfseiten weiß, mit rosafarbnem Schein; Haubenfedern weiß, unterseits weißgelb; Schwingen an der Innenfahne hellgelb gesäumt und unterseits ganze Innenfahne gelb; Schwanzfedern unter= und oberseits an der Innenfahne gelb; ganze übrige Oberseite reinweiß; ganze Unterseite weiß, gelblich angehaucht; untere Schwanzdecken zinnoberroth; Schnabel bläulichgrauweiß, Wachshaut und Nasenlöcher mit weißen Federchen bedeckt; Auge schwarz bis dunkelbraun, großer nackter Augenkreis weiß; Füße dunkelbräunlichgrau, Schildchen und Krallen schwarz. Etwa Dohlengröße (Länge 28—32 cm; Flügel 20,4—24,5 cm; Schwanz 9,4—10,5 cm). Als besondres Kennzeichen ergeben sich die rothen unteren Schwanzdecken. Heimat: Philippineninseln, wo ihn Dr. Meyer sehr zahlreich in den Wäldern fand. Dieser Kakadu wurde bereits von Brisson (1760) beschrieben und von Gmelin 1788 wissenschaftlich benannt. Schon Bechstein rühmt seine Schönheit, sagt, er werde sehr zahm, lerne aber nicht sprechen und schreie häßlich. Aehnlich spricht sich Herr Blaauw aus. Er gehört zu den seltensten im Handel. Sein Preis steht gewöhnlich auf 75 bis 100 M.

Dukorps' Kakadu

[Psittacus Ducorpsi, *Hmbr.* et *Jacq.*]

Ducorps' Kakatu — Ducorps' Cockatoo — Cacatois de Ducorps — Ducorps' Kakketoe

hat eine kurze, aufrecht stehende, nicht nach vorn gekrümmte Spitz= haube, deren Federn an der untern Seite und am Grunde hell= gelb, bei einigen schwach röthlichgelb sind; der ganze übrige Körper ist weiß; nur die Schwingen sind an der Innenfahne hellgelb, die Schwanzfedern unterseits an der Innenfahne gelb; zuweilen hat das ganze, sonst reinweiße Gefieder einen gelblichen Schein; Schnabel grauweiß, Wachshaut und Nasenlöcher mit weißen Federchen besetzt; Auge schwarz, dunkelbraun bis dunkelroth, großer Augenkreis bläu= lichweiß; Füße grauweiß, Schildchen und Krallen schwärzlich. Etwas über Dohlengröße (Länge 30—34 cm; Flügel 22—26,5 cm; Schwanz 13,2—14,8 cm). Er ist Goffin's Kakadu ähnlich, unterscheidet sich aber durch die kürzere Spitzhaube, und seine Kopf=, Hals= und Brust= federn sind am Grunde nicht roth; neben dem Philippinen=Kakadu ist er an dem Mangel der rothen unteren Schwanzdecken zu erkennen. Heimat: die Salomons=Inseln. Von Hombron und Jacquinot i. J. 1830 beschrieben und abgebildet, ist er bis heute noch in den Museen als Balg, wie lebend in den Vogelhandlungen recht selten. Layard beobachtete ihn auf der Insel Guadal= kanar auf den Mangrovebäumen, von deren Früchten er sich ernährt. Im Besitz der Liebhaber, so z. B. der Herren Fiedler und Linden und Baronin Sidonie v. Schlechta in Wien befanden sich sonderbarerweise fast immer Weibchen, welche in der Gefangenschaft mehrmals Eier gelegt haben. Die genannte Dame schildert ein solches in folgender Weise: „In Decken gehüllt, brachte ich den Kakadu nach Hause und sein heftiges Anfahren an das Gitter ließ mich auf kein trau=

liches Beisammensein hoffen. Wie erstaunte ich aber, als er, nachdem ich den runden Hut abgelegt, ganz ruhig war und sich freundlich in die Hand nehmen ließ. Das Räthsel löste sich später, denn jedesmal, wenn ich den Hut aufsetzte oder Kopfwehs wegen eine Kompresse trug, war er wieder scheu und böse; der Händler, von dem ich ihn gekauft, hatte nämlich eine runde Kappe getragen und ihm war der Vogel feindlich gesinnt. Erst nach längrer Zeit begann er auch mit dem Hut u. a., wenn ich ihn anrief, mich zu erkennen und nickte dann ausdrucksvoll mit dem Kopf, sobald ich ihm nahte. Seine Lieblingsnahrung sind gebratene Erdäpfel, ebenso Nüsse und Hanf, auch ein Brei aus Polentamehl mit Wasser. Er sprach mit zarter Kinderstimme allerliebst mehrere Worte und Redensarten, alles schnell und lebhaft." Herr Linden berichtet von einem Duforps' Kakadu in seinem Besitz gleichfalls, daß er zahm und liebenswürdig war, sich besonders durch eine Frauenstimme anregen ließ und in jedem Jahr ein Ei legte. Der Preis ist verhältnißmäßig nicht hoch, denn er beträgt nur 45—60, 90—100 M.

Der rosenrothe Kakadu

[Psittacus roseicapillus, *Vll.*].

Rosakakadu, Rosenkakadu, rosafarbner Kakadu, rosafarbner Kakatu. — Roseate Cockatoo, Rosy Cockatoo, Rose-crested Cockatoo. — Cacatois rosalbin, Cacatois rose. — Rosé Kakketoe.

Wie zu den gemeinsten Vögeln des Handels gehört der Rosakakadu zugleich zu den beliebtesten. Er ist an Stirn, Oberkopf und Haube hellrosenroth, Haubenfedern unterseits dunkelrosenroth, Hinterkopf, Hals, Wangen und ganze Unterseite dunkelrosenroth; Oberrücken, Mantel und Flügel dunkelaschgrau; Unterrücken, Bürzel, obere und untere Schwanzdecken grauweiß; Schwingen am Ende und unterseits schwärzlichgrau; Schwanzfedern oberseits hellgrau mit dunk=

lerer Endhälfte, unterseits schwärzlichgrau; Schnabel grauweiß mit
hellerer Spitze, Wachshaut und Nasenlöcher von rosenrothen Federchen
bedeckt; Auge schwarz, dunkelbraun, rosen= bis blutroth, breiter nackter
Augenkreis weiß; Füße aschgrau bis bräunlichfleischfarben mit
schwarzen Schildchen und Krallen. Fast Krähengröße (Länge 30 bis
32 cm; Flügel 23,9—26,6 cm; Schwanz 11—13,2 cm). Das
Weibchen ist bis jetzt mit Sicherheit noch nicht festgestellt; denn
die angegebenen Kennzeichen dürften nicht stichhaltig sein.   Seine
Heimat soll der größte Theil Australiens mit Ausnahme des
Westens sein und sich im Gebirg bis zu 200 m über Meeres=
höhe erstrecken. Er wurde von Vieillot i. J. 1818 zuerst
beschrieben und benannt. Gould fand ihn am Namoi, wo er
ursprünglich nicht heimisch, sondern erst in neuerer Zeit ein=
gewandert sein soll, zahlreich. Dieser Reisende, dann auch
Kapitän Sturt und Mr. Elsey sahen ihn in Schwärmen
von fünfzig bis zu Hunderten von Köpfen. Sie sprechen mit
Entzücken von dem schönen Anblick, welchen die malerischen
Flugbewegungen solcher Vogelscharen gewähren.

Die Nahrung des Rosakakadu soll außer anderen Früchten
und Pflanzenstoffen vornehmlich in den Samen von Salz=
kräutern bestehen. In den Höhlungen der Gummibäume nisten
die Pärchen gesellig nebeneinander; das Gelege sollen nur 2
bis 3 Eier bilden. Die Jungen werden von den Einge=
borenen besonders zahlreich aus den Nestern geraubt, auf=
gefüttert und nach Sidney zum Verkauf gebracht. Bei den
Ansiedlern fanden die Reisenden sie oft halb gezähmt mit
Hühnern und Tauben zusammen auf den Höfen. Außerdem
wird dieser Kakadu in großen Netzen während der Wanderzeit
nicht selten in ganzen Schwärmen eingefangen.

Namentlich in letztrer Zeit hat man ihn vielfach als
Stubenvogel beobachtet und geschildert; ich darf hier nur eine
solche Mittheilung anführen, und zwar wähle ich die von
Fräulein M. Reuleaux, einer liebevollen und begeisterten Vogel=

freundin: „Unfer Kakadu, feiner Färbung wegen ‚Rofa‘ ge=
nannt, faß anfangs ftill und ftumm in feinem Käfig und
wurde vorfchnell für dumm gehalten. Eigentlich ohne Ver=
trauen zu feinen Fähigkeiten fprach ich ihm feinen Namen mit
fcharfer Ausfprache vor, aber fchon Tags darauf ertönte zu
unfrer Verwunderung aus dem Nebenzimmer, wo der Käfig
ftand, das Wort ‚Rrrofa‘. Nun galt der Vogel natürlich
nicht mehr als einfältig, fondern Jeder fprach ihm jetzt etwas
vor; fo lernte er bald ‚herrrein‘ fagen, wenn an die Thür
geklopft wurde. Um ihm die Bedeutung des Worts verftänd=
lich zu machen, klopfte ich oft mit dem Finger an den Futter=
napf, worüber er anfangs fehr erfchrak und dann mit hoch=
aufgerichteter Tolle einige Schritte zurückwich; bald aber
klopfte er felbft mit dem Schnabel und antwortete ‚herrrein!‘
Wenn das Dienftmädchen morgens beim Zimmerreinigen den
Kakadu zum Sprechen aufforderte und er hartnäckig fchwieg,
fo fagte fie: du bift ein Quatfchkopf. Da dauerte es nicht
lange, bis er das ‚Quatfchkopf‘ oder auch nur ‚quatfche,
quatfche, quatfche‘ zurückgab. Dann lernte er noch viele Worte
mehr oder minder deutlich, auch meinen Namen Mathilde,
der doch fchwer auszufprechen ift. Der allerliebfte Vogel ent=
wickelte fich von Tag zu Tag mehr, und wir gewannen ihn
fo lieb, als wenn er ein Menfch wäre. Ließen wir ihn im
Zimmer allein, fo war er ftill und betrübt, fobald fich aber
Jemand der Thür näherte, fing er an zu fchreien, um fich
bemerkbar zu machen; trat man dann herein, fo gerieth er in
große freudige Aufregung und drückte den Kopf gegen das
Gitter, um fich krauen zu laffen; kam man aber nicht zu ihm,
fo wurde er ungeduldig, pfiff und flötete in den höchften Tönen
und fprach alle Worte, welche ihm einfielen. Bei den Lieb=
kofungen lernte er ganz von felbft ‚du guter Kerl, guter Kerl!‘
mit befondrer drolliger Betonung fprechen. Der liebens=

würdige Vogel starb leider nach kurzer Zeit an Krämpfen." Mehrfache anderweitige Beobachtungen haben ergeben, daß der Rosakakadu, wenn auch nicht zu den hervorragenden Sprechern, ja nicht einmal zu den begabtesten Kakadus, so doch zu den Stubenvögeln gehört, die sich durch Klugheit, drolliges Wesen, leichte Zähmbarkeit und Befähigung für einen freundschaftlichen Umgang mit dem Menschen auszeichnen; aber auch der zahmste und liebenswürdigste läßt zuweilen das widerwärtige Kakadugeschrei erschallen. Ueberaus gern und muthwillig spielt er auf dem Rücken liegend mit einem Stück=chen Holz oder dergleichen in den Klauen, macht Purzel=bäume u. a. Künste, und wenn er scherzend seinen Herrn in Ohr oder Nase kneift, so hütet er sich doch, jemals wehe zu thun. Er ist zweifellos ein ungemein lieblicher und liebens=werther Stubengenosse, und jemehr er in der Zähmung und Abrichtung fortschreitet, um so seltener wird er durch Schreien lästig. Ueber ein bis zwei Sätze und ein halbes Dutzend Worte dürfte seine Fähigkeit nicht hinausgehen. Der Preis steht recht niedrig, denn man kauft einen Rosakakadu wol schon, wenn auch selten, für 10, 15, 18 bis 20 M., gewöhnlich für 24, 30, 36 bis 45 M. und bezahlt den besten höchstens mit 60 bis 75 M.

Der langschnäblige Kakadu

[Psittacus nasica, *Tmm.*].

Nasenkakadu, kleiner Nasenkakadu, langschnäbliger Kakatu, Korila-Kakadu (Dieckmann). — Slender-billed Cockatoo, Long-billed White Cockatoo, Nase-cus Cockatoo. — Cacatois nasique, Nasiterne. — Neus Kakketoe.

Inmitten aller dieser Vögel bildet der Nasenkakadu, welcher i. J. 1819 von Temminck beschrieben und abgebildet ist, mit seinem lang hervorstehenden Oberschnabel eine absonder=

liche Erscheinung, und der ihm daher gegebne Name ist aller=
dings einigermaßen zutreffend. Er ist an Stirnrand, Zügeln, Streif
ums Auge scharlachroth, die kleine gerundete Haube ist weiß, die Federn
am Grunde mit rosenrothem Flaum, Fleck hinterm Auge gelb; ganzer
übriger Körper weiß, an Kopf und Hals die Federn gleichfalls mit
rosenrothem Flaum; Schwingen an der Innenfahne weißgelb, unter=
seits Innenfahne hellgelb; Schwanzfedern unterseits an der Innenfahne
breit hellgelb; ein Fleck an der Oberbrust scharlachroth, alle Federn
am Grunde dunkelrosenroth; Schenkelgegend schwachrosenroth; Schnabel
bläulichweiß mit weit überhängender scharfer Spitze, Wachshaut und
Nasenlöcher mit rosenrothen Federchen bedeckt; Auge schwarz, dunkel=
bis hellbraun, breiter Augenkreis bläulichweiß; Füße blaugrau mit
schwarzen Schildchen und Krallen. Stark Krähengröße (Länge 45 cm;
Flügel 26,4—27 cm; Schwanz 11,6—12 cm). Heimat: Süd=
australien. Vermittelst des eigenthümlichen Schnabels soll er
Orchideen= u. a. Knollen und Wurzeln aus der Erde graben
und sich von diesen vornehmlich ernähren; im übrigen wird
er wol in der ganzen Lebensweise von den vorhergegangenen
naheverwandten Arten nicht abweichen. In seinen Bewegungen,
Flug und Gang zeigt er sich jedoch hurtiger und gewandter,
und er dürfte viel mehr Erd= als Baumvogel sein. Ueber
sein Freileben ist wenig bekannt; auch sein Nest befindet sich
in einer Gummibaum=Höhlung, und das Gelege sollen nur
zwei Eier bilden. Große Schwärme übernachten auf hohen
Waldbäumen. Er verursacht vielen Schaden an Nutzgewächsen,
wird daher arg verfolgt und ist gleich den anderen schon fast
überall in die Wildniß zurückgetrieben. Zahlreiche Junge
werden aus den Nestern geraubt und aufgezogen, noch mehr
aber werden die Alten schwarmweise in Netzen gefangen.

Im Käfig erscheint er gewöhnlich mürrisch und unliebens=
würdig, zugleich gehört er zu den allerschlimmsten Schreiern.
Die meisten lernen nur einige Worte sprechen, einzelne sollen
aber außerordentlich reich sprachbegabt sein. Ein Nasenkakadu
im Besitz des Herrn Max Strahl wurde äußerst zahm, gab

Pfötchen und Kuß, und wenn ihm gestattet wurde, aus dem Bauer zu kommen, kannten seine Freude und Schmeicheleien keine Grenzen. Er führte mit fächerförmig gespreiztem Schwanz auf der Erde eigenthümliche Sprünge aus und begleitete dieselben mit absonderlichen Tönen. Herr Müller=Küchler hatte ein Pärchen so gezähmt, daß sie ihn auf weiten Spaziergängen im Freien begleiteten, von Baum zu Baum fliegend, auf einen Ruf aber herbeieilten und Liebkosungen und Küsse tauschten. In malerischem Flug erhoben sie sich oft hoch in die Luft, und von einem Raubvogel verfolgt stieg das Männchen kreisend so hoch, daß es nicht mehr zu sehen war und dem Verfolger entkam. Alt eingefangen zeigen sie sich störrisch und schwer zähmbar, leicht erregbar, doch nicht eigentlich bösartig; Junge werden überaus zutraulich. Im Handel gehört er zu den gemeinsten Erscheinungen. Preis 15, 18, 20, 24, 30 bis 36 M. für den frisch eingeführten, 40, 50 bis 60 M. für den etwas und bis 100 M. für den gut sprechenden Nasenkakadu.

Der große langschnäblige Kakadu [Psittacus pastinator, *Gld.*] — Großer Nasenkakadu, Nasenkakadu von Westaustralien, Wühler= und Wühlkakadu (!), großer langschnäbeliger Kakatu — Western Slender-billed Cockatoo, Digging Cockatoo — Grand Cacatois nasique, Grand Nasiterne — Groote Neus Kakketoe — gleicht dem vorigen so sehr, daß er erst kürzlich mit Sicherheit als besondre Art festgestellt worden. Er ist aber ansehnlich größer; schmaler Stirnrand blaßrosenroth; das ganze Gefieder reinweiß, nur die Kopf= und Halsfedern, nicht aber die Kehl= und Oberbrustfedern, am Grunde röthlich, die Hinterhalsfedern gelblich; Schnabel hellhorngrau, fast weiß; Auge hell= bis tiefbraun, nackter Augenkreis groß, grau= bis grünlichblau; Füße düsterolivengrün. Fast Rabengröße (Länge 45 bis 48 cm; Flügel 28—33 cm; Schwanz 13,5—16,5 cm). Heimat: Westaustralien. Er wurde von Gould i. J. 1848 beschrieben. Seit d. J. 1854 ist er lebend eingeführt und in neuester Zeit mehrmals in den Handel gelangt, doch ist er in den Museen gleicherweise wie lebend in den zoologischen Gärten äußerst selten und bei Liebhabern kaum zu finden. Herr Blaauw machte die Erfahrung, daß im Gegensatz zu Alfred Brehm's Behauptung dieser Nasenkakadu und die vorige Art in je einem ungezähmten störrischen Vogel in einen Käfig zusammengebracht, keineswegs feindselig über einander herfielen, sondern sich vielmehr sogleich dicht zusammensetzten und einander zu liebkosen begannen; so blieben sie auch beide friedlich. Der Seltenheit wegen wird der große Nasenkakadu hoch bezahlt, 50, 75 bis 100 M. für den Kopf.

Der nacktäugige Kakadu

[Psittacus gymnópsis, *Scl.*].

Nacktaugen-Kakadu. — Bare-eyed Cockatoo. — Cacatois à yeux nus. — Naakt-oog Kakketoe.

Zu den stattlichsten und schönsten Papageien gehörend, ist er an der Stirn schwachrosafarben, die spitze und gerade Haube ist weiß, am Grunde röthlichgelb, Zügel fast blutroth, Wangen schmutziggelb; das ganze übrige Gefieder weiß, an Kopf und Brust die Federn mit rosafarbnem Flaum; Schwingen und Schwanzfedern unterseits schwefelgelb; Schnabel hornweiß (nicht verlängert wie bei den Nasenkakadus); Auge dunkelbraun, nackter Augenkreis schwärzlichblau (oberhalb des Auges sind die Federn beweglich wie Brauen, sodaß sie zuweilen bis ans Auge reichen und nur unter dem Auge die nackte Haut sichtbar ist. Dies gibt dem Kakadu ein überaus gemüthliches Aussehen). Größe des gem. langschnäbligen Kakadu, in der Gestalt gleicht aber er mehr dem großen Nasenkakadu. Heimat: Südaustralien. Erst i. J. 1871 wurde diese Art von Dr. Sclater bekannt gemacht und nach einem im Londoner zoologischen Garten befindlichen Vogel beschrieben.

„Als ich den nacktäugigen Kakadu erhielt," schreibt Herr Blaauw, „war er sehr scheu und wollte von keiner An-

näherung wissen, bald aber zeigte er sich neugierig, wenn ich
mich mit den vielen anderen Kakadus beschäftigte. Dann fing
er an, meine Finger mit dem Schnabel zu berühren, wenn
ich sie ihm reichte. In überaus kurzer Zeit wurde er zahm,
kam auf meine Schulter geflogen, wenn ich ihn rief, und ließ
sich liebkosen. Auch gewöhnte er sich, im Freien umherzufliegen, wobei er, selbst sich hoch emporschwingend, mir immer
folgte, wenn er mich aus den Augen verloren, laut klagend
umhersuchte und seiner Freude lebhaften Ausdruck gab und
sich in Liebkosungen erging, sobald er mich wiedergefunden.
Sein Flug ist leicht und schnell, in malerischen Bewegungen
und mit aufgerichteter Spitzhaube; im heftigen Sturm tummelt er sich gern umher, Regen ist ihm dagegen widerwärtig.
Auf dem Boden bewegt er sich geschickt laufend oder in kleinen
Sprüngen, zuweilen führt er, die Haubenfedern sträubend,
einen komischen Tanz aus. Sein Geschrei besteht in langgezogenen eulenähnlichen Rufen, die er jedoch nur abends und
während des Flugs hören läßt. Ich halte diese Art für eine
der liebenswürdigsten und begabtesten unter allen Kakadus."
Diese Schilderung eines noch so sehr seltnen Vogels erscheint
so interessant, daß ich sie ausführlich mitgetheilt habe, umsomehr, da der bis dahin nur in zwei Köpfen im zoologischen
Garten von London vorhandene nacktäugige Kakadu seit d. J.
1877 etwa hin und wieder und erst seit 1881 alljährlich regelmäßig in einigen Köpfen von den Großhändlern eingeführt wird
und zwar fast immer in sprechenden Vögeln.

*

Die Langschwanzkakadus [Calyptorrhynchus, *Vgrs. et Hrsf.*]
zeichnen sich vor allen übrigen Verwandten durch besonders auffallende
Merkmale aus, namentlich durch den längern Schwanz und die schwarze
Färbung mit gelblich oder röthlich gezeichneter Haube und rother oder

gelber Schwanzbinde. Ihre Kennzeichen sind folgende: Schnabel auf=
fallend kräftig, höher als lang, halbzirkelförmig herabgekrümmt mit
stark nach innen gerichteter Spitze, Oberschnabel am Grunde sehr
breit und stark gewölbt, First scharf gekielt, Unterschnabel sehr breit,
namentlich die Dille; Zunge einfach und glatt; Auge groß, gewölbt,
mit breitem, nacktem, selten befiedertem Augenkreis, Nasenlöcher groß,
rund, frei, Wachshaut zuweilen aufgeworfen, nackt; Zügel meistens
nackt; Flügel lang und spitz; Schwanz lang und breit, gerade abge=
schnitten oder zugerundet (nicht kielförmig oder stufig zugespitzt); Füße
kräftig mit langen, sichelförmigen Krallen; Gefieder weich mit Puder=
daunen, jede Feder breit und gerundet; Haube nach hinten gekrümmt,
aus breiten, seltner ansehnlich langen Federn gebildet und wie bei
den vorigen beweglich; Gestalt hoch, aufrecht und etwas schlanker als
die der vorigen. Krähen= bis Rabengröße und darüber. Einige
Arten zeigen den Oberschnabel mehr zusammengedrückt, nur am Grunde
etwas gewölbt, die First nicht gekielt, Unterschnabel schmal, vor der
Spitze mit tiefer Ausbuchtung, Nasenlöcher und Wachshaut mit feinen
Borstenfederchen besetzt. Stimme klagend ‚kru, hu‘ und dann ‚jäh‘.
Heimat: vornehmlich Süd= und Westaustralien, Inseln der Baßstraße,
Vandiemensland. Sie verursachen keinen Schaden an Nutzgewächsen,
denn ihre Nahrung besteht hauptsächlich in den harten Nüssen, welche
sie mit ihren gewaltigen Schnäbeln zu zertrümmern vermögen; außer=
dem auch in Insektenlarven, und um letztere zu erlangen, nagen sie
große Löcher in die Bäume. Herr Karl Hagenbeck, der den Roth=
köpfigen, Banks', Solander's und den Gelbohrigen Langschwanzkakadu
mehrmals eingeführt, bzl. eine Zeit lang beherbergt hat, fütterte sie
wie S. 118 für die Kakadus im allgemeinen angegeben, doch reichte
er ihnen auch einige Nüsse, welche sie begierig nahmen, und ebenso
fraßen sie gern Obst. Brehm theilt noch mit, daß ein Banks' Lang=
schwanzkakadu außer den erwähnten Zugaben auch Engerlinge, Regen=
würmer und Schnecken erhielt, von welchen letzteren er die Gehäuse
zertrümmerte, um sich die Schnecke herauszuschälen. Ueber die
Sprachbegabung der hierher gehörenden Arten sagt Herr Hagenbeck,
daß er unter den seinigen keinen Sprecher gehabt, aber sicher glaube,
diese Kakadus würden ebenso gut sprechen lernen wie die eigentlichen,
wenn man sich nur mit ihnen beschäftige. Im übrigen werden sie
selten lebend eingeführt und haben sehr hohe Preise. Für die Lieb=
haberei sind sie alle eigentlich nur von geringer Bedeutung, denn

einerseits ihrer Seltenheit und hohen Preise und andrerseits der
Größe der meisten wegen eignen sie sich vornehmlich nur zu Schau=
stücken in zoologischen Anstalten.

Der rothköpfige Langschwanzkakadu

[Psittacus galeatus, *Lth.*].

Helmkakadu, rothköpfiger Helmkakadu, kleiner schwarzer rothhäubiger Kakadu,
Gangakakadu, rothgehäubter Langschwanzkakatu. — Ganga Cockatoo, Gang-
gang Cockatoo. — Cacatois Ganga, Banksien à téte rouge. — Ganga
Kakketoe.

Unter diesen Langschwänzen ganz entschieden, eigentlich
aber unter allen Kakadus überhaupt, als einer der schönsten
erscheinend, läßt er es umsomehr bedauern, daß er nur überaus
selten lebend eingeführt wird. Er gehört zu den Vögeln,
welche auf Kook's Reisen gesammelt und von Latham (1802)
beschrieben und abgebildet worden. An Stirn, Vorderkopf bis
Kopfmitte und Wangen ist er prächtig scharlachroth, die nach hinten ge=
legten, aber an der Spitze aufwärts gekrümmten Haubenfedern sind
dunkler, blutroth; das ganze übrige Gefieder ist tief schieferschwarz,
jede Feder gelblichweiß gesäumt, an Hinterkopf und Nacken aber
schmal, an Rücken, Mantel, allen Deck= und Bürzelfedern immer
breiter werdend, grünlich gesäumt; Schwingen schwärzlichgrau, an
der Innenfahne heller, fast aschgrau, unterseits grauschwarz mit fünf
bis sechs gelblichweißen wie gemarmort erscheinenden Querbinden;
Deckfedern der ersten Schwingen und Schulterdecken an der Außen=
fahne fahl olivengrün; Schwanzfedern grünlichschwarzgrau, fahl gelb=
lichweiß quergebändert, unterseits dunkler schwarzgrau, ebenso quer=
gebändert; Unterseite reiner tiefschwarz, jede Feder nur matt, hell
grünlich bis röthlich gesäumt; untere Schwanzdecken fahl grünlichgrau,
heller gesäumt; Schnabel hellgraugelb, Spitze am Ober= und Unter=
schnabel fast weiß, Wachshaut und Nasenlöcher mit rothen Federchen
bedeckt; Auge braun, nackter Augenkreis sehr schmal, bräunlich; Füße
dunkelfleischfarben, Krallen schwarz. Beim ganz alten Männchen
ist das Gefieder ober= und unterseits reiner rußschwarz, die Unterseite
fast reinschwarz; Unterschnabel schwärzlich; Füße grauschwarz.

Weibchen: Stirn, Vorderkopf und Haube schwärzlichgraubraun, der übrige Kopf ebenso, doch jede Feder schmal fahl gesäumt; ganze übrige Oberseite schwärzlichgrau, mit braunem Ton, jede Feder mit zahlreichen weißgelben Querbinden; ganze Unterseite graulichschwarz, mennigroth und gelb quergebändert; im übrigen mit dem Männchen übereinstimmend, nur in allen Theilen heller. Etwa Krähengröße (Länge 30—32 cm; Flügel 23,4—24,7 cm; Schwanz 11,3—12,2 cm). Bisher hat man ihn an der Südküste von Australien, auf einigen Inseln der Baßstraße und im nördlichen Vandiemensland gefunden. Gould sagt, er halte sich in den Gipfeln der höchsten Bäume auf und ernähre sich von den Samen der Eukalypten. Professor Reuleaux sah ihn vielfach, hielt mehrere flügellahm geschossene und wieder ausgeheilte und rühmt sie als überaus angenehme Stubenvögel. Direktor Westerman in Amsterdam besaß einen, der ungemein zahm und zutraulich war und gut sprach. Diesen Urtheilen stimmen auch die meisten übrigen Beobachter zu. Die Sprachbegabung dürfte nur gering sein. Dr. Max Schmidt hat beobachtet, daß dieser Kakadu, obwol einer der eifrigsten und erfolgreichsten Nager, der die Sitzstangen des Käfigs immer in überraschend kurzer Zeit zersplittert, auch wenn sie aus dem härtesten Holz bestehen, doch einen hölzernen Käfig selber nicht zertrümmerte. Der Rothkopf ist so kräftig und ausdauernd, daß er ohne Gefahr im ungeheizten Raum überwintert werden darf. Sein Preis steht der Seltenheit wegen überaus hoch.

Banks' Langschwanzkakadu
[Psittacus Banksi, *Lth.*].

Banks' Kakadu, schwarzer Kakadu, Rabenkakadu, Bartkakadu(!), Banks' Langschwanzkakatu. — Banksian Cockatoo. — Banksien australe, Cacatois de Banks, Cacatois Banksien. — Banks' Kakketoe.

Als einer der stattlichsten aller Kakadus erscheint er einfarbig tiefschwarz, schwach metallgrün glänzend; große, nach hinten

gekrümmte Haube gleichfalls reinschwarz; Schwanz mit breiter scharlachrother Querbinde, die beiden mittelsten Federn reinschwarz;
Schnabel bleigrau bis tief grauschwarz, Unterschnabel an den Schnei-
denrändern hellgrau, Wachshaut dunkelbraun; Auge hell- bis schwarzbraun, schmaler Augenrand bräunlich; Füße schwarzbraun, Krallen
schwarz. Das Weibchen ist gleichfalls schwarz; Hauben-, Wangen-
und Flügeldeckfedern gelblich gefleckt; ganze Unterseite gelb, roth und
schwarz quergebändert; Schwanzbinde in gelblichrothen Querbändern
bestehend. Ueber Rabengröße (Länge 68—72 cm; Flügel 40—45 cm;
Schwanz 29,5—33 cm). Er vermag nicht allein die Hauben-, sondern
zugleich die Wangen- und Bartfedern zu sträuben, und dies gibt ihm
ein absonderliches Aussehen. Heimat: Australien und wahrscheinlich ist er sehr weit verbreitet. Auch er gehört zu den
auf Cook's Reisen und zwar von Banks und Solander gesammelten Vögeln und ist von Latham (1781) beschrieben.
Gould fand ihn häufig in der Nähe von Sydney, wo er jetzt
aber bereits ausgerottet sein soll. Im übrigen ist inbetreff
seines Freilebens nur das über die Langschwanzkakadus im
allgemeinen Gesagte bekannt. Als Stubenvogel bespricht ihn
schon Bechstein, indem er ihn den schönsten, seltensten und
kostbarsten Kakadu nennt, der inhinsicht des Betragens und
der Ernährung den gemeinen Kakadus gleiche. A. E. Brehm
klagt über die Unreinlichkeit dieser Art. Ihrer Seltenheit
und daher hohen Preises wegen findet man dieselbe kaum bei
den Liebhabern und auch nur hin und wieder in den zoologischen Gärten. Der Preis beträgt 300—450 M. für den Kopf.

Der **großschnäblige Langschwanzkakadu** [Psittacus stellatus,
Wgl.] — großschnäbliger Langschwanzkakatu — Western Black Cockatoo — ist tiefschwarz, stahlgrün glänzend, unter gewissem Licht violettblau scheinend; der Schnabel soll verhältnißmäßig stärker und
kräftiger sein; im übrigen stimmt er mit dem vorigen durchaus überein; nur ist er bedeutend kleiner. Heimat: wahrscheinlich der größte
Theil Australiens. Die geringen Nachrichten, welche inbetreff seiner
Lebensweise, Ernährung u. a. vorliegen, ergeben nichts, worin er von

der größern Art abweicht. Er wurde i. J. 1885 von Anton Jamrach in einem Kopf lebend eingeführt.

Solander's Langschwanzkakadu [Psittacus Solandri, *Tmm.*] — braunköpfiger Rabenkakadu, Solander's Langschwanzkakatu — Solander's Cockatoo or Leach's Cockatoo — Cacatois à tête brune ou Cacatois de Solander — Solander's Kakketoe — ist tiefbraunschwarz, stahlgrün scheinend; Kopf und Hals dunkelbraun, Haube schwach heller braun; Schwanzfedern braunschwarz mit breiter, oberseits scharlachrother, unterseits gelbrother Querbinde, die beiden mittelsten Federn einfarbig braunschwarz; ganze Unterseite heller, fahl braunschwarz; Schnabel überaus kräftig, bräunlichhorngrau, Schneidenränder des Oberschnabels fleischfarben, Wachshaut braun; Auge dunkelbraun, schmaler nackter Rand bräunlich; Füße und Krallen schwarz. **Weibchen** heller braun, die rothe Schwanzbinde grünlichschwarz gemarmort, Brust und Bauch mit großen gelben Punkten. Etwa Krähengröße. Heimat: südliches Australien und Neusüdwales. Er ist von Temminck (1819) beschrieben und benannt. Ueber die Lebensweise hat Gould berichtet und sie als von der aller Verwandten nicht abweichend bezeichnet. Bis jetzt gehört diese Art zu den am allerseltensten in den Handel gelangenden Vögeln; ich weiß nur anzugeben, daß Herr Karl Hagenbeck i. J. 1878 einen einzelnen besaß. Ein Preis ist nicht anzugeben, doch wird er von denen der vorhergegangenen nicht abweichen.

Baudin's Langschwanzkakadu [Psittacus Baudini, *Vgrs.*]. — Weißohr-Kakadu, Baudin's Langschwanzkakatu — Baudin's Cockatoo or White-tailed Black Cockatoo — Calyptorrhynque de Baudin — Baudin's Kakketoe — ist schwarzbraun, grünlich glänzend, an der ganzen Oberseite jede Feder schmal heller gesäumt; an der Ohrgegend ein weißer Fleck; Schwanz schwarzbraun, ober- und unterseits mit breiter weißer, braungestrichelter Querbinde, die beiden mittelsten Schwanzfedern einfarbig; Schnabel weißlich; Auge braun; Füße grau. Etwa Krähengröße. Heimat: West- und Südaustralien. Näheres ist nicht bekannt, auch gilt es noch für zweifelhaft, ob er wirklich als eine selbständige Art angesehen werden darf, da er dem nächstfolgenden so vollständig gleicht, daß er sich eigentlich nur durch geringe Größe unterscheidet. Für die Liebhaberei hat er garkeine Bedeutung, und ich führe ihn daher nur beiläufig an.

Der gelbohrige Langschwanzkakadu

[Psittacus funéreus, *Shw.*].

Schwarzer Rabenkakadu, Gelbohrkakadu, gelböhriger Langschwanzkakadu. — Funereal Cockatoo, Yellow-eared Black Cockatoo. — Cacatois-corbeau. — Kaaf Kakketoe.

Obwol längst bekannt, denn er wurde von Shaw schon i. J. 1789 beschrieben und abgebildet, zählt dieser Kakadu bis jetzt zu den Seltenheiten, ebenso in den Museen als auch im Thierhandel. In neuerer Zeit ist er allerdings mehrfach lebend eingeführt worden, und wir müssen ihm daher größre Aufmerksamkeit zuwenden als allen letztvorhergegangenen. Er ist ein stattlicher Vogel, der für die Handlungen wie für die Ausstellungen gleich Banks' Langschwanzkakadu ein auffallendes Schaustück bildet, umsomehr, da man ihn selbst in den hervorragendsten zoologischen Gärten noch kaum findet und er dementsprechend hoch im Preise steht. Im ganzen Gefieder braunschwarz, grün schillernd, an der Oberseite jede Feder schwach heller gesäumt, ist er an dem großen lebhaft gelben, fein braun gestrichelten Ohrfleck sogleich zu erkennen; Schwanz schwarzbraun, ober= und unterseits mit breiter gelber, dunkelbraun gestrichelter Querbinde, die beiden mittelsten Federn einfarbig braunschwarz; ganze Unterseite braunschwarz, jede Feder mit breitem mattgelben Endsaum; untere Schwanzdecken an der Außenfahne gelb und schwärzlich gepunktet; Schnabel weiß= bis wachsgelb mit dunkler Spitze, Wachshaut bräunlich; Auge schwarz bis braun, Augenkreis dunkelbraun; Füße bräunlichgrau, Krallen schwarz. Rabengröße (Länge 58—64 cm; Flügel 32,2—44,3 cm; Schwanz 26,8—34,8 cm). Das Weibchen soll nach Gould übereinstimmend sein, und im Jugendkleid soll er einen weißen Schnabel haben. Heimat: Vandiemensland, Neusüdwales und Südaustralien. Aufenthalt: bewaldete Bergabhänge und in der Ebene hohe Bäume. Schart sich zuweilen in vielköpfigen Flügen zusammen und zeigt sich harmlos und dreist, ist aber an vielen Stellen durch unablässige Verfolgung sehr scheu geworden. Die Niftzeit fällt in den Oktober bis Anfang November und das Gelege besteht in nur zwei Eiern. Nah=rung: hauptsächlich Samen von Hülsenfrüchten. Ueber seine Sprachbegabung ist noch fast garnichts bekannt. Fräulein Chr. Hagenbeck hatte auf der „Ornis"=Ausstellung in Berlin i. J. 1880 zwei Köpfe zum Preise von 1000 M.

*

Das Geschlecht **Arara=Kakadu** [Microglossus, *Gffr.*] ist von Finsch mit diesem Namen belegt worden, weil die einzige, bisher be=kannte Art gleichsam ein Mittelglied zwischen den beiden Papageien=geschlechtern, die ihr Name bezeichnet, bildet. Die besonderen Kenn=zeichen sind folgende: Schnabel größer als bei allen übrigen Papageien, viel länger als hoch, stark seitlich zusammengedrückt, First fast gekielt, im Halbkreis herabgebogen mit sehr langer, verschmälerter, nach innen gekrümmter Spitze, Schneiden mit gerundeter Bucht und rechtwink=ligem Zahnausschnitt, Dillenkante sehr breit; Nasenlöcher rund und klein und wie die Wachshaut und Zügel mit kurzen Sammtfederchen bedeckt; Zunge dunkelroth, fleischig, walzenförmig, oberseits löffelartig, mit horniger, eichelförmiger, schwarzer Spitze; Kopfseiten, Gegend neben dem Oberschnabel, unterhalb des Auges bis zum Ohr und bis zum Grund des Unterschnabels, nackt; Flügel ziemlich lang, mit kurzer Spitze; Schwanz lang, breit abgerundet; Füße kräftig, kurz und dick, Krallen nicht stark und wenig gekrümmt; Gefieder weich, jede Feder gerundet, mit Puderdaunen; Haube hoch, in langen, schmalen, fein zerschlissenen, nach oben und hinten gekrümmten Federn bestehend; am Grunde des Unterschnabels lange, zerschlissene Federn. Farbe schwarz. Ueber Rabengröße.

Der schwarze Arara-Kakadu
[Psittacus aterrimus, *Gml.*].

Schwarzer Rüsselpapagei, bloß Ararakakadu, schwarzer Ararakakatu. — Great Black Cockatoo, Alecto Cockatoo, Great Palm Cockatoo. — Cacatois Alecto, Microglosse ou Arara noir a trompe. — Ara Kakketoe.

Wer diesen Kakadu lebend vor sich sieht, wird zugeben müssen, daß er als ein seltsamer, absonderlicher Vogel erscheint.

Dr. Finsch) hebt hervor, daß er große Aehnlichkeit mit den Araras habe, trotzdem aber entschieden ein Kakadu sei. Er ist am ganzen Körper tiefschwarz, schwachgrün glänzend, das ganze Gefieder mit feinem puderartigen Daunenstaub erfüllt, wodurch es mehr grauschwarz erscheint; Haube wie oben beschrieben; Schnabel schwarz, First und Seiten schwach heller blauschwarz; nackte Haut unterm Auge und neben dem Schnabel düsterorangefarben bis blutroth, mit helleren fleischfarbenen Adern; Füße und Krallen schwarz. Die Geschlechter sollen übereinstimmend sein, das Weibchen jedoch einen kürzern Schnabel haben. Ueber Rabengröße (Länge 68—80 cm; Flügel 38—42 cm; Schwanz 25—30 cm). Heimat: nördliches Australien und die nächstliegenden Inseln des Malayischen Archipels. Die erste Beschreibung gab van der Meulen (1707), dann Edwards (1764) die erste Abbildung und die wissenschaftliche Benennung Gmelin (1788). Ueber das Freileben berichtet Wallace. Seine Stimme ist ein langgezognes, schrilles, doch mehr klagend ertönendes Pfeifen. Als sein Aufenthalt sind die niedrigen Waldgegenden ermittelt, in denen er parweise oder in kleinen Familien zu finden ist. Der Flug ist langsam und geräuschlos. Nahrung: neben Sämereien die Kerne der Kanariennußbäume, deren sehr harte Schalen er mit dem gewaltigen Schnabel zu öffnen vermag. Dr. E. v. Martens beobachtete ihn in Wahai in der Gefangenschaft: „Ein drolliger Kerl, der steif dasitzt, mit rothem Gesicht, mächtigem Schnabel und stets aufgerichtetem Federbusch. Bei Annäherung eines Fremden oder auch aus Vergnügen läßt er rätschende Schreie hören." Nach den Berichten anderer Reisenden hält er sich in den dichten Wipfeln der höchsten Bäume auf, gleichviel ob dieselben im Dickicht oder frei stehen. Er ist munter und beweglich und eilt mit kräftigem Flügelschlag dahin. Die Pärchen zeigen sich sehr scheu. Die Jungen werden vielfach aus den Nestern gehoben und aufgefüttert, doch gelangen sie nur selten nach Europa. Im Jahr 1860 besaß Herr Direktor

Westerman im zoologischen Garten von Amsterdam einen Arara=
kakadu, welcher unterwegs mit Kanariennüssen gefüttert worden
und sich schwierig an Hanf u. a. gewöhnte, sich dann aber
ganz wohl dabei befand. Dr. Max Schmidt erzählt von der
gewaltigen Kraft seines Schnabels; er zerbiß Porzellangefäße
und brach selbst in eine gußeiserne Pfanne eine Scharte. Er
fresse Sämereien, vom Mais nur den mehligen Theil, auch
gern rohes Fleisch und schlucke alles nur ganz fein zermalmt
hinab. Seine Stimme erinnere an das Knarren einer Thür;
die Reisenden bezeichnen sie als sonderbar schnarrend. Herr Karl
Hagenbeck füttert ihn ganz ebenso wie die Langschwanzkakadus
(s. S. 118 u. 143). Von den großen Händlern wurde er in
den letzteren Jahren von Zeit zu Zeit in den Handel gebracht.
Herr A. E. Blaauw vermuthet, daß die reiner schwarzen
Vögel mit lebhaft rothen Wangen, kürzerm Federbusch und
kürzerm Schnabel alte Männchen seien, die helleren lang=
schnäbeligen Vögel, welche auch nach zwei Jahren in der
Gefangenschaft noch ganz gleich geblieben, seien die Weibchen.
Herr Dr. Platen brachte in seiner Sammlung drei prächtige
Ararakakadus mit, welche sehr zahm waren und einige Worte
sprachen. Für die Liebhaberei hat auch dieser Vogel geringen
Werth, da er nur als Schaustück für zoologische Anstalten
oder als absonderliche Seltenheit bei einem sehr begüterten
Liebhaber gelten kann. Preis 450 bis 600 M. für den
einzelnen.

*

Als **Keilschwanzkakadu** [Callipsittacus, Lss.] bezeichnet man das
letzte Geschlecht der Kakadus, welches ebenso wie das vorige nur eine
Art enthält, die sich aber als überaus abweichend von allen anderen
hierhergehörenden Vögeln zeigt. Dem deutschen Namen entsprechend
hat dieser Papagei einen langen, stufenförmigen Schwanz, an welchem
die beiden mittelsten Federn weit und spitz hervorragen. Gould,
Schlegel und Finsch stellten ihn trotzdem zu den Kakadus, und ich

befolge diese Anreihung, obwol der Vogel neuerdings abgezweigt und wieder zu den Plattschweifsittichen gezählt worden. Seine besonderen Kennzeichen sind folgende: Schnabel übereinstimmend mit dem der eigentlichen Kakadus, nur schwächer, First mehr zusammengedrückt, etwas kantig, Spitze nicht sehr verlängert, Nasenlöcher rund, frei mit aufgetriebenen Rändern in deutlicher Wachshaut; Zunge kurz, dick, abgerundet, an der Spitze mit löffelartiger Vertiefung; Auge verhältnißmäßig klein, rund, Augenkreis nackt, Zügel befiedert; Flügel außergewöhnlich lang und spitz; Schwanz wie oben angegeben; Füße mittelmäßig, Krallen ziemlich schwach, doch spitz; Gefieder weich, Haubenfedern lang, schmal, weit, faserig, die längsten etwas nach oben gekrümmt, Bartfedern neben dem Unterschnabel verlängert und breit (alle übrigen Merkmale sind in der Beschreibung der Art selbst nachzulesen).

Der Keilschwanzkakadu

[Psittacus Novae-Hollandiae, *Gml.*].

Nymfensittich, Nymfenkakadu, bloß Nymfe, Korella, Kakabille, Falkenkakadu. neuholländischer Keilschwanzkakadu. — Crested Ground Parrakeet, Crested Grass Parrakeet, Cockatoo Parrakeet, Cockatile, Coccateel, Coccatiel, Joey. — Callopsitte, Perruche callopsitte, Nymphique. — Wigstaart-Kakketoe of Kakatilje.

Als eine der gemeinsten Erscheinungen des Vogelmarkts würde der Nymfenkakadu für die Leser dieses Werks wol schwerlich irgendwelchen Werth haben, wenn nicht neuerdings festgestellt wäre, daß einzelne Köpfe je einige Worte nachplappern lernen. Er erscheint als hübscher oder doch komischer Papagei und hat für die Züchter dadurch Werth, daß er in der Vogelstube sich friedlich zeigt und unschwer nistet. Im übrigen aber ist er ein recht langweiliger Vogel, der noch dazu durch sein eintöniges, anhaltendes Geschrei überaus lästig werden kann.

Der Keilschwanzkakadu wurde von Gmelin (1788) beschrieben und benannt. Das Männchen ist an Haube, Vorderkopf, Zügeln, Wangen, Bartfedern und Oberkehle lebhaft hellgelb, an der

Ohrgegend ein runder gelbrother Fleck; Oberseite bräunlichaschgrau, Unterrücken und obere Schwanzdecken hellaschgrau; Flügel schwärzlich= grau, mit sehr breiter weißer Längsbinde, unterseits bräunlichgrau; mittelste Schwanzfedern hellgrau, die übrigen dunkelgrau, unterseits alle schwarz; ganze Unterseite heller als die obre, schwachbräunlich= aschgrau; untere Schwanzdecken heller und reiner grau (der Farbenton des Gefieders wechselt von fast rein aschgrau bis olivengrünlichgrau= braun); Schnabel horngrau, am Grunde braun, Wachshaut grau; Auge dunkelbraun, Augenkreis grau; Füße hellaschgrau, Krallen schwarz. Das Weibchen hat einen kleinen gelben Stirnfleck, Oberkopf und Haube graugelb, vordere Wangen aschgrau, Ohrfleck düsterorange= gelb, Bartfedern graugelb; Unterrücken und Bürzel aschgrau, fein gelb gemarmort; ganze übrige Oberseite bräunlichaschgrau; die breite Längsbinde über den Flügel nicht rein=, sondern gelblichweiß; obere Schwanzdecken grau, gelb gemarmort; die ganze Unterseite heller, schwachgelblichgrau; Schwanz grauschwarz, gelb gemarmort, unterseits grau, gleichfalls gelb gemarmort; Hinterleib und untere Schwanzdecken breit gelb und grau quergewellt. Jugendkleid: dem des alten Weibchens ähnlich, aber düstrer braungrau; Ohrfleck düsterbräunlichgelbroth; beim jungen Männchen schon die Kopfseiten schwachgelblich; Unterleib und untere Schwanzseite lebhaft gelb gemarmort, Unterseite des Flügels mit breiten weißen Querbinden. Kaum Dohlengröße (Länge 30 bis 33 cm; Flügel 15,9—16,6 cm; Schwanz 14—15,9 cm).

Als seine Heimat ist fast ganz Australien bekannt. Seinen Aufenthalt bilden hauptsächlich die weiten Ebenen im Innern, doch kommt er als Zug= oder wol nur Strichvogel zeitweise in großen Schwärmen unregelmäßig in den verschiedensten Oertlichkeiten vor. Er ist ein ausgezeichneter Flieger. Hurtig auf der Erde umherlaufend suchen die Nymfen ihre Nahrung, welche vornehmlich in Gräsersämereien besteht; aufgescheucht fliegen sie nur auf die nächsten Gummibäume, in deren Höh= lungen auch, jedoch stets nur in der Nähe des Wassers, das Nest sich befinden soll. Die Nistzeit fällt in die Monate Februar bis einschließlich März. Obwol sie den Nutzgewächsen der Ansiedler nicht besonders schädlich sind, so werden sie doch als wohlschmeckendes Wildbret eifrig verfolgt, auch zahlreich als Junge aus den Nestern geraubt und aufgezogen, in ganzen Schwärmen aber in Netzen an der Tränke gefangen.

Die Entwicklungsgeschichte dieses Vogels ist in der Gefangenschaft genau erkundet, und dadurch sind die obigen Angaben Gould's wesentlich ergänzt worden. Er wird bereits seit dem Jahr 1846 gezüchtet und ist in zahlreichen Vogelstuben oder Käfigen als Heckvogel zu finden. Sein Gelege besteht in 4 bis 6, ja bis zu 11 Eiern, und da er in der Gefangenschaft regelmäßig zwei bis drei und selbst mehrere Bruten hintereinander macht, so wird gleiches auch wol in der Freiheit der Fall sein. Zugleich gehört er zu den kräftigsten und ausdauerndsten Stubenvögeln, und man hat ihn auch schon vielfach im ungeheizten Raum, ja selbst im Freien, überwintert. Näheres Eingehen auf die immerhin interessante Züchtung muß ich mir hier versagen; die ausführliche Schilderung ist ja in meinen S. 5 erwähnten Büchern zu finden.

Im Käfig zeigt sich der Keilschwanzkakadu meistens recht einfältig und dummscheu; dagegen gilt er in seiner Heimat als gut abrichtungsfähig und sprachbegabt. Will man einen derartigen Versuch mit ihm anstellen, so muß man eine junge, soeben erst völlig flügge gewordne (also schon selbst fressende) Nymfe dazu nehmen und nach der Anleitung, die ich später geben werde, zum Sprechen abrichten. Ein solcher Vogel wird überraschend bald zahm und zutraulich und lernt, wie schon gesagt, einzelne Worte, allerdings nur mit dünner Kinderstimme, nachplappern, auch Melodieen nachflöten und manchmal allerlei Vogellieder nachsingen. — Der Nymfenkakadu wird alljährlich in bedeutender Anzahl lebend eingeführt und zugleich ziemlich zahlreich gezüchtet; trotzdem ist er nicht immer und auch nicht sehr häufig auf dem Vogelmarkt vorhanden. Der Preis wechselt zwischen 12—15, bis 20 M. für das Pärchen; Sprecher dieser Art sind meines Wissens bisher noch nicht ausgeboten worden.

*   *   *

Die Loris oder Pinselzungenpapageien [Trichoglossinae] bilden eine Unterfamilie der Papageien, welche sowol im Wesen und in fast allen übrigen Eigenthümlichkeiten, als auch namentlich in der Ernährung, bedeutsam abweichend von allen Verwandten erscheint. Zunächst fallen sie als die farbenprächtigsten und besonders farbenglänzendsten, zugleich aber auch durch vorzugsweise anmuthige Gestalt, ins Auge; sodann zeigen sie ein absonderlich kluges und keckes Benehmen mit seltsamen, hastigen und stürmischen Bewegungen, freilich jedoch zugleich leichte Erregbarkeit und schrilles, mißtönendes Geschrei.

Als gemeinsame Kennzeichen der drei Geschlechter: Breitschwänze oder eigentliche Loris (Domicella, *Wgl.*), Stumpfschwanzloris oder Nestorpapageien (Nestor, *Wgl.*) und Spitzschwänze oder Keilschwanzloris (Trichoglossus, *Vgrs.*), in welche ich nach Dr. Finsch die Pinselzüngler scheide, sind folgende zu nennen: Schnabel seitlich zusammengedrückt, Dillenkante in schiefer Richtung aufsteigend, die innere Schnabelspitze ohne die bei fast allen übrigen Papageien vorhandenen Feilkerben; ein Hauptmerkmal aber ist die pinselähnliche oder richtiger bewimperte Zunge. Die Verbreitung der Loris erstreckt sich über Australien nebst den dazu gehörenden Inseln, den indischen Archipel (jedoch ohne die Sundainseln) und Polynesien.

Der eigenartigen Gestalt ihrer Zunge entsprechend ernähren sie sich von süßen, saftigen Früchten und anderen weichen Pflanzentheilen, dem Honigsaft der Blüten und zweifellos auch von thierischen Stoffen, Insekten, Weichthieren u. a.; Steinfrüchte, allerlei Nüsse, können sie ihres Schnabelbaus wegen, insbesondre weil ihnen die Feilkerben fehlen, wol kaum öffnen; viele Arten fressen dagegen auch mehlige und ölige Sämereien, wenigstens nehmen sie dieselben in der Gefangenschaft an. Die Lebensweise ist bisher erst wenig erforscht. Offenbar sind sie, ihrer Ernährung gemäß, Baumvögel. Sie leben, soviel bis jetzt bekannt, gesellig, zu Zeiten in mehr oder minder vielköpfigen Schwärmen, auch zu mehreren Arten beisammen. Ein in Blüte stehender Gummibaum, auf welchem die bunten Vögel sich umhertummeln, soll einen prächtigen Anblick gewähren. Ihr Flug ist hurtig und gewandt, im Gezweige laufen und hüpfen sie viel mehr als sie klettern und auf der Erde bewegen sie sich komisch seitwärts hüpfend und kopfnickend und unter anderen drolligen Geberden. Manche Arten sollen in den Löchern der Gummibäume auch gesellig nisten. Die

Brutentwicklung ist von den Reisenden erst wenig oder garnicht er=
kundet. Obwol die Loris kaum erheblichen Schaden an den Nutzge=
wächsen anrichten, allenfalls an werthvollem Obst, und trotzdem ihr
Fleisch auch nicht schmackhaft sein soll, so werden sie in neuerer Zeit
doch viel verfolgt; dadurch, namentlich aber durch das Fällen der
Gummibäume, sind sie gleich den Kakadus u. a. aus den bewohnten
Gegenden immer mehr verdrängt worden. Früher erlegten die Ein=
geborenen sie nur, um sich mit ihren auf Fäden gereihten Köpfen zu
schmücken, und die Ansiedler schossen sie hin und wieder der bunten
Federn halber, auch wurden sie in verhältnißmäßig geringer Zahl
aus den Nestern geraubt, aufgefüttert und zum Markt gebracht; jetzt
dagegen fängt man in großen Netzen ganze Schwärme, um sie nach
Europa auszuführen. Vielfach werden sie auch in der Heimat, ins=
besondere in Indien, als Stubenvögel gehalten, und zwar meistens an
einen Ring aus Kokosnußschale oder Büffelhorn mit einem Bein gekettet;
nicht selten sieht man sie bei der Ankunft noch mit dem Ring am Fuß.

Die Einführung nimmt gegenwärtig in immer steigendem Maß
zu, und es ist wol erklärlich, daß diese schönen und interessanten
Vögel viele und eifrige Liebhaber finden. Leider stehen ihrer Ver=
allgemeinerung aber bedeutsame Hindernisse entgegen; einerseits in
ihren hohen Preisen und andrerseits in ihrer wirklichen oder ver=
meintlichen Hinfälligkeit, sodaß eigentlich nur wohlhabende und für
sie begeisterte Vogelfreunde, die zugleich eine mühsame und kostspielige
Fütterung nicht scheuen, sie anschaffen können. Bis vor kurzem
glaubte man nämlich, daß sie alle oder doch die meisten Arten gar=
nicht für die Dauer am Leben zu erhalten seien, die Erfahrung hat
jedoch ganz andere Thatsachen ergeben; kaum fünfzehn Jahre sind es
her — und seitdem ist wenigstens eine Art, der Lori von den
blauen Bergen, in zahlreichen Vogelstuben eingebürgert und be=
reits vielfach, ja sogar in mehreren Geschlechtsreihen, gezüchtet wor=
den. Ebenso haben sich zahlreiche andere Arten bei angemeßner Ver=
pflegung in der Gefangenschaft vortrefflich ausdauernd gezeigt, selbst
diejenigen, welche sich garnicht an Sämereien gewöhnen lassen,
sondern lediglich mit Frucht= und Weichfutter erhalten werden
müssen.

Unter den Papageienpflegern und =Kennern, welche die Loris
bisher beobachtet haben, stand Herr Gymnasialdirektor Scheuba in
Olmütz hoch obenan, und ihm verdanken wir vorzugsweise werthvolle

Mittheilungen über die Eigenthümlichkeiten dieser Vögel, sowie Rath=
schläge für ihre Verpflegung. Ich nehme zunächst also auf dieselben
Bezug:

„Die Hinfälligkeit der Loris oder vielmehr die Meinung, daß
alle Pinselzüngler überaus weichlich seien, begründet sich darin, daß
diese Vögel während der Ueberfahrt fast immer ohne Sachkenntniß be=
handelt und daß sie regelmäßig an eine Nahrung gewöhnt werden,
welche ihnen vielleicht in heißen Gegenden zuträglich, in unserm
Klima aber nur zu leicht verderblich wird, der gekochte Reis nämlich.
Derselbe ist zu wenig nahrhaft, sodaß ihn der Vogel in großen
Massen hinabschlingen muß, wodurch dann Verdauungsstörungen ent=
stehen, zugleich säuert er bald, und kalt gegeben erkältet der reichliche
Brei auch zu sehr den Magen; wenn dann noch dazu die übrigen
unterwegs gegebenen Futtermittel, aufgequellter Sago, Bananen,
Pisang= u. a. Tropenfrüchte mangeln und unsere nordischen gereicht
werden müssen, so ist der bereits unpäßliche Vogel umsomehr Krank=
heiten ausgesetzt. Seitdem ich den Reis durch zweckmäßigere Futter=
mittel ersetzt, ergeben meine mehrjährigen Erfahrungen, daß die Loris
sämmtlich ohne Ausnahme sich nicht weichlich zeigen, namentlich aber,
wenn sie gesund herüberkommen und wennmöglich schon bei der Ein=
führung an die Fütterung von altbacknem, eingeweichtem und dann
gut ausgepreßtem Weizenbrot (Semmel oder Wecken) gewöhnt worden.
Gutes Eierbrot ist gleichfalls zuträglich, darf jedoch nur mäßig ge=
geben werden; besser ist Kinder= oder Löffelbiskuit (jedoch ohne Pott=
asche gebacken). Alle letzterwähnten Futtermittel soll man nicht in
Milch getaucht, bzl. eingeweicht reichen; an sich ist die Kuhmilch den
Loris nicht schädlich, allein es kommen nicht selten Fälle vor, in
denen das Vieh mit blähenden Stoffen, Kohl= oder Rübenabfällen
u. drgl. gefüttert worden, und dann kann die Milch recht verderblich
wirken. Alle Loris dürfen eigentlich erst dann für lebensfähig ge=
halten werden, wenn sie als Hauptfutter Sämereien, und zwar Hanf=
und Kanariensamen, fressen. Den Breitschwanzloris, welche schwer
an Sämereien zu gewöhnen sind, mischte ich unter die feuchte Semmel
gequetschten Hanf und brachte sie so zur Annahme des Samenfutters.
Alle Pinselzüngler lassen sich um so eher an die Fütterung mit Sä=
mereien bringen, je jünger sie sind.“ Der erfahrne Thierhändler Fluck
in Wien sagt, solange die Loris lediglich Weichfutter fressen wollen,
zeigen sie eine Eigenschaft, welche sie für den Liebhaber geradezu

unerträglich macht; an das Gitter sich hängend, spritzen sie ihre flüssigen Entlerungen weit hinaus und verunreinigen das Zimmer. Scheuba meint aber, daß dies nicht so schlimm sei, da es nur zeitweise geschehe, nämlich nach reichlicher Gabe von Weichfutter, eingeweichter Semmel und weicher Frucht, dagegen abnehme, jemehr die Vögel sich an Sämereien gewöhnen. Als zuträgliche Futterzugabe empfiehlt letzterer gekochten Mais und zwar für jeden Kopf nur fünf bis sechs Körner täglich. Besser noch ist, nach meiner Meinung, frischer, in Milch stehender Mais, den man freilich nur kurze Zeit erlangen kann; gleicherweise auch Hafer, Kanariensamen, Hirse und Gräsersämereien in frischen Aehren. Scheuba dagegen mahnt zur Vorsicht im Gebrauch von milchigem Mais und auch im Gebrauch von Ebereschenberen, da diese zu leicht sauer werden und dann wie Gift wirken. Ein Schwarzkappenlori kränkelte ein halbes Jahr lang nach deren Genuß. Durchaus nothwendig für alle Loris sind gute, weiche Früchte; Scheuba gibt Stückchen von den besten Kranzfeigen neben Biskuit, milchigen Getreideähren und Obst, besonders Birnen und Aepfel, wenn sie zu haben sind. Ich halte auch gute und vollgereifte Kirschen, Weintrauben, je nach der Jahreszeit, für zuträglicher und besonders auch reife, sorgsam ausgesuchte Ebereschen- oder Vogelberen. Als Grünzeug empfiehlt Scheuba frische Fichtenzweige und die erwähnten frischen Getreideähren, doch darf man auch Weidenzweige und die saftigen Ranken von wildem Wein reichen, für den Winter empfehle ich hin und wieder etwas Doldenriesche. Allen seinen Loris spendet Scheuba wöchentlich ein- bis zweimal eine Gabe von Zuckerwasser, und sobald einer erkrankt, reicht er es ihm sogar mehrmals täglich. Er hält die ostindischen Arten in einer Wärme von 15 bis 18 Grad R., die australischen dagegen bei 10 bis 12 Grad R., und sie sind dabei augenscheinlich sehr wohl. Man soll aber stets dafür sorgen, daß die Luft nicht zu trocken sei und daher ein Gefäß mit Wasser auf den Ofen stellen oder einen großen genäßten Badeschwamm oberhalb desselben aufhängen; besser dürfte es sein, wenn man den Käfig mit recht feucht zu haltenden Blattpflanzen umgibt, doch sind dieselben so anzubringen, daß die Loris keinenfalls nach Belieben von dem Blätterwerk fressen können. Alle zwei bis drei Wochen überbraust er seine sämmtlichen Loris mit Rum-Wasser (1:10) oder Weißwein-Wasser (3:10); Rum wie Wein muß jedoch von bester Beschaffenheit sein. Ebenso baden sie alle eifrig selbst,

jedoch nicht in der Weise wie andere Papageien im Badegefäß, son=
dern am liebsten, indem sie das Wasser aus den Trinkgefäßen auf
den Boden plätschern und sich dann im nassen Sande herumwälzen;
manche tauchen auch den ganzen Körper in die Trinkgefäße, soweit
sie können. Nach dem Bade ist Zugluft und Erkältung besonders
sorgsam zu vermeiden. Gefahrdrohende Einflüsse, so vornehmlich
Tabaksrauch oder das unvorsichtige Anfassen der Futtermittel mit
von Schnupftabak u. drgl. beschmutzten Fingern wirkt bei den Loris
noch schlimmer, als bei anderen Papageien. Zu ihrem Wohlgedeihen
ist sodann nicht allein verständige, sondern auch liebevolle Behandlung
entschieden nothwendig; jede Gemüthserregung, Schreck, Beängstigung,
nicht minder aber Sehnsucht nach dem Pfleger oder Gram über Ver=
nachlässigung kann ihnen Erkrankung oder gar den Tod bringen.
Einzelne von ihnen dürfen allerdings als arge Schreier gelten, im
Grunde aber obwaltet in dieser Hinsicht dasselbe Verhältniß wie bei
anderen sprachbegabten Vögeln; sobald sie in der Abrichtung Fort=
schritte machen, unterlassen sie allmählich das Geschrei.

„Was das Sprachtalent anbelangt," sagt Herr Scheuba, „so
hört man die widersprechendsten Urtheile; nach dem Einen soll der
schwarzkäppige Lori, nach dem Andern der L. mit gelbem Mantelfleck,
nach dem Dritten der Frauenlori u. s. w. sich fast ganz ungelehrig
zeigen; ich meine aber, bei der unstreitig hohen Begabung aller Arten,
selbst der kleinen, wie Schmucklori, Schwalbenlori u. a., hänge die
Entwicklung der gewiß vorhandnen Anlage zum Sprechenlernen na=
mentlich von der Behandlung in der ersten Jugendzeit und von der
Eigenart des einzelnen Vogels ab. Dies sehe ich z. B. auffallend
bei meinen beiden blaubrüstigen Loris, denn während der ältre nie=
mals einen Laut hören ließ, der einem Wort auch nur ähnlich klang,
plappert der andre, offenbar ein sehr junger Vogel, fortwährend
allerlei. Wer Loris als Sprecher abrichten will, muß sie jedenfalls
einzeln, entfernt von dem Locken und Schreien anderer, halten. Die
Verschiedenheit der Geschlechter ist hinsichtlich der Sprachbegabung
entschieden bedeutungslos. Nach meiner Ueberzeugung werden die
Loris, wenigstens die größeren Arten, an Bildungs= und Erziehungs=
fähigkeit von keinen anderen Papageien übertroffen. Allerdings gibt
es auch unter ihnen einzelne mürrische, unzugänglich bleibende Vögel,
und zugleich kann nicht geleugnet werden, daß sie durch unverstän=
dige Behandlung nur zu leicht gründlich verzogen, launisch, eigen=

sinnig und widerspenstig gemacht werden können." Die alten Schrift=
steller, so schon Seba (1734), dann Edwards, Buffon bis zu Bech=
stein, rühmen einzelne Arten als vortreffliche Sprecher, und dies
bestätigt auch der Reisende Dr. A. B. Meyer, welcher sie in der Hei=
mat kennen gelernt hat, indem er hinzufügt, man darf sie zu den
am meisten schwatzenden Papageien zählen, allein sie verlangen müh=
samen und lange andauernden Unterricht, und namentlich muß man
sich beständig mit ihnen beschäftigen.

Außer den eingangs gerühmten angenehmen Eigenschaften hebt
Scheuba noch ihre komischen Spiele und Balgereien, bei denen bald
der eine, bald der andre auf dem Rücken liegt und mit Füßen und
Schnabel den andern abzuwehren sucht, ferner die schlanke, zierliche
Gestalt und die völlige Gefahrlosigkeit ihrer Bisse im Verhältniß zu
denen vieler anderen, insbesondre größerer Papageien, hervor. Er
meint, sie müssen sich immer mehr Freunde und vor allem Freun=
dinnen erwerben.

*

Die Breitschwanz= oder **eigentlichen Loris** [Domicella, *Wgl.*]
sind die zierlichsten und anmuthigsten unter allen; obwol beweglich
und lebendig erscheinen sie doch sanfter und nicht so stürmisch wie
die spitzschwänzigen Verwandten. Ihre besonderen Merkmale sind
folgende: Schnabel kräftig, meistens so hoch wie lang, seitlich zu=
sammengedrückt, Oberschnabel mit abgerundeter First, stark gebogner
Spitze und sanft ausgebuchtet, Unterschnabel gleichfalls zusammen=
gedrückt, mit gerader, nur zuweilen wenig bogiger Dillenkante,
Schneiden ohne Ausbuchtung; Zunge dick, fleischig, vorn löffelartig
vertieft, an der Spitze mit faserigen, beweglichen Papillen; Nasen=
löcher rund, frei, in schmaler Wachshaut; Auge dunkel, braun bis
orangeroth, Augenkreis fast immer nackt; Füße kräftig, Krallen stark
gekrümmt; Flügel lang und spitz; Schwanz kurz, gerundet, aus breiten
gleichmäßig gestuften Federn bestehend; Gefieder derb, aus ziemlich
harten Federn im Nacken, an Hals und Oberseite aber aus langen
zerschlissenen gebildet, zuweilen ein unregelmäßiger Schopf, Färbung
glänzend; Geschlechter wahrscheinlich nicht verschieden; Gestalt schlank.
Sperlings= bis Dohlengröße. Sie sind weit verbreitet, und zwar
über die Molukken und Polynesien. Ihr Freileben ist fast noch gar=
nicht erforscht; so viel bis jetzt bekannt, führen sie die in der allge=
meinen Uebersicht angegebne Lebensweise. Die kleinsten Arten sollen

sich, wenigstens zu Zeiten, ausschließlich vom Honigsaft der Blüten ernähren. Nach Dr. Platen sind sie überall in der Heimat die erklärten Lieblinge der Eingeborenen.

Einige Arten gehören zu den seit altersher bekannten und lebend eingeführten Schmuckvögeln, welche schon in ihrer Heimat zahlreich in Käfigen oder an Fußketten gehalten werden und einen Handelsgegenstand bilden, der in neuerer Zeit immer ausgibiger geworden ist. Die meisten von ihnen lassen sich schwer, einige aber garnicht, an Sämereien gewöhnen, daher sind sie auch schwieriger in der Gefangenschaft zu erhalten als die nahverwandten Spitzschwänze. Erklärlicherweise ist die Gefahr während des Uebergangs zu den fremden Nahrungsmitteln und dem veränderten Klima zugleich am größten; sind sie erst eingewöhnt, so zeigen sie sich schon eher ausdauernd, doch können sie, wie schon erwähnt, weniger als die anderen, Kälte oder Zugluft ertragen. In ihren Reihen gibt es eine beträchtliche Anzahl von Sprechern, und nach meiner Ueberzeugung müssen sie sich, sobald sie häufiger eingeführt und im Gefangenleben mehr erforscht werden, sämmtlich oder doch in allen größeren Arten als sprachbegabt erweisen; freilich wol immer nur in geringem oder höchstens mittelmäßigem Grade — dem Graupapagei und den Amazonen gegenüber. Dr. Platen hat viele und gute Sprecher unter ihnen gehört. Im Verhältniß ihrer ungemein leichten und rasch fortschreitenden Zähmung und Abrichtung unterlassen sie auch allmählich das allerdings schrille und manchmal recht lästige Geschrei. Die meisten Arten stehen noch überaus hoch im Preise.

Der schwarzköppige Breitschwanzlori

[Psittacus atricapillus, *Wgl*.].

Violettköppiger Lori, schwarzköpfiger Lori, Schwarzkappenlori, schwarzstirniger Frauenlori, Erzlori. — Black-bonnet Lory, Blue-headed Lory, Purple-capped Lory. — Perruche Lori à calotte noire, Lori à collier. — Purperzwartkop Loeri.

Absonderlich schön ist dieser Papagei, der unter den Pinselzünglern obenan steht, weil er zu den begabtesten und zugleich am längsten bekannten von ihnen gehört. Er wurde schon von Seba (1734) beschrieben, von Edwards und dann von Brisson abgebildet, aber erst von Wagler (1832) ist seine wissenschaftliche Benennung richtiggestellt worden.

Er erscheint an Stirn und Scheitel tiefschwarz, Hinterkopf mit kaum bemerkbar schopfartig verlängerten Federn violettschwarz, Zügel, Kopfseiten, Kehle, Hals und Nacken dunkelkarminroth; Mantel, Rücken, oberseitige Flügel= und Schwanzdecken heller blutroth, Flügel dunkel= grasgrün, Schultern gelbbräunlich, Schwingen grün, Innenfahne gelb, Spitze schwarz, Schwingen unterseits schwarzgrau mit breiter gelber Querbinde, Flügelbug und kleine unterseitige Flügeldecken dunkelblau; Schwanz karminroth, breiter Endrand purpurbraun, Schwanz unterseits etwas heller; ganze Unterseite hell karminroth, Brustschild hochgelb, Schenkel zyanblau; Schnabel orangeroth, Wachshaut schwärzlich; Auge braun, bräunlichgelb bis gelbroth, um die Pupille ein schmaler hellgelber Ring, nackter Augenkreis schwärz= lich; Füße schwärzlichgrau, Krallen schwarz. (Das Brustschild ist zuweilen nur gelb und roth gescheckt und manchmal fehlt es ganz; die grünen Flügel sind zuweilen gelb gefleckt, der Unterrücken ist grünlichgelb und auch andere Abweichungen kommen vor). Dohlen= größe (Länge 27—29,5 cm; Flügel 15—17 cm; Schwanz 9—11 cm). Als seine Heimat ist bis jetzt nur Ceram und Amboina er= kundet.

Sonderbarerweise ist über sein Freileben noch fast gar= nichts bekannt; umsomehr eingehende Mittheilungen liegen aber über sein Gefangenleben vor. Nach Angaben von Dr. E. v. Martens wird er von Ceram oder Amboina nach Java und dann nach Europa gebracht; er übersteht die Reise nach dem erstern vortrefflich, weniger gut aber die nach dem letztern. Neuerdings lassen ihn die Großhändler meistens unmittelbar überführen.

Bereits Buffon schildert ihn als Stubenvogel, lobt ihn als zutraulich und als hervorragend begabt; er lerne am leich= testen und deutlichsten unter allen Loris sprechen, sei jedoch zart und schwierig zu erhalten. Auch Bechstein sagt Aehn=

liches; nach dem letztern Schriftsteller ist er sogar „der ge=
lehrigste, gesprächigste, zahmste, artigste und zärtlichste unter
allen Papageien; er spricht beständig, doch schnarchend wie
ein Bauchredner, ahmt auch hellflötend alles nach, was ihm
vorgepfiffen wird und will dabei immer unterhalten und ge=
liebkost, sowie auch gut gewartet und gepflegt sein, und alles
was er thut, geschieht hurtig".

In diesen beiden Aussprüchen ist in der That das Wesen
dieses Pinselzünglers treffend geschildert, und was seitdem die
Erfahrung vieler liebevollen Pfleger festgestellt, hat die An=
gaben der beiden älteren Schriftsteller bestätigt, nur insofern
freilich, daß alle Loris keineswegs zu den hochbegabten und
am höchsten stehenden Sprechern gehören. Wie die übrigen
bringt es auch der schwarzköppige Lori nur zum Nachplappern
einzelner Worte oder allenfalls einiger kurzen Sätze, die er
mit hoher und klarer Stimme rasch und hastig ausstößt. Ob=
wol er zu den bekanntesten Erscheinungen im Vogelhandel ge=
hört, so ist er doch keineswegs gemein, sondern wird nur hin
und wieder einzeln eingeführt. Als absonderlicher Schmuck=
vogel ist er vornehmlich bei wohlhabenden und hochstehenden
Persönlichkeiten zu finden und meistens auch sehr beliebt;
mancher aber macht sich als unverbesserlicher Schreier geradezu
unausstehlich, obgleich sein Geschrei nicht so schrill wie das
anderer Verwandten, sondern mehr pfeifend erschallt. In
mehreren Fällen hat er sich lange Jahre im Käfig erhalten;
so der schwarzköppige Lori der Frau Prinzeß Karl von
Preußen, welcher nach deren Tode sich im Besitz des Prinzen
befand und weit über 20 Jahre im Käfig lebte. Hinsichtlich
der Fütterung muß ich mich auf das in der Einleitung Ge=
sagte beziehen und will nur hervorheben, daß er zu den
Pinselzünglern gehört, welche sich am schwierigsten an Sämereien
gewöhnen lassen. Der Preis schwankt zwischen 50—75, 90—

11*

100 M. für den frischeingeführten und 120—150 M. für den sprechenden Vogel.

Der **Louisiade = Breitschwanzlori** [Psittacus hypoenóchrous, *Gr.*] — Rothnacken=Lori, grünschwänziger Breitschwanzlori — Louisiade Lory — Perruche Lori de Louisiade — Louisiade Loeri — ist an Ober= und Hinterkopf schwarz; Oberrücken mit violettem Querband; Schultern bräunlicholivengelb; Schwingen an der Außenfahne dunkel= grasgrün, Innenfahne hochgelb, Endhälfte schwarz; oberseitige Flügel= decken grün, unterseitige scharlachroth; Schwanzfedern am Grunde scharlochroth, Endhälfte düsterolivengrün, zwischen beiden matt vio= lett, unterseits olivengelb, am Grunde roth; ganze übrige Oberseite karminroth; schwache Halskrause und ganze übrige Unterseite roth, violett schillernd; Schenkelgegend und Hinterleib violettblau; Schnabel orangegelb, Wachshaut gelblichweiß; Auge braun bis braunroth; Füße und Krallen schwarz. Größe der des schwarzkäppigen Lori gleich. Heimat: Neuguinea, Neubritannien und die Salomonsinseln. Diese Art war bis vor kurzem so selten, daß Finsch seine be= sondre Freude darüber aussprach, einen Balg vor sich gesehen zu haben; neuerdings aber ist sie von Fräulein Chr. Hagen= beck mehrmals lebend eingeführt worden. Herr Direktor Scheuba, in dessen Besitz ein Par übergegangen, schildert es in folgendem: „Es sind lebendige, ziemlich stürmische, aber garnicht scheue Vögel, welche die Eigenthümlichkeit zeigen, daß sie in der Erregung die violett schillernden, schmalen und lang= gestreckten Halsfedern sträuben, ferner daß der eine an der Sitzstange mit abwärts hängendem Körper hurtig entlang läuft, während der andre ruhig oben sitzt. Ihr Geschrei ist verschieden von dem aller Verwandten, nicht pfeifend, sondern zischend, ähnlich dem der Gänse. Sie scheinen recht kluge Vögel zu sein." Der genannte Kenner der Loris meint, es sei schwer zu entscheiden, ob diese Art jetzt zum erstenmal lebend einge= führt worden, denn sie sei ja eigentlich nur eine Spielart (oder wol Lokalrasse) des schwarzkäppigen Breitschwanzlori

und möge schon mehrfach in den Handel gelangt, aber nicht
unterschieden sein. Mit Bezug hierauf habe ich den Louisiade-
Lori hier eingereiht, da ich doch wol mit Bestimmtheit annehmen darf, daß er wie jener sprachbegabt sein werde. Der
Preis steht für den seltnen Vogel natürlich sehr hoch.

Der **Breitschwanzlori mit schwarzem Halsfleck** [Psittacus
chlorocercus, *Gld.*] — grünschwänziger Lori, Grünschwanzlori —
Green-tailed Lory — Perruche Lori â queue verte — Groenstaart Loeri
— ist an Ober- und Hinterkopf tiefschwarz; Schwingen dunkelgrasgrün, Grundhälfte der Innenfahne roth; Deckfedern grün, unterseitige
dunkelblau, Flügelrand lilablau; Schwanzfedern am Grunde düsterroth, Endhälfte grün, unterseits am Ende olivengelb; ganze übrige
Oberseite glänzend karminroth; an jeder Halsseite ein tiefschwarzer
Fleck; über die Oberbrust ein gelbes Band; Schenkelgegend dunkelblau;
ganze übrige Unterseite karminroth; Schnabel orangegelblichgrau; Auge
roth mit schmalem weißem Rand um die Pupille; Füße und Krallen
schwarz. Größe der des schwarzköppigen Lori gleich. Heimat: die Salomonsinseln. Er wurde von Gould erst im Jahr 1856 beschrieben und
ist trotz äußerster Seltenheit in den Museen doch schon lebend eingeführt worden. Seine Lebensweise ist garnicht bekannt; dagegen
gibt E. L. Layard die sehr hübsche Schilderung eines lebenden
Pärchens, welches er von dem Reisenden Marler geschenkt erhalten.
„Sie waren aus dem Nest in einer Baumhöhle geraubt. Der eine,
wahrscheinlich das Männchen, war sehr lebhaft und thätig und ließ
mancherlei Töne erschallen, aus denen man wol die Worte ‚Pretty
Joey‘, wie sie Marler benannt hatte, vernehmen konnte, dann flötete
er lang und schrill und ließ auch noch andere Laute hören; das Weibchen
war stiller. Sie tranken gern und viel Zuckerwasser, fraßen eifrig
aufgeweichtes Brot, gekochte Kartoffeln, Reis, Jams- und Brotwurzel,
sowie indische Feigen. Friedlich schmausten sie aus einem Gefäß oder
von derselben Frucht, welche der eine in der Klaue hielt. Bei ihren
lebhaften Bewegungen und Spielen hingen sie sich in allen möglichen
Stellungen an, gleichviel ob mit einem oder beiden Füßen. Das Männchen war leidlich zahm und ließ sich anfassen.“ — Außer einem Pärchen,
welches in den zoologischen Garten von London (1867) gelangt war,
dürften sie noch nicht lebend eingeführt sein; ein Preis ist daher
nicht anzugeben.

Der blauschwänzige Breitschwanzlori

[Psittacus lori, *L.*].

Frauenlori, Rothnackenlori. — Lady Lory, Blue-tailed Lory. — Perruche
Lori des Dames ou Lori à scapulaire bleue. — Blauwstaart Loeri.

Es ist eine eigenthümliche, für unsre Liebhaberei aber
überaus erfreuliche Erscheinung, daß die Papageien — und
Vögel überhaupt —, welche in alten Zeiten Bewunderung
erregt und Beifall gefunden haben, auch bis zur Gegenwart
hin sich fast immer gleicher Beliebtheit erfreuen; vor allem ist
dies beim Frauenlori zutreffend. Nachdem er von Edwards
(1751) beschrieben und von Linné (1761) benannt worden,
beschäftigten sich mit ihm die alten Schriftsteller; von Seba,
Buffon bis zu Bechstein her, Alle haben ihn als schön, äußerst
liebenswürdig und hochbegabt gepriesen, und in dieser Meinung
stimmen mit den Aussprüchen jener auch die der Papageien=
kenner und =Pfleger in unsrer Gegenwart ziemlich überein,
wenn sie ihn auch freilich nicht höher als die Verwandten,
sondern mit denselben und besonders mit dem schwarzkäppigen
Lori auf eine Stufe stellen. Der letztern Art ist er auch in
allen anderen Eigenthümlichkeiten ähnlich.

Er erscheint an Ober= und Hinterkopf tiefschwarz; Zügel, Kopf=
seiten, Nackenband, Kehle und Hals karminroth; Hinterhals und
Mantel tiefblau, mit violettem Schein, Mittelrücken, Bürzel und obere
Schwanzdecken scharlachroth, Oberrücken mit blauschwarzem Quer=
band; Schwingen an der Außenfahne dunkelgrasgrün, Innenfahne
hochgelb, Ende schwarz, unterseits schwärzlichgrau mit gelber Quer=
binde; oberseitige Deckfedern grün, kleine Deckfedern am Flügelbug
bläulich, kleine unterseitige Flügeldecken und Achselfedern scharlachroth:
Schwanzfedern an der Grundhälfte scharlachroth, Endhälfte tiefblau,
unterseits Grundhälfte roth, Endhälfte düsterolivengelb; Hals, Brust
und Bauch tiefblau, mit violettem Schein, Brust= und Bauchseiten
scharlachroth, Schenkelgegend, Hinterleib und untere Schwanzdecken
hellblau; Schnabel orange= bis karminroth, Wachshaut düstergelb; Auge

braun bis gelbroth, nackte Haut bräunlichgelb; Füße und Krallen
schwarz. Größe nahezu der des schwarzköppigen Lori gleich (Länge
26—28 cm; Flügel 13,2—16,6 cm; Schwanz 8—10 cm). Es gibt
Farbenspielarten ohne blaue Zeichnung an Hals und Oberbrust,
mit rothem Streif über den blauen Mantel, mit schwarzem Querstreif
in der Mitte der Schwanzunterseite, an Nacken und Hinterhals blau,
mit schwarzen unterseitigen Flügeldecken und mit noch mancherlei
anderen Abweichungen; auch die Größenverhältnisse sind schwankend.
Bis jetzt ist noch nicht festgestellt worden, ob dies Alters=, bzl. Ge=
schlechts= oder Oertlichkeitsverschiedenheiten sind. Als seine Heimat
sind Neuguinea, Waigiu, Mysol, Salawatti und Batanta bekannt.
Dr. Meyer berichtet, daß er auf Neuguinea sehr zahlreich vorkomme,
häufig in der Gefangenschaft gehalten werde und vortrefflich
sprechen lerne.

Herr Schuldirektor Dr. Scheuba besaß einen Frauenlori,
welcher außerordentlich anschmiegsam und zutraulich sich zeigte,
Küßchen gab, sich rücklings auf die Hand legte, mit sich tän=
deln ließ, und selber spielte wie ein Kätzchen, während er in
großem Behagen oft frohlockend flötete; zu andrer Zeit, selbst
manchmal nachts, pfiff er ziemlich scharf und schrill. Im
Verhältniß zu den nächstverwandten Loris erschien dieser,
wenn auch ebenso lebendig, doch viel ruhiger. Er sprach ziem=
lich viel, wovon das Wort „Jako‘ deutlich zu verstehen war,
während das übrige wie englisch klang; alles mit tiefem Ton,
als käme es aus der wetterrauhen Kehle eines Matrosen. Er
plauderte am liebsten abends und steckte dabei den Kopf in sein
Futtergefäß, auch zeigte er viel Anlage, Lieder nachzuflöten.
Dr. Platen brachte in seiner Sammlung 10 Köpfe mit. Im
Handel und auf den Ausstellungen ist diese schöne Art leider
recht selten. Preis 60, 75 bis 100 M. und darüber.

Der Breitschwanzlori mit gelbem Mantelfleck

[Psittacus garrulus, *L.*].

Lori mit gelbem Rückenfleck, Gelbmantellori, Ceram-Lori. — Ceram
Lory, Chattering Lory, Crimson Lory. — Perruche Lori de Ceram. —
Ceram Loeri.

Bis vor kurzem war der Lori mit gelbem Mantelfleck
im Handel selten und erst in der neuesten Zeit wurde er
etwas häufiger eingeführt. Obwol er aber zu den seit alters=
her bekannten Vögeln gehört (bereits von Klusius 1605 er=
wähnt, von Linné beschrieben und benannt, von Edwards,
Brisson u. A. schon gut abgebildet), so herrschten inbetreff
seiner Begabung bis jetzt doch recht verschiedenartige Mei=
nungen. Buffon schildert, welche Schwierigkeit es den Hollän=
dern anfangs verursacht habe, die Pinselzüngler und ins=
besondre diese Art, lebend nach Europa zu bringen.

Der Breitschwanzlori mit gelbem Mantelfleck ist scharlachroth,
prächtig metallisch glänzend, mit einem dreieckigen tief zitrongelben
Fleck in grüner Einfassung auf dem Oberrücken; die Schwingen sind
an der Außenfahne grün, Innenfahne zinnoberroth, Spitzendrittel
schwarz, die zweiten Schwingen an der Innenfahne schwarz, nur am
Grunde roth; die großen oberseitigen Deckfedern olivengrün, Flügel=
bug zitrongelb, kleine unterseitige Flügeldecken gleichfalls gelb;
Schwanzfedern roth, an der Endhälfte dunkelgrün, unterseits purpur=
braun, Ende düstergelb; ganze Unterseite einfarbig roth, nur die
Schenkelgegend grün; Schnabel und nackte Haut um denselben orange=
roth, Nasenhaut bläulichgrau; Auge gelbbraun bis rothgelb, nackter
Augenkreis bläulichroth; Füße grauschwarz, Krallen schwarz. Auch
bei dieser Art kommen Abänderungen vor, indem der Mantelfleck
mehr oder minder große Ausdehnung hat, zuweilen düsterroth ist,
auch wol ganz fehlt, und der Schwanz grün, manchmal blauschwarz
bis blau gefärbt ist. Größe nahezu die des schwarzköppigen Lori
(Länge 26—28 cm; Flügel 13,2—16 cm; Schwanz 8—10 cm).

Als seine Heimat sind die nordöstlichen Molukken bekannt.
Hinsichtlich des Freilebens ist nichts Näheres bekannt, doch

wird er sich in demselben von den nächst verwandten Arten wol
nicht abweichend zeigen. Seine Seltenheit im Handel trotz
des sehr weiten Gebiets, in welchem er vorkommt, und
obwol er vielfach aus den Nestern genommen und aufge=
füttert wird, beruht wahrscheinlich darin, daß er bei den
Eingeborenen selbst sehr beliebt sein, viel gehalten und ver=
handelt werden soll. Umsomehr interessant erscheinen uns
daher die Aussprüche inbetreff seiner seitens unserer neueren
Stubenvogelpfleger und =Kenner.

Einer der bedeutendsten derselben, Herr Regierungsrath
E. v. Schlechtendal, hatte diese Art als argen Schreier und
wenig begabt bezeichnet; dies widerlegte Herr A. E. Blaauw
in folgendem: „Vor einigen Jahren besaß ich längre Zeit
hindurch einen solchen Breitschwanz mit gelbem Mantelfleck,
welcher bedeutende Befähigung zeigte. Zunächst ahmte er
alle ihm auffallenden Laute nach, lernte auch Vieles sprechen
und trug es mit sanfter Stimme und oft, könnte man sagen,
fast mit Verständniß vor. Er liebte mich leidenschaftlich und
wenn er auf meiner Schulter saß, gerieth er in die größte
Wuth, sobald eine fremde Person mich berührte, stürzte auf
diese los und biß und schrie, sodaß ich Mühe hatte, ihn zu
beruhigen. Ganz genau wußte er zu unterscheiden, ob der
Betreffende mich persönlich, meinen Stuhl oder sonst etwas
in meiner Nähe anfaßte, in den letzteren Fällen blieb er ruhig.
Immer war er sehr erregbar und heftig, und wer ihm zu
nahe kam und sich etwas gegen ihn erlaubte, wurde mit
Schnabelhieben bestraft. Seine Stimme war nicht so metal=
lisch scharf, wie die der anderen Loris, allein dadurch, daß er
dieselben Töne unzählige Male wiederholte, wurde er gleich=
falls unausstehlich. Sobald ich ihn aber aus dem Käfig
nahm, beruhigte er sich sogleich. Die größte Leckerei für ihn

war Zuckerwasser, welches er mit seiner langen, beweglichen
Zunge rasch aufleckte."

Aehnlich schildert ihn Herr Kreisgerichtsrath Heer, in=
dem er sagt: „Mein Gelbmantel macht mir viele Freude.
Er ist überaus lebhaft und läßt sich fortwährend hören, und
wenn er still ist, so hängt er sich gern mit den Füßen an die
Sitzstange, sodaß der Körper nach unten baumelt. Obwol
ich ihn am offnen Fenster frei auf dem Finger halte und
trotzdem er gut fliegen kann, fällt es ihm doch nicht ein, zu
entfliehen. Noch nie hatte ich einen Vogel, der so wunderbar
zahm war. Er frißt nur eingeweichte Semmel mit etwas
Zucker, und Zuckerwasser trinkt er leidenschaftlich gern. Ein
besondres Vergnügen macht es ihm, wenn er sich bei mir
zwischen Rock und Weste verkriechen kann."

Herr Scheuba meint, daß die geringre Gelehrigkeit, welche
der Gelbmantel den Verwandten gegenüber zeige, wol darin
liege, daß alles seine Aufmerksamkeit errege; ihm stehe der
Schnabel niemals still und immerfort schreie er, wenn auch
nicht sehr gellend. „Mein Gelbmantel ist stark, kräftig und
ziemlich ungestüm. Vom Sprechen ist nicht viel die Rede, denn
er sagt nur das oft gehörte Wort ‚wart, wart‘; dies mag
jedoch darin liegen, daß er mit einem schwarzköppigen Lori
Freundschaft geschlossen, sodaß beide sich um nichts andres
bekümmern, sondern sich fortwährend in ihren Naturlauten
unterhalten. Lasse ich sie beisammen, so entwickeln sie eine
unendliche Zärtlichkeit gegen einander, doch muß ich dem Spiel
immer bald ein Ende machen, denn der rauhe, stürmische
Gelbmantel setzt dem schwächern Schwarzkopf so zu, daß dieser
vor dem Uebermaß von Liebkosungen flüchten muß. Der erstre
macht sich im Gegensatz zu allen übrigen wenig aus mensch=
licher Gesellschaft, und beiläufig sei bemerkt, daß er bereits
mehrmals Eier im Käfig gelegt hat." Herr E. Linden theilt

mit, daß ein solcher Lori in seinem Besitz angenehm pfeift. Der Preis beträgt 48 bis 50, 60, 80 bis 120 M.

Der blauschultrige Breitschwanzlori

[Psittacus ruber, *Gml.*].

Scharlachrother Lori, bloß rother Lori. — Red Lory, Moluccan Lory. — Perruche Lori rouge, Lori rouge. — Roode Loeri.

Der scharlachrothe Lori, wie er meistens heißt, wurde von Brisson (1760) zuerst beschrieben und von Gmelin benannt. S. Müller (1776) erzählt, daß es ihm Vergnügen gemacht habe, die schönen rothen Vögel n den Bäumen umherklettern zu sehen, während sie Früchte verzehrten und unaufhörlich schrieen. Dieser Lori ist glänzend scharlachroth; die ersten vier Schwingen an der Außenfahne sind schwarz, die übrigen allmählich zunehmend roth, die letzten drei bis vier dunkelblau, an der Grundhälfte roth, alle unterseits rosenroth; zwei undeutliche schwarze Querbinden über den Flügel; die hintersten Deckfedern an jeder Rückenseite bilden einen großen blauen Fleck; Schwanzfedern mattpurpurbraun, unterseits düstrer; untere Schwanzdecken und breiter Fleck hinter dem Schenkel glänzend blau; Schnabel gelbroth, Wachshaut schwärzlichgrau; Auge braun bis gelbroth, nackte Haut schwärzlich; Füße schwärzlichgrau, Krallen schwarz. Die Größe kommt kaum der des schwarzkäppigen Lori gleich. Heimat: die Molukken, doch fehlt er auf den Aruinseln. Ueber das Freileben ist wenig bekannt. Wallace sah ihn auf Amboina sehr häufig und sagt, daß er zahlreich auf die blühenden Bäume einfalle, um Blütensaft aufzusaugen.

Auch diese Art schildert Herr Scheuba in fesselnder Weise. „Ein scharlachrother Lori zeigt sich an Sprachbegabung geradezu als einzig, zugleich ist er überaus zahm, zutraulich, liebenswürdig, gibt Küßchen, und ganz besondre Freude macht es ihm, wenn er mir morgens ins Bett gebracht wird, wo er sich mit Entzücken herumwälzt und allerlei Possen treibt.

Auch außerdem ist er ungemein beweglich, und es duldet ihn nicht lange auf einem Fleck; so klettert er mir am ganzen Körper herum, springt dann auf den Tisch, zerreißt ein Stückchen Papier oder läuft am Beinkleid herab auf den Boden rasch hüpfend ein Endchen fort, um ebenso schnell zurückzukehren und wieder emporzusteigen. Im Käfig legt er sich oft rücklings auf den Boden und spielt mit Füßen und Schnabel mit Holzspänen, die er fein zerfasert. Er spricht mit hoher Frauenstimme, rasch und schnell, oft eine Viertelstunde lang und darüber, manchmal mit plötzlich wechselnder Stimme, als redeten zwei Personen. Dann erklingt es aber, als hörte man es aus der Ferne, und man versteht nur einzelne Worte. Außerdem spricht er jedoch auch außerordentlich deutlich und klar viele Worte und ganze Sätze. Was er plaudert, lernt er nur von anderen sprechenden Papageien oder dadurch, daß mit ihm und den anderen Vögeln während des Fütterns und der Reinigung der Käfige gesprochen wird. Fast täglich plappert er etwas Neues nach, das er in dieser Weise aufgeschnappt hat; so plaudert er wol den ganzen Tag, am liebsten jedoch abends, wenn sein Käfig zugedeckt wird. Täuschend natürlich versteht er zu lachen. Sehe ich nachts in der Vogelstube nach und einige Vögel erwachen und schreien, so stimmt dieser nur selten mit ein, sondern ruft mit zornigem Ausdruck ‚still Spitzbub!‘ oder auch mit dem Ton der Verwunderung ‚na, was ist?‘ In allem Diesen zeigt sich die ungewöhnliche Begabung und Gelehrigkeit des Vogels, und so könnte ich allerlei Scherze von ihm erzählen, wie er beim Zurückbringen in den Käfig mir in den Finger beißt und wenn ich dann das Schiebethürchen fallen lasse, mit triumphirendem ‚ha!‘ davonläuft, wie ausdrucksvoll er Freude und Leid, Sehnsucht und Vergnügen zu äußern vermag u. s. w. Er frißt feinstes Weizenbrot mit Biskuit gemengt, etwas gekochten Mais und

getrocknete, aufgeweichte Ebereschenberen; sein Hauptfutter aber
ist Samen, Hanf, Hirse, Hafer und Weizen halbreif in
Aehren, Feigen u. a. Frucht; ferner bekommt er frische Fichten=
reiser." — Bis jetzt gehört der scharlachrothe Lori zu den
seltensten im Handel, und Dr. Platen hatte 7 Köpfe mit=
gebracht. Der Preis steht auf 60 bis 100 M. und darüber
für den Kopf.

Der blaugestrichelte Breitschwanzlori [Psittacus reticulatus,
Müll. et *Schlgl.*] — gestreifter Lori, Strichellori — Blue-streaked Lory
— Perruche Lori striée bleue — Blauwgestreepte Loeri — ist karmin=
roth mit violettblauem Ohrfleck; Oberrücken blau längsgestrichelt, die
vordersten Schwingen rußschwarz, die übrigen schwarz und roth; Deck=
federn schwarz, roth gerandet, unterseitige Flügeldecken roth; Schwanz=
federn an der Außenfahne schwarz, die beiden mittelsten einfarbig
schwarz, alle unterseits roth, am Ende gelb; Brust violettblau an=
geflogen; Schenkelfleck violettblau; Schnabel orangeroth, Wachshaut
schwärzlich; Auge braun bis braunroth, nackte Haut schwärzlich; Füße
schwarzbraun, Krallen schwarz. Nahezu die Größe des schwarzkäppigen
Lori (Länge 26—27 cm; Flügel 15,2—16,2 cm; Schwanz 11,8—12 cm).
Heimat: Timorlaut. Er wurde von Latham (1822) und
dann von Müller und Schlegel (1839) beschrieben und benannt.
Ueber das Freileben ist bis jetzt garnichts bekannt, doch dürfte
er darin mit den Verwandten übereinstimmen. Obwol er in
der Heimat recht zahlreich sein soll und nach Wallace vielfach
zum Verkauf nach Makassar gebracht wird, sehen wir ihn bei
uns doch nur selten auf dem Vogelmarkt. Dr. Platen hatte
16 Köpfe von Celebes mitgebracht, und seitdem haben die Groß=
händler nur hin und wieder einen eingeführt. Herr Scheuba
berichtet, daß er vor einigen Jahren drei blaugestrichelte Loris
bei einem Händler gesehen, von denen einer so zahm war,
daß er seinem Herrn überallhin nachlief und sich krauen und
streicheln ließ. „Er war ein allerliebster Vogel, allein er
hatte gleich den beiden anderen eine metallisch scharfe Stimme,

die noch dazu so oft laut wurde, daß er als Stubenvogel
unerträglich erschien. Diese drei Loris kaufte Direktor Wester=
man für den zoologischen Garten von Amsterdam, und soviel
ich weiß, lebt der eine noch gegenwärtig dort." Dr. Frenzel
gibt an, daß dieser Lori nicht schreie, sondern angenehm
pfeifende Töne habe; er sei lebendig und unterhaltend. In
seinem Wesen und in allen übrigen Eigenthümlichkeiten dürfte
er mit dem schwarzkäppigen und Frauenlori übereinstimmen.
Preis 60 bis 100 M.

Der blaubrüstige Breitschwanzlori

[Psittacus coccíneus, *Lth.*].

Blaustirniger Lori, Diademlori. — Blue-breasted Lory or Blue-diademed Lory. —
Perruche Lori violette et rouge. — Blauw en roode Loeri.

Als der farbenprächtigste unter allen lebend eingeführten
Arten von dem hervorragendsten Kenner der Breitschwanzloris,
Herrn Scheuba, gerühmt und zugleich seit altersher bekannt,
läßt er es wiederum bedauern, daß er zu den am seltensten
zu uns gelangenden gehört.

Er ist an Kopf, Kehle und Hals karminroth; über die Scheitel=
mitte von einem Auge zum andern eine blaue Binde, ober= und
unterhalb des Auges bis zum Nacken jederseits ein dunkelblauer
Streif; Nacken und Mantel blau, Hinterrücken dunkelkarminroth,
Bürzel und obere Schwanzdecken purpurbraunroth; Schwingen roth,
schwarz gespitzt, unterseits mattroth; über den Flügel eine schwarze
Querbinde, große oberseitige Flügeldecken roth, breit schwarz gesäumt,
Schulterdecken purpurviolettschwarz, Flügelrand und unterseitige
Flügeldecken roth; Schwanzfedern röthlichschwarzbraun, Innenfahne
scharlachroth; ganze Unterseite karminroth, Unterbrust und Bauch
dunkelblau quergestreift, Schenkelgegend blau, roth quergestreift; untere
Schwanzdecken roth, blau gescheckt; Schnabel düsterwachsgelb, Wachs=
haut bläulich; Auge bernsteinroth, nackte Haut schwärzlich; Füße
bläulichaschgrau, Krallen schwarz; Größe nahezu der des schwarzkäppigen

Breitschwanzlori gleich (Länge 26—27 cm; Flügel 15,2—16,2 cm; Schwanz 11,3—12 cm). Heimat: Die Shangirinseln. Dieser Lori ist schon von Latham (1790) beschrieben und benannt. Die älteren Schriftsteller haben aber nichts über ihn angegeben.

Dr. A. B. Meyer berichtet, daß er auf Celebes hin und wieder gefunden werde; er sei wol von eingeborenen Händlern nach Manado zum Verkauf gebracht, wie dies häufig geschehe, und dann entkommen. Auf allen hier einander nahe liegenden Inseln werde ein lebhafter Handel mit Natur= und einfachen Kunsterzeugnissen, Körben u. a. betrieben und bei demselben bilden die Loris einen Hauptgegenstand, weil sie hier überall sehr beliebte Hausvögel seien. „Ein blaubrüstiger Lori in meinem Besitz," schreibt er weiter, „war zahm und liebens= würdig gegen meine Frau, gegen mich aber bösartig. Er, wie alle diese Loris, lernt sprechen und zwar ebenso deutlich wie andere Papageien, aber nicht so leicht und gut wie die Kakadus oder Edelpapageien; er zieht es vor, zu kreischen und zu schreien, anstatt die Worte und Sätze, welche er kann, zu wiederholen. Die meisten Loris sterben während der Ueberfahrt, und daher sieht man sie in Europa so selten."

Herr Scheuba fügt über einen in seinem Besitz befind= lichen blaubrüstigen Lori folgendes hinzu. „Er ist der ruhigste und stillste unter allen und läßt nur abends sein Geschrei hören, welches aber beiweitem nicht so scharf und schrill wie das der übrigen, sondern eher ein Gezwitscher oder Geplauder ist; nur in der Beängstigung stößt er kreischende Laute aus. Gar leicht ist er in Angst versetzt und dann läßt er sich schwer beruhigen. Im übrigen ist er ein sehr lieber Vogel, der sich recht zutraulich zeigt und zu den angenehmsten Loris über= haupt gehört, weder schmutzt, noch schreit und wol bald sprechen wird. Seine Begabung dürfte jedoch nicht hoch anzuschlagen sein, da er ziemlich unbeweglich und theilnahmlos auf seiner

Sprosse sitzt. Ein zweiter, den ich später erhielt, war kaum halb so groß, am Hinterleib weniger ausgedehnt blau und an den Flügeln nicht stellenweise matt=, sondern fast gelbroth. Feige und Kolbenhirse sind die Leckerbissen des erstern, welcher noch die Eigenthümlichkeit hat, daß er nachts regelmäßig gegen 11 Uhr an das Futter geht und Hanf frißt, obwol es im Zimmer ganz finster ist." In der Sammlung des Herrn Dr. Platen befanden sich 7 Köpfe; im übrigen gelangt er äußerst selten in den Handel. Preis 75, 90 bis 100 M.

Der violettnackige Breitschwanzlori [Psittacus riciniatus *Bchst.*] — Kapuzenlori (!) — Violet-necked Lory — Lori à nuque violette — Blauwnek Loeri — ist am Vorderkopf scharlachroth, Hinterkopf, Nacken und Hals dunkelviolett; Oberrücken scharlachroth, Unterrücken, Bürzel und obere Schwanzdecken karminroth; Schwingen schwarzbraun, Enddrittel roth, die zweiten Schwingen am Ende breit schwarz, alle unterseits scharlachroth, Enddrittel grünlichschwarzgrau; zwei schwarze Querbinden über die Flügel; Schulterdecken grünlichbraunschwarz, Schulterrand, alle übrigen oberseitigen und unterseitigen Flügeldecken roth; Schwanzfedern grünlichpurpurbraun, am Grund scharlachroth, unterseits fahler; ganze Unterseite dunkelviolettblau, bei manchen über die Brust eine breite scharlachrothe Binde; Schenkelgegend violettroth; Schnabel orangeroth, Wachshaut düstergelb; Auge dunkelbraun bis rothbraun, nackte Augengegend gelbgrau; Füße und Krallen schwärzlich= grau. Größe nahezu der des schwarzkäppigen Breitschwanzlori gleich (Länge 25—26 cm; Flügel 13—15 cm; Schwanz 8,2—9,8 cm). Heimat: Molukken. Er ist schon von Sonnerat (1776) er= wähnt, dann von Latham nach einem lebenden Vogel be= schrieben und von Bechstein (1811) benannt. Weder über das Freileben, noch über das Benehmen in der Gefangenschaft liegen bis jetzt Nachrichten vor, und er gehört zu den bisher am allerseltensten lebend eingeführten Arten. Latham hatte behauptet, daß er zum Sprechenlernen unfähig sei, Frau Dr. Platen aber berichtet, daß von den 6 Köpfen, welche sie mitgebracht, der eine recht hübsch und ein andrer ein wenig plauderte. Ein Preis läßt sich nicht angeben.

Der weißbürzelige Breitschwanzlori

[Psittacus fuscatus, *Blth.*].

Weißbürzel-Lori. — White-rumped Lory. — Perruche Lori à cul blanc. — Witstuit Loeri.

An Stirn, Vorder= und Oberkopf ist dieser Lori braunschwarz, Scheitelmitte bräunlichgelb, mit weißgelbem Bande eingefaßt, der übrige Kopf, Hals und Oberkehle schwarzbraun, hell geschuppt; Schultern und Oberrücken schwarzbraun, jede Feder matt heller gesäumt, Hinterrücken und Bürzel gelblich= bis fast reinweiß, zart dunkel geschuppt; Schwingen an der Außenfahne grünlichschwarz, Innenfahne orangegelb, unterseits schwarzgrau mit rothgelber Binde; obere und untere Flügeldecken dunkelbraun, mittlere und große unterseitige Flügeldecken zinnoberroth; Schwanzfedern düstergrünlichgrau, Ende breit graublau, Innenfahne bis zum Endbrittel zinnoberroth, die beiden mittelsten Schwanzfedern nur längs der Schaftmitte düster-olivengelb; Oberbrust mit breitem zinnoberrothen Querband, dann ein dunkelbraunes, weißlich geschupptes Querband, dann wieder ein rothes und über Unterbrust und Bauchseiten ein schmales schwarzes Band; Bauchmitte und Schenkelgegend roth; untere Schwanzdecken schwarz; Schnabel roth, Wachshaut röthlichschwarz, breite nackte Haut am Unterschnabel roth; Auge gelb bis karminroth, nackte Haut ums Auge schwarz; Füße und Krallen schwarz. Beim Weibchen sollen alle rothen Theile orange= bis reingelb sein. Größe nahezu der des schwarzkäppigen Breitschwanzlori gleich (Länge 26 cm; Flügel 13,6—15,5 cm; Schwanz 7,6—9 cm). Heimat: Neu=Guinea, Salawatti und Jobi. Er wurde von Blyth (1859) beschrieben und benannt. Irgend etwas Näheres über die Lebensweise ist nicht bekannt. Dr. Meyer erlegte ihn zahlreich an verschiedenen Oertlichkeiten und sagt, seine Verbreitung sei eine ziemlich ausgedehnte. In Dr. Platen's Sammlung befanden sich 4 Köpfe.

Herr Scheuba schildert einen solchen Weißbürzel in folgender Weise: „Ich hatte ihn als ‚samenfressend' gekauft und in dem Reisekäfig lagen in der That Hanfkörner, aber davon gefressen hatte der Vogel unterwegs nichts. Daher war er

bei der Ankunft unsäglich freßgierig. Fast 8 Tage lang war
es unmöglich, ihm in die Futtererker die in ausgepreßter
Semmel und Biskuit bestehende Nahrung zu stellen, ohne
verletzt zu werden; denn so schnell es auch geschehen mochte,
er wußte einen Finger zu erhaschen, klammerte sich unter
Geschrei und Flügelschlagen daran fest und biß wie toll
darauf los. Hatte er sich dann aber den Kropf vollgestopft,
so war er wieder das gemüthlichste Thier. Er kam auf die
Hand, schmiegte sich unter sonderbaren knurrenden Lauten,
Zeichen des Behagens, in dieselbe oder knusperte an den
Fingern herum. Er saß nach dem Fressen ruhig da, holte
gleichsam wiederkäuend das Futter aus dem Kropf hervor und
kaute es nochmals durch. Allmählich gelang es mir, ihn an
recht weich gekochten Mais und Vogelberen zu gewöhnen,
außerdem nahm er nur selten einmal ein Körnchen Kanariensamen. Er begann Sprechübungen, bei denen ich jedoch nur
ein Wort wie ‚wrau' verstehen konnte; leider starb er bald an
Krämpfen." Ein Preis läßt sich nicht angeben, da der Vogel
bisher zu selten herübergekommen.

*

Die Stumpfschwanzloris oder Nestorpapageien [Nestor, Wgl.]
darf ich hier nur beiläufig berücksichtigen, denn sie haben für die
Liebhaberei eine geringe Bedeutung, weil sie nämlich einerseits selbst
in ihrer Heimat schon selten geworden sind, ja sogar der Ausrottung
entgegengehen sollen, weil sie andrerseits nur gelegentlich und einzeln lebend eingeführt werden und schließlich als große, schwer zu
haltende Vögel eigentlich nur für die bedeutenderen zoologischen
Gärten u. a. Naturanstalten von Wichtigkeit sind. Als besondere
Merkmale ergeben sich folgende: Schnabel kräftig, länger als hoch,
stark seitlich zusammengedrückt, Oberschnabel mit schmaler, gerundeter
First und flacher Längsrinne, in gestrecktem Bogen gekrümmter, ansehnlich hervorragender Spitze und flachem Zahnausschnitt, Unterschnabel mit schief nach oben gerichteter Dillenkante, nicht kielförmig,
Schneiden ohne Ausbuchtung: Zunge dick, weich, fleischig, glatt, ober-

ſeits abgeſlacht, unterſeits gerundet, jedoch ohne die kennzeichnenden
Papillen, dagegen an der Oberſeite mit einem Nagel verſehen, welcher
ſich in einer dichten Reihe von Borſten über die Zungenſpitze hinaus
fortſetzt; Naſenlöcher groß, rund, frei, in breiter, ſpärlich mit Warzen
beſetzter Wachshaut; Auge klein, Augenkreis nackt, ſchmal; Füße
kräftig, mit ſtark gekrümmten Nägeln; Flügel lang und ſpitz;
Schwingen breit abgerundet; Schwanz mittellang, gerade; Geſieder
weich, aus breiten, am Ende ſtumpf zugerundeten Federn beſtehend;
Geſtalt kräftig und gedrungen. Dohlen= bis Rabengröße. Heimat:
Neuſeeland. Von den vier Arten ſollen zwei etwa ſeit dem Beginn
dieſes Jahrhunderts ausgerottet ſein und auch die übrigen dieſem
Schickſal wahrſcheinlich anheimfallen. Nahrung: Honigſaft der Blüten,
Früchte und andere Pflanzenſtoffe, auch Sämereien, ſodann Kerbthiere,
ja, wie man behauptet, ſelbſt As. Aufenthalt: Gebirgswälder in
2000 m Meereshöhe und darüber. Uebrigens hat man ſie an ver=
ſchiedenen Stellen eingereiht; ich ſchließe mich auch bei ihnen Finſch'
Auffaſſung an, welcher ſie, obwol als abweichendes Glied, zu den
Pinſelzünglern ſtellt.

Der braunbrüſtige Stumpfſchwanzlori

[Psittacus meridionalis, *Gml.*],

Kakaneſtor, Kaka oder Kakalori, — Ka-Ka Parrot, — Perroquet Ka-Ka, Nestor
de la Nouvelle Zélande, — Kaka Papegaai,

und

der olivengrüne Stumpfſchwanzlori

[Psittacus notabilis, *Gld.*],

Keaneſtor, Kealori, — Mountain Ka-Ka, Kea-Parrot, Notable Parrot, — Nestor
olivâtre, — Kea Papegaai.

Der Kakaneſtor, welcher zu den auf Cook's Reiſen
von Forſter geſammelten Vögeln gehört, von Latham be=
ſchrieben und von Gmelin benannt iſt, wurde von den Natur=
forſchern in mehreren Arten geſchildert, welche Finſch jedoch
nach ſorgfältigen vergleichenden Studien ſämmtlich als eine
zuſammenwirft. Gleichviel, ob der letzte Ornithologe dies

12 *

mit Berechtigung gethan oder ob er sich geirrt, hier für uns möge der Kafa nur als eine Art inbetracht kommen. An Stirn, Ober- und Hinterkopf ist er weißlichgrau bis düsterweiß, Kopf-, Halsseiten und Nacken sind umbrabraun, letzter mehr oder minder grau, Wangen pupurrothbraun, Ohrgegend ockergelb; Querband über den Hinterhals purpurbraunroth; Rücken und Mantel dunkelolivenbraun; Bürzel und obere Schwanzdecken purpurbraunroth; Schwingen an der Außenfahne grünlich-, Innenfahne dunkelbraun, letzte mit rothen Randflecken; Deckfedern der ersten Schwingen heller olivenbraun, ebenfalls mit Randflecken, alle übrigen oberseitigen Flügeldecken olivenbraun, schwärzlich gesäumt, Achseln und unterseitige Flügeldecken zinnober- bis düsterroth; Schwanzfedern dunkelolivenbraun, am Ende schwarz, unterseits am Grunde der Innenfahne röthlichbraun mit rothen Randflecken; Kehle bis Oberbrust reingrau bis dunkelbraun; übrige Unterseite weinroth bis dunkelpurpurbraun; Schnabel grauweiß, Wachshaut schwarz; Auge dunkelbraun bis blaugrau, nackter Kreis weißlichgrau; Füße grauschwarz. Rabengröße (Länge 44,5—52 cm; Flügel 26,6—30 cm; Schwanz 14—17,6 cm). Er scheint übrigens in der Färbung sowol als auch in der Größe ungemein veränderlich, und daher erklärt sich der oben angeführte Meinungszwiespalt inbetreff einer oder mehrerer Arten.

Seine Heimat erstreckt sich, wenn man die verschiedenen Spielarten berücksichtigt, über fast ganz Neuseeland. Unter den Reisenden, welche seine Lebensweise geschildert, hat Dr. Haast die ausführlichsten Nachrichten gegeben. Aufenthalt: Gebirgswald; zur rauhen Jahreszeit weithin umherstreichend, zur Brutzeit parweise, nach derselben familienweise. Als Baumvogel klettert und schlüpft er gewandt durch die Zweige; auf dem Boden hüpft er krähenartig. Im Flug, der langsam und schwerfällig ist, stößt er hin und wieder einen Ruf aus. Bei Sonnenschein führen die Kakas unter Schwatzen und Geschrei Flugkünste aus, stürzen sich plötzlich aus der Höhe herab, steigen wieder empor und fliegen in hurtigen Schwenkungen dahin. Auch der Kaka zeigt die bereits mehrfach geschilderte Eigenthümlichkeit, daß auf das Geschrei eines krank

geschoßnen alle übrigen herbeieilen und ihn klagend um=
schwärmen. Bei Tage ruht er, erst in der Dämmerung
hört man seine schnarrenden Rufe und sieht ihn auf einer
Baumspitze sitzen oder nach Nahrung umhersuchen. Letztre ist
bereits vorhin angegeben. Er verursacht dadurch Schaden,
daß er, nach Insektenlarven suchend, große Rindenstücke von
den Bäumen abschält, ferner die Knospen und Blüten der
Obstbäume vernichtet, die Weinreben beschädigt u. s. w. Das
Nest befindet sich in einer weiten Baumhöhle, zuweilen niedrig
über dem Boden; Gelege: 2—4 Eier; alljährlich werden zwei
Bruten, im Februar oder März, gemacht. Die Entwicklung
der Jungen und die ganze Lebensweise dürften im weitern
denen anderer Papageien gleichen. Auch die jungen Kakas
werden von den Eingeborenen vielfach aus den Nestern ge=
hoben und aufgefüttert; das erstre ist aber recht gefährlich,
denn die Alten vertheidigen die Brut mit scharfen Schnabel=
hieben. Als Wildbret werden diese Papageien ebenfalls viel
verfolgt und Alte und Junge sollen in Netzen, Schlingen und
allerlei Fallen leicht zu überlisten sein. Wie schon gesagt,
hat man behauptet, daß diese Art der Ausrottung entgegen=
gehe, in manchen Gegenden soll sie jedoch noch überaus zahl=
reich vorhanden sein.

In letztrer Zeit sind mancherlei Erfahrungen über das
Gefangenleben dieses Nestors gewonnen worden, so sagt
Rowley, welcher mehrere im Käfig beobachtet hat, daß der
Kaka leicht einzugewöhnen und gut zu erhalten sei, überaus
zahm werde, vor allem vortrefflich sprechen lerne, sich auch
spaßhaft in wunderlichen tanzenden Bewegungen und über=
haupt außerordentlich liebenswürdig zeige, aber Tag und Nacht
ruhelos sei, fortwährend im Käfig umherlaufe und dabei
sonderbare Töne hören lasse oder mit dem gewaltigen Schnabel
alles Holzwerk zerstöre. Wenn man ihn erst näher kennen

gelernt habe, müsse man ihn als einen Vogel, der Interesse
errege und Vergnügen bereite, hochschätzen. Linden fügt hinzu,
daß er nicht allein durch seine schöne Gestalt, seine angenehmen
Farben und anmuthige Haltung einen ansprechenden Eindruck
mache, sondern auch an geistiger Begabung hoch zu stehen
scheine. Er bleibe stets in der Höhe des Käfigs, springe und
klettre sehr geschickt auf den Stangen und am Gitter umher
und verarbeite die ersteren, wenn sie nicht aus ganz hartem
Holz seien, in kürzester Frist zu Splittern und Spähnen. Im
übrigen sei er gegen alle Genossen friedfertig, und mit einem
Rosakakadu habe sich ein in seinem Besitz befindlicher Kaka
vortrefflich vertragen. In den ersten Tagen ließ er ein sonder=
bares Grunzen hören, späterhin wohllautendes Pfeifen und
zwar letztres schon sehr früh morgens, spät abends und in
hellen Mondnächten zu jeder Stunde. Als seine besonderen
Eigenthümlichkeiten seien Behendigkeit, Neugierde, Kopfschüt=
teln u. a. sonderbare Geberden und komisches Hüpfen zu er=
wähnen. Fütterung: Kanarien= und Sonnenblumensamen,
sowie etwas Zwieback in Milch getaucht, welchen letztern er
besonders gern frißt. — Neuerdings ist er mehrfach lebend
eingeführt worden; in den zoologischen Garten von London
kam er zuerst i. J. 1863, späterhin noch mehrmals, dann
auch in die Gärten von Amsterdam und Hamburg. Sollte
er häufiger zu uns gelangen und billiger werden, so würde er
jedenfalls als eine absonderliche Bereicherung für unsre Lieb=
haberei willkommen sein. Der Preis steht gegenwärtig freilich
noch außerordentlich hoch: 200 bis 300 M. für den Kopf.

Der olivengrüne Stumpfschwanzlori ist bräunlicholiven=
grün, jede Feder mit halbmondförmigem braunen Fleck und schmalem
braunen Schaftstrich; Oberkopf und Wangen olivengrünlichbraungrau;
Hinterrücken und obere Schwanzdecken mattscharlachroth; Schwingen
erster Ordnung braun, Außenfahne grünlichblau gerandet, Innenfahne
mit gelben Flecken, Schwingen zweiter Ordnung an der Außenfahne

schwach bläulichgrün, Innenfahne ebenfalls mit Randflecken; Deck=
federn grünlicholivenbraun, Achsel und unterseitige Flügeldecken
scharlachroth; Schwanzfedern grün, mit breiter brauner Querbinde,
Innenfahne mit blaßgelben Randflecken; ganze Unterseite düsterbräunlich=
olivengrün; Oberschnabel dunkelbleigrau, Unterschnabel röthlich, mit
grauer Spitze; Auge dunkelbraun: Füße bleigrau, Krallen schwärzlich.
Ueber Krähengröße (Länge 39—50 cm; Flügel 30—31 cm; Schwanz
15,7—20 cm). Auch er soll überaus veränderlich in der Färbung sein.
Heimat: vorzugsweise der Süden von Neuseeland und zwar
im Gebirge zwischen 1000 bis 2000 m Höhe, doch soll er
einzeln auch in den Hügelgegenden, welche die Canterbury=
Ebene begrenzen, vorkommen. Potts und Dr. Haast haben
über sein Freileben berichtet, indem sie ihn in ganz ähnlicher
Weise wie den vorigen schildern. Seine Stimme erschallt
klagend, dem Miauen einer Katze ähnlich, und es macht einen
eigenthümlichen Eindruck, wenn man sie in jenen einsamen,
unwirthlichen Gegenden vernimmt. Beim Anblick des Menschen
aber erhebt er schon in weiter Entfernung ein durchdringendes
Geschrei, nach welchem er seinen Namen Kea haben soll. Er
ist viel seltner als der vorige. In der Ernährung und allem
übrigen dürfte diese Art mit jener durchaus übereinstimmen, nur
in einer Hinsicht zeigt sie sich abweichend; sie soll nämlich hin
und wieder oder vielmehr garnicht selten die in ihren Heimats=
strichen zahlreich vorhandenen Schafherden dadurch schädigen,
daß ein solcher Papagei ein Stück überfällt, ihm die Wolle
auszupft und handgroß das Fleisch aushackt und frißt. Ob
diese Behauptung auf Wahrheit beruht, also die verwundet,
bzl. gestorben aufgefundenen Schafe wirklich durch den Kea
oder von Hunden und anderen Räubern umgebracht worden,
ist bis jetzt noch nicht mit Sicherheit festgestellt. Thatsache
ist es dagegen, daß der Keanestor um deswillen arg verfolgt
und wol in kurzer Zeit völlig ausgerottet sein wird. In
der Gefangenschaft dürfte er dem Verwandten in jeder Hin=

sicht gleichen und zweifellos auch sprachbegabt sein. Daher
habe ich ihn hier mitgezählt, befürchte aber, daß er für die
Liebhaberei der seltnen Einführung wegen keine Bedeutung
gewinnen wird. In den zoologischen Garten von London
gelangte der erste i. J. 1872; er ist dorthin im ganzen drei=
mal gelangt. Einen Kea führte A. Jamrach in London ein;
und auf der „Aegintha“=Ausstellung 1882 in Berlin hatte
Fräulein Hagenbeck einen, der mit Hammelfleisch neben
Sämereien gefüttert wurde.

*

Die **Keilschwanzloris** [Trichoglossus, *Vgrs.*], ein sehr arten=
reiches Geschlecht der glänzendsten und farbenprächtigsten Vögel,
bieten uns bis jetzt nur wenige Arten als Sprecher dar; diese aber
gehören zu den interessantesten aller Papageien überhaupt, denn sie
zeichnen sich nach drei Seiten hin aus: sie sind schön, absonderlich
und liebenswürdig im Benehmen, kräftig und ausdauernd, und die
eine hat in der Gefangenschaft schon vielfach genistet und ist zugleich
der einzige Zuchtvogel in der ganzen Gruppe der Pinselzüngler. Da
zweifellos auch noch mehrere verwandte Arten über kurz oder lang
als sprachbegabt sich zeigen werden, so muß ich zunächst die Ge=
sammtheit der Keilschwanzloris hier kennzeichnen. Sie haben folgende
Merkmale: Schnabel meist so hoch wie lang, seitlich zusammengedrückt,
Oberschnabel mit kantiger First, verschmälerter, überhängender Spitze
und sanft gerundeter, aber deutlicher Bucht, Unterschnabel mit schief
aufsteigender Dillenkante, Schneiden gerade, ohne Ausbuchtung; Zunge
dick, fleischig, an der Spitze oberseits löffelartig ausgehöhlt und mit
dehnbaren beweglichen Papillen bedeckt; Nasenlöcher klein, oval, frei
in deutlicher schmaler Wachshaut; Auge meistens dunkel, verhältniß=
mäßig klein, lebhaft; Zügel und Augenkreis befiedert, ums Auge nur
ein schmaler nackter Ring; Füße kurz, kräftig, mit dicken Zehen und
starken, gekrümmten Nägeln; Flügel lang und spitz; Schwanz keil=
förmig mit stark abgestuften, am Grunde breiten, gleichmäßig spitz
zulaufenden und am Ende zugerundeten Federn. Geschlechter nicht,
Jugendkleid wenig verschieden; Gestalt schlank; Sperlings= bis Tau=
bengröße. Heimat: Australien, Polynesien, Neuguinea, Molukken und
Papuinseln. Gesellig, wahrscheinlich auch zur Brutzeit, sammeln sie

sich nach derselben aber manchmal zu überaus großen Schwärmen
von mehreren Arten an, als Strichvögel umherstreifend oder als Zug-
vögel wandernd. Sie fliegen schnell und gewandt und unter ohren-
betäubendem Geschrei durch die Luft dahin, fallen auf den Gummibäumen ein und lassen sich selbst durch Schüsse nicht vertreiben,
indem sie aufgescheucht nur von einem Baum zum andern eilen.
Durch die vorwärts schreitende Kultur, namentlich durch das Herunterschlagen der Gummibäume und durch Verfolgung, sind sie bereits allenthalben sehr verringert und in die Wildniß zurückgedrängt,
auch scheu und vorsichtig geworden, sodaß sie nicht mehr in die Nähe
der Ortschaften kommen. Auf der Erde springen sie komisch seitwärts
und in den Zweigen klettern oder vielmehr schlüpfen sie hurtig. Nach
Angaben der Reisenden soll ihre Nahrung hauptsächlich im Honigsaft
der Blüten bestehen und bei den kleinsten Arten mag dies auch der
Fall sein; die großen aber ernähren sich, wie dies in der Gefangenschaft festgestellt worden, vorzugsweise von Sämereien, nebst etwas
süßer Frucht. Sie alle sind an Nutzgewächsen wol kaum schädlich;
im übrigen ist das Freileben der meisten wenig oder garnicht bekannt.
Mehrere Arten werden neuerdings immer häufiger lebend bei uns
eingeführt, indem man sie zu gewissen Zeiten, wenn sie wandernd
umherstreichen, an der Tränke u. a. schwarmweise in Netzen fängt.
Die nachfolgende Art gibt ein treues Spiegelbild aller, welche hier
inbetracht kommen können, und daher werde ich sie möglichst eingehend behandeln.

Der blaubäuchige Keilschwanzlori

[Psittacus Swainsoni, *Jard.* et *Slb.*].

Lori von den blauen Bergen, Gebirgslori, fälschlich blauer Gebirgslori, sodann auch noch Allfarblori und einfältigerweise Pflaumenkopf, ja
sogar Pflaumenkopfsittich (!) benannt. — Blue Mountain Lory, Blue Mountain Parrot, Swainson's Lorikeet, Blue-bellied Lorikeet. — Perruche Lori
de Swainson, Perruche à bouche d'or. — Swainson's Loeri.

In wahrhaft überraschender Weise hat der Gebirgslori
ein Beispiel für die Bedeutung gegeben, welche die Liebhaberei
in ihren Züchtungsversuchen und -Erfolgen für die Wissenschaft
und das praktische Leben zugleich in manchen Fällen gewinnen

kann. Wie vorhin bereits erwähnt, ergibt sich seine Einfüh=
rung und Züchtung in ihrem ganzen Verlauf als ein hoch=
interessanter Vorgang. Von Buffon (1783) zuerst beschrieben
und abgebildet und von Gmelin wissenschaftlich benannt, ward er
damals schon in der Gefangenschaft gehalten und von Josef Banks
sogar (1771) lebend nach Europa gebracht. Wahrscheinlich
ist es, daß er seitdem hin und wieder einmal herübergekommen.
Nach dem zoologischen Garten von London gelangte ein
Pärchen i. J. 1868; aber erst i. J. 1870 begann seine regel=
mäßige Einführung und zwar zuerst durch den Großhändler
Chs. Jamrach in London.

Der Lori von den blauen Bergen ist an Kopf und Kehle
lilablau, Hinterkopf schwach bräunlich scheinend; breites Nackenband
gelbgrün; ganze Oberseite dunkelgrasgrün; Oberrücken olivengrünlich,
manchmal mehr oder minder gelb und roth gescheckt (jede Feder mit
rothem oder gelbem Querfleck); Schwingen an der Außenfahne grün,
Innenfahne schwarz, unterseits schwarzgrau, mit breiter hellgelber
Querbinde; Achseln und unterseitige Flügeldecken zinnoberroth,
Flügelbug grün, Flügelrand roth und gelb geschuppt; Schwanzfedern
grün, Innenfahne gelb, unterseits düsterbräunlichgelb, an der Innen=
fahne hellgelb; Brust und Hals zinnoberroth, Brustseiten gelb;
Bauch dunkelblau, Bauchseiten, Schenkel, Hinterleib und untere
Schwanzdecken roth, gelb und grün gescheckt; Schnabel glänzend roth,
Nasenhaut bläulich bis dunkelbraun; Auge orange= bis amethystroth,
Augenkreis röthlichbraun; Füße braungrau, Krallen schwärzlich.
Stark Dohlengröße (Länge 33—35 cm; Flügel 13—15 cm; Schwanz
12,2—15,2 cm).

Seine Heimat erstreckt sich, wie neuerdings festgestellt
worden, wol über ganz Australien und auch Vandiemensland.
Ueber sein Freileben liegen bisher erst außerordentlich geringe
Nachrichten vor. Verschiedene Arten dieser lang= und spitz=
schwänzigen Loris schweifen, wie schon S. 155 gesagt, nach der
Nistzeit scharenweise gemeinsam umher und fallen nahrung=
suchend auf den Gummibäumen ein. Ein Schuß, sagt Gould,

scheucht sie nur für den Augenblick auf; sie fliegen schreiend empor, lassen sich jedoch sogleich wieder auf die nächsten Bäume nieder und fressen emsig weiter. Solch' riesiger, mit Blüten bedeckter Baum, von den farbenprächtigen Vögeln belebt, gewährt einen bewundernswerthen Anblick. Die Reisenden hatten behauptet, daß die Nahrung dieser Loris ausschließlich im Honigsaft der Blüten bestehe, dies ist jedoch keineswegs richtig, denn nicht einmal Früchte, sondern Sämereien fressen sie vorzugsweise; außerdem auch Kerbthiere. Die Brutzeit dürfte in die Monate September bis Januar fallen und das Gelege sollten nach Gould's Angabe nur zwei Eier bilden; die Erfahrung bei der Züchtung hat auch diese letzte Angabe indessen widerlegt.

Als Chs. Jamrach das erste Pärchen Gebirgsloris einführte und für den Preis von 210 Mark an Herrn E. Linden in Radolfzell verkaufte, hatte er mit dem Scharfblick eines erfahrenen Händlers sogleich ermessen, daß diese Vogelart ausdauernd sein müsse, da sie vornehmlich Sämereien fresse; und wirklich, abgesehen von einzelnen Fehlschlägen in der ersten Zeit, zeigte sich jene Voraussetzung als durchaus zutreffend. Der prachtvolle Vogel wurde immer häufiger eingeführt, ließ sich sehr gut erhalten und nach kurzer Zeit in immer mehreren Fällen mit Erfolg züchten. Hier liegt es zu fern, auf die Züchtung näher einzugehen*); zuerst Herr Bildhauer A. Heublein in Koburg (1873) und dann viele andere Vogelwirthe haben Gebirgsloris gezogen und Herr Kaufmann K. Petermann in Rostock erreichte diese Zucht sogar in dritter Geschlechtsreihe.

---

*) Dieselbe ist in meinem „Handbuch für Vogelliebhaber" I (dritte Auflage) und noch ausführlicher in meinem Werk „Die fremdländischen Stubenvögel" III (Papageien) geschildert.

Die prächtigen Farben, sein ungemein lebhaftes, komisch=
anmuthiges Wesen, nicht minder seine Züchtbarkeit, haben dem
Gebirgslori in kurzer Zeit zahlreiche Freunde geworben und ihm
allenthalben bei Liebhabern und Züchtern Eingang und Bürger=
recht verschafft. In der That, man kann sich kaum schönere
und reizvollere Vögel denken, als ein Pärchen dieser Loris, wie
die Herren Dr. Frenzel und Direktor Scheuba solche schildern,
wenn sie unter drolligen Gebehrden, ausdrucksvoll kopfnickend,
schief seitwärts springen, im Kreise herum, dann sich balgend
und kugelnd, dann zutraulich ,Pfötchen‘ geben, am Finger
knabbern, ohne jemals wirklich zu beißen u. s. w. Sie würden
noch viel reichern Beifall finden, wenn sie nicht leider nur zu
oft ihr schmetterndes, gellendes, wenn auch wechselreiches,
krächzendes und pfeifendes Geschrei erschallen ließen, wobei sie
noch dazu kaum zu beruhigen sind. Obwol kräftig und aus=
dauernd, muß der Gebirgslori doch vor übelen Einflüssen
sorgsam behütet werden; so darf man ihn niemals in zu
großer Wärme halten, so muß man jeden schroffen Uebergang
in dieser, wie in der Fütterung und sodann irgendwelche Er=
regungen entschieden vermeiden u. s. w. Bei verständnißvoller
Pflege hat er sich jedoch, wie schon erwähnt, vielfach lange
Jahre vortrefflich in der Gefangenschaft erhalten. Die Füt=
terung besteht in Sämereien, insbesondre Kanariensamen,
Hafer und ein wenig Hanf, dann etwas eingeweichtem und
ausgedrücktem Eierbrot oder altbacknem Weizenbrot; anstatt
des letztern kann man auch Kakes oder Biskuit geben. Durch=
aus nothwendig ist täglich etwas gute süße Frucht. Bei Dar=
reichung von Grünkraut sei man recht vorsichtig. Zweige
zum Benagen darf man dagegen immer geben, und sodann
lasse man nicht außer Acht, daß sie gern und gründlich baden.

Nach allen bis hierher gemachten Angaben würde der Lori
von den blauen Bergen als Schmuck= und Zuchtvogel immer=

hin einen recht bedeutenden Werth haben — aber trotzdem nicht
unter den in diesem Werk zu berücksichtigenden Vögeln einen
Platz einnehmen dürfen, wenn man inzwischen nicht festgestellt
hätte, daß er auch sprachbegabt ist. Die erste Mittheilung,
welche in dieser Hinsicht veröffentlicht wurde, stieß wol nicht
allein auf Kopfschütteln und Verwunderung, sondern auch mehrfach auf Zweifel, denn in der ganzen Gruppe der Keilschwanzloris hatte man bis dahin noch keinen einzigen Sprecher gekannt. Herrn K. Petermann verdanken wir aber nicht allein
die Züchtung dieser Art, wie gesagt in mehreren Geschlechtsreihen, sondern auch die erste Mittheilung über die Sprachbegabung. Auf der großen Vogelausstellung des Vereins
„Ornis" in Berlin i. J. 1879 befand sich ein junger Lori
des genannten Züchters, welcher kräftig, schön im Gefieder
und äußerst zahm war, den Pirolruf und mehrere Signale
pfiff und ziemlich deutlich, wenigstens verständlich, den Namen
seiner Beschützerin ‚Bertha‘, der ältesten Tochter des Herrn
Petermann, aussprach. Demnächst berichtet von einem sprachbegabten Gebirgslori Herr Hüttenchemiker Dr. Frenzel in
Freiberg. Dann theilte auch ein Liebhaber in Darmstadt mit,
daß ein Gebirgslori in seinem Besitz die Worte ‚komm her‘
und ‚mach’ fort‘ spreche, und weiter ist gleiches von mehreren
Anderen berichtet. Ermessen wir also, daß dieser Papagei
einzeln gehalten bei verständnißvoller Verpflegung nicht allein
zu den sprechenden, sondern zugleich zu den schönsten, liebenswürdigsten und ungemein zahm und zutraulich werdenden
Vögeln gehört, so dürfen wir wol hoffen, daß er, wie als
Schmuck- und Zuchtvogel, auch als Sprecher, in der Zukunft
eine hohe Bedeutung erlangen wird.

Wer ihn zähmen und zum Sprechen abrichten will, möge
sich für solchen Zweck einen hier gezüchteten, noch ganz jungen
Lori zu verschaffen suchen, denn dieser wird sich ungleich ge-

fügiger und lernfähiger zeigen als der ältere eingeführte, der,
wenn er aus einem Pärchen gerissen wird, sich noch dazu
schwieriger eingewöhnen läßt. Der Preis ist von der vorhin
angegebnen Summe auf 100 M., selbst auf 75 M., ja bis
auf 60 M. für das Pärchen herabgegangen und der einzelne
Lori ist also für 25 bis 30 M. zu kaufen.

Der blauohrige Keilschwanzlori

[Psittacus ornatus, *L.*].

Schmucklori. — Ornamented or Ornamental Lory or Lorikeet. — Perruche
Lori ornée. — Blauwoor Loeri.

Es dürfte nicht leicht einen Vogelliebhaber geben, der
beim Anblick dieses kleinen, wunderhübschen Pinselzünglers
gleichgiltig bleiben könnte; ich erachtete ihn, als ich ihn zum
erstenmal sah, für einen der schönsten unter allen bunten und
farbenprächtigen Loris. In ähnlicher Weise äußert sich
Dr. Scheuba — und auch den alten Autoren ist es so er=
gangen, denn sie benannten diesen Vogel ‚Paradisparkit‘. Den
volksthümlichen Namen Schmucklori, unter welchem er überall
bekannt ist, gab ich ihm, der lateinischen Benennung ent=
sprechend.

Er gehört zu den seit altersher bekannten Papageien,
denn schon Edwards (1747) hat ihn abgebildet, Brisson (1760)
beschrieben und Linné benannt. Trotzdem waren bis zur
neuesten Zeit weder über sein Freileben, noch über sein Wesen
in der Gefangenschaft eingehende Nachrichten vorhanden.

An Stirn und Oberkopf ist er violettblau, Hinterkopf mehr
schwarzblau, um den Hinterkopf, über den Nacken ein scharlachrothes,
zart schwarz geschupptes Band; Zügel und Fleck an der Ohrgegend
schwarzblau; an jeder Halsseite ein breiter, hochgelber Streif; ganze
Oberseite dunkelgrasgrün; am Oberrücken jede Feder mit breitem,
gelbem Querstreif; Schwingen an der Außenfahne grün, Innenfahne

schwärzlichgrau, unterseits dunkelgrau; Achseln und unterseitige Flü=
geldecken hochgelb; mittelste Schwanzfedern grün, äußere an der
Spitze gelbgrün, an der Grundhälfte der Innenfahne scharlachroth;
Wangen und Kehle scharlachroth; Hals und Brust ebenso, breit
schwarz gestreift; Bauch dunkelgrün; Seiten, Hinterleib und untere
Schwanzdecken grün und gelb geschuppt; Schnabel roth, Wachshaut
schwärzlich; Auge dunkelbraun bis rothbraun, nackte Haut bläulich=
schwarz; Füße dunkelgrau, Krallen schwarz. Kaum Drosselgröße
(Länge 22—25 cm; Flügel 11,8—12,6 cm; Schwanz 6,7—8,7 cm).
Heimat: Celebes und die Togianinseln. Dr. A. B. Meyer
fand ihn dort überall häufig und zeitweise in sehr großen
Scharen, welche mit raschen Flügelschlägen schnell dahin
fliegen, indem sie ihre kurzen schrillen Schreie erschallen lassen.
Ihre Nahrung besteht in allerlei Früchten. Die Eingeborenen
halten sie vielfach und zwar vermittelst eines Rings aus Kokus=
nußschale an einem kleinen Ständer angekettet vor den Thüren
der Hütten und füttern sie mit Reis und Bananen. Der
genannte Forscher gibt noch an, daß dieser Vogel (wie auch
einige andere Loris) einen bemerkbaren, nicht unangenehmen
Moschusgeruch wahrnehmen lasse.

Bei uns ist er leider noch immer zu den seltenen Er=
scheinungen des Vogelmarkts zu zählen, und noch dazu haben
die Händler mit ihm recht böse Erfahrungen gemacht, denn
die meisten, ja fast alle Schmuckloris, sterben, trotzdem sie
anscheinend kerngesund und im besten Gefieder zu uns kommen,
doch plötzlich dahin. Dies liegt indessen nach meiner Ueber=
zeugung nur in der unzweckmäßigen Behandlung, und ich bitte
daher, das weiterhin in dem Abschnitt über Eingewöhnung
und Verpflegung Gesagte zu beachten. Gelangt dieser Pinsel=
züngler gesund zu uns, so ist er ebenso leicht wie der Gebirgs=
lori zu erhalten, denn er erfordert nur dieselbe Verpflegung
und Fütterung, und gleicht ihm in fast allem andern. Im
Park von Beaujardin ist er im Jahre 1884 gezüchtet, und

das alte Pärchen überdauerte dort den Winter bei Kälte bis
zu 9° C.

Auch er hat übrigens bereits liebevolle Pfleger und Be=
obachter gefunden. Herr Kreisgerichtsrath Heer in Striegau
schreibt folgendes: „Mein Männchen Schmucklori ist ein lieber
Vogel, sehr zahm und erinnert in seinem Benehmen, nament=
lich den Verbeugungen, dem wunderlichen Schnauben u. s. w.
sehr an den Gebirgslori. Dabei scheint er recht gelehrig zu
sein, denn er hat von andern Vögeln schon allerlei Worte
aufgeschnappt, die er nachahmt; besonders abends plappert er
allerlei." Von einem andern Pärchen beim Vogelhändler
Franz Petzold in Prag schreibt Herr A. Eberle, daß das
Männchen italienische Worte spreche, welche es wahrscheinlich
von den Matrosen während der Ueberfahrt gelernt habe.
„Unter meinen kleinen Pinselzünglern," sagt Herr Scheuba
sodann, „sind die Schmuckloris nicht allein die weitaus farben=
prächtigsten, sondern auch die lebhaftesten, ungestümsten und
ruhelosesten; von Schüchternheit und Scheu, selbst vor Fremden,
ist bei ihnen keine Spur zu bemerken. Naht man ihrem
Käfig, so rücken sie sogleich an das Gitter, um den Besuch
mit ziemlich schrillem Geschrei zu begrüßen, und wenn das
alte Männchen kann, so klammert es sich mit Schnabel
und Füßen an ein zu nahe gebrachtes Kleidungsstück fest
an, ebenso an die Hand, von der es nur mit Mühe
wieder herabzubringen ist, wobei es ohne einige empfindliche
Schnabelhiebe nicht abgeht. Bei Vernachlässigung fordert es
durch heftige Lockrufe zur Unterhaltung mit ihm auf; tritt
man dann heran, so zeigt es seine Freude durch Neigen des
Kopfs und Verbeugungen, wobei es häufig mit einem Füßchen
das Ende der Schwingen ergreift, so den Flügel etwas hebt
und den Kopf zwischen diesen und die Brust steckt. Ebenso
versucht es allerlei zu plappern, doch sind nur die Worte
‚Papagei‘ und ‚Wart, wart‘ ziemlich deutlich zu verstehen.

Die Fütterung besteht in Hanf und gekochtem Mais, welchen letztern er ebenso wie Ebereschen und Feigen leidenschaftlich gern frißt; von Fichtenzweigen benagt er eifrig die Spitzen und Nadeln." Im übrigen gilt von dieser Art alles inbetreff der vorigen Mitgetheilte; auch sie hat vorzugsweise als Schmuckvogel Werth und wird sich sicherlich wie jene züchten lassen. Die Abrichtung zum Sprechen scheint bei ihr noch leichter zu sein, doch wird sie über einige Worte kaum hinaus=kommen.

Wie schon gesagt, ist der Schmucklori im Handel sehr selten. Er wurde erst i. J. 1873 nach dem zoologischen Garten von London in einem Kopf gebracht; in der Samm=lung des Herrn Dr. Platen befanden sich 28 Stück, sonst aber wird er nur immer pärchenweise oder in wenigen Köpfen ein=geführt. Preis hoch, 120 bis 150 M. für das Pärchen und 50, 60 bis 80 M. für den einzelnen.

*　　*　　*

Die Araras (Sittace, *Wgl.*) haben für die Leser dieses Buchs vonvornherein insofern großes Interesse, als sie zunächst zu den seit ältester Zeit her bekannten sprechenden Papageien gehören — wir finden sie schon bei Aldrovandi, Geßner und anderen alten Schrift=stellern — und sodann sämmtlich ohne Ausnahme sprachbegabt sind. Die meisten, und zwar die größten unter ihnen, stehen uns freilich im gleichen Verhältniß wie die Kakadus gegenüber, da sie aus denselben Ursachen wie diese nicht als eigentliche Stubenvögel zu betrachten sind, sondern gleichsam nur als Schmuckvögel für Vorzimmer, Veranda, Garten, selbst für Geflügelhof und Park, gelten können. Als solche aber haben sie noch ganz besondern Werth dadurch, daß sie fast durchgängig als überaus kräftig und ausdauernd sich ergeben und die ganze milde Jahreszeit im Freien gehalten werden können. Deshalb sind sie auch vorzugsweise geschätzte Schaustücke für zoologische Gärten und dergleichen Naturanstalten.

Als ihre unterscheidenden Merkmale sind folgende zu nennen: Schnabel sehr groß und kräftig, Oberschnabel stark herabgekrümmt,

mit weit überhängender Spitze und deutlichem Zahnausschnitt, Unterschnabel höher, mit breiter, abgeflachter Dillenkante, abgestutzter Spitze
und längs der First mit flachem, nicht scharfkantigem Streif; Zunge
dick, vorn etwas stärker, dann fleischig, oberseits mit feinen Längs-
furchen, zwischen denen auf den Schwielen kleine stumpfe Papillen
reihenweise stehen, hinten vier Par ungleiche Warzen und ein leicht
gezackter, schief nach außen gerichteter Rand; Nasenlöcher rund, in
nackter Wachshaut, letztere nur bei einigen mit Federchen bedeckt;
Wangen, Augengegend und Gegend neben dem Unterschnabel nackt, bei
manchen unterm Auge Reihen kleiner Federchen; Flügel lang, spitz;
Schwanz lang, spitz, keilförmig, die Federn stufenartig, jede mit abgerundetem Ende; Füße kräftig, Lauf kurz und dick, Krallen groß
und stark gekrümmt; Gefieder derb und hart, ohne Puderdaunen;
Gestalt gedrungen, durch den langen Schwanz aber viel größer, als
sie in Wirklichkeit sind, erscheinend. Tauben- bis Haushahngröße.

Ihre Heimat ist nur Amerika, wo sie vom nördlichen Mexiko
bis Südbrasilien und Paraguay vorkommen. Der dichte Urwald ist
ihr Aufenthalt und zwar besonders die Niederungen längs der Ströme
und Flüsse, doch auch im Gebirg bis zu 3500 m Höhe. Sie leben
parweise und nach der Nistzeit familienweise; manche vereinigen sich
zu Zeiten und zuweilen in mehreren Arten gemeinsam zu großen
Schwärmen. Ihr Flug ist reißend schnell, bei den größten jedoch
schwerfällig; ihr Gang auf der Erde ist ungeschickt, seitwärts schrei-
tend, dagegen klettern sie im Gezweig hurtig und gewandt. Allerlei
Baumfrüchte und Sämereien, besonders steinharte Palmennüsse,
welche sie mit den gewaltigen Schnäbeln zertrümmern, sind ihre
Nahrung. Als Standvögel fliegen sie manchmal überaus weit, um
die Nutzgewächse der Ansiedler räuberisch zu überfallen, und da sie
nur zu großen Schaden anrichten, so werden sie, wie auch der Federn
und des freilich nicht besonders schmackhaften Fleisches wegen, eifrig
verfolgt. Dadurch sind sie aber außerordentlich scheu geworden und
wissen sich in den dichten Kronen der höchsten Urwaldbäume so listig
zu verstecken, daß man sie nur schwer zu erlegen vermag. Aus den
bewohnten Gegenden sind sie fast überall vertrieben und in den tiefen
Urwald zurückgedrängt. Das Nest steht in der Höhlung eines uralten
riesigen Baums und wird alljährlich von demselben Par bezogen.
Das Gelege besteht in nur zwei Eiern, die vom Weibchen allein er-
brütet werden.

Junge, welche die Indianer vielfach aus den Nestern rauben, aufziehen und nach den Hafenstädten bringen, bilden die Mehrzahl der eingeführten, und daher sind fast alle in den Handel gelangenden Araras bei der Ankunft bereits völlig oder wenigstens halb zahm. In der Gefangenschaft sind sie, wie vorhin erwähnt, überaus kräftig und ausdauernd, zugleich meistens gutmüthig und zutraulich; anbrerseits aber kann ein boshafter Arara auch nur zu gefährlich werden. Als den bedeutendsten Kenner dieser Unterfamilie der Papageien muß ich Herrn Universitätsbuchhändler Fiebler in Agram nennen. Derselbe hat seit Jahren zahlreiche Arten gehalten und spricht sich vor allem dahin aus, daß es durchaus ein Irrthum sei, wenn man annehme, diese Vögel eigneten sich nicht als Zimmerbewohner; „ich kann vielmehr versichern," sagt er, „daß sie sämmtlich keine Schreier sind, sondern sogar im Zimmer einer nervenschwachen Dame gehalten werden dürfen. Dabei ist es allerdings nothwendig, daß man nicht den ersten besten Arara kauft, sondern selbstverständlich einen noch jungen, welcher liebevoller Behandlung und Abrichtung sich zugänglich zeigt. Ein solcher wird nicht allein ungemein zahm, läßt sich von jedem Kind anfassen und liebkosen, fliegt frei aus, kommt auf den Ruf zurück, sondern kreischt auch niemals. Im Gegensatz zu ihm kann ein Arara im zoologischen Garten, wo er seitens der Wärter vielleicht unzweckmäßig behandelt, vom Publikum geneckt worden u. s. w., zu einem der schlimmsten Schreier und zugleich der bösartigsten Vögel werden."

Die Araras lernen mit starker, kräftiger, meistens aber undeutlicher Stimme viele Worte und manchmal ganze Sätze nachsprechen, im allgemeinen bleiben sie jedoch hinter Graupapagei und Amazone, sowie auch hinter den ihnen näher verwandten Alexandersittichen an Sprachbegabung weit zurück, während sie sonst geistig recht befähigt sind. Die kleineren Arten wiederum stehen den größeren in beider Hinsicht erheblich nach. — Man füttert alle Araras ganz ebenso wie die Amazonen und den Graupapagei, hält die großen meistens einzeln an der Kette auf dem Ständer und die kleinen parweise im Heckkäfig. Fast sämmtliche bekannten Arten werden lebend eingeführt. Bei zweckmäßiger Verpflegung erreichen die Araras, vornehmlich die größeren und großen Arten, auch in der Gefangenschaft ein staunenswerth hohes Alter.

Der hyazinthblaue Arara

[Psittacus hyacinthinus, *Lth.*].

Großer blauer Arara, Hyazinth-Arara. — Hyacinthine Macaw. — Ara hyacinthine, Ara Maximilien. — Maximilian's Ara.

Der prachtvolle Vogel mit dem gewaltigen Schnabel kann
weder übersehen noch verwechselt werden; er bildet so recht
eigentlich ein kostbares Aushängeschild für jeden zoologischen
Garten und ähnliche Naturanstalten. Am ganzen Körper dunkel
kobaltblau, ist er an Kopf und Hals etwas heller, an Scheitel, Nacken,
Flügeln und Schwanz aber dunkler; Schwingen an der Innenfahne
schwärzlich gerandet, unterseits glänzend schwarz; größte unterseitige
Flügeldecken schwarz; Schwanzfedern unterseits schwarz; Schnabel
schwarz, Auge schwarzbraun, Zügel befiedert, großer nackter Augenkreis und nackte Haut um den Unterschnabel orangegelb; Füße
schwärzlichbraun, Krallen schwarz. Haushahngröße, doch weit länger
gestreckt (Länge etwa 1 m; Flügel 36,5—41,7 cm; längste Schwanzfedern 45,6—57 cm). Heimat: mittleres Brasilien bis zum
Amazonenstrom. Ueber sein Freileben ist äußerst wenig bekannt. Er wurde von Latham (1790) beschrieben, und namentlich Azara hat einige Mittheilungen über ihn gemacht. In
der Heimat selbst ziemlich selten, kommt er nur parweise oder
familienweise vor. Palmennüsse sind vornehmlich seine Nahrung. Das Nest soll in Uferhöhlungen, welche er mit dem
Schnabel selber gräbt, stehen und zwei Eier als Gelege enthalten; alljährlich sollen zwei Bruten erfolgen. Sein Fleisch
soll fast ungenießbar sein. Bis vor kurzem gelangte er äußerst
selten zu uns. In den zoologischen Garten von London kam
der erste i. J. 1867. Nach und nach haben ihn wenigstens
die großen derartigen Naturanstalten sämmtlich erlangt, und
im Berliner Garten befinden sich seit Jahren zwei Köpfe.
Fräulein Hagenbeck hatte hin und wieder einen solchen Pracht-
vogel auf den Ausstellungen und Herr Dieckmann in Ham-

burg bot i. J. 1883 ein Par aus. Dr. Finsch sagt, er habe zugehört, wie einer mit tiefer Baßstimme in fremder Sprache Worte murmelte. Der Preis beträgt 600—750 M.

Der merblaue Arara

[Psittacus glaucus, *Vll.*].

Blauarara; kleiner blauer Arara. — Glaucous Macaw. — Ara bleuâtre, Ara grisbleu. — Groenblauwe Ara.

Fast noch seltner als der vorige, ihm auch in allen Eigenthümlichkeiten gleich oder doch sehr ähnlich, ist er düster merblau; Kopf, Wangen und Kehle mehr graulich oder grünlichblau; Schwingen und Schwanzfedern an der Innenfahne schwarzbraun, unterseits braunschwarz, ebenso die größten unterseitigen Flügeldecken, kleine unterseitige Flügeldecken hell merblau; Schnabel schwarz; Auge dunkelbraun; Füße schwärzlichbraun; Größe bedeutend geringer als die des hyazinthblauen Arara (Länge 72,8; Flügel 33,8—35 cm; längste Schwanzfeder 33,8—36,5 cm). Heimat: südliches Brasilien, Paraguay, Uruguay. In der Lebensweise wird er von jenem nicht abweichen, auch soll er gleichfalls in Uferlöchern oder Baumhöhlungen nisten. Außer diesen kurzen Nachrichten von Azara liegen nähere nicht vor. Was seine Einführung anbelangt, so war in den zoologischen Garten von London ein Kopf i. J. 1860, in den Amsterdamer ein solcher 1868 und in den Hamburger 1878 gekommen; auf den Ausstellungen und in den Vogelhandlungen ist er nur gelegentlich einmal zu sehen. Preis wie beim vorigen, nur frisch eingeführte 350 M.

Lear's blauer Arara [Psittacus Leari, *Bp.*] — kleiner Hyazintharara — Lear's Blue Macaw — Ara bleu de Lear — Lear's blauwe Ara — ist an Kopf, Nacken und unteren Theilen merblau; ganze übrige Oberseite, nebst Flügeln und Schwanz dunkelblau; nach=

ter Augenkreis und Rand am Unterschnabel gelb; Schnabel und Füße
schwarz.   In der Größe und allem übrigen dem vorigen gleich.
Da bisher nur ein Balg im Pariser zoologischen Museum
vorhanden war, so dürfte er hier kaum mitgezählt werden,
allein er ist i. J. 1880 in einem Kopf lebend in den zoolo=
gischen Garten von London gelangt.   Als Heimat ist Süd=
amerika angegeben.

Spir' blauer Arara [Psittacus Spixi, *Wgl.*] — kleiner mer=
blauer Arara, kleiner Blauarara — Spix' blue Macaw — Ara bleu
de Spix — Spix' blauwe Ara — ist dunkelblau (nach Burmeister
himmelblau); Scheitel dunkler, Ohrgegend graulich; Flügel dunkelblau,
unterseits schwarz; Schwanz gleichfalls blau, unterseits schwarz;
Schnabel schwarz, Spitze und First des Oberschnabels weißlich; Auge
weiß bis gelb, Zügel und Wangen nackt, gelblichweiß; Füße schwarz.
Größe um die Hälfte geringer als die des dunkelblauen Arara.
Heimat: nördliches und östliches Brasilien.   Er ist erst ein=
mal (1878) in den zoologischen Garten von London gelangt.

Lafresnaye's rother Arara [Psittacus Lafresnayei, *Fnsch.*]
— Rothbug=Arara — Red-cheeked Macaw or Lafresnaye's Red-
Macaw — Ara rouge de Lafresnaye — Lafresnaye's roode Ara —
ist an Stirn und Streif an der Ohrgegend dunkelscharlachroth, Vor=
der= und Oberkopf, Ohrgegend, Flügelbug, kleine oberseitige Flügel=
decken längs des Oberarms, kleine unterseitige Flügeldecken, Achseln
und Brustseiten lilaorangeroth; Nacken, Halsband orangeroth; Hinter=
rücken, Bürzel und obere Schwanzdecken gelblicholivengrün; Eckflügel,
größte Schwingen und Deckfedern sowie die Schwanzfedern am End=
drittel dunkelblau; ganze übrige Oberseite olivengrün; ganze Unter=
seite gelblicholivengrün, Schenkelgegend dunkelscharlachroth; Schnabel
hornbraun; Auge braun mit nacktem weißen Kreis; Füße und Krallen
schwarz.   Heimat: Bolivia.   Dürfte bis jetzt noch nicht lebend
eingeführt sein.

Der rothstirnige Arara

[Psittacus militaris, *L.*].

Soldatenarara, großer grüner Arara, albernerweise auch militärischer Arara.
— Military Macaw, Green Macaw. — Ara militaire. — Groene Roodvoorhoofd Ara.

Den volfsthümlichen Namen, welcher auch in der von Linné gegebnen lateinischen Bezeichnung ausgedrückt ist, trägt dieser Vogel wol von den absonderlichen purpurbraunen Streifen an den Wangen, welche gleichsam einen Spitzbart bilden, sowie zugleich von seiner bunten Färbung. Er soll übrigens schon von Garcilasso de la Vega (1609) erwähnt sein; von Edwards (1747) wurde er bereits gut beschrieben und abgebildet. Trotzdem er also zu den seit ältester Zeit her bekannten und immer schon lebend eingeführten Papageien gehört, weiß man über sein Freileben bis zur Gegenwart doch erst recht wenig.

Er ist an Stirn und Vorderkopf scharlachroth, Ober- und Hinterkopf grasgrün; Mantel schwach gelblicholivengrün; Hinterrücken, Bürzel und obere Schwanzdecken himmelblau; Schwingen dunkelblau, Innenfahne olivengelblichschwarz, unterseits ganz olivengrünlichgelb; Deckfedern der ersten und zweiten Schwingen und Eckflügel dunkelblau, kleine unterseitige Flügeldecken grün, größte olivengrünlichgelb; Schwanzfedern kupferrothbraun, Innenfahne olivengelblich gerandet, Endbrittel blau, die beiden äußersten ganz blau, alle unterseits olivengrünlichgelb; ganze übrige Ober- und Unterseite olivengrün; untere Schwanzdecken blau; Schnabel schwarz; Auge graugelb, die nackten Wangen fleischfarben mit vier schmalen purpurbraunen Federstreifen, welche sich zu einem Fleck am Unterschnabel zusammenziehen. Mittelgroß; weit kleiner als der dunkelblaue Arara. (Länge 62,5—78 cm; Flügel 35—41,7 cm; Schwanz 32,5—40,5 cm).

Heimat: von Bolivia bis in den Norden von Mexifo, vornehmlich in Kolumbien, Peru, Efuador, Panama und Mittelamerifa. Er kommt ebenso in den niederen heißen

Ebenen wie in den Anden bis zu 3500 m Höhe vor. Bei
seinen Streifereien soll er zuweilen in Westindien und auf
Jamaika erscheinen. In der Lebensweise, Ernährung u. s. w.
dürfte er von den Angaben, welche ich in der einleitenden
Uebersicht gemacht, nicht abweichend sich zeigen. Durch viel=
fache Verfolgungen ist er überaus scheu und vorsichtig ge=
worden und verhält sich in den Kronen der hohen Urwalds=
bäume so laut= und regungslos, daß er nur schwer zu be=
merken ist.

Buffon gibt nichts Näheres über ihn an, dagegen hat ihn
Bechstein beim Händler F. Thieme in Waltershausen gesehn
und schildert ihn als außerordentlich gelehrig und gesprächig:
„er sprach sogleich alles nach, nannte alle Kinder im Hause
bei Namen, war geduldig, folgsam, zutraulich und zeichnete sich
dadurch vor den blauen und rothen Araras zu seinem Vor=
theil aus; er ist aber auch theurer als jene und gilt als große
Seltenheit." Gegenwärtig sieht man ihn zuweilen in den
Vogelhandlungen und auf den Ausstellungen; die bedeutenderen
zoologischen Gärten besitzen ihn sämmtlich, und er zeigt sich
dort sehr ausdauernd, denn in Frankfurt a. M. lebte ein
Soldatenarara gegen 15 Jahre. Im Hamburger Garten sitzt
einer unangekettet auf der Stange, und es fällt ihm nicht
ein, dieselbe zu verlassen. Bei den Großhändlern kommen die
rothstirnigen Araras in außerordentlich verschiedner Größe vor,
und die Systematiker haben ihn daher auch in zwei Arten ge=
schieden. Für die Liebhaberei hat dies jedoch keine Bedeutung,
allenfalls kann man nach Geschmack einen großen oder kleinen
Soldatenarara einkaufen. Preis 75 M., meistens aber darüber
hinaus.

Der hellrothe Arara

[Psittacus macao, *L.*].

Arakanga, scharlachrother Arara, großer gelbflügeliger Arara, Makao. —
Red and blue Macaw. — Ara rouge, Ara macao. — Groote Geelvleugel Ara.

Geßner (1557) und Aldrovandi (1599) haben diesen
Arara bereits beschrieben, und so gehört er also zu den am
allerlängsten bekannten Arten und zwar ebensowol inbetreff
seiner Lebensweise im Freien, als auch hinsichtlich seines Ge=
fangenlebens.   Unter den reisenden Naturforschern, welche
über ihn berichtet, sind besonders Alexander von Humboldt,
Schomburgk und Arthur Schott zu nennen. Nach deren
Angaben gilt alles hier in der allgemeinen Uebersicht der
Araras über das Freileben Gesagte von ihm vorzugsweise.
Im rabenähnlichen Fluge läßt er seine weithin schallenden
Töne hören.   Sein Aufenthalt ist vornehmlich der Urwald,
wo er in der Nistzeit pärchenweise lebt, nach derselben sich
aber zu großen Schwärmen ansammelt, welche umherstreichend
die Feigen= u. a. Bäume an der Küste überfallen.   Aus dem
hoch im gewaltigen Urwaldsbaum befindlichen Nest ragt der
Schwanz des brütenden Weibchens lang hervor.   Die An=
siedler hassen und schießen diese Araras erbarmungslos des
Schadens wegen, den sie an Mais u. a. Nutzgewächsen ver=
ursachen; die Eingeborenen verfolgen sie leidenschaftlich um
der bunten Federn willen.   Ihr Fleisch ist wenig genießbar.
Ein Baum, in welchem das Nest sich befindet, vererbt sich
bei den Indianern als Familieneigenthum vom Vater auf
den Sohn und wird von den Vögeln, obwol immer aus=
geraubt, doch alljährlich wieder bezogen.   Die eingeführten
Arakangas sind fast regelmäßig solche jungen aufgefütterten

Vögel und daher bei der Ankunft bereits zahm und weitrer Abrichtung zugänglich.

Der hellrothe Arara ist an Kopf und Kopfseiten scharlachroth; Hinterrücken, Bürzel und obere Schwanzdecken himmelblau; Schwingen nebst Deckfedern blau, an der Innenfahne schwärzlich; die größten oberseitigen Flügeldecken nebst den langen Schulterfedern orangegelb mit grünem Endfleck, Eckflügel blau; ganze übrige Oberseite scharlach= roth; Schwanzfedern am Ende himmelblau, die beiden äußersten ganz blau, dann diese Farbe allmählich abnehmend, sodaß sie auf den beiden mittelsten nur noch als kleiner Punkt erscheint; ganze Unterseite gleichfalls scharlachroth, nur die unteren Schwanzdecken blau; Ober= schnabel horngrauweiß, am Grund mit schwarzem Fleck, Unterschnabel schwarz; Auge gelblichweiß, die nackten Wangen fleischfarbenweiß; Füße schwärzlichgrau mit schwarzen Krallen. Fast Haushahngröße (Länge 0,93—1 m; Flügel 37,8—42 cm; Schwanz 49,5—62,5 cm). Heimat: das nördliche Südamerika, Bolivia, Nordbrasilien, Guatemala und Honduras, selbst Mexiko und Peru.

Ueber sein Gefangenleben berichtet bereits Bechstein recht ausführlich, doch macht dieser im allgemeinen nur dieselben Angaben, welche ich in der Einleitung vorausgeschickt. Dieser Arara gewähre einen prächtigen Anblick, lasse sich zum Ein= und Ausfliegen gewöhnen, sei sehr abrichtungsfähig und lerne besonders gut Worte nachsprechen, aber er zeige sich nicht selten bösartig, sodaß man keinenfalls Kinder im Zimmer mit ihm allein lassen dürfe. Die Beobachtung in späterer Zeit bis zur Gegenwart hat nicht viel Neues ergeben. Der hell= rothe Arara ist eine der gewöhnlichsten Erscheinungen in den zoologischen Gärten, wo ein solcher nach Angabe des Herrn Dr. Max Schmidt in Frankfurt a. M. 20 Jahre und darüber gut ausdauerte. Auf den Vogelausstellungen ist er fast regel= mäßig zu finden. Ein Herr Czarnikow hatte auf der „Ornis“= Ausstellung in Berlin i. J. 1879 einen hellrothen Arara im prächtigen Gefieder, welcher ungemein zahm und liebenswürdig war und gegen hundert Worte sprechen sollte. Herr Georg

Hillger besitzt einen Vogel dieser Art, der überaus zahm, liebenswürdig und klug ist, nicht schreit, mehrere Worte spricht, lacht und sich leicht zum freien Ein= und Ausfliegen gewöhnen ließ. Sein Preis beträgt etwa 100 M.

Der dunkelrothe Arara

[Psittacus chloropterus, *Gr.*].

Großer grünflügeliger Arara, Grünflügelarara. — Red and Yellow Macaw, Green-winged Macaw. — Ara chloroptère, Ara aux ailes verts. — Groote Groenvlengel Ara.

Von der vorigen unterscheidet sich diese Art nur dadurch, daß sie im ganzen Gefieder viel dunkler roth und an den Schultern und oberen Flügeldecken grün, nicht gelb ist. Schon von Geßner, dann von Brisson (1760) beschrieben, ist der dunkel= rothe Arara von Gray (1859) benannt worden. Er erscheint an Kopf und der ganzen übrigen Oberseite dunkelscharlachroth, am Nacken und Oberrücken jede Feder grün gerandet, Mittel= und Unter= rücken, sowie obere Schwanzdecken himmelblau; Schwingen erster Ordnung dunkelblau, Innenfahne breit schwarz, unterseits purpur= roth; Deckfedern düsterblau, Flügel= und Schulterdecken düsteroliven= grün, kleine unterseitige Flügeldecken roth, breit grün gerandet; Schwanz am breiten Ende und den beiden äußersten Federn dunkel= blau; ganze Unterseite dunkelscharlachroth, untere Schwanzdecken himmelblau; Oberschnabel weißlichhorngrau, am Grunde mit schwar= zem Fleck, Unterschnabel schwarz, nackte Wangen weiß; Auge gelb bis gelblichperlgrau; Füße schwärzlichbraun mit schwarzen Krallen. Größe etwas geringer als die des vorigen (Länge 78—83,2 cm; Flügel 39—41,7 cm; Schwanz 31,2—46,8 cm). Seine Heimat er= streckt sich von Süd=Brasilien und Uruguay, dem Amazonen= strom, Guiana bis Panama. Nach den vorliegenden Berichten von Azara, Prinz v. Wied, Burmeister u. A. zeigt er sich in der Lebensweise vornehmlich wie in der Einleitung ge= schildert. Als seinen Hauptaufenthalt bezeichnet der letztge=

nannte Forscher den dichten Urwald längs der Ströme und an der Küste, während der Prinz behauptet hatte, daß er auch auf den Höhen, in offenen mit Wald wechselnden Gegenden und sogar auf den felsigen Gebirgen vorkomme. Seine Federn dienten zum Schmuck für die Eingeborenen bei Festlichkeiten, und in allem übrigen stimmt er gleichfalls mit dem vorigen überein. Auch er ist im Handel und in den zoologischen Gärten gemein und erhält sich in den letzteren Jahrzehnte hindurch vortrefflich, in der verständnisvollen Pflege des Lieb= habers natürlich noch viel länger. Preis 75 bis 100 M.

Der dreifarbige Arara [Psittacus tricolor, *Behst.*] — Drei= farben=Arara, gelbnackiger Arara — Tricolored Macaw — Ara trico= lore — Driekleur Ara — ist dunkelscharlachroth; Stirnrand und Wangen etwas lebhafter roth; Hinterkopf, Nacken und Hinterhals dunkelorangegelb; Mantel bräunlichroth; Hinterrücken, Bürzel, obere und untere Schwanzdecken, Schwingen und Deckfedern blau; kleine und mittlere obere Flügeldecken dunkelbraunroth; mittlere untere Flügeldecken roth, breit gelb gesäumt; Schwanz bräunlichkupferroth, Enddrittel blau; ganze Unterseite düsterroth; Schnabel schwärzlich= horngrau; Auge gelb; Füße hornbraun, Krallen schwarz. Etwas über Taubengröße. Heimat: die Insel Kuba. Nach Mittheilungen des Reisenden Dr. Gundlach geht er dem Aussterben entgegen, denn er ist bereits sehr selten geworden, während man ihn gegen die fünf= ziger Jahre hin noch vielfach sah; er kommt nur noch in der Wild= niß, fern von Ansiedelungen, vor. In der Lebensweise, Ernährung u. a. zeigt er nichts Abweichendes. Obwol er früher vielfach aus den Nestern genommen, aufgezogen und gehalten worden, so dürfte er bisher doch kaum lebend eingeführt sein, denn die Liste der Thiere des zoologischen Gartens von London hat ihn nicht einmal aufzuweisen. Uebrigens soll er gleich den anderen sprachbegabt sein.

Der blaue gelbbrüstige Arara

[Psittacus ararauna, L.].

Gemeiner blauer Arara, Ararauna, großer gelb und blauer Arara. —
Blue and yellow Macaw, Blue and buff Macaw. — Ara bleu, Ararauna. —
Blauwgeele Ara.

Der gemeine blaue Arara, wie er im Handel meistens heißt, wurde schon von Thevet (1558), dann von Geßner und Aldrovandi geschildert; auch geben jene ältesten Schriftsteller bereits Mittheilungen über sein Leben in der Gefangenschaft, seine Ernährung und alle übrigen Eigenthümlichkeiten, welche im wesentlichen mit dem übereinstimmen, was wir heutigentags über ihn wissen; freilich fließen in solche Angaben auch regelmäßig mancherlei Fabeln ein. Die späteren Schriftsteller, Buffon u. A., haben sich gleichfalls viel mit ihm beschäftigt.

Er ist an Stirn und Vorderkopf bis über die Augen hinaus olivengrün, Ober- und Hinterkopf grünlichblau, Wangen und Ohrgegend hoch orangegelb, Streif um die Wangen und Oberkehle schwarz; Schwingen und Schwanzfedern an der Innenfahne olivengelblich, schwarz gerandet; ganze übrige Oberseite blau; ganze Unterseite hochorangegelb; Flügel und Schwanz unterseits olivengelb; die unteren Schwanzdecken blau; Schnabel schwarz, Wachshaut, Streif neben dem Schnabel, Zügel und nackte Augengegend fleischfarben, meist bepudert, unterhalb des Auges drei Linien von kleinen schwarzen Federn, drei gleiche Linien vor dem Auge, die ersteren wagerecht, die letzteren lothrecht; Auge grünlichweiß oder grünlichperlgrau; Füße bräunlichschwarz, Krallen schwarz. Nahezu Haushahngröße (Länge 96,5 cm; Flügel 36,5—39 cm; Schwanz 49,5—54,5 cm).

Heimat: Mittel- und Südamerika von Honduras bis Peru, Bolivia und auch Uruguay. Ueber sein Freileben haben Burmeister, Schomburgk u. A. berichtet, jedoch nur kurz und im wesentlichen das in der einleitenden Uebersicht inbetreff aller Gesagte. Das Gelege soll in zwei Eiern bestehen. In der neuern Zeit wird er vielfach eingeführt, sodaß er eigentlich zu den gemeinen

Erscheinungen auf dem Vogelmarkt gehört, und namentlich darf er als eins der gewöhnlichsten Schaustücke in den zoolo= gischen Gärten, wandernden Menagerien und auch auf den Ausstellungen gelten. Nach Dr. Schmidt u. A. ist er recht ausdauernd. Linden theilt mit, daß ein Ararauna in seinem Besitz sich hochbegabt zeigte, vornehmlich sehr klug war und sehr viel sprechen gelernt, besonders aber eine rasche Auffassungs= gabe hatte. Die Händler schätzen ihn als den besten Sprecher unter allen Araras. Preis 75 bis 100 M.

Der **rothbäuchige Arara** [Psittacus macavuana, *Fnsch.*] — Rothsteiß=Arara — Red-bellied or Red-vented Macaw — Ara à ventre rouge — Roodbuik Ara — ist bis jetzt noch nicht lebend eingeführt, obwol er nach Burmeister, Schomburgk u. A. zu den ge= meinsten Papageien seiner Heimat gehören soll. Es läßt sich aber er= warten, daß er über kurz oder lang zahlreich herüberkommen wird. Er erscheint dunkelgrasgrün; Kopf und Wangen blau; Hinterhals und Oberrücken olivengrünlich; Schwingen und Schwanz unterseits oliven= gelb; Kehle und Brust blaugrau; Hinterleib düsterblutroth; Schnabel schwarz, nackte Wangen fleischfarbenweiß; Auge?; Füße schwarzbraun, Krallen heller. Mehr als Taubengröße. Heimat: Brasilien und Guiana. Ueber das Freileben haben die genannten Reisenden wenig berichtet. Er lebe pärchenweise unzertrennlich bei einander und fresse vorzugs= weise gern die Früchte der Jtapalme. Das Gelege bestehe nur in zwei Eiern; das Geschrei sei hell und kreischend. Früher muß er wol lebend eingeführt sein, denn Buffon 'erwähnt einen in der Ge= fangenschaft gehaltnen und sagt, er spreche mit höherer und nicht so rauher Stimme wie die anderen Araras.

Der Arara mit rothem Handgelenk
[Psittacus sevérus, *L.*].

Anakan, Rothbug=Arara, Zwergarara. — Green, Small or Brown-fronted Macaw. — Ara vert, Ara à front châtain. — Roodhand Ara.

Der Anakan, wie er im Handel gewöhnlich genannt wird, ist schon vom alten Markgraf (1648), dann von Brisson be=

schrieben und von Linné benannt. Er erscheint in folgender
Weise gefärbt: schmaler Stirnrand, Wangenstreif und Streif an der
Oberkehle neben dem Unterschnabel röthlichbraun; Kopf und Nacken
dunkelgrasgrün, jede Feder breit merbläulich gesäumt; Schwingen düsterblau, Innenfahne und Spitze schwärzlich, die zweiten Schwingen
grün gesäumt, alle unterseits kupferroth; Deckfedern der ersten
Schwingen düsterblau, Deckfedern längs des Handgelenks einen breiten
scharlachrothen Rand bildend; Schwanzfedern rothbraun, am Enddrittel düsterblau, unterseits kupferroth; ganze übrige Oberseite dunkelgrasgrün; ganze Unterseite düstergrün; Schnabel schwarz, an der
Spitze heller horngrau, Wachshaut und nackte Wangen gelblichfleisch-
farben mit Reihen schwarzer Federchen vor und unter dem Auge
nach dem Ohr hin besetzt; Auge gelblichweiß bis gelb; Füße schwarzbraun, Krallen schwarz. Beim ganz alten Vogel sind Flügelrand,
kleine und mittlere unterseitige Flügeldecken scharlachroth; die größten
Flügeldecken kupferroth; an der Schenkelgegend einige rothe Federn.
Etwas über Taubengröße (Länge 52 cm; Flügel 22,4—26 cm;
Schwanz 20,8—24,3 cm).

Seine Heimat ist ein weiter Strich vom südlichen Brasilien bis Panama, und besonders am obern Amazonenfluß hat
man ihn erlegt. Ueber sein Freileben haben Prinz von Wied
und neuerdings Karl Petermann berichtet. Erstrer sagt, daß
er diese kleinen Araras in der Nistzeit parweise, nach derselben
in Schwärmen, in denen die Pärchen aber stets beisammen
bleiben, beobachtet habe. Sie sitzen besonders gern auf
den höchsten dürren Aesten eines Waldbaums, lassen sonderbare knurrende Töne erschallen und selbst der stärkste Gewitterregen vermag sie nicht zu vertreiben; wenn jedoch eine Gefahr
naht, so eilen sie unter lautem Kreischen in reißend schnellem
Flug davon. Die Nahrung besteht in Früchten und Sämereien;
in den Maispflanzungen und an anderen Kulturgewächsen
richten sie großen Schaden an. Herr Petermann traf diesen
Arara noch in der Provinz Santa Katharina als Brutvogel
und zur Winterzeit in den Flußgebieten unterhalb der Sierra
in großen Scharen.

Ueber sein Leben in der Gefangenschaft schreibt schon
Buffon recht ausführlich. Er lobt den kleinen Arara, nicht
allein als schönen und seltnen Vogel, sondern auch seines
sanften, einschmeichelnden Wesens halber; er vermöge sowol die
menschliche Sprache, als auch das Geschrei und Pfeifen anderer
Vögel nachzuahmen, und die erstre lerne er leichter und deut=
licher als die großen Araras, er höre anderen sprechenden
Papageien zu und unterrichte sich von ihnen. Im übrigen
sei seine Stimme nicht so stark, und er spreche das Wort ‚Ara‘
nicht so deutlich aus wie die großen Arten. Im Vogelhandel
und auf den Ausstellungen ist er gemein, wenn auch meistens
nur einzeln; bei den Liebhabern findet man ihn recht selten,
mehr dagegen in den zoologischen Gärten. Der Preis beträgt
15, 20 bis 30 M. für den Kopf.

Der rothrückige Arara

[Psittacus maracana, *Vll.*].

Rothstirniger Arara, Marakana, Illiger's Arara. — Illiger's Macaw. — Ara à
joues rouges, Ara d'Illiger. — Illiger's Ara of Roodrug Ara.

Von Vieillot (1816) beschrieben und benannt und im
Handel fast ebenso gemein wie der vorige, ergibt er bis jetzt
doch weder hinsichtlich des Freilebens, noch des Benehmens in der
Gefangenschaft irgendwelche ausführlichen Nachrichten. Er ist
an Stirn und Hinterrücken düster zinnoberroth, Oberkopf düster
grünlichblau; Bürzel und obere Schwanzdecken gelbgrün; Schwingen
himmelblau, Innenfahne bräunlichgelb, Schwingen unterseits und
große unterseitige Flügeldecken düsterolivengelb; Schwanzfedern an
der Grundhälfte bräunlichroth, Endhälfte grünlichblau, unterseits
düsterolivengelb; ganze übrige Oberseite olivengrasgrün; ganze Unter=
seite ebenso, Bauchmitte und Hinterleib düsterzinnoberroth; Schnabel
schwarzbraun, Oberschnabel an Grund und Spitze heller, graulich,
nackte Wangen röthlich= bis schwefelgelb mit Reihen schwärzlicher

Borstenfederchen besetzt; Auge orange mit graubraunem Ring um
die Iris; Füße bräunlichfleischroth, Krallen schwarz. Taubengröße
(Länge 41,7 cm; Flügel 18,8—20,8 cm; Schwanz 18,3—19,8 cm).
Heimat: Südbrasilien. Burmeister sagt, er sei hauptsächlich
in der Nähe der Strommündungen zu finden; Prinz v. Wied
berichtet, daß er gleich allen übrigen in der Nistzeit par=,
sonst scharenweise lebe. Schnell dahinfliegend stoßen die roth=
rückigen Araras helle Rufe aus. Da sie an den Maispflan=
zungen Schaden verursachen und zugleich ihr Fleisch vortreff=
liche Brühe liefre, so werden sie stark verfolgt. Gleich dem
vorigen sieht man auch diesen hin und wieder in den zoologi=
schen Gärten und auf den Ausstellungen. Dr. Max Schmidt
berichtet von einem, der im Frankfurter Garten 15 Jahr lebte.
Bei Herrn Dr. Frenzel in Freiberg nistete ein Pärchen zwei=
mal, brachte jedoch die Jungen leider nicht auf. Der Vogel
ist im übrigen ebensowenig beliebt wie sein vorhergegangner
Verwandter. Preis 15, 20 bis 30 M.

Der Arara mit gelbem Halsband [Psittacus auricollis, *Css.*]
— Goldnacken=Arara — Golden-collared Macaw — Ara à collier
d'or — Goudkraagen Ara — ist an Stirn und ganzem Vorderkopf
tief schwarzbraun; breites Halsband, welches vom Hals nach den
Nackenseiten zu sich verschmälert, zitrongelb; Rücken olivengrünlich;
erste Schwingen grünlichblau, Innenfahne düsterolivengelb, alle
Schwingen unterseits olivengelb; Deckfedern der ersten Schwingen
und Eckflügel grünlichblau; Schwanzfedern an der Grundhälfte kupfer=
roth, Endhälfte bläulich, Schwanz unterseits düsterolivengelb; ganze
übrige Oberseite dunkelgrasgrün, die Flügeldecken olivengrünlich;
Unterseite dunkelgrasgrün, Bauch gelblicholivengrün, Hinterleib blaß=
röthlich verwaschen; Schnabel bräunlichhornfarben, Spitze heller;
Auge ?; Füße gelbbräunlich, Krallen dunkler. Größe des vorigen.
(Beschreibung nach Dr. Finsch.) Heimat: Brasilien. Er wurde von
Natterer (1825) gesammelt und von Cassin (1853) benannt. Nach
Burmeister soll er auch in den Wäldern von Bolivia nicht selten sein.
Bis jetzt ist aber nichts Näheres bekannt. Wenn er, was sich wol voraus=

setzen läßt, demnächst lebend eingeführt wird, so dürfte er sowol in der Begabung als auch im ganzen Gefangenleben überhaupt den vorhergegangenen Verwandten gleichen.

Der kleine grüne Arara

[Psittacus nobilis, *L*.].

Blaustirniger Arara, Blaustirn-Arara. — Noble Macaw, Noble Parrot. — Ara noble, Petit Ara vert, Ara pavouane. — Blauwneus Ara.

Unter den kleinen Araras der bekannteste und zugleich beliebteste, ist er an Stirn und oberm Augenrand merblau; ganze übrige Oberseite dunkelgrasgrün; Schwingen an der Innenfahne düsterolivengelb, unterseits ganz olivengelb; Deckfedern am Flügelbug längs des Unterarms und Handrands, sowie kleine unterseitige Flügeldecken dunkelscharlachroth, größte unterseitige Flügeldecken olivengrünlichgelb; ebenso der Schwanz unterseits; ganze Unterseite düstergrasgrün; Oberschnabel horngrauweiß, Unterschnabel hornbraunschwarz, Spitze heller, nackte Wangen weiß, ohne Federreihen; Auge orangegelb; Füße dunkelgrau, Krallen schwarzbraun. Nahezu Taubengröße (Länge 33,5 cm; Flügel 17—17,9 cm; Schwanz 13—17 cm). Heimat: Mittelbrasilien. Der kleine grüne Arara wurde von Linné (1764) zuerst beschrieben und bekannt gemacht. Prinz Max v. Wied berichtet, daß er ihn, obwol er ziemlich scheu und nirgends häufig sei, mitten in einem Städtchen auf Kokuspalmen in kleinen Scharen gesehen und deren lautes Geschrei im Fluge gehört habe. Burmeister sagt, er gleiche in jeder Hinsicht den Verwandten. Näheres ist nicht bekannt. Im Handel und auf den Ausstellungen ist er recht selten, doch sieht man ihn in den zoologischen Gärten ziemlich regelmäßig. In Frau H. v. Proschek in Wien hat er eine liebevolle Pflegerin gefunden, welche berichtet, daß ein Pärchen in ihrem Besitz an Zahmheit und Liebenswürdigkeit unübertrefflich sei und das Männchen an Sprachbegabung mit dem besten Graupapagei wetteifern könne. „Er singt, lacht, klopft an und wenn ich ‚herein‘ rufe, so fragt er: ‚wo ist die Frau?‘ u. s. w.; im ganzen hat er wol fünfzig Worte gelernt, und es ist staunenswerth, wie richtig er dieselben anzuwenden weiß. Mit einer Amazone spielt er, als wenn zwei junge Hunde sich balgen." Das Pärchen war jahrelang im Besitz der Frau v. P., machte auch mehrmals Nistversuche, doch leider immer vergeblich. Preis 50 bis 60 M. für das Pär= chen, für den einzelnen 30 bis 45 M.

Hahn's Arara [Psittacus Hahni Snc.] braucht kaum angeführt zu werden, denn er soll dem vorigen durchaus gleichen und sich nur durch einfarbig schwarzbraunen Schnabel und geringre Größe unter= scheiden. Heimat: nördliches Südamerika. Hahn (1832) hat ihn schon abgebildet, jedoch von dem vorigen nicht unterschieden. Dies geschah erst von Souancé, der ihn benannte, und dann namentlich von Natterer, welcher ihn auf Fruchtbäumen in der Steppe am Rio branco zahl= reich erlegte. Obwol aber in den zoologischen Garten von London i. J. 1872 sogar ein lebendes Pärchen gelangt sein soll, dürfte da= durch doch noch nicht der Beweis dafür gegeben sein, daß es eine feststehende Art und nicht bloß eine Lokalrasse sei.

*   *   *

Der jetzt folgende Langschnabelsittich [Henicognathus, Gr.] ist von Dr. Finsch als ein besondres Geschlecht aufgestellt worden, während andere Vogelkundigen ihn entweder mit den Araras oder mit den Keilschwanzsittichen zusammengeworfen hatten. Folgende absonderliche Merkmale sind hervorzuheben: Oberschnabel zweimal so lang als hoch, wenig gebogen, an den Seiten abgeflacht, auf dem Rücken mit einer breitern, abgerundeten Fläche, die lange verschmälerte Spitze fast wagerecht hervorstehend, am Grunde mit deutlichem Zahnaus= schnitt, Unterschnabel ebenso hoch, seitlich abgeflacht mit gerundeter Dillenkante und sanft gebogenen Schneiderändern; Nasenlöcher, Wachs= haut und Zügel mit Federchen besetzt; nackter Augenkreis schmal; Flügel lang und spitz; Schwanz lang, spitz, keilförmig; Füße und Zehen kräftig, mit starken gekrümmten Nägeln; Gefieder hart. Heimat: nur Chile und Chiloë.

14*

Der Langschnabelsittich

[Psittacus leptorrhynchus, *Kng.*].

Brillensittich, rothstirniger Langschnabelsittich. — Slight-billed Parrakeet. —
Ara à lunettes, Enicognathe à bec mince. — Langbek Parkiet.

Bereits von Molina (1776) erwähnt, ist er von King
(1838) beschrieben und benannt. Stirnrand, Federchen auf der
Wachshaut, Zügel und Augenrand sind purpurroth; Oberkopf dunkelgrün, jede Feder mit breitem schwarzen Endsaum, sodaß der Kopf
wie geschuppt erscheint; ganze Oberseite dunkelolivengrasgrün; Schwanz
ober- und unterseits kupferroth; ganze Unterseite heller olivengrün;
Bauchfleck roth; Schnabel bleiblau; Auge hell- bis röthlichgelb; Füße
blaugrau. Elsterngröße (Länge 40—41 cm; Flügel 20—21,з cm;
Schwanz 17—18,з cm). Die Heimat ist oben angegeben; er
gehört zu den am weitesten nach Süden hin verbreiteten Papageien, und sein Aufenthalt sollen vornehmlich die Buchen-
wälder sein. Nach den Mittheilungen der Reisenden v. Böck
und Landbeck kommt er als Zugvogel im Oktober in Chile
an und zwar in mehr oder minder großen Schwärmen, von
denen, wie es scheint, jeder genau ein- und denselben Strich
dahinfliegt, und im April wandert er wieder von dannen.
Im Vorüberfliegen lassen die Langschnäbel laute, schrille
Schreie erschallen. An den Brutorten fliegen sie zu ganz
bestimmter Zeit futtersuchend an gewisse Stellen oder zur
Tränke. Ihre Nahrung sollen hauptsächlich wildwachsende
Wurzeln und Knollen bilden, die sie vermittelst des langen
Schnabels ausgraben, doch verursachen sie auch an Reis,
Mais u. a. Nutzgewächsen, namentlich aber an den Aepfel-
bäumen, vielen Schaden; von den Aepfeln fressen sie nur die
Kerne und lassen das Fleisch fallen. Die Ansiedler verfolgen
sie daher eifrig und suchen sie soviel als möglich zu vernichten
oder zu vertreiben. Das Fleisch soll zähe und ungenießbar
sein. Nach Valdivia bringen die Eingeborenen häufig junge,

aus den Nestern gehobene und aufgefütterte Langschnäbel zum
Verkauf. Die genannten Berichterstatter, welche leider garnichts Näheres über das Freileben, die Brut u. a. angeben,
sagen nur noch, daß dieser Papagei sprechen lerne, jedoch
wenig mehr als seinen Namen, welcher Choroy, Cheroy oder
Catita laute. In den zoologischen Garten von London soll
er bereits i. J. 1836 in einem Kopf gelangt sein. Ich erhielt einen i. J. 1873 von Herrn Karl Gudera, damals
noch in Leipzig, und späterhin einen zweiten, von denen
der erstre viele Jahre im zoologischen Garten von Berlin
lebte; ein Par besaß Herr Wiener in London. Im Wesen
gleicht er den Araras. Anfangs bösartig, wurde der eine,
ohne daß ich mich viel mit ihm beschäftigte, ganz von selber
zutraulich und fingerzahm, doch habe ich weder ihn, noch den
andern sprechen gehört. Der ersterwähnte ließ bloß ein wunderliches undeutliches Geplauder erschallen. Freilich besaß ich
beide nur je einige Monate. An Sprachbegabung dürfte diese
Art den kleinen Araras etwa gleichstehen. Meine beiden Langschnäbel fraßen ausschließlich Hanf, Mais und Kanariensamen
und verschmähten alles übrige. Preis 45 bis 60 M.

* * *

Die Edelsittiche [Palaeornis, *Vgrs.*] haben in mehrfacher Hinsicht
hohen Werth für die Liebhaberei gewonnen, ja, sie sind durch ihre
Eigenthümlichkeiten bereits seit den ältesten Zeiten her beliebt und
hochgeschätzt. Ihre Vorzüge beruhen in angenehmer Gestalt und
schöner Färbung, sodann in hervorragender Sprach- und geistiger
Begabung überhaupt, bzl. in ungemein großer Zähmungs- und Abrichtungsfähigkeit; zu diesen Vorzügen ist neuerdings noch der gekommen, daß eine Anzahl von ihnen zu dem ergibigsten Zuchtgefieder
in der Vogelstube gehört.

Die Edelsittiche bilden in der Gruppe der jetzt folgenden eigentlichen Sittiche das erste und streng genommen einzige Geschlecht, in
dessen Reihen wir hervorragend sprachbegabte Arten vor uns sehen.

Sie dürfen daher den noch zu behandelnden übrigen Sittichen, welche an Sprachfähigkeit weit hinter ihnen zurückbleiben, billigerweise vorangestellt werden.

Als ihre besonderen Kennzeichen sind hervorzuheben: Schnabel kräftig, ebenso lang oder länger als hoch, Oberschnabel an der Grundhälfte kantig abgesetzt mit flacher Längsrinne, Seiten nur etwas zusammengedrückt, Spitze stark abwärts gekrümmt, überhängend mit kleinem Zahnausschnitt, Unterschnabel mit breiter, gerundeter Dillenkante; Zunge dick, fleischig, mit breiter stumpfer Spitze; Nasenlöcher klein, frei, in schmaler Wachshaut; Auge groß und rund, auffallend durch die Fähigkeit, je nach wechselnder Empfindung die Pupille außerordentlich zu vergrößern oder zu verkleinern; Zügel und Augenkreis befiedert; Flügel lang und spitz; Schwingen am Ende stumpf zugerundet, selten ganz spitz; Schwanz keilförmig abgestuft, die beiden mittelsten Federn gewöhnlich weit länger als die übrigen; Füße kurz und stark, Gefieder ziemlich hart ohne Puderdaunen; Gestalt kräftig, doch schlank. Drossel= bis Taubengröße. Flug überaus gewandt, hurtig mit raschem Flügelschlag, beim Herablassen schwebend; Gang watschelnd, doch nicht ganz so ungeschickt wie bei den nächsten Verwandten; sie klettern rasch und anmuthig.

Ihre Verbreitung ist im allgemeinen eine sehr weite und zwar sind sie in Afrika und Asien heimisch; eine Art wird sogar in beiden Welttheilen zugleich gefunden, während die meisten anderen nur je einen beschränkten Heimatsbezirk haben. Ihr Freileben ist erst verhältnißmäßig wenig erforscht; auch hier sei mir gestattet, beiläufig mit Freude darauf hinzuweisen, daß die Züchtung in der Gefangenschaft die Brutentwicklung mehrerer Arten kennen gelehrt hat. Die Edelsittiche sollen fast immer gesellig leben, jedoch niemals in mehreren Arten zusammen. Hinsichtlich des Nistens gleichen sie den übrigen Papageien insofern, als das Nest in einem hohlen Baumstamm, bei einigen Arten aber auch in einer Felsen= oder Mauerhöhlung sich befindet. Das Gelege sollen zwei bis vier Eier bilden; jedes Pärchen macht alljährlich mehrere Bruten hintereinander. Ihren Aufenthalt bilden vornehmlich die Niederungen längs der Ströme, welche mit dichtem Wald bestanden sind, aber auch freiere, ebene oder hügelige Gegenden, und manche Arten sollen bis zu 1600 m hoch im Gebirge anzutreffen sein. Die Nahrung besteht in allerlei Sämereien und Früchten; jedenfalls auch in Kerbthieren u. a. Nach der Brutzeit sammeln sie

ſich zu mehr oder minder großen Schwärmen an und fallen nahrung=
ſuchend über die Nutzgewächſe, namentlich Reis und Mais her. Des=
halb werden ſie häufig in erbitterter Weiſe befehdet. Dann zeigen ſie
ſich als überaus verſchlagen und vorſichtig; in den dichten Kronen
der höchſten Bäume wiſſen ſie ſich, durch ihre grüne Farbe geſchützt,
vortrefflich zu verbergen, indem ſie ſich regungslos verhalten, bis
einer nach dem andern heimlich von bannen flüchtet. Wo ſie nicht
verfolgt werden, wie in Indien, ſind ſie ſo dreiſt, daß ſie inmitten
volkreicher Städte in Höhlungen der auf freien Plätzen ſtehenden
Bäume oder in Löchern an hohen Gebäuden niſten.

In ihren Heimatsländern ſind manche Arten, ſo erzählen die
Reiſenden, gleichſam halb gezähmt in den Ortſchaften zu finden, in=
dem ſie dort nicht allein, wie erwähnt, niſten, ſondern auch mit dem
Hausgeflügel zuſammen gefüttert werden. Bei den Eingeborenen ſind
alle dieſe Sittiche überhaupt ungemein beliebt, und man ſieht ſie zahl=
reich in Käfigen oder auf Bügeln angekettet. Manche Arten werden
in ſehr großer Anzahl aus den Neſtern gehoben und aufgezogen, die
meiſten eingeführten aber ſind jedenfalls Vögel, welche vermittelſt großer
Netze bei der Tränke u. a. eingefangen worden. Aber auch dieſe letzteren
ſind der Zähmung und Abrichtung jederzeit unſchwer zugänglich, und
von den zu uns gelangenden werden nicht allein die jüngeren, aus
den Neſtern geraubten und aufgezogenen, ſondern ſelbſt die älteren
Wildfänge faſt immer in verhältnißmäßig kurzer Zeit zahm und zu=
traulich und ergeben ſich als abrichtungsfähig.

Auch bei den Edelſittichen äußert ſich die Sprachbegabung als
außerordentlich verſchiedenartig je nach der Befähigung des einzelnen
Vogels von einundderſelben Art, doch darf man hier, ganz ebenſo wie
bei den großen Kurzſchwänzen, annehmen, daß ſich die beiweitem
meiſten als Sprecher und nur überaus wenige als garnicht für
einen ſachgemäßen Unterricht geeignet ergeben.

Alles bis hierher Geſagte bezieht ſich vorzugsweiſe auf eine
Gruppe, die ſog. Alexanderſittiche, wie ſie im Handel genannt
werden, während die reizenden, leicht züchtbaren Pflaumen= oder Roſen=
kopfſittiche erſt in einem Beiſpiel und der abſonderlich und ſchön ge=
färbte Taubenſittich ſich bisher noch nicht als ſprachbegabt erwieſen
haben.

Die Alexanderſittiche ſind kräftige, derbe Vögel, welche ſich bei
einfachſter Verpflegung, eigentlich nur mit Sämereien: Hanf, Hafer,

Kanarienſamen und Mais, nebſt Zugabe von guter Frucht und allenfalls etwas Biskuit oder Eierbrot, viele Jahre hindurch vortrefflich
im Käfig erhalten laſſen. Mit dieſer Anspruchsloſigkeit vereinigen ſie
den eingangs ſchon erwähnten und für die Leſer dieſes Buchs vorzugsweiſe bedeutungsvollen Vorzug, daß ſie zu den beſten Sprechern
gehören und in einzelnen Arten bzl. Köpfen den Amazonen und dem
Jako nahe oder wol gar gleich kommen, ſodann auch den, daß ſie unendlich zahm, liebenswürdig und ſanft ihrem Herrn gegenüber ſich
zeigen. Dabei haben ſie aber freilich auch ihre Schattenſeiten, denn
ſie zählen zu den allerſchlimmſten Schreiern, die ſich zeitweiſe garnicht beruhigen laſſen, ferner zu den unverwüſtlichen Holzzerſtörern,
die an Käfig oder Ständer alles, was nicht von Metall iſt, völlig
zerſplittern und zertrümmern, und ſchließlich auch anderen Vögeln
gegenüber zu den bösartigſten Raufbolden. Bei unvorſichtigem Verkehr ergeben ſie ſich als ſehr arge Beißer und bei unverſtändiger,
kenntnißloſer Behandlung kann kein Vogel leichter zum ſtörriſchen,
boshaften und biſſigen Geſchöpf verdorben werden, als gerade ein
Alexanderſittich.

Einige der hierher gehörenden Arten zählen zu den gewöhn-
lichſten im Handel, andere dagegen ſind ſehr ſelten. Bei den einzelnen Arten werde ich Näheres in dieſer Beziehung und auch die
ſich ſehr verſchieden ſtellenden Preiſe angeben. In Anbetracht deſſen,
daß häufig junge, noch unausgefärbte Vögel eingeführt werden oder
daß ein Liebhaber ſolche hier gezüchteten kauft, ſei bemerkt, daß alle
dieſe Sittiche ſich ſehr ſpät, meiſtens erſt zu Ende des zweiten Jahrs,
ausfärben.

Der Halsband-Edelſittich

[Psittacus torquatus, *Bdd.*].

Kleiner Alexanderſittich oder Alexanderpapagei, Halsbandſittich. — Ring-
necked Parrakeet, Rose-ringed Parrakeet, Ring-necked Alexandrine Para-
keet. — Perruche à collier rose, Perruche Alexandre à collier de l'Inde,
Perruche Alexandre à collier du Sénégal. — Kleene Alexanderparkiet of
Halsband Edelparkiet.

Wo in der früheſten betreffenden Literatur ein Papagei
erwähnt iſt, handelt es ſich immer um dieſe Art. Seit Pli-
nius bis zu Aldrovandi und Geßner geben die Schriftſteller

Beschreibungen und Schilderungen von ihm. Daher ist es
erklärlich, daß bis zur neuern Zeit her auch mancherlei Irr=
thümer inbetreff seiner unterlaufen sind; so ließ man ihn in
Amerika heimisch sein, beschrieb ihn in mehreren Arten u. s. w.
Nachweislich ist er schon zur Zeit Alexander des Großen nach
Europa gebracht worden. Buffon, sodann Bechstein u. A.
geben auch bereits Nachrichten über sein Gefangenleben.

Seit altersher also und bis zu unseren Tagen ist er be=
liebt und geschätzt geblieben und zwar wenn auch vorzugs=
weise als Sprecher, so doch zugleich als Schmuckvogel. In
der neuesten Gegenwart hat man noch einen besondern Anreiz
für seine Hegung als Stubenvogel gefunden, in seiner Züch=
tung nämlich. Durch die letztre ist zugleich seine natur=
geschichtliche Entwicklung so eingehend erforscht worden, wie
dies in der Freiheit, trotz seiner außerordentlich weiten Ver=
breitung, trotz seines massenhaften Vorkommens und trotzdem
er doch zu den seit den ältesten Zeiten her bekannten Vögeln
gehört, noch nicht geschehen war.

Der Halsband=Edelsittich, altes Männchen, ist an Stirn,
Oberkopf und Kopfseiten grasgrün, schmaler Zügelstreif schwarz,
Hinterkopf und Nacken zart lilablau; um den Hinterhals ein breites
rosenrothes Band; an der Kehle ein hellgelbes Band; Bartfleck schwarz,
von dem letztern aus an den Kopfseiten entlang ein schwarzer Streif,
welcher schmaler werdend sich bis zum Hinterkopf hinzieht; Rücken
gelblicholivengrün, Unterrücken und obere Schwanzdecken grasgrün;
Schwingen dunkelgrasgrün, Außenfahne schmal hellgelb gesäumt,
Schwingen unterseits aschgrau; die beiden mittelsten Schwanzfedern
bläulichgrün, die übrigen gelbgrün, Innenfahne mattgelb, unterseits
alle mattgelb; ganze übrige Oberseite grün; Oberbrust merbläulich=
grün; ganze übrige Unterseite gelblichgrün; Schnabel blutroth (oder
Oberschnabel roth, Unterschnabel schwarz oder Oberschnabel schwärzlich=
purpurroth, Unterschnabel schwarz); Auge hellgelb, von einem nackten,
rothen Augenring umgeben; Füße schwärzlichgrau mit schwarzen Krallen.
Altes Weibchen: Oberkopf und Kopfseiten grün, viel dunkler als
beim Männchen, mit wenig bemerkbar gelbem Ton; nur ein schmales

graues Nackenband* (das rosenrothe Halsband und der schwarze
Bartfleck fehlen); ganze Oberseite schwach düster=, nicht so stark, oliven=
grün; Unterrücken matt hellgrün; Oberschnabel roth, Unterschnabel
schwärzlichgrau; Auge hellgelb. Das junge Männchen gleicht dem
alten Weibchen, ist jedoch fahler grün; hat weder das Halsband, noch
den Bartfleck und bekommt beides erst im zweiten Jahr. Größe der einer
kleinen Haustaube gleich (Länge 36,5—39 cm; Flügel 12—17,2 cm;
längste Schwanzfeder 12,6—25,4 cm, äußerste Schwanzfeder 5 bis
7,8 cm). Im Londoner zoologischen Garten befand sich eine reingelbe
Spielart.

Er ist in Asien und Afrika zugleich heimisch; im erstern
Welttheil erstreckt sich seine Verbreitung von Bengalen bis
Nepal, Kaschmir, Tenasserim und Oberpegu, sowie über Cey=
lon; im letztern Welttheil vom Senegal bis Abessinien, nörd=
lich bis zum 16. Gr., südlich bis zum 7. Gr., im Gebirg
bis zu 1500 m Höhe, und in Südafrika hat er sich, zufällig
oder absichtlich eingeschleppt, zum Brutvogel eingebürgert.
Die Vogelhändler unterscheiden die Vögel von beiden Welt=
theilen darin, daß die alten ausgefärbten Halsbandsittiche aus
Asien rothe Schnäbel, aus Afrika röthlichschwarze Schnäbel
haben.

Ueber das Freileben liegen im ganzen recht geringe
Nachrichten vor; am eingehendsten berichten Layard und Th.
v. Heuglin. In Asien sieht man die Halsbandsittiche nicht
allein auf den Bäumen an den Straßen, sondern auch auf
den Dächern der Gebäude sitzen. Ganze Schwärme über=
nachten in alten, hohlen Bäumen. Abends zanken sie sich mit
lautem Geschrei um die Sitze auf den hohen Kokosnußbäumen,
zu denen sie in kleineren oder größeren Schwärmen aus allen
Richtungen herbeifliegen. Feuert man dann einen Schuß ab,
so erheben sie sich mit einem Getöse, welches man nur mit
dem Brausen des Sturmwinds vergleichen kann. Bis zur
völligen Finsterniß hin verursachen sie durch ihr Geschrei einen

entsetzlichen Lärm. Als ihre Nahrung nennt Th. v. Heuglin
mancherlei Sämereien, die Früchte der Affenbrotbäume, Feigen,
Datteln, Dattelpflaumen u. a. m. Die Nester befinden sich
in den Astlöchern von Akazien- und anderen Bäumen, namentlich aber von Affenbrotbäumen, und häufig brüten zahlreiche Pärchen nebeneinander. Jerdon berichtet, daß er die
Brut auch in den Mauerlöchern alter Pagoden oder anderer
Gebäude und sogar in Erdlöchern an steilen Ufern fand.
Die Halsbandsittiche überfallen, insbesondre nach der Brutzeit,
wenn sie sich zu großen Scharen ansammeln, Gärten und
Felder und verursachen besonders dadurch, daß sie viel mehr
vernichten als verzehren, überaus großen Schaden. Sie werden deshalb von den Ackerbauern eifrig verfolgt; die Indier
aber begnügen sich damit, sie zu verscheuchen.

Wol kaum ein andrer Papagei wird so zahlreich aus den
Nestern gehoben und aufgefüttert wie dieser, und daher gelangt
er nicht allein sehr zahlreich in den Handel, sondern die
meisten Halsbandsittiche sind auch bereits fingerzahm und
haben unterwegs schon einige Worte sprechen gelernt. Insbesondre gilt dies von den indischen, während am Senegal
oder auf Ceylon auch in großer Anzahl alte Vögel mit Netzen
gefangen werden.

Als Stubenvogel hat der Halsbandsittich in der That
einen bedeutenden Werth, denn er wird, gleichviel ob aus dem
Nest genommen oder alt eingefangen, leicht zahm, der erstre
überraschend bald, der andre in auch nicht langer Frist. In
einzelnen Fällen lernt er sodann vorzüglich sprechen; man hat
Beispiele, in denen ein solcher Sittich hundert Worte und
ganze Redensarten und noch dazu in mehreren Sprachen,
Deutsch, Englisch und Französisch, klar und deutlich aussprechen konnte, während er zugleich staunenswerthe Klugheit
und Intelligenz entwickelte. Die Seite 216 erwähnten übelen

Eigenschaften der Edelsittiche kommen aber stets, selbst bei einem solchen hervorragenden Sprecher, zur Geltung. Als einen Vorzug muß ich jedoch auch hier noch die kräftige Aus= dauer rühmen, denn man hat Vögel dieser Art bereits mehr= fach im Freien überwintert.

Herr Photograph Otto Wigand in Zeitz ist so glücklich gewesen, den Halsbandsittich zuerst zu züchten, seinen Brut= verlauf, das Jugendkleid und die Verfärbung zu beschreiben. Auf Grund solcher Ergebnisse konnten alle bisher obwaltenden Streitfragen inbetreff dieser Art mit voller Sicherheit ent= schieden werden. Später ist sie noch mehrfach gezüchtet.

Will man einen Halsbandsittich zur Abrichtung einkaufen, so wähle man, wenn möglich, einen jungen, noch einfarbig grünen Vogel; ob derselbe sich späterhin zum Männchen oder Weibchen ausfärbt, ist gleichgiltig. Einen alten, unbändigen Vogel, der bei jeder Annäherung schreit, nehme man nicht. Die Fütterung ist, wie S. 215 in der Ueberficht mitgetheilt, zu reichen. Inbetreff der Zähmung und Abrichtung wolle man das weiterhin im besondern Abschnitt Gesagte beachten. Der Preis für den rohen Halsbandsittich ist sehr niedrig, be= trägt zuweilen nur 6 bis 9 M., und man braucht sich dann nicht zu scheuen, wenn der Vogel auch sehr schlecht im Ge= fieder ist. Meistens steht der Preis auf 12 bis 15 M.; das Pärchen kostet 24 bis 30 M.; der abgerichtete, gut sprechende Sittich 50 bis 150 M. und darüber.

Der Halsband=Edelsittich von Mauritius [Psittacus eques, *Bdd.*] — breitschwänziger Halsband=Edelsittich, Ritter= oder Reiter=Edelsittich — Mauritius Alexandrine Parrakeet — Perruche Alexandre de l'isle de Maurice — Mauritius Edelparkiet — ist dunkelgras= grün ohne graugrünen Anflug; schmales Nackenband blau, jederseits an den Halsseiten ein gelblichzinnoberrother Fleck; Bartstreif und schmaler Zügelstreif schwarz; Rücken und Bürzel nicht bläulich=, son=

dern lebhaft dunkelgrün; große Achselfedern und kleine unterseitige
Flügeldecken lebhaft gelb; Schwanzfedern dunkelgrün ohne blauen
Anflug, Innenfahne düstergelb, unterseits ganz düsterorangegelb, die
beiden mittelsten Schwanzfedern wenig verlängert; ganze Unterseite
grasgrün (Brust nicht graulichgrün); Oberschnabel roth, Unterschnabel
schwarzbraun; Auge hellgelb, nackter Kreis orangegelb; Füße grau,
Krallen schwarz. Weibchen ebenso, doch ohne Halsband und Zügel-
linie; im Alter an den unteren Wangen ein schwärzlicher Streif;
Schnabel einfarbig schwarzbraun. Jugendkleid an der Unterseite
schwach gelblichgrün; Oberschnabel am Grunde röthlichbraun; im
übrigen dem Weibchen gleich. Größe ein wenig beträchtlicher als die
des vorigen (Länge 38—40,5 cm; Flügel 16,4—17,6 cm; längste
Schwanzfeder 15—19,6 cm; äußerste Schwanzfeder 5,4—7,8 cm). Heimat:
nur die Insel Mauritius. Obwol dem vorigen überaus
ähnlich und hauptsächlich nur durch dunkler grüne Färbung
verschieden, ist er doch von Dr. Finsch u. A. mit Entschiedenheit als besondre Art aufgestellt worden, und auch ich muß
ihn selbstverständlich als solche festhalten. Er wurde von
Boddaert (1783) wissenschaftlich benannt, nachdem ihn Brisson
und Buffon bereits abgebildet und beschrieben. Die Reisenden Gebrüder Newton haben über sein Freileben kurze Mittheilungen gemacht, nach denen er in allem dem vorhergegangnen Verwandten gleicht. Er sei sehr scheu, halte sich in den
Waldungen fern von menschlichen Wohnungen auf, sitze immer
versteckt in den Kronen der höchsten Bäume und fliege hoch
über Schußweite. Infolge des Herunterschlagens der Wälder
erleide er eine allmähliche, doch bemerkbare Verringerung, sodaß
man am Ende gar sein Aussterben befürchten müsse. In
den Handel gelangt er höchst selten und dann wird er auch
noch wol mit dem Verwandten verwechselt. Ein Edelsittich
dieser Art in meinem Besitz wurde überaus zahm und liebenswürdig und lernte gut sprechen. Preis dem des vorigen gleich.

Der rothschulterige Edelsittich mit rosenrothem Halsband

[Psittacus eupatrius, *L.*].

Großer Alexandersittich, bloß Alexandersittich, rothschulteriger Edelsittich, Hochedelsittich. — Great Alexandrine or Alexander Parrakeet. — Grande Perruche Alexandre, Grande Perruche d'Alexandre. — Groote Alexanderparkiet.

Nicht ganz so gemein im Handel wie der Halsband=sittich und bis vor kurzem sogar recht selten eingeführt, ist er doch ebenfalls allbekannt und erscheint im wesentlichen als das größere Abbild jenes. Er wurde von Edwards (1747 bis 1764) zuerst beschrieben und abgebildet und von Linné wissen=schaftlich benannt.

Das alte Männchen ist grasgrün; Hinterhals und Oberbrust schwach graugrün angeflogen; im Nacken ein breites rosenrothes Halsband, welches sich jederseits an den Halsseiten mit einem schwar=zen Bande vereinigt, während das letzte am Grunde des Unter=schnabels beginnt und die Oberkehle bedeckt; Rücken reingrün; die kleinsten Deckfedern am Unterarm bilden einen großen kirschbraun=rothen Fleck; Schwanzfedern an der Endhälfte bläulich, unterseits dunkelolivengrünlichgelb; Schnabel dunkelpurpurroth; Auge gelblich=weiß; Füße fleischfarben, Krallen schwärzlich. Das Weibchen hat kein rothes Nacken=, und kein schwarzes Oberkehlband, doch den rothen Fleck am Unterarm; Schnabel roth. Jugendkleid (wie die jungen Vögel in den Handel gelangen): oberseits mehr graulicholivengrün; unterseits gelbgrün; von Nacken= und Kehlband, sowie Schulterfleck keine Spur; Auge gelblichweiß. Stark Taubengröße (Länge 40—45 cm; Flügel 18—22,2 cm; längste Schwanzfeder 20,4—31,2 cm; äußerste Schwanzfeder 7,4—9 cm).

Heimat: das ganze Festland von Ostindien und Ceylon. Besonders zahlreich soll er auf der indischen Halbinsel sein. Ueber sein Freileben haben Jerdon, Blyth, Layard u. A. be=richtet. Er halte sich besonders in den hügeligen Wäldern und Dickichten auf und komme nicht in die Gärten oder Ort=

schaften wie der kleinere Verwandte. Große Schwärme über=
fallen die Reisfelder. Die Brut soll in den Monaten De=
zember bis Januar stattfinden und das Gelege in zwei bis
vier Eiern bestehen; jährlich werden zwei Bruten gemacht.
Hiermit sind die Nachrichten über sein Freileben erschöpft.
Hagmann berichtet, daß er in Indien ebenso bekannt und
allbeliebt wie der Halsbandsittich sei.

Seit altersher bis vor ganz kurzer Zeit herrschten in=
betreff des großen Alexandersittich mancherlei Irrthümer,
selbst Dr. Finsch mußte in seiner hier mehrfach erwähnten
Monographie die Geschlechter nicht zu unterscheiden, sondern
behauptete, den Angaben der indischen Naturforscher entgegen=
gesetzt, daß das Weibchen übereinstimmend mit dem Männchen
gefärbt sei. In meinem Werke „Die fremdländischen Stuben=
vögel" III. sind beide Geschlechter zuerst mit voller Sicher=
heit auseinander gehalten und beschrieben.

Auf Ceylon werden die Jungen vielfach aus den Nestern
gehoben, aufgezogen und abgerichtet. Diese Art steht dort und
ebenso bei uns in dem Ruf, daß sie zu den hervorragendsten
Sprechern und begabtesten Papageien überhaupt gehöre. Ihr
Leben in der Gefangenschaft haben neuerdings liebevolle Be=
obachter und Kenner geschildert, so insbesondre die Herren
E. Lieb in Palmyra in Südrußland und Dr. Steinhausen in
Straßburg i. E. Erstrer bezeichnet diesen Sittich als über=
aus klug und intelligent; sein Geschrei sei aber unerträglich,
denn selbst die schrillen Töne der Amazonenpapageien bleiben
dagegen Stümperei. Dr. St. fügt hinzu, daß er doch eigent=
lich nur dann die Gehörnerven seines Pflegers peinige, wenn
er sich langweile, unbehaglich fühle oder etwas verlange, was
man ihm vorenthalte; auch wenn er sich über eine fremde
Erscheinung ärgre. „Sonst zeigt er sich außerordentlich lie=
benswürdig, nimmt mir das Futter aus dem Mund, küßt

und plaudert faſt den ganzen Tag, letztres freilich ohne große
Abwechslung, doch außerordentlich deutlich und wohlklingend.
Beſonders auffallend iſt bei ihm die gefühlvolle Betonung,
welche er z. B. in das Wort ‚Girawa‘ — ſeinen Namen —
zu legen vermag. Die Menſchenähnlichkeit der Stimme,
deren Zartheit und Veränderungsfähigkeit, iſt erſtaunlich und
die unendliche Sehnſucht, welche darin ausklingt, hat oft etwas
tief Ergreifendes . . . Zu loben iſt auch, daß er ſein Ge=
fieder ſtets reinlich und glatt erhält. Wenn er Wallnüſſe be=
kommt, welche er überaus gern frißt, ſo benutzt er die lere
Schale in eigenthümlicher Weiſe. Er trinkt dann nie anders,
als daß er die Schale mit dem Schnabel ergreift, ſie vorſich=
tig mit Waſſer vollſchöpft und dieſes auf ſeinem Futterplatz
ausſchlürft.“ In letztrer Zeit iſt er mehrfach gezüchtet wor=
den, ſo i. J. 1884 von Herrn Chr. Chriſtenſen in Kopen=
hagen. Um ſeiner Schönheit, Zahmheit und Zutraulichkeit
willen iſt er der allgemeinen Beliebtheit werth, und wenn man
ihn zweckmäßig zu behandeln verſtände, ſo würde er dieſelbe
in noch viel höherm Maß finden, als er ſich ihrer ſchon jetzt
erfreut. Ich bitte die Liebhaber, meine weiterhin im Abſchnitt
über die Abrichtung gegebenen Rathſchläge zu beachten und
dann einen ſolchen ‚Erzſchreier‘, wie man ihn wol vielfach
nennt, ohne Bedenken zu kaufen. Er wird ſich nicht undank=
bar zeigen. Der Preis ſteht auf 50 bis 75 M. für den
Sprecher und 15 bis 25 M. für den rohen Vogel; das Par
etwa 30 bis 50 M.

Hodgſon's Edelſittich [Psittacus Hodgsoni, *Fnsch.*] — Hodgson's
Parrakeet — Perruche de Hodgson — Hodgson's Edelparkiet —
iſt grasgrün; Kopf ſchwärzlichſchiefergrau; Halsband hellgrasgrün;
Bartfleck und ſchmaler Streif bis an die Halsſeiten ſchwarz; Fleck am
Unterarm purpurbraun; Schwanzende gelb. Weibchen ebenſo, doch das
Nackenband ſchwächer; der Fleck am Unterarm und ebenſo der Bartfleck

fehlt. Durch die schwärzlichgraue Kopffärbung und die bedeutendere
Größe vom Halsbandsittich zu unterscheiden. Heimat: das indische
Festland; er soll zu den gemeinsten Vögeln gehören und namentlich
in ganz Bengalen überall häufig sein. Trotzdem wurde er erst i. J.
1836 von Hodgson beschrieben und dann von Finsch wissenschaftlich
benannt. Inanbetracht seiner weiten Verbreitung, seines häufigen
Vorkommens und der Angabe, daß er in Kalkutta, vornehmlich aber
in Dakka u. a., sehr häufig zu Markt gebracht werden soll, ist es
verwunderlich, daß er erst zweimal und zwar i. J. 1879 von Herrn
Großhändler J. Abrahams in London in einem Pärchen und i. J.
1881 von H. Fockelmann in Hamburg in einem Kopf lebend einge=
führt worden. Wenn er demnächst, woran nicht zu zweifeln ist, häufiger
kommt, so dürfte sich herausstellen, daß er in seinen Eigenthümlich=
keiten den nächsten Verwandten gleicht, und dann wird er eine will=
kommne Bereicherung der Liebhaberei bilden.

Der rothschnäbelige Edelsittich mit rother Brust

[Psittacus Alexandri, *L.*].

Rosenbrüstiger Alexandersittich von Java, bloß Alexandersittich von Java, java=
nischer Edelsittich, bloß Alexandersittich (!). Rosenbrustsittich. — Javan Alexandrine Parrakeet, Javan Parrakeet, Jew Parrakeet. — Perruche Alexandre
de Java, Perruche à poitrine rose. — Java Alexanderparkiet.

Drei Arten dieser Papageien erscheinen einander recht ähnlich,
und man nennt sie daher gemeinsam Rosenbrüstige Alexander=
sittiche. Sie sind auch vielfach verwechselt und zusammengeworfen
worden, sodaß es erst der gründlichen Forschung des hervorragendsten
Gelehrten auf diesem Gebiet, Dr. Finsch, bedurfte, um sie mit Sicher=
heit zu unterscheiden. Sie sollen in ihrer Heimat überaus beliebt
sein und viel gehalten werden, doch hatten sie bei uns bis vor
kurzem für die Liebhaberei sämmtlich recht geringes Interesse, denn
man erachtete sie für wenig begabt und auch nicht für liebens=
würdig; in der neuesten Zeit aber sind Pfleger und Kenner dieser
Vögel aufgetreten, welche Bedeutsames zu ihren Gunsten mitgetheilt
haben.

Der rothschnäbelige Edelsittich mit rother Brust hat Stirnrand
und Zügelstreif schwarz, Kopf und Kopfseiten sind graugelb, breiter

Bartstreif und Streif an der Wange bis über die Halsmitte schwarz; Hinterhals und Nacken grasgrün; Schwingen an den Innenfahnen grau, unterseits ganz aschgrau; großer länglicher Fleck auf dem Flügel olivengelb; Schwanzfedern grün, fahlgelb gespitzt, die beiden mittelsten blau, alle unterseits düstergelb; ganze übrige Oberseite olivengelblichgrün; von der Kehle bis zur Bauchmitte matt rosenroth; übrige Unterseite gelbgrün; Schnabel roth, Wachshaut weiß; Auge hellgelb, Augenring gelblichgrau; Füße bräunlichgrau, Krallen schwärzlich. Größe etwas geringer als die des Halsbandsittichs (Länge 32—34 cm; Flügel 13,6—14,8 cm; längste Schwanzfeder 11,8—15 cm; äußerste Schwanzfeder 5—5,9 cm). Heimat: Borneo, Java, wahrscheinlich auch Sumatra und Malakka.

Zu den auf Osbecks Reise (1757) gesammelten Vögeln gehörend, ist diese Art von Odhel (1760) zuerst beschrieben und von Linné benannt; sie darf daher als der eigentliche Alexanderpapagei Linné's gelten; keineswegs aber ist sie jener Papagei, der seit Alexander's und Cäsar's Zeit in Europa bekannt geworden, sondern dies war, wie S. 217 angegeben, der sog. kleine Alexandersittich oder Halsbandsittich.

Nach Angabe der Reisenden, insbesondre des Dr. H. A. Bernstein, bewohnt dieser Edelsittich vorzugsweise die heißen, niedrig gelegenen Striche, sowie die Vorberge bis zu 1300 m Höhe. Während er sich in den dichten Kronen der höchsten Bäume geschickt zu verbergen weiß, verräth er sich durch seine laute, kreischende Stimme. Ueber die Brut ist nichts Näheres bekannt. Das Gelege soll nach Mittheilungen verschiedener Forscher in zwei bis vier Eiern bestehen. Nach der Nistzeit streichen sie nahrungsuchend, bei Tage par= oder familienweise, umher, gegen Abend aber scharen sie sich in großen Schwärmen zum Uebernachten auf hohen, dichtbelaubten Bäumen oder im Bambusdickicht zusammen. An einem solchen Versammlungsort verursachen sie ohrenbetäubenden Lärm, welcher spät bis zum Dunkelwerden dauert und mit dem anbrechenden Tage von neuem beginnt.

Da auch dieser Sittich, gleich allen vorhergehenden, in seiner Heimat als Stubenvogel gehalten wird, sehr beliebt und geschätzt sein soll, so ist es wiederum verwunderlich, daß er nur selten lebend bei uns eingeführt wird. Schon Bechstein schildert ihn als „allerliebsten, gelehrigen und gesprächigen Papagei von außerordentlicher Zahmheit, zärtlichem und schmeichelhaftem Betragen". Vor Jahren besaß ich einen rosenbrüstigen Sittich von Java, hatte aber wenig Freude an ihm, denn er wurde weder zahm, noch ergab er sich als gelehrig. E. v. Schlechtendal machte eine ähnliche Erfahrung, doch zeigte sich bei ihm ein zweiter Sittich dieser Art als recht begabt, indem derselbe ohne besondern Unterricht etwas sprechen lernte und überaus zahm wurde. Als die liebevollste Pflegerin der rothschnäbeligen Alexandersittiche erscheint Baronin S. v. Schlechta in Wien. Sie hatte im Lauf der Zeit fünf Köpfe und lobt alle als ungemein liebenswürdig. Von einem Weibchen sagt sie: „Kein Ton ist widerlich oder auch nur grell, alle erklingen hell und heiter. Es zeigt gegen mich keine Spur von Bosheit oder Heftigkeit, läßt sich vielmehr streicheln und aus dem Mund füttern. In kurzen Zwischenräumen hintereinander legte es 42 Eier, die jedoch sämmtlich weichschalig waren und von ihm selber gefressen oder doch vernichtet wurden. Auch die übrigen rosenbrüstigen Alexandersittiche äußern eine innige Anhänglichkeit gegen meine Person und zeigen sich reizend neckisch und begabt. Der eine dieser Vögel spricht mit deutlicher Betonung ‚Papagei', dann ‚Anna', ‚Papagei', ‚gei, gei' und ‚ei, ei', dann lacht er hell auf, sodaß ich mitlachen muß. Das Männchen singt ein helles, kurzes Lied und wirft den Kopf nach rechts und links. Im Wesen sind sie sehr drollig, machen tiefe Verbeugungen u. s. w." Wir haben in dieser Art also immerhin einen, bei verständniß- und liebevoller Behandlung, lieblichen und liebenswürdigen Stubenvogel vor uns; seine Sprachbegabung ist indessen doch nur gering im Verhältniß zu der, welche die vorangegangenen Verwandten entwickeln. Preis 40 bis 60 M. für den Kopf.

15*

Der roth= und schwarzschnäbelige Edelsittich mit rother Brust
[Psittacus Lathami, *Fnsch*.] — Latham's rosenbrüstiger Edelsittich,
bloß Latham's Edelsittich, Kochinchinasittich, Bartsittich, Schnurrbart=
sittich, Rosenringsittich (!) — Rose-breasted Alexandrine Parrakeet,
Cochinchina Parrakeet — Perruche à bavette rose, Perruche de
Pondichery, Perruche à moustaches — Latham's Alexanderparkiet,
Zwartkeel Edelparkiet. — Dem vorigen überaus ähnlich, sodaß
die älteren Schriftsteller, insbesondre aber die S. 222 ge=
nannten Forscher in Ostindien, ihn immer mit Entschieden=
heit als das Weibchen oder das Jugendkleid jener Art be=
zeichnet hatten, ist er eigentlich nur in folgendem abweichend:
breiter Stirnrand, Zügelstreif und großer Bartfleck schwarz, ganzer
Oberkopf und Wangen bläulichhellgrau, letztere hinterwärts matt
rosenroth umsäumt; Nacken glänzend grasgrün; großer Schulterfleck
olivengrünlichgelb; Flügeldecken gelbgrün; ganze übrige Oberseite
olivengelblichgrasgrün; Hals und Brust bis zum Beginn des Bauchs
fahlrosenroth; übrige Unterseite bläulichgelbgrün; Oberschnabel roth,
Unterschnabel schwarz; Auge lebhaft gelb; Füße schwärzlichgrau, Krallen
schwarz. Größe kaum wahrnehmbar bedeutender als die des vorigen
(Länge 33,5—36 cm; Flügel 15,7—16,2 cm; längste Schwanzfeder
15,9—17 cm; äußerste Schwanzfeder 5,2—5,4 cm). Heimat: das
ganze indische Festland bis zu Pinang hinab; besonders auch in
Kochinchina soll er vorkommen. In Unterbengalen verursachen die
Schwärme dieser Sittiche großen Schaden an den Nutzgewächsen,
namentlich in den Reisfeldern. Die aus den Nestern gehobenen
und aufgefütterten Jungen sind gleich denen des javanischen Edel=
sittichs in der Heimat als Stubenvögel überaus beliebt. Zu uns
gelangen sie nur selten. Mehrere Züchtungsversuche, welche man
angestellt, sind erfolglos geblieben; Herr Kreisgerichtsrath Heer in
Striegau erzählt aber von einem Pärchen, welches im Besitz eines
Tischlers nach und nach in alle Winkel gegen 50 Eier gelegt hatte.
In den zoologischen Gärten hat sich diese Art recht ausdauernd ge=
zeigt und selbstverständlich wird bei den anderen Gleiches der Fall
sein. Näheres ist über den Vogel noch nicht bekannt. Preis wie
der des vorigen; ein Par war für 120 M. ausgeboten.

Der schwarzschnäbelige Edelsittich mit rother Brust [Psittacus melanorrhynchus, *Wgl.*] — schwarzschnäbeliger Alexandersittich mit rosenrother Brust, Schwarzschnabelsittich — Black-billed Alexandrine Parrakeet — Perruche Alexandre à bec noir — Zwartbek Edelparkiet, Smous- of Baardparkiet — wurde von Blyth und Jerdon als das Weibchen oder Jugendkleid des vorigen angesehen, jedoch von Finsch mit Entschiedenheit als besondre Art festgehalten, nachdem er von Wagler (1832) nach einem lebenden Vogel im Besitz des Königs von Baiern beschrieben worden. Auch Fraser (1850) hielt ihn als Art fest und bildete ihn als solche ab. Er ist den beiden vorigen sehr ähnlich und nur in folgenden Merkmalen verschieden: schmaler Stirn- und Zügelstreif, sowie breiter Bartstreif neben dem Unterschnabel tief rußschwarz, Stirn grünlichblau, Oberkopf violettblau, Streif ober- und unterhalb des Auges jederseits bis zum Nasenloch gelblichgrün, Gegend hinter dem Auge violett gewellt, Wangen und Ohrgegend blau, Streif vom Vorderhals um die Wangen bis zur Mitte des Hinterkopfs fleischroth; Rücken maigrün, Schulterfleck klein, länglich, dunkel olivengrünlichgelb; untre Schwanzseite düster olivengrünlichgelb; ganzer übriger Körper grün wie bei den vorigen; Schnabel glänzend bräunlichschwarz, Wachshaut bläulichgrau; Auge perlweiß, Iris grau, mit großer schwarzer Pupille; Füße blaugrau, Krallen bläulichhorngrau. Größe mit der des vorigen völlig übereinstimmend. Weder inbetreff der Verbreitung noch der Lebensweise liegen Mittheilungen vor. In den Vogelhandel und auf die Ausstellungen kommen mehrfach rosenbrüstige Sittiche mit schwarzem Schnabel; so sandte Herr Wiener aus London einen zur „Ornis"-Ausstellung nach Berlin i. J. 1879; im Besitz des Herrn Rittner-Bos in Amsterdam befand sich ein zweiter, welcher dann in den zoologischen Garten dort gelangte, sich viele Jahre gut erhielt, seinen schwarzen Schnabel aber nicht verfärbte. Sollte er häufiger eingeführt werden, so wird er dem erstbeschriebnen Verwandten sicherlich in jeder Hinsicht gleichen.

Prinz Luzian's Edelsittich [Psittacus Luziani, *Vrrœ.*] — Bartsittich, Luziansittich — Luzian's Parrakeet — Perruche à moustache — Luzian's Edelparkiet — ist grün; Stirnrand schwärzlichgrün, Ober- und Hinterkopf röthlichgraugrün, Zügelstreif und Bartfleck schwarz, Kopfseiten zinnoberroth; Nacken und Hinterhals rosaröthlich-

gelb; Rücken blaßgrün; Schwingen dunkler grün, unterseits schwärzlichgrün; Schwanzfedern unterseits graugelb; Kehle grau; Hals und
Oberbrust gelblichgrün; ganze übrige Unterseite grün; Oberschnabel
zinnoberroth, Unterschnabel schwarz; Auge gelblichweiß; Füße schwärzlich. Weibchen oder Jugendkleid: Kopfseiten düsterroth, Oberkopf grün; Schnabel schwarz; in allem andern übereinstimmend.
Vom rothschnäbeligen Edelsittich mit rother Brust unterscheidet sich
das Männchen dieser Art dadurch, daß es keinen gelben Schulterfleck,
keine rothe Brust, dagegen einen stärkern Schnabel hat und viel
größer ist. Heimat: China (nach Sclater). Er wurde von
Verreaux (1850) nach einem lebenden Vogel im zoologischen
Garten von Amsterdam beschrieben; ein zweiter befand sich in
der van Aken'schen Menagerie und ein dritter in dem zoologischen Garten von London (1857). Seitdem ist dieser Edelsittich hin und wieder in den Handel gekommen, so hatte der
Großhändler Heinrich Möller in Hamburg i. J. 1878 ein
schön ausgefärbtes Männchen, welches ganz zahm war, und
mehrere Worte deutlich sprach. Zwei Köpfe gelangten im
Jahr 1880 in den zoologischen Garten von Hamburg, ein
Par bot i. J. 1882 Herr Vogelhändler Dieckmann in Hamburg für 120 M. aus, und in neuester Zeit ist er alljährlich
in einem oder einigen Köpfen eingeführt.

Der rothnackige Edelsittich

[Psittacus longicaudatus, *Bdd.*].

Langschwänziger Alexandersittich, Langschwanzsittich, Malakkasittich. —
Long-tailed Alexandrine Parrakeet, Malaccan Parrakeet, Madna Bhola Parrakeet. — Perruche Alexandre à queue longue, Perruche à joues roses, Perruche de Malais. — Langstaart Edelparkiet.

Als einen durch schöne Färbung besonders angenehm ins
Auge fallenden Papagei bezeichnet Dr. Finsch diesen Edelsittich
und in der That mit Recht, denn derselbe steht den vorhergegangenen rosenbrüstigen Edelsittichen nahe, dürfte dieselben

jedoch sowol an Farbenschönheit, als auch an Anmuth und wahrscheinlich auch an Begabung übertreffen.

Er ist in folgender Weise gefärbt: Stirnrand und Zügel= streif schwärzlichgrün, Ober= und Hinterkopf smaragdgrün, breite Binde vom Schnabel unterhalb des Auges um den Hinterkopf, nebst Nacken und kurzem Streif oberhalb des Auges hellrosen= bis pfirsich= blutroth; Oberrücken gelblichgrün, schwach bläulich, Mittelrücken grünlichblau; oberseitige Schwanzdecken grün; Schwingen grün, an der Außenfahne blau, Innenfahne schwarz; unterseits schwärzlich= grau; Deckfedern der ersten Schwingen grünlichblau, die übrigen Deck= federn gelblicholivengrün, kleine unterseitige Flügeldecken gelb; die beiden mittelsten Schwanzfedern blau, die übrigen grasgrün, alle unterseits düsterolivengrünlichgelb; breiter Bartstreif schwarz; ganze übrige Unterseite gelbgrün; Oberschnabel scharlachroth, Unterschnabel schwärzlichhorngrau, nackte Nasenhaut schwärzlichgrau; Augapfel gelblichweiß, Iris grünlichgrau, um die schwarze Pupille ein schmaler heller Ring, Augenlider gelblichgrau, nackte Haut ums Auge schwärz= lichgrau; Füße bräunlichgrau, Krallen horngrau. Weibchen (nach Dr. Platen): Ober= und Hinterkopf einfarbig grün, nur die Wangen und ein Fleck überm Auge düsterweinroth, Bartfleck nicht schwarz, sondern grün; Halsband dunkelgrün; Schnabel einfarbig bräunlich. Jugend= kleid dem des Weibchens gleich, doch matter und die mittelsten Schwanzfedern kürzer. Größe die der rothbrüstigen Edelsittiche. (Länge 32—34 cm; Flügel 13,6—14,6 cm; längste Schwanzfedern 20 bis 25,6 cm; äußerste Schwanzfedern 4,8—5,9 cm.) Seine Heimat sind Borneo, Sumatra und Malakka.

Der rothnackige Edelsittich wurde schon von Boddaert (1783) abgebildet und benannt, und bei den älteren Schrift= stellern bis auf Buffon hat auch er vielfach Anlaß zu Irr= thümern gegeben, welche erst in neuester Zeit, insbesondre durch Finsch, berichtigt worden. Sein Freileben ist seit kurzem etwas bekannter als bisher. An der Nordküste von Borneo, wo er ziem= lich häufig ist, sahen Mottley und Dillwin ihn frühmorgens in Familien bis zu 8 Köpfen unter schrillem Geschrei um die Spitzen der Bäume fliegen; im Süden von Borneo und im Osten von Su= matra haben die Reisenden (Dr. Platen, Dr. Hagen u. A.) Schwärme

von Hunderten hoch in der Luft gleichfalls mit lauten Rufen dahin=
ziehend angetroffen. Ueberhaupt sollen sie sich immer in den Gipfeln
der höchsten Bäume aufhalten. Ihre Nahrung besteht in Beren=
früchten, so denen eines Rosenapfels, den stark riechenden und bren=
nend schmeckenden Samenlappen des Kampherölbaums u. a. m.
Dr. Platen beobachtete ihn im Stromgebiet des Sarawak und sagt,
die Brutzeit soll nach Angabe der Eingeborenen in die Monate
Februar bis Mai fallen, das Nest in Höhlungen der höchsten, vor=
nehmlich abgestorbenen Bäume sich befinden und das Gelege in zwei
bis drei Eiern bestehen. Die Eingeborenen fangen diese Sittiche
zahlreich mit Vogelleim, doch nur, um sie zu verzehren. Frau
Dr. Platen fütterte ihre Gefangenen mit gekochtem Reis und Zucker=
rohr, und sie wollten nichts andres annehmen; dabei hielten sie sich
ziemlich gut, magerten jedoch ab. Sie kletterten viel im Käfig um=
her, liefen die Sitzstangen auf und ab und suchten die futterspendende
Hand immer zu beißen. In den zoologischen Garten von London
gelangte der langschwänzige Alexandersittich zuerst i. J. 1864 in zwei
Köpfen, und seitdem ist er von Zeit zu Zeit, jedoch immer nur
einzeln, eingeführt worden. Ein schönes Männchen in meiner Pflege
zeigte sich im ganzen Wesen als übereinstimmend mit den rosen=
brüstigen Alexandersittichen. Weder am letztern, noch an anderen
wurde bis jetzt Sprachbegabung festgestellt, doch ist an der=
selben, wie eingangs erwähnt, sicherlich nicht zu zweifeln.
Preis 30 bis 50 M.

Der rothschnäbelige Edelsittich von den Nikobaren [Psitta-
cus nicobaricus, *Gld.*] — Rothwangensittich, rothbäciger Edelsittich
— Red-masked Conure, Red-cheeked Parrakeet — Perruche à tête
d'écarlate — Roodmasker Edelparkiet — ist am Oberkopf smaragd=
grün, Zügel, Kopfseiten und Ohrgegend ziegelroth, schmaler Zügel=
streif und großer Bartfleck schwarz; Nacken und Halsseiten gelblich=
olivengrün, Hinterhals und Mantel graulichgrün verwaschen; Schwin=
gen an den Außenfahnen dunkelblau, unterseits ganz schwärzlichgrau;
die beiden mittelsten Schwanzfedern blau, alle unterseits oliven=
grünlichgelb; ganze übrige Oberseite lebhaft grün; Kehle und Ober=
brust gelblichgrün, graulich verwaschen; übrige Unterseite rein grün;
Oberschnabel blutroth, Unterschnabel schwarz; Auge grau bis rein=
weiß; Füße blaugrau, mit gelben Schildchen. Er ist dem vorigen

ähnlich, aber dadurch zu unterscheiden, daß das Roth der Kopfseiten sich nicht um Hinterkopf und Nacken zieht, auch ist er bedeutend größer; von Prinz Luzian's Edelsittich unterscheidet er sich vornehm= lich nur dadurch, daß die ersten Schwingen und deren Deckfedern blau sind. Heimat: die Nikobaren und Andamanen. Die Natur= forscher der Nowara=Expedition fanden ihn auf allen jenen Inseln und keineswegs selten. Von Blyth (1846) beschrieben, ist er bis jetzt selbst als Balg in den Museen noch recht selten. Im Jahre 1873 ist ein rothschnäbeliger Nikobaren=Sittich in den zoologischen Garten von London gelangt; sonst wurde er noch nicht eingeführt.

Der schwarzschnäbelige Edelsittich von den Nikobaren [Psitta- cus Tytleri, *Hume*] — Tytler's Parrakeet — Perruche de Tytler — Tytler's Edelparkiet — ist von Tytler mit Entschiedenheit als besondre Art aufgestellt, wird neuerdings aber als das Weibchen oder Jugendkleid der vorigen angesehen. Er ist jenem in allem gleich und unterscheidet sich nur durch den ganz schwarzen Schnabel. Von diesem schwarzschnäbeligen Edelsittich hatte Fräulein Hagenbeck im Oktober (1881) zwei Köpfe eingeführt, welche fingerzahm und aller= liebst waren. Für die Liebhaberei an sprechenden Vögeln ist es gleichgiltig, ob dieser Edelsittich nur in einer oder in zwei wenig von einander abweichenden Arten vorkommt. Würde er häufiger in den Handel gelangen, so dürften wir ihn gewiß willkommen heißen.

Der pflaumenrothköpfige Edelsittich
[Psittacus cyanocephalus, *L.*].

Pflaumenkopfsittich, Pflaumenkopf, Ruß' pflaumenrothköpfiger Edelsittich, rothköpfiger Edelsittich und sonderbarerweise Bartsittich. — Perruche à tête rose ou Palaeornis à tête rose. — Blossom-headed Parrakeet or Plum-headed Parrakeet.

und

Der rosenrothköpfige Edelsittich
[Psittacus rosiceps, *Rss.*].

Rosenkopfsittich, Bodinus' rosenköpfiger Edelsittich, Burmahsittich. — Per- ruche de Burmah. — Rose-headed Parrakeet.

Beide sind hervorragend schöne und angenehme Papa= geien, die zugleich als die besten Brutvögel unter fast allen gelten dürfen. Obwol immer noch selten im Handel, wie in den Vogelstuben, sind sie doch allbekannt und vielbeliebt. Zuerst und hauptsächlich in meiner Vogelstube ist durch Züchtung ihre naturgeschichtliche Entwicklung: Gelege, Brut, Nestflaum, Jugendkleid, Verfärbung, Alterskleid, bzl. Geschlechtsunterschiede, erforscht worden *).

Der Pflaumenkopf ist oberseits grasgrün, olivengrünlichgelb scheinend; Stirn und Wangen purpurroth, Oberkopf bläulichpurpurroth, Hinterkopf purpurröthlichblau schillernd, Bartstreif, Kehlfleck und Band um den Hinterkopf schwarz: Nackenband grünlichblau (seegrün); Hinterrücken, Bürzel und obere Schwanzdecken bläulichgrün; Flügelfleck am Unterarm dunkelpurpurroth, kleine unterseitige Flügeldecken grünblau: die beiden mittelsten langen Schwanzfedern blau mit gelblichweißem Ende; ganze Unterseite gelblichgrün; Oberschnabel wachsgelb, Unterschnabel schwärzlich; Augapfel perlweiß, Iris braun bis dunkelgelbroth, nackter Augenkreis weißlichgrau; Füße bräunlichhorngrau, Krallen horngrau. Das Weibchen ist oberseits gelblichgrasgrün; Kopf grau, Hinterkopf lilablau scheinend; breites Nackenband hellgrün; Flügel ebenfalls mit purpurbraunem Fleck; Iris schwarz, nackter Augenring gelblichweiß; Füße graulichweiß, Krallen horngrau; in allem übrigen dem Männchen gleich, doch ohne Bartfleck und Band um den Hinterkopf. Im Jugendkleid haben Männchen und Weibchen aschgrauen Ober= und Hinterkopf und erst nach zwei Jahren sind sie ausgefärbt.

Seine Verbreitung erstreckt sich über fast ganz Indien, wo er zu den gemeinsten Vögeln zählt und bei den Eingeborenen sowol wie bei den Europäern sehr beliebt ist und viel gehalten wird. In Kalkutta werden häufig Junge zu Markt gebracht. Erst i. J. 1862 gelangte er in den zoologischen Garten von London und dann in wenigen Köpfen in den

---

*) Die Schilderung des Brutverlaufs beider Arten habe ich in meinen Werken „Die fremdländischen Stubenvögel" III, und „Handbuch für Vogelliebhaber" I, dritte Auflage, gegeben.

Handel. Die erste größre Einführung fand in 25 Männ=
chen i. J. 1875 durch Gaetano Alpi in Triest statt. Ich
züchte den Pflaumenkopf nun seit 15 Jahren und schon in
vierter Geschlechtsfolge, selbstverständlich mit Bluterneuerung,
und verschiedene andere Liebhaber haben ihn ebenfalls gezogen.
Unmittelbar nach der Ankunft zeigen sich die Pflaumenköpfe weichlich, weil
sie in der Heimat und unterwegs gewöhnlich nur mit Zuckerrohr, gekoch=
tem Reis und Bananen gefüttert werden; gut eingewöhnt sind sie
kräftig und ausdauernd. Alt eingeführte Vögel benehmen sich scheu und
ängstlich, freifliegend in der Vogelstube ruhiger, niemals dummscheu,
und während der Jungenpflege sogar dreist; jung zu uns gelangt,
werden sie bald zutraulich, liebenswürdig und zahm. Ueberhaupt
sind sie anmuthig, friedlich gegen andere, auch kleine Genossen und
keine Schreier; sie lassen nur wohlklingende Töne, einzeln gehalten
immer und pärchenweise zur Brutzeit einen dreilautigen, lieblichen
Gesang unter Kopfnicken erschallen. Sie sind geistig hochbegabt,
doch erst in einem Fall, bei einem englischen Liebhaber, soll
ein Pflaumenkopf einige Worte sprechen gelernt haben. Zur
Abrichtung würden sich sicherlich hier gezüchtete Junge am
besten eignen. Der Preis beträgt 20 bis 30 M. für den
Kopf.

Der Rosenkopfsittich ist oberseits gleichmäßig maigrün;
Stirn, Ober= und Hinterkopf gleichmäßig pfirsichroth (hellrosenroth),
Oberkopf schwach silbergrau schillernd; Bartfleck und Nackenband
schwarz; Flügelfleck am Unterarm bräunlichpurpurroth; kleine unter=
seitige Flügeldecken gelblichgrün; ganze Unterseite lebhaft gelblichgrün:
Oberschnabel wachsgelb, Unterschnabel schwärzlichhorngrau: Auge
perlweiß, Iris braun, Augenring breit nackt, bläulichfleischfarben; Füße
bläulichweiß, Krallen fleischfarben. Größe kaum geringer als die des
vorigen. Das Weibchen ist oberseits dunkelgrün; Stirn und Kopf=
seiten bräunlichaschgrau, Oberkopf lilablau; Nacken, Halsseiten und
Kehle gelblichgrün, letzte rostfahl überlaufen; Flügelfleck gleichfalls
purpurbraun (Bartfleck und Nackenband fehlen); ganze Unterseite
gelblichgrün. Im Jugendkleid haben Männchen und Weibchen
den Ober= und Hinterkopf heller grau als die des Pflaumenkopf und
die Ausfärbung geschieht ebenfalls in zwei Jahren.

Schon von Boddaert i. J. 1783 beschrieben und benannt,
war der Rosenkopf bis zum Jahr 1875 niemals lebend nach
Europa gelangt, und manche Vogelkundigen, so besonders
Dr. Finsch, erachteten die Färbungsunterschiede vom vorigen für
zu unbedeutend, um ihn als Art hinzustellen. Im genannten
Jahr brachte Dr. Bodinus aus Antwerpen 6 Sittiche mit,
welche jungen Pflaumenköpfen glichen, aber bläulichgraue,
fast weiße Köpfe zeigten. Nachdem sie ausgefärbt waren,
übergab mir Dr. Bodinus ein am Leben gebliebnes
Pärchen, damit ich wenn möglich durch Züchtung fest=
stellen könne, ob wir eine Art oder Spielart vor uns haben.
Im Mai 1879 flog ein junger Vogel aus. Der ganze Brutverlauf
ergab sich als übereinstimmend mit dem des Pflaumenkopf; nur die
Färbung zeigte sich verschieden. Seitdem ist die Zucht noch den Herren
Dr. Frenzel in Freiberg i. S. und Generalagent Kerfack in Berlin
geglückt, und neuerdings habe ich Mischlinge von Rosen= und Pflaumen=
kopf gezogen. Sicherlich würden Junge dieser Art ebenso abrichtungs=
fähig sein wie die der vorigen.

*   *   *

Zu den artenreichsten unter allen Papageiengeschlechtern gehören
die **Keilschwanzsittiche** [Conurus, *Khl.*], welche sich in folgenden be=
sonderen Merkmalen kennzeichnen lassen: Schnabel kräftig, stark
gekrümmt, so hoch wie lang, mit flacher Rinne auf der stumpf ab=
gesetzten, leicht gefurchten First, deutlichem Zahnausschnitt, breiter,
abgeplatteter Dillenkante, an der Spitze abgestutztem Unterschnabel,
dessen Schneidenränder sanft ausgebuchtet sind; Zunge dick, fleischig,
glatt; Augenkreis nackt; Zügel befiedert; Nasenlöcher klein, rund, in
schmaler, freier, selten befiederter Wachshaut; Flügel spitz, länger
als der Schwanz; Schwingen am Ende spitz zugerundet; Schwanz
lang, keilförmig abgestuft, jede Feder nach dem Ende zu gleichmäßig
verschmälert und spitz zugerundet; Füße kräftig mit starken Nägeln;
Gefieder meistens hart; Gestalt gedrungen. Drossel= bis Dohlen=
größe. Bei allen Keilschwänzen sind die Geschlechter übereinstimmend
gefärbt. Ihre Heimat ist Süd= und Mittelamerika, vornehmlich Brasilien,
und zwar erstreckt sich ihre Verbreitung von Chile bis zum südlichen

Mexiko; einige sind ausschließlich in Westindien und nur eine Art ist in Nordamerika heimisch. Die feuchten und heißen mit Urwald bestandenen Niederungen am Amazonenstrom bilden ihren hauptsächlichsten Aufenthalt. Sie leben gesellig in mehr oder minder großen Schwärmen und manche Arten auch zur Brutzeit. Das Nest bildet wie bei anderen Papageien ein Baumloch; eine Art nistet auch in Felsenhöhlen. Das Gelege soll in zwei bis drei Eiern bestehen, doch dürfte es bei den meisten Arten wol mehrere enthalten. Als Baumvögel fliegen die Keilschwänze sehr gut, klettern hurtig, wenn auch etwas ungeschickt und gehen auf dem Boden unbeholfen. Manche oder wol alle Arten wandern zeitweise als Zug- oder Strichvögel. Als ihre Nahrung darf man zweifellos vorzugsweise Sämereien, weniger Früchte und andere Pflanzenstoffe, annehmen. Die großen Schwärme verursachen an den Nutzgewächsen umsomehr Schaden, als sie, wie ja fast alle Papageien überhaupt, beiweitem mehr verderben als verzehren. Darum und zugleich weil ihr Fleisch wohlschmeckend ist, werden sie eifrig verfolgt. Die Indianer rauben die Jungen zahlreich aus den Nestern, um sie aufzufüttern und zum Verkauf nach den Hafenstädten zu bringen. Alte werden in Schlingen oder mit Vogelleim gefangen und neuerdings schwarmweise in großen Netzen.

Fast alle Keilschwänze gewöhnen sich immer leicht ein und zeigen sich in der Gefangenschaft vortrefflich ausdauernd. Sie sind daher bei uns im Vogelhandel an Arten- und Kopfzahl verhältnißmäßig mehr als die meisten anderen Papageien zu finden; manche gehören zu den gemeinsten Vögeln des Markts; viele Arten sind aber auch selten und kostbar. Im Handel werden sie gewöhnlich Perikiten oder Perrüschen genannt. Anfangs erscheinen sie, besonders die alten Vögel, in der Gefangenschaft scheu, störrisch, unbändig, also nichts weniger als angenehm, und ihr gellendes, garnicht zu beschwichtigendes Geschrei macht sie manchmal geradezu unausstehlich. Aber alle, selbst die unbändigsten Wildfänge, werden zuweilen in verhältnißmäßig kurzer Zeit ungemein zahm, liebenswürdig und ergeben sich als in hohem Maße abrichtungs- und auch sprachfähig; als hervorragende Sprecher können sie indessen keinenfalls gelten und ihr Geschrei unterlassen auch zahme Vögel niemals ganz. Viel mehr beliebt sind sie als Schmuckvögel, indem sie in mehr oder minder hübscher bunter Färbung, namentlich aber in ihrem sehr komischen Wesen mit wunderlichem Kopfnicken, ¡Knixen, Gefieder-

sträuben, Vergrößern und Zusammenziehen des Augensterns u. s. w.
den Beifall der Liebhaber finden, während diese freilich das schrille
und anhaltende Geschrei mit in den Kauf nehmen müssen. Der
Züchtung haben sich bis jetzt leider erst wenige Arten zugänglich
gezeigt. Als Futter bedürfen die Keilschwanzsittiche nur: Sämereien,
Hanf, Kanariensamen, Hafer, nebst ein wenig Frucht und allenfalls
etwas Biskuit oder Eierbrot. Frische Aeste noch mit der Rinde
zum Nagen soll man niemals fehlen lassen. Ihrer geringern Größe
wegen hält man sie selten auf dem Ständer, vielmehr gewöhnlich im
Käfig, welcher jedoch ihres nur zu argen Nagens wegen mit Ausnahme
der Sitzstange völlig von Metall sein muß. In der Vogelstube sind
sie gegen andere kleine Vögel in der Regel recht bösartig. Ihre
Preise sind so sehr verschieden, daß ich sie bei jeder einzelnen Art
angeben muß. Selbstverständlich werde ich hier nur die Keilschwanz=
sittiche schildern, von denen bis jetzt nachgewiesen ist, daß sie sprechen
gelernt haben.

Der nordamerikanische Keilschwanzsittich

[Psittacus carolinensis, *L.*].

Keilschwanzsittich von Karolina, Karolina= oder Karolinensittich. —
Carolina Conure, Carolina Parrakeet. — Perruche de la Caroline, Perruche
à tête jaune. — Zon Parkiet of Carolina Parkiet.

Als einen der gemeinsten Vögel des Handels, der zu=
gleich zu den schönsten oder doch buntesten zählt, sehen wir
den einzigen Papagei, welcher in Nordamerika heimisch ist,
vor uns. Er würde sich daher der eifrigsten und verbreitet=
sten Liebhaberei erfreuen, wenn er nicht im Gegensatz dazu
Eigenschaften hätte, durch welche er sich geradezu unausstehlich
macht. Von Catesby (1731) beschrieben und von Linné
(1766) wissenschaftlich benannt, ist er auch als Stubenvogel
schon von Buffon, dann Bechstein u. A. geschildert worden.

Der Karolinasittich, wie er meistens genannt wird, ist an
Stirn, Vorderkopf bis um die Augen, Wangen bis unter den
Schnabelgrund orangezinnoberroth, Ober= und Hinterkopf, Kopfseiten,

Ohrgegend und Oberkehle rein schwefelgelb; Schwingen dunkelgrün, an der Außenfahne bläulich, Innenfahne schwarz; Deckfedern der ersten Schwingen bläulichgrün, kleine Deckfedern am Flügelbug und Handgelenk zitrongelb, einzelne orangeroth gesäumt; Schwanzfedern dunkelgrasgrün, Spitze bläulichgrün, unterseits Außenfahne schwärz=lich, Innenfahne graugelb; ganze übrige Oberseite dunkelgrasgrün, Hinterrücken etwas heller; ganze Unterseite hell gelbgrün, Hinterleib orangegelb; Schnabel horngrauweiß; Auge bräunlichgrau; Füße fleischfarbengrau, Krallen schwarz. (Beim alten Männchen ist die orangegelbe Färbung am Flügelbug sehr breit, beim Weibchen dürfte sie ganz fehlen.) Dohlengröße, doch schlanker, mit viel längerm Schwanz (Länge 31,2 cm; Flügel 17—18,9 cm; längste Schwanzfeder 13,9—15,9 cm, äußerste Schwanzfeder 7,6—8 cm).

Seine Heimat ist das südliche Nordamerika, und zwar soll er vom Nordosten Marylands und Nordwesten Missouris bis zum obern Arkansas, Südwesten Texas' und Süden Floridas ver=breitet sein. Obwol gerade dieser Sittich von den hervorragendsten amerikanischen Forschern Wilson, Audubon, Prinz Wied, Coues u. A. beobachtet worden, so bleiben bis jetzt doch noch mancherlei Lücken in der Kenntniß seines Freilebens. In den nördlichen Gegenden lebt er als Zug= oder Strich= und in den südlichen als Standvogel. Gleich anderen Papageien in der Nistzeit parweise, dann in Familien oder kleinen Flügen, sammeln sie sich späterhin zu großen Schwärmen an, in denen aber die Gatten der zusammen=gehörenden Pärchen stets neben einander bleiben. Im Flug und insbesondre wenn sie aufgejagt werden, lassen sie ihre schrillen, gellenden Schreie erschallen. Sie fliegen sehr gewandt und im dicht=geschloßnen Schwarm in gerader Richtung oder auch mit malerischen Wendungen reißendschnell dahin; im Klettern sind sie ziemlich ge=schickt, im Gehen auf der Erde aber unbeholfen. Zur Nachtruhe suchen sie bestimmte hohe Bäume, besonders Platanen, auf und in der kalten Zeit schlüpfen sie in die hohlen Stämme derselben, um darin zu übernachten. In den Astlöchern solcher Waldriesen nisten sie auch, meistens gesellig neben einander, und oft legen und brüten mehrere Weibchen in einer Höhlung gemeinschaftlich. Das Gelege soll in drei bis vier oder wol gar bis sechs Eiern bestehen und als Nistzeit werden je nach der Gegend die Monate März bis Juni an=

gegeben. Ihre Nahrung sollen hauptsächlich die Samen der Spitz=
klette, dann der Sykomoren oder Wasserbuchen, auch der Platanen
und Cypressen, dann Pekan= oder Illinoisnüsse, sowie mancherlei
andere Sämereien, Beren u. a. bilden. Am reifenden Mais sollen
sie sehr schädlich werden, zur Satzeit die keimenden Körner aus der
Erde zupfen, zur Reifezeit scharenweise die Getreidegarben, sowie auch
die Obstbäume überfallen u. s. w. Daher verfolgt man sie vielfach
mit großer Erbitterung; anderwärts jagt man sie eifrig um ihres
wohlschmeckenden Fleisches willen, und außerdem werden sie von
Sonntagsschützen bloß zum Vergnügen, manchmal in großer Anzahl,
herabgeschmettert. Sie zeigen nämlich ebenfalls die hier schon vielfach
erwähnte Eigenthümlichkeit, auf das Geschrei eines krank geschoßnen
herbeizueilen und klagend solange über demselben zu flattern, bis
wol gar der ganze Schwarm aufgerieben ist. Infolgedessen sind sie
nicht allein im ganzen bereits außerordentlich verringert, sondern in
den mehr bewohnten Gegenden schon beinahe ausgerottet. Baird
sagt, daß dieser Sittich in Pennsylvanien und Südkarolina nur
noch sehr selten und Coues, daß er in Michigan und Illinois gar=
nicht, am Missouri kaum mehr anzutreffen sei. Nehrling fügt den
Hinweis hinzu, daß sein Verbreitungsgebiet sich von Jahr zu Jahr ver=
kleinere. Zur Einführung nach Europa werden sie in den hohlen Bäumen,
in welchen sie übernachten und auch im Sommer bei starker Hitze
ruhen, vermittelst Kätscher, viel mehr aber noch in großen Netzen bei
der Tränke u. a., gefangen. Namentlich sammeln sie sich scharen= oder
flugweise an den Stellen, wo das Wasser salzhaltig ist, und hier ist
der Fang dann natürlich am ergibigsten.

Bechstein sagt vom Karolinasittich, daß derselbe bereits
damals nicht selten nach Europa eingeführt wurde; man er=
nähre ihn mit Hanffamen; er schreie viel und spreche wenig,
trotzdem finde er um seiner Schönheit und Zahmheit willen
viele Liebhaber. In einem ähnlichen Verhältniß steht dieser
Papagei bis zum heutigen Tag, denn viele Anfänger und Un=
kundige lassen sich durch seine Farben blenden, schaffen ihn an,
um dann bald einzusehen, daß er sich zum Stubenvogel durch=
aus nicht eignet. Zwar gibt Dr. E. Rey in Halle eine Schil=
derung, aus welcher hervorgeht, daß dieser Sittich bei ver=
ständnißvoller und zweckmäßiger Behandlung eine hohe geistige

Begabung erkennen läßt. Ein Pärchen entwickelte überraschende Klugheit und Intelligenz, sodaß der Vogelkundige die Meinung aussprechen konnte, der Karolinasittich nehme in dieser Hinsicht unter allen langschwänzigen Papageien (welche er selber gehalten oder anderweit beobachtet) den ersten Rang ein, ja er übertreffe sogar viele der hochbegabten Kurzschwänze. Doch, so fügt der Genannte hinzu, wird er niemals so zutraulich wie viele andere Papageien, sondern zeigt sich immer sehr mißtrauisch und vorsichtig. Jahrelange Versuche und Beobachtungen haben mich sodann zu der Ueberzeugung geführt, daß ein alt eingefangener Karolinasittich keinenfalls als zähmungs- und abrichtungsfähig sich ergibt, sondern stets dummscheu, störrisch und unbändig bleiben wird, daß aber ein sehr jung in den Besitz des sachverständigen Pflegers gelangter und dann sorgsam behandelter Vogel dieser Art ebenso vollkommen zahm und hingebend wird wie alle Verwandten. Inbetreff der Sprachfähigkeit muß ich freilich ausdrücklich hervorheben, daß er jedenfalls nur als ein Sprecher dritten oder vierten Rangs gelten kann und auch als solcher selbst bei ungemein großer Liebenswürdigkeit doch immer durch sein arges Geschrei sich mindestens sehr lästig machen wird. Im übrigen ist er überaus kräftig und ausdauernd. Zuerst Dr. Rey, dann Baron H. von Berlepsch hatten ihn, letztrer in mehreren Köpfen, zum freien Ein- und Ausfliegen gewöhnt und in dieser Weise auch in einem Bretterverschlag auf einem Boden, also an einem ganz kalten Ort, überwintert; die Sittiche flogen selbst bei hohem Schnee weit hinaus. In den zoologischen Gärten wird er meistens in Flugkäfigen, welche im Freien fast immer ungeschützt stehen, gehalten. Die mehrfachen Züchtungsversuche, welche man im Lauf der Zeit angestellt, haben zum vollständigen Ergebniß nur in wenigen Fällen geführt; in den zoologischen Gärten kamen die Pärchen größtentheils nur bis zum Eierlegen, in meiner Vogelstube sind aber Junge flügge geworden, und ebenso haben die Herren Dr. Nowotny in Wien, H. Arpert in Nordhausen glückliche Erfolge erreicht.

Der Karolinasittich gelangt zeitweise in recht großer Anzahl in den Handel und gehört zu den gewöhnlichsten Vögeln auf dem Markt. In der Regel wird er pärchenweise ausgeboten für 10 bis 15 M., zuweilen für 8 M. und wol gar für 6 M.; auch einzeln ist er dann stets zu erhalten.

Der Pavua-Keilschwanzsittich

[Psittacus pavua, *Bdd.*].

Pavuasittich, Boliviasittich, grüner Keilschwanzsittich mit rothen unteren Flügeldecken, Guianasittich, Goldaugensittich (!). — Green Conure, Bolivia Parrakeet. — Perruche de Bolive. — Bolivia Parkiet.

Von Brisson (1760) beschrieben und von Boddaert
(1783) benannt, ist er von den älteren Schriftstellern vielfach
verwechselt und in mehreren Arten unter mancherlei Irrthümern behandelt worden.

Er erscheint schön grasgrün, an der Unterseite kaum heller;
Kopf, Hals und Unterleib hier und da mit einzelnen rothen Federn;
Schwingen an der Innenfahne schwärzlich, unterseits ganz düsterolivengrünlichgelb; kleine Deckfedern am Handgelenk, sowie kleine und
mittlere unterseitige Flügeldecken scharlachroth, große unterseitige
Flügeldecken goldgelb (zuweilen auch die letzteren und der Flügelbug
roth); Schwanz unterseits düsterolivengrünlichgelb; Schnabel röthlichfleischfarben; Auge grau- bis röthlichorangegelb, nackter Augenkreis
röthlichaschgrau; Füße hell bräunlichgrau, Krallen schwarzbraun.
Größe kaum bemerkbar bedeutender als die des vorigen (Länge 35 cm;
Flügel 15,5—18,3 cm; längste Schwanzfedern 12,6—17 cm; äußerste
Schwanzfedern 5,9—10,3 cm). Heimat: Brasilien, Verbreitung
von Minas geraes und Paraguay bis zum britischen Guiana.
Die reisenden Naturforscher (Natterer, Schomburgk, Prinz Wied
und Burmeister) haben ihn vielfach beobachtet, jedoch über
sein Freileben fast garnichts mitgetheilt. Er sei die gemeinste Art
aller Perikittos, sagt der Letztre, man höre und sehe ihn täglich in
den Wäldern um Neu-Freiburg. Das Gelege soll in 3—4 Eiern bestehen und das Nest selbstverständlich in einer Baumhöhle sich befinden.
In den Maisfeldern sollen die nach der Nistzeit sich ansammelnden
Schwärme nicht selten großen Schaden verursachen. Ein Pavuasittich,
welcher in den Fluß Avayros gefallen, herausgefischt und von Bates
am Leben erhalten wurde, zeigte sich ungemein wild, unbändig und
bissig und verschmähte alle Nahrung. Der Reisende übergab ihn
einer alten Indianerin, welche ihn gebändigt bereits nach zwei Tagen

zurückbrachte, und zwar so gezähmt, daß er sich als das liebens=
würdigste Geschöpf erwies und auch sprechen lernte. Ueber sein Ge=
fangenleben im weitern berichtet schon Buffon. Er sei unter allen
‚Parkiten‘ der neuen Welt der, welcher am leichtesten reden lerne,
doch bleibe er immer scheu und wild, auch widerspenstig und übler
Laune; sein lebhaftes Auge und seine schöne Erscheinung überhaupt
machen ihn aber trotzdem geschätzt; die Händler nennen ihn nach
seinem Heimatsnamen ‚Papuane‘. Bechstein bemerkt noch, daß man
ihn bei den deutschen Vogelhändlern häufig finde, da er nicht zart
sei, sondern sich gut einführen lasse. Auch Levaillant rühmt seine
Gelehrigkeit und will in Amsterdam einen Papuasittich gehört haben,
welcher das ganze Vaterunser in holländischer Sprache herplapperte.
Lenz (1861) berichtet von einem Züchtungserfolge, der in Kayenne
erzielt sein soll. Bei uns hat diese Art kaum Gelegenheit zur
Beobachtung gegeben, denn sie zählt gegenwärtig zu den sel=
tensten Papageien des Handels, sie ist selbst auf den großen
Ausstellungen meistens nur einzeln vorhanden. Fräulein Chr.
Hagenbeck hat den Papuasittich hin und wieder gehabt, aber
nur die bedeutendsten zoologischen Gärten besitzen ihn. Seine
Seltenheit ist übrigens umsomehr auffallend, da er doch eben
früher häufig nach Europa gebracht sein soll und da er auch
jetzt noch in seiner Heimat zahlreich ist. Hinsichtlich seiner
Sprachbegabung wird er nach meiner Ueberzeugung dem Ka=
rolinasittich gleichstehen, denn die Vögel dieser Art, welche ich
beobachten konnte, ergaben sich stets im Wesen als überein=
stimmend mit jenem. Ein bestimmter Preis ist nicht gut
anzuführen.

Der Keilschwanzsittich von Kuba

[Psittacus euops, *Wgl.*].

Kubasittich, Havanasittich (!). — Cuban Conure. — Perruche de Cuba. — Cuba
Parkiet.

Einfarbig dunkelgrasgrün (nach Gundlach mehr gelblichgrün), unter=
seits heller gelbgrün, an Kopf, Hals und Hinterleib mit zahlreichen ein=

zelnen rothen Federn, welche mit dem Alter zahlreicher werden; Schwingen an der Innenfahne und unterseits ganz olivengrünlichgelb; Deckfedern der großen Schwingen und Eckflügel bläulich, Flügelrand, kleine und mittlere unterseitige Flügeldecken scharlachroth; Schwanzfedern unterseits düster orangegelb; Schnabel, Wachshaut und nackter Augenkreis röthlichweiß; Auge gelbbraun bis roth, um die Pupille mit schmalem gelben Ring; Füße fleischfarben (nach Gundlach bräunlichgrau). Größe bedeutend geringer als die des Pavuasittich. Bereits Brisson und Gmelin kannten ihn. Beide jedoch, ebenso wie andere der älteren Schriftsteller, haben ihn vielfach verwechselt oder mit verwandten Arten zusammengeworfen. Erst Wagler (1832) beschrieb und benannte ihn und zwar nach vier in München lebenden Vögeln. Seine Heimat ist ausschließlich die Insel Kuba. Ueber das Freileben hat Gundlach berichtet: Er halte sich nicht in den Waldungen auf, sondern in den Savannen an baumreichen Stellen, besonders wo Palmen stehen. Hier sei er sehr häufig und sammle sich nach der Nistzeit zu Schwärmen an. Sein Flug sei hurtig, gradeaus, unter lautem Kreischen. Die Nahrung bestehe in Getreide, Gräser- und Waldbaum-Sämereien, sowie anderen kleinen Früchten. An den Nutzgewächsen verursache er keinen Schaden; er werde daher weder deshalb, noch um seines Fleisches willen verfolgt. Das Nest befinde sich in den abgestorbenen, von obenher hohlen Stämmen der Fächerpalmen oder auch in anderen Baumlöchern; das Gelege hat der Reisende aber nicht erlangt. Die Jungen sollen aus dem Nest genommen und unschwer aufgezogen, aber auch die alteingefangenen sollen leicht gezähmt werden. Diese Sittiche sind so harmlos, daß man sie vermittelst an Stöcken befestigter Schlingen unschwer fangen kann. Sie lernen einige Worte, selbst kurze Redensarten nachsprechen, ferner Küßchen geben, sich todtstellen und andere Kunststücke. Bis vor kurzem war der Kubasittich selbst als Balg in den Sammlungen selten, doch kommt er seit d. J. 1881 hin und wieder einzeln in den Handel; i. J. 1884 wurden mehrere Pärchen eingeführt und ein solches war auf der „Ornis"-Ausstellung in Berlin 1887.

Der scharlachtöpfige Keilschwanzsittich [Psittacus erythrogenys, Lss.] — rothtöpfiger Keilschwanzsittich, Rothlarve — Red-masked Conure — Perruche à tête d'écarlate — Roodmasker Parkiet — ist grasgrün; Ober= und Hinterkopf, Wangen, Kopfseiten, Oberkehle, Flügelbug, unterseitige Flügeldecken und Schenkel scharlachroth; Schnabel horngelb; Auge gelb bis hellbraun; Füße bräunlichfleischroth. Größe etwa der des vorigen gleich. Als Heimat ist Ekuador bekannt. In den zoologischen Garten von London ist er i. J. 1854 in einem Kopf gelangt. Außerdem dürfte ihn nur Herr C. Pallisch in Wien besitzen und zwar in einem liebenswürdigen, zahmen Vogel, der einige Worte spricht, komisch niest, lacht und hustet.

Der Keilschwanzsittich von Patagonien

[Psittacus patagonus, VII.].

Patagonischer Keilschwanzsittich, Patagoniersittich, Keilschwanzsittich mit weißer Brustbinde, Felsensittich. — Patagonian Conure. — Perruche de la Patagonie, Perruche patagone. — Patagonien Parkiet.

Im Gegensatz zu allen seinen Verwandten und zu fast allen Papageien überhaupt nistet dieser Sittich nicht in den Höhlungen von Baumstämmen, sondern in den Löchern einer Felsenwand. Eine hübsche Schilderung gibt C. F. Pöppig in Folgendem: „Wenn der Reisende in einsamen Gegenden einer senkrechten Felswand naht und sich in der hier herrschenden Stille ganz allein glaubt, so hört er ein seltsames Knurren, sieht sich jedoch vergeblich nach dem Urheber desselben um. Plötzlich ertönt der Warnungsschrei eines Vogels, welcher von allen Seiten beantwortet wird, und bald umkreist den Wandrer eine Schar kreischender und lärmender Papageien. Hunderte von Löchern, deren jedes von einem Pärchen bewohnt ist, haben die Vögel selber in die das Gestein durch= ziehenden mürben Tonschichten gegraben. Diese Brutansiedelungen sind fast immer mit solcher Vorsicht angelegt, daß zu denselben weder Menschen noch Raubthiere gelangen können; die Chilenen scheuen aber nicht die Gefahr, sondern lassen sich vermittelst langer Lassos an der Felswand hinab, um trotz des Kreischens der Alten die Jungen, deren Fleisch sehr wohlschmeckend ist, mit Haken aus den Löchern zu holen." Solch' Schwarm soll etwa 30 Köpfe stark sein und ist in mehreren Oertlichkeiten von verschiedenen Reisenden beobachtet worden.

Bereits Molina (1776) hat diese Art beschrieben, aber erst Vieillot (1823) hat sie benannt. Sie ist an Kopf, Hals, Oberrücken, Flügeln und Schwanz düster olivengrün, Oberkopf bräunlicholivengrün; Hinterhals, Mantel und Schultern dunkler olivengrünlichbraun; Mittel=, Unterrücken und Bürzel dunkelgelb; obere Schwanzdecken bräunlicholivengrün; Schwingen düstermerblau, Innenfahne und Ende breit schwarz, die zweiten Schwingen grün, Innenfahne breit schwarz, alle Schwingen unterseits schwarz; größte Deckfedern düstermerblau; Schwanzfedern grün, Innenfahne schwärzlich, alle unterseits graulichschwarz; ganze übrige Oberseite grün; Kehle, Hals und Brust olivengrünlichbraun, quer über die Oberbrust eine unregelmäßige weißliche Binde; Bauch, Schenkel und Schenkelseiten dunkelgelb, Bauchmitte, Hinterleib und Schienbein düster=zinnoberroth; untere Schwanzdecken gelb; Schnabel wechselnd, horngrau bis schwarzbraun; Auge gelblich bis weiß; Füße horngrau bis schwärzlich. Größe bedeutender als die des Karolinasittichs; er ist der größte aller Keilschwanzsittiche (Länge 38—39 cm; Flügel 24,7 — 26 cm; längste Schwanzfeder 21,3—23,4 cm; äußerste Schwanzfeder 11,8 cm). Seine Heimat ist das südliche Südamerika: Patagonien bis zur Magelhaenstraße, Chile, die Laplatastaaten, Uruguay und Paraguay, und in der erwähnten Weise nistet er hier in den Anden, Kordilleren, Toskaklippen u. a. O. Nach Cummingham enthält jedes Nest 3—6 Eier. Ernest Gibson schildert das Freileben wie folgt: Von Mitte April bis Ende November durchziehen Flüge von etwa 20 Köpfen, doch auch bis zu Hunderten, morgens kommend und abends zurückkehrend, unter lauten, kurzen Rufen Buenos Ayres in kräftigem, schnellem, aber ziemlich schwankendem Flug, früh niedrig über dem Boden, abends hoch in der Luft dahineilend. Sie kommen, wie ich vermuthe, von den Klippen oder Baranken der Arroyos diesseits der Sierra de Tantil, wo sie brüten. Unterwegs lassen sie sich häufig auf den Bäumen in der Nähe der Ansiedelungen und selbst auf den Gebäuden nieder und sind garnicht scheu. Die Bewohner lieben sie aber nicht, weil sie ihnen die Strohdächer verwüsten und sie mit ihrem Lärm frühmorgens stören. Die dort wohnenden Italiener schießen sie zum Verspeisen, doch dürften die Alten, wenn auch schmackhaftes, doch ziemlich zähes Fleisch haben. Die Nahrung des Patagoniersittichs soll vornehmlich in den frischen Blättern und dann auch Samen akazienartiger Dornsträucher oder Bäume bestehen, nach Böck, der ihn in den Wäldern um Valdivia sah, aber ebenso in allerlei anderen Früchten. Hier, wo er verfolgt werde, sei er so scheu, daß er sich meistens in den Kronen der höchsten Bäume aufhalte. Darwin beobachtete ebenfalls das Nisten dieses Sittichs in Felsen- und Erdlöchern. Der Reisende von Kittlitz sagt, daß er ihn in Valparaiso häufig gezähmt unter dem Hausgeflügel gefunden; dieser Papagei sei entschieden geschickter zum Laufen als zum Klettern, denn auch die auf dem Verdeck des Schiffs gehaltenen Vögel dieser Art kletterten niemals in das Tauwerk empor.

Bis jetzt wird der Patagoniersittich nur überaus selten lebend eingeführt. In den zoologischen Garten von London gelangte er zuerst i. J. 1868. Herr Linden (1874) besaß ein Pärchen, welches sogar Eier gelegt hatte, aber nicht zur glücklichen Brut gelangt war. Der Reisende Landbeck berichtet, daß dieser Keilschwanz sehr zahm werde und auch einige Worte sprechen lerne. Irgend etwas Näheres über ihn ist aber noch nicht bekannt. Der Preis steht der Seltenheit wegen hoch.

Der Keilschwanzsittich mit blauer Stirn
[Psittacus haemorrhous, *Spx.*].

Blaustirniger Keilschwanzsittich, blaustirniger Sittich, Blaustirnsittich. — Blue-crowned Conure or Blue-fronted Parrakeet. — Perruche bouton bleu, Perruche à front bleu. — Blauwvoorhoofd Parkiet.

Unter den Keilschwanzsittichen, welche für dieses Buch inbetracht kommen, dürfte der blaustirnige als besonders interessant hoch obenan stehen, denn er ist nach verständnißvoller Beobachtung seitens zweier hervorragenden Vogelpfleger als sprachfähig und geistig begabt überhaupt geschildert worden.

Er erscheint an Stirn und Vorderkopf bläulichgrün bis himmelblau: Flügel dunkelgrün, erste Schwinge an der Außenfahne himmelblau, die übrigen grün, alle an der Innenfahne olivengrünlichgelb und ebenso unterseits; Schwanzfedern oberseits grün, die beiden mittelsten einfarbig, die übrigen an der Innenfahne kupferroth, alle unterseits blaßgelb: ganze übrige Oberseite grasgrün, Unterseite schwach heller grün: Schnabel düster fleischfarben bis bräunlichroth (nach Bolau auch hornfarben, an Spitze und Unterschnabel dunkler), Wachs= haut fleischroth: Auge orangegelb bis gelbbraun, nackter Augenkreis fleischfarben weiß: Füße fleischfarben, Krallenhorn braun. Größe der des Karolinasittichs gleich (Länge 36,5 cm: Flügel 17,6—21,7 cm: längste Schwanzfedern 16,6—18,3 cm, äußerste Schwanzfedern 8,9—9,6 cm). Heimat: Brasilien, von Bahia bis zu den Grenzen von Bo= livia. Zuerst von Spix (1824) veröffentlicht, dann vielfach mit verwandten Arten verwechselt, hat Souancé (1856) ihn richtig gestellt, doch erst Finsch ihn genau beschrieben. Er ge= hört also zu den erst seit neuerer Zeit bekannt gewordenen Arten. Die Reisenden Spix, Natterer, Burmeister haben über sein Freileben garnichts mitgetheilt, doch wird er in der Lebensweise mit den Verwandten sicherlich in Allem überein= stimmen. Obwol er nur höchst selten lebend eingeführt wird und kaum in den bedeutendsten zoologischen Gärten oder auf den größten Ausstellungen zu finden ist, hatte zunächst Herr Ministerialsekretär Schmalz in Wien doch die Gelegenheit, fünf Köpfe zu erlangen, von denen er in anziehender Weise erzählt. „Schon in wenigen Tagen," sagt er, „gewöhnten sie sich an mich, obwol sie sehr scheu waren, und ich konnte mich bald davon überzeugen, daß ich in ihnen Papageien von vorzugsweise hoher Begabung vor mir sah. Der eine hatte eine eiternde Biß= wunde, die ich täglich reinigen und mit einem Schwamm auswaschen mußte. Während der Vogel sich dabei anfangs wie sinnlos gebehr= dete, war er schon am vierten Tage völlig gefügig und bald brauchte ich ihn garnicht in die Hand zu nehmen, denn wenn er mich mit dem Schwamm kommen sah, hielt er freiwillig den Kopf nach vorn geneigt hin. Als er vollständig hergestellt war, begann er wie toll im Zim=

mer umherzufliegen, wodurch er die übrigen Vögel nicht wenig beun=
ruhigte, aber auf meinen Ruf ‚Ara‘ hielt er sofort inne, und wenn
ich ihm den Schwamm zeigte, flog er sogleich auf den Platz, wo ich
ihm immer die Wunde ausgewaschen und ließ sich ruhig in die Hand
nehmen. Jetzt ist er überaus zahm, läßt sich auf den Rücken legen
u. s. w. Früher ein arger Schreier, der namentlich morgens viel
Lärm machte, hat er sich durch einige barsche Worte und leichte Hiebe
auf den Schnabel das Lärmen gänzlich abgewöhnen lassen. Im
übrigen ist er von entzückender Liebenswürdigkeit, und ohne besondern
Unterricht hat er die Worte ‚Ara‘, ‚guter Ara‘ und ‚Kakadu‘ so deut=
lich wie ein Jako sprechen gelernt. Ein Weibchen dieser Art (welches
sich später durch Eierlegen als solches ergab) wurde ganz ebenso zahm
und lernte genau dieselben Worte, doch etwas leiser aussprechen.“
Frau v. Proschek, welche einen Dritten dieser Sittiche erhielt, berich=
tete, daß derselbe nicht allein gleichfalls ungemein zahm geworden,
sondern auch fortwährend und viel plauderte und das Hundegebell
nachahmte. Herr Napoleon M. Kheil in Prag kaufte vom Vogel=
händler Petzold dort zwei Köpfe, welche sich als so reich begabt,
munter und zutraulich, lebhaft und komisch erwiesen wie keine an=
deren Papageien. Freilich ließen sie zeitweise so unangenehmes
gellendes Geschrei hören, daß es kaum auszuhalten war; je mehr
Sonnenschein, um so ärgeres Geschrei. Sie lernten auch einige Worte
nachplappern. Die Semmel, welche sie stets trocken erhielten, trugen
sie jedesmal zum Wassernapf und tauchten sie ein, um sie genäßt zu
verzehren. Ihr Behagen gaben sie durch knurrende Töne zu erkennen.
— In den zoologischen Garten von London gelangte diese Art
zuerst im Jahr 1864 in mehreren Köpfen; seitdem ist sie auch
hin und wieder in die übrigen Gärten und auf die Ausstel=
lungen gekommen. Von wo aus die Wiener und böhmischen
Händler zweiter Hand sie erhalten hatten, ist mir nicht recht
erklärlich; wahrscheinlich sind sie von einem Hamburger
Händler irrthümlich als eine Art der wenig beliebten kleinen
Araras verkauft worden. Ein bestimmter Preis läßt sich der
Seltenheit wegen nicht angeben.

Der orangegelbe Keilschwanzsittich

[Psittacus solstitialis, *L.*].

Sonnensittich, Sonnenwendesittich, Kessisittich. — Yellow Conure, Solstitian
Parrakeet. — Perruche soleil, Perruche jaune. — Orangegeele Parkiet.

Zu den schönsten unter den sprachbegabten Keilschwanz=
sittichen zählend, läßt er es bedauern, daß er trotz weiter
Verbreitung und zahlreichen Vorkommens doch nur überaus
selten und meistens einzeln lebend eingeführt wird. Indessen
ist Frau de Kerville in Rouen (Frankreich) i. J. 1883 doch
bereits seine Züchtung geglückt. Er gehört zu den von Linné
benannten Vögeln; bei den alten Schriftstellern herrschten auch
inbetreff seiner mancherlei Irrthümer, so ließ ihn Albin in
Ostindien und noch Bechstein in Angola heimisch sein.

Er ist im ganzen Gefieder zitrongelb; Augenkreis, Wangen und
Ohrgegend röthlichorangegelb; Bürzel und obere Schwanzdecken rein=
gelb; erste Schwingen an der Grundhälfte der Außenfahne grün,
Endhälfte blau, Spitze und Innenfahne schwarz, an der Spitze ein
gelber Fleck, zweite Schwingen blau, Innenfahne schwarz mit gelbem
Endfleck, alle Schwingen unterseits schwärzlichgrau; Deckfedern der
ersten Schwingen tiefblau, Innenfahne schwarz mit gelbem Endfleck;
Schwanzfedern olivengrün, Enddrittel blau, die äußersten an der
ganzen Außenfahne blau, die mittelsten an der Grundhälfte gelbgrün,
alle unterseits grünlichgelbgrau; Brust und Bauch röthlichorange=
gelb; Schnabel dunkelbräunlichhorngrau bis schwarzbraun; Auge
orangeroth, schmaler nackter Ring fleischroth; Füße bräunlichhorn=
grau, Krallen schwarz. Größe etwas geringer als die des Karolina=
sittichs (Länge 30,8 cm; Flügel 14,6—15,7 cm; längste Schwanz=
federn 12,2—15,7 cm; äußerste Schwanzfedern 6,7—7,2 cm).
Heimat: Südamerika, vom Amazonenfluß bis zum Orinoko.
Die Reisenden Natterer und Burmeister haben ihn vielfach
erlegt, geben jedoch keine Nachricht über sein Freileben; dieses
schildern die Gebrüder Schomburgk, welche ihn am Fuß des
Berges Mairari auf der Grenze zwischen Venezuela und Brasilien

und am Mahufluß in großen Schwärmen sahen. Letztere machten
sich durch weithin schallendes Geschrei bemerkbar. Das Nest in einer
Baumhöhle soll 2—3 Eier enthalten. Ihre Nahrung bilden die
berenartigen Früchte von ahornähnlichen Bäumen. Dieser Sittich
darf als Lieblingsvogel der Eingeborenen gelten und ist in manchen
Dörfern zu 20—30 Köpfen zu finden, welche frei umherfliegen, sich
auf den einzelnstehenden Bäumen um die Hütten aufhalten und ein ent=
setzliches Geschrei erhoben, sobald die Reisenden sich nahten. Sie
werden dort Kessi=Kessi genannt. In den zoologischen Garten von
London gelangte der Sonnensittich zuerst, und zwar nur in
einem Kopf, i. J. 1862. Bei uns in den Vogelhandlungen
und auf den Ausstellungen kommt er nur gelegentlich vor.
In Berlin sah ich bei einem Händler zweiter Hand einen
Vogel dieser Art, welcher schon längre Zeit im Besitz eines
Liebhabers gewesen, überaus zahm war und einige Worte
allerliebst plauderte; einen sehr schönen Sonnensittich hatte
sodann der Prinz Ferdinand von Sachsen=Koburg=Gotha in
Wien. Der Preis beträgt 30 bis 60 M. für das Pärchen
und der einzelne Sprecher kostete 100 M.

Der hyazinthrothe Keilschwanzsittich

[Psittacus jendaya, *Gml.*].

Jendayasittich, bloß Jendaya, hyazinthrother Sittich, Hyazinth=
sittich. — Yellow-headed Conure, Yellow-headed Parrakeet. — Perruche
jendaya, Perruche à tête d'or. — Jendaya Parkiet.

Da es von dem Sonnensittich nachgewiesen, daß er
sprachbegabt ist, so muß ich auch den Jendayasittich hier ein=
reihen, denn beide Vögel gleichen einander so sehr in allen
ihren Eigenthümlichkeiten, daß sich ein Unterschied eigentlich
nur in der Färbung ergibt; das ganze Wesen beider ist durch=
aus übereinstimmend. Bisher haben wir freilich keinen sprechen=
den Hyazinthsittich vor uns, nach meiner festen Ueberzeugung

aber wird ein junger Vogel dieser Art ebenso der Sprach=
abrichtung sich fähig zeigen wie der genannte Verwandte.

Der hyazinthrothe Sittich ist an Kopf, Hals, Nacken, Kehle
und Brust hell= bis orangegelb, Gegend ums Auge, manchmal bis
zu den Wangen hyazinthroth; Rücken grün, jede Feder gelb= bis
hyazinthroth gesäumt, Unterrücken hyazinthroth; obere Schwanz=
decken grün; die ersten Schwingen am Enddrittel indigoblau,
Außenfahne grün, Innenfahne schwarz, die zweiten Schwingen blau,
die letzten grün, alle unterseits schwarzgrau; Deckfedern der ersten
Schwingen blau, die übrigen Deckfedern, Schulterdecken, Flügelrand
und Bug grün, kleine unterseitige Flügeldecken hyazinthroth, größte
grauschwarz; Schwanzfedern bräunlicholivengrün, Enddrittel tiefblau,
unterseits düster olivengrünlichgelb, am Ende schwärzlich; Bauch,
Seiten und Hinterleib hyazinthroth; untere Schwanzdecken röthlich=
gelb; Schenkelgegend roth und grün geschuppt; Schnabel schwarz;
Auge perlgrau bis braun, schmaler, nackter Ring fleischroth; Füße und
Krallen schwarz. Größe der des vorigen gleich (Länge 32,5 cm; Flügel
14,8—16,4 cm; längste Schwanzfedern 12,8—15,5 cm; äußerste
Schwanzfedern 6,7—8,2 cm). Heimat: das südliche und mittlere
Brasilien. Auch er war bereits den älteren Ornithologen bekannt
und ist, nachdem er schon von Brisson (1760) beschrieben, von
Gmelin (1788) wissenschaftlich benannt worden. Bis zur
Gegenwart her hat er wiederum vielfach Anlaß zu Irrthümern
und Verwechselungen gegeben. Ueber sein Freileben ist wenig
mitgetheilt worden. Natterer sah ihn parweise auf dürren Bäu=
men am Waldrand. Prinz von Wied beobachtete ihn in Flügen von
8 bis 20 Köpfen und sagt, daß er an den Kulturgewächsen, vor=
nehmlich am Mais, manchmal sehr schädlich werde. Forbes fügt
die Bemerkung hinzu, daß er in Brasilien häufig gezähmt gehalten werde.
In der Thiersammlung von Schönbrunn befand sich schon i. J.
1854 ein hyazinthrother Sittich, und während er früher nur
hin und wieder lebend eingeführt sein dürfte, gehört er jetzt im
Handel nicht mehr zu den Seltenheiten, denn er ist von Zeit
zu Zeit immer und zuweilen in zahlreichen Köpfen vorhanden.
Ein Pärchen in meiner Vogelstube zeigte wunderliches Benehmen.
Männchen und Weibchen hielten unzertrennlich zusammen, und was

der eine that, verrichtete auch genau der andre. Wenn Jemand dem
Käfig nahte, suchten sie mit gesträubten Federn, namentlich gehobnem
Halskragen sich blähend und knirend, den Feind zu verscheuchen und
wenn dies vermeintlich geglückt war, so kletterten sie unter gellendem
Triumphgeschrei in den Nistkasten. Nahte der Widersacher dann
abermals, so guckten sie beide aus dem großen Schlupfloch hervor,
packten wüthend mit den Schnäbeln den Rand desselben und zerrten
und schüttelten daran, gleichsam um dem Feinde anzudrohen, daß es
ihm schlimm ergehen werde, wenn er näher komme. Dieserhalb und
ihres hübschen Gefieders wegen sind die Jendavasittiche recht
beliebt; man findet sie hier und da in den bedeutenderen
Vogelstuben und zoologischen Gärten und zwar stets parweise.
Sie haben auch mehrfach in der Gefangenschaft genistet (so
gibt Herr Pfarrer L. Füßle eine hübsche Schilderung) leider
jedoch noch nirgends mit vollem Erfolg. Alles übrige inbetreff des vorigen Gesagte, gilt auch von diesem. Preis 30
bis 50 M. für das Pärchen und also die Hälfte für den
einzelnen.

Der orangestirnige Keilschwanzsittich

[Psittacus aureus, *Gml.*].

Halbmondsittich, Goldstirnsittich, Goldstirne. — Half-moon Parrakeet.
Golden-crowned Conure. — Perruche bouton d'or, Perruche à front jaune,
Perruche couronnée. — Halve-maan Parkiet, Oranjevoorhoofd Parkiet.

Als eine liebliche Erscheinung tritt uns dieser schlanke,
zierliche Sittich entgegen und nur das allen Keilschwänzen
eigenthümliche etwas schwerfällige Wesen läßt ihn weniger
anmuthig erscheinen, als er in Wirklichkeit ist.

Der Halbmondsittich ist in folgender Weise gefärbt: Stirn,
Vorderkopf und Ring ums Auge orangegelb bis hochorangeroth,
Zügel und Kopfmitte düsterblau, Hinterkopf, Ohr- und Augengegend
grün, bläulich verwaschen; ganze übrige Oberseite grasgrün, gelblich
scheinend; Hinterrücken und Bürzel deutlicher gelbgrün; Schwingen
grün, Spitze schwarz mit blauem Fleck an der Außenfahne und grau-

gelb gesäumter Innenfahne, unterseits glänzend gelbgrau; kleine
unterseitige Flügeldecken grüngelb; Schwanzfedern unterseits schwärz=
lichgrau; Wangen und Kehle graubräunlichgrün bis bräunlichgelb=
grau; Unterhals und ganze übrige Unterseite grüngelb, an Brust=
und Bauchmitte orangegelblich; Schnabel bräunlichschwarz, Wachs=
haut schwärzlich; Auge grau=, orangegelb bis röthlichbraun, schmaler
nackter Augenkreis graubräunlich; Füße schwarzbraun, Krallen
schwarz. Drosselgröße (Länge 28 cm; Flügel 13,2—15 cm; längste
Schwanzfedern 10,9—13 cm; äußerste Schwanzfedern 6,3—7,4 cm).
In seiner Heimat Südamerika ist er nicht allein sehr weit
verbreitet, von Paraguay und Bolivia bis Surinam und
Guiana, sondern er kommt auch überaus häufig vor. Als
seinen Aufenthalt nennen die Reisenden, insbesondre Prinz
Wied und Natterer, Steppen und Vorhölzer in der Nähe der
Küste, nicht aber den Urwald. Unter großem Geschrei fallen viel=
köpfige Scharen abends in Gebüsche zum Uebernachten ein, und vor
Tagesanbruch beginnen sie schon wieder zu lärmen. Sie verursachen
dann auch recht großen Schaden an den Nutzgewächsen, vorzugsweise
am Mais und Reis. Die Nester stehen in Höhlungen großer Man=
guebäume und jedes Gelege enthält 2 bis 3 Eier. Vom alten
Markgraf (1648) beschrieben, dann von Brisson (1760) er=
wähnt und von Gmelin (1788) wissenschaftlich benannt, ge=
hört er nicht allein zu den seit altersher bekannten, sondern
auch lebend eingeführten Papageien. Edwards, der ihn freilich
verwechselt, hatte bereits ein Weibchen vor sich, welches mehr=
mals Eier legte und vierzehn Jahre in der Gefangenschaft
ausdauerte. Schon Buffon rühmt den orangestirnigen Keil=
schwanz, welchen er zwar fälschlich in zwei Arten scheidet, als
klug, einschmeichelnd und als vortrefflichen Sprecher.

Gegenwärtig zählt diese Art zu den gemeinsten Erscheinungen
des Vogelmarkts und wird in Vogelstuben und Schmuckkäfigen gern
gehalten, obwol sie sich durch schrilles Geschrei lästig macht, welches
jedoch keineswegs so arg ist wie das der Verwandten. Auch dieser
Sittich zeigt sich ungemein ausdauernd, vorausgesetzt allerdings, daß
er nicht bereits kränklich in den Besitz des Pflegers gekommen. Die

Mehrzahl der eingeführten besteht nämlich in Jungen, und diese sind in der ersten Zeit recht weichlich. Herr Tapezierer E. Wenzel in Danzig hat ihn i. J. 1880 gezüchtet und zweimal Junge von ihm zum vollen Flüggewerden gelangen sehen.

Für uns hier, also als Sprecher, steht er unter den Keilschwänzen obenan, wie sich aus zwei Schilderungen ergibt, die ich im Auszug mittheilen werde. Herr Gymnasiallehrer Schneider in Wittstock berichtete, daß ein sehr zahmer Halbmondsittich, der pfeifen, niesen, schnalzen u. drgl. konnte, auch einige Worte ‚Ara‘, ‚Papa‘ u. a. plauderte. Hochinteressant sind die Angaben des leider zu früh verstorbnen Ornithologen Dr. Stölker in St. Fiden. Er erhielt einen Halbmondsittich in elendem Zustand, der sich dann aber bald gut erholte und während der Fütterung mit dem bettelnden Ruf ‚bitti, bitti!‘ begann, wenn er Obst oder dergleichen haben wollte. Dann lernte derselbe die Worte: ‚Das ist guet, recht guet!‘ ferner ‚guetetag! wie gehts — guet, recht guet!‘ Wenn Herr Stölker das erste fragte, so antwortete der Papagei das letzte. Später sprach er ‚guet Nacht, Herr Doktor!‘ die Namen ‚Marie‘, ‚Julie‘ und ‚Leo‘, weiter ‚Bäberli, ja, wo bist Du?‘ „Dabei beißt er gern in den vorgehaltenen Finger, sodaß man sich beim Füttern in Acht nehmen muß, und schilt man ihn, so ruft er selbst im Zorn ‚gang a weg, wart‘, Du Spitzbueb, wart‘, wart‘ ich chomme!‘; ein andermal fragt er, ‚was thuest?‘ und ruft, ‚chomm abe‘ (komm‘ herunter). Er kann lachen und niesen und bei letzterm wünscht er sich selber höflich ‚Gsondheit!‘ Nach längrer Abwesenheit zeigt er bei meinem Kommen außerordentliche Freude und plappert vor Aufregung ein komisches Kauderwelsch. Bei aller Liebenswürdigkeit und Drolligkeit läßt er aber doch zuweilen ein recht abscheuliches Geschrei erschallen und zwar so hartnäckig, daß er trotz aller Drohungen kaum zu beschwichtigen ist. Komischerweise unterbricht er sich dann manchmal selbst mit dem Zuruf ‚bist still!‘, womit er übrigens auch mich selber manchmal mahnt, wenn ich durch Pfeifen oder sonstwie Lärm mache. Singe oder pfeife ich ihm etwas vor, so streckt er sich möglichst in die Höhe, schreitet gravitätisch und mit gesträubtem Gefieder gleichsam tanzend auf der Stange hin und her, dann und wann einen Pfiff oder Schrei ausstoßend. Im Singen hat er es nicht weit gebracht; er versucht immer ‚kommt a Vogerl geflogen‘ und

dann folgt noch etwa ‚e Briefle auf mei Fuß‘. Zur Nachtruhe hängt
er sich immer ans Gitter. Als Futter nimmt er nur Sämereien: Hirse,
Kanariensamen, Hafer und Sonnenblumenkerne und ein wenig
Quargkäse, Rüben oder Obst an, und dabei scheint er sich sehr wohl
zu befinden. In Gegenwart fremder Personen läßt er sich niemals
hören; wenn meine eigne Katze ins Zimmer kommt, so bleibt sie unbeachtet, während er eine fremde mit gackerndem Geschrei begrüßt.
Beiläufig sei noch bemerkt, daß auch ein zweiter Halbmondsittich,
welchen einer meiner Bekannten besaß, recht gut sprechen lernte.“
Ich selber kann hinzufügen, daß ein solcher in meinem Besitz
ohne Bemühung meinerseits zahm wurde und, wenn ich die
Vogelstube betrat, mir sogleich auf die Schulter geflogen kam
und auf den vorgehaltnen Finger kletterte. Er dürfte sich
daher vor allen Verwandten durch Gelehrigkeit und Liebens=
würdigkeit zugleich auszeichnen. In den Vogelhandlungen
wird er gewöhnlich pärchenweise ausgeboten für 10, 15, bis
20 M.; den einzelnen jungen, zum Sprechen abrichtungs=
fähigen orangestirnigen Sittich kann man für 9 bis 12 M.
kaufen.

Petz’ Keilschwanzsittich [Psittacus Petzi, *Lbl.*] — Petzsittich,
Elfenbeinsittich; Petz’ Conure; Perruche de Petz; Petz’ Parkiet —
ist dem Halbmondsittich sehr ähnlich, aber durch geringe Größe,
mehr ausgebreitetes Orangeroth am Vorderkopf, deutlicher dunkelblaue
Färbung des Oberkopfs bis hinter die Augen, unterseits schwärzliche
Schwingen und weißen Schnabel verschieden. Seine Heimat ist
Süd=Mexiko und Mittelamerika. In Kostarika sind nach v. Frantzius
häufig ganze Schwärme zu sehen, die bis in die Nähe der Stadt
kommen und unter durchdringendem Geschrei über die Gärten der=
selben fliegen. „Sie werden vielfach gezähmt gehalten und lernen
leicht sprechen.“ Er gelangt nur selten zu uns, und Sprachbegabung
ist durch unsere Liebhaber noch nicht bei ihm festgestellt. Jedenfalls
besitzt er dieselbe indessen in gleichem Maß wie der Verwandte.
Preis 12—20 M. für das Par.

Der Keilschwanzsittich mit gelbem Gesicht
[Psittacus pertinax, *L.*].

Gelbwangiger Keilschwanzsittich, gelbwangiger Sittich, St. Thomas-Sittich, gelbgrüner Grassittich, Goldmaskensittich. — Yellow-cheeked Conure, St. Thomas Conure. — Perruche à joues jaunes, Perruche à joues oranges. — Geelwang Parkiet.

Der Keilschwanzsittich mit ockerbräunlichem Gesicht
[Psittacus aeruginosus, *L.*].

Keilschwanzsittich mit spangrünem Oberkopf, braungesichtiger Sittich, Braunwangensittich. — Brown-throated Conure. — Perruche à gorge brune, Perruche à joues brunes. — Bruinwang Parkiet.

Der grünwangige Keilschwanzsittich
[Psittacus cactorum, *Pr. Wd.*].

Kaktussittich, Kaktus-Perisit. — Cactus Conure, Curassow Parrakeet, Maccawle Parrakeet. — Perruche cactus, Perruche à joues vertes, Perruche à ventre orange. — Groenwang Parkiet.

Die drei letzten Arten der Keilschwanzsittiche, welche als sprachbegabt inbetracht kommen, darf ich zusammenfassen, denn sie sind vom Gesichtspunkt der Liebhaberei für sprechende Vögel aus nur als mittelmäßig oder vielmehr als geringwerthig zu betrachten und im übrigen in mehrfacher Hinsicht einander sehr ähnlich. Auf den ersten Blick erscheinen sie trotz schlichter Färbung allerliebst, anmuthig oder wenigstens niedlich und komisch und daher finden sie auch manchmal zahlreiche Liebhaber; bei näherer Kenntniß jedoch werden sie durch ihr schrilles, gellendes und dabei unverwüstliches Geschrei nur zu leicht unausstehlich, während zugleich ihre Sprachbegabung, wie erwähnt, doch nur gering ist. Um der letztern willen muß ich sie indessen hier mitzählen.

Bei den Systematikern haben diese Keilschwänze mancherlei
Verwirrung und Streit erregt, und man ist bis zum heutigen
Tage inbetreff ihrer noch nicht völlig im Klaren: ich beschreibe
und schildre sie hier so, wie ich sie in zahlreichen lebenden
Köpfen seit Jahren vor mir gesehen, also wol gründlicher
kenne, als irgend ein Andrer.

Der Keilschwanzsittich mit gelbem Gesicht ist an
Stirnrand bis zum Auge, Zügeln, Schläfen, Ohrgegend, Kopfseiten
und Schnabelgrund dunkelorangefarben, Oberkopf merbläulich, Hin=
terkopf und Nacken grünlichgelb; ganze übrige Oberseite grasgrün;
Schwingen am Ende grünlichblau, Innenfahne schwarz gesäumt, un=
terseits schwärzlichgrau; Schwanzfedern am Ende bläulich, unterseits
olivengrünlichgelb; Halsseiten, Kehle und Oberbrust ockerbräunlicholiven=
grün, Brust und ganze übrige Unterseite mehr gelblichgrasgrün; Bauch=
mitte mit orangegelbem Fleck; Schnabel bräunlichhorngrau bis schiefer=
schwarz, Wachshaut graulich bis reinweiß; Auge bräunlichgelb bis dunkel=
braun, nackte Haut ums Auge weiß; Füße bräunlichhorngrau, Krallen
schwarz. Jugendkleid nur an Zügeln und Gegend ums Auge
orangefarben, Stirn und Oberkopf düstermerblau, Kopfseiten,
Schnabelgrund und Kehle olivenbräunlich, Bauch orange. Ueber=
gangskleid: breiter Stirnrand fahlbräunlichgelb, Stirn= und Ober=
kopf bräunlichgrün, rings ums Auge ein breiter orangegelber Ring;
Augengegend, Wangen, Kehle, Oberbrust fahlgelblichbraun; Unterbauch
orangegelb. Drosselgröße (Länge 25,2—26 cm; Flügel 12,4—13,6 cm;
längste Schwanzfeder 9,4—11,8 cm; äußerste Schwanzfeder 5,4—7,8 cm).
Heimat: Südamerika, von Rio Negro bis Darien und
Panama, die westindischen Inseln: Trinidad, St. Croix und
St. Thomas.

Der Keilschwanzsittich mit ockerbräunlichem Ge=
sicht ist: Stirnrand fahl ockerbräunlich, Oberkopf düster merbläu=
lich, Zügel, Augengegend, Wangen und Kopfseiten ockerbräunlich=
grau, fein schwarz geschuppt; Schwingen an der Außenfahne schwach
grünlichblau, Innenfahne grau, unterseits silbergrau; kleine unter=
seitige Flügeldecken gelbgrün; die beiden mittelsten Schwanzfedern
an der Endhälfte blau, Grundhälfte grünlich, die übrigen bläulich=
grün, alle unterseits olivengrünlichgelb; ganze übrige Oberseite rein

dunkelgrün; Kehle und Oberbrust ockerbräunlichgrau, fein schwarz
geschuppt; Unterbrust und Bauch rein grüngelb; Brust- und Bauchseiten gelb; Hinterleib orangeröthlichgelb bis lebhaft orangeroth;
Schnabel schwärzlichgrau, Wachshaut weiß; Auge gelbgrau, breite
nackte Haut ums Auge weiß; Füße fleischfarben, Krallen schwarz.
Größe gleich der des vorigen. Seine Heimat ist mit der des
vorigen übereinstimmend.

Der grünwangige Keilschwanzsittich ist an Stirn und
Vorderkopf fahl olivenbräunlich, graubräunlich verwaschen, übriger Kopf
grasgrün; Schwingen dunkelgrün, Ende grünlichblau, Innenfahne
breit schwärzlich, unterseits ganz graulichschwarz; kleine unterseitige
Flügeldecken grasgrün, mit einigen gelblichen Federn; Schwanzfedern
am Ende grünlichblau, unterseits düster graulichorangegelb; ganze
übrige Oberseite grasgrün; Zügel, Wangen und Ohrgegend hellgrün;
untere Wangen, Kehle und Oberbrust olivengrünlichockerbraun; Brust,
Brustseiten, Bauch und Hinterleib tief orangegelb; Schenkel und untere Schwanzdecken hellgrün; Schnabel röthlichgrauweiß, Nasenhaut
weiß; Auge gelbgrau bis orangegelb, breite nackte Haut ums Auge
weißlichgrau; Füße dunkelfleischfarben, Krallen schwarz. Größe wie
bei den beiden vorigen. Heimat: der Osten Brasiliens.

Nach den leider kurzen Berichten der Reisenden Schomburgk, Natterer, Burmeister wissen wir von diesen Sittichen
nur, daß sie im allgemeinen die Lebensweise führen, welche
ich in der Uebersicht aller Keilschwanzsittiche geschildert habe;
auch die Entwicklung ihrer Bruten ist nicht bekannt. Prinz
Wied sah Schwärme des Kaktussittich auf den Hochebenen der Provinz Bahia, wo sie die blutrothen saftigen Früchte der Kaktuspflanzen,
sowie andere Beren fraßen und aufgescheucht mit lautem, gellendem
Geschrei davonflogen. Beide ersteren, sowol der Keilschwanzsittich mit
gelbem Gesicht, wie der Keilschwanzsittich mit ockerbräunlichem Gesicht,
sind bereits von Brisson (1760) beschrieben und von Linné benannt:
der Kaktussittich dagegen wurde erst vom Prinzen Max v. Wied
(1820) entdeckt und beschrieben. Jene beiden haben erklärlicherweise
bei den alten Schriftstellern noch viel mehr Anlaß zu Irrthümern
gegeben als bei den späteren, und es läßt sich daher kaum etwas
andres anführen, als daß Edwards, Brisson, Buffon u. A. sie schon

17*

in Schrift und Bild vielmals dargestellt haben. Bechstein schildert sie nach den Angaben der Genannten und fügt dann hinzu, daß man sie gewöhnlich pärchenweise in einem Käfig von Messingdraht halte, mit in Milch getauchter Semmel und Nüssen füttre, und daß sie um ihrer schönen Farbe, Zutraulichkeit und gegenseitigen Zärtlichkeit willen sehr beliebt seien; „sie lernen aber wenig oder garnicht sprechen und machen beständig häßlichen Lärm."

Gegenwärtig gelangen alle drei Arten so oft und zahlreich in den Handel, daß sie zu den gewöhnlichsten Vögeln des Markts gehören; nur ist der Kaktussittich etwas seltner als die beiden anderen. Die Händler und gleicherweise die Liebhaber unterscheiden sie in der Regel garnicht, und nur für Züchter werden sie nach den einzelnen Arten ausgeboten; bis jetzt ist aber ihre Zucht trotz vielfacher Versuche nicht gelungen. Dagegen erscheinen sie ungemein drollig in den beim Jendayasittich erwähnten komischen Geberden, werden viel eher als alle vorhergegangenen Verwandten zahm und ungemein hingebend, lassen sich auch so gewöhnen, daß sie frei umherfliegen dürfen und selbst im Hof und Garten auf einen Ruf zur Hand zurückkehren. Frau Baronin v. Schlechta rühmt den braunwangigen Sittich als „liebenswürdigen, muntern Vogel, der mich auch mit einem einfachen Gesang erfreute, dann in sehr spaßhafter Weise mit dem Füßchen am Schnabel kratzte und dabei rief: ‚Papageichen, Papageichen, da da, da da!' Im übrigen war er sehr klug, oft aber recht unbändig; ein zweiter zeigte sich sanfter". Wenn diese Sittiche in der geschilderten Weise zahm geworden und zum Sprechen abgerichtet sind, so pflegen sie nur selten oder niemals mehr ihr häßliches Geschrei erschallen zu lassen. Man muß für diesen Zweck natürlich möglichst junge Vögel zu erlangen suchen. Der Preis steht bei den rohen Vögeln auf 8 bis 12 M. für das Pärchen, bis 30 M. und darüber für den einzelnen zahmen und abgerichteten Sittich.

*   *   *

Die Dickschnabelsittiche [Bolborrhynchus, *Bp.*] bilden ein Papageiengeschlecht mit verhältnißmäßig wenigen Arten, von denen nur eine im Handel gemein ist, während alle übrigen noch garnicht oder nur höchst selten lebend eingeführt worden. Jene erste aber zählt zu den Sprechern. Durch folgende Merkmale zeichnen sich die Dickschnäbel vor den Verwandten aus: Schnabel kräftig, dick und kurz, an den Seiten bauchig erweitert, mit abgerundeter First ohne Längs= rinne, Oberschnabel mit kurzer, breiter, stumpfer Spitze und flachem Zahnausschnitt, Unterschnabel hoch, mit breit abgerundeter Dillen= kante; Nasenlöcher klein, frei, mit wulstigen Rändern, nur ausnahms= weise unter Stirnfedern versteckt; Zügel befiedert; nackter Augenkreis kaum bemerkbar; Füße kurz und kräftig; Flügel lang, Schwingen spitz; Schwanz keilförmig abgestuft; Gefieder weich. Färbung wenig lebhaft. Star= bis Drosselgröße, doch abgesehen von dem längern Schwanz. Heimat: Südamerika. Verbreitung über die westlichen, südlichen und mittleren Theile, eine Art geht auch weiter nördlich hin= auf. Alle kommen bis zu bedeutender Höhe vor, einige sollen sogar ausschließlich Gebirgsvögel sein. Das Freileben ist erst wenig bekannt. Ihre Nahrung dürfte vornehmlich in Sämereien, weniger oder gar= nicht in Früchten bestehen. Von einem Dickschnabel hat man sowol im Freileben als auch in der Gefangenschaft die Brut erforscht, und dieselbe ergibt die auffallende Erscheinung, daß dieser Papagei ab= weichend von fast allen anderen ein freistehendes Nest errichtet. In der Heimat sollen mehrere dieser Sittiche als Stubenvögel beliebt sein: zu uns wurde bis vor kurzem aber nur einer lebend eingeführt und neuerdings ist noch ein zweiter zum erstenmal hinzugekommen; ein dritter ist vor längerer Zeit in einem Kopf in den zoologischen Garten zu Hamburg gelangt, seitdem aber nicht wieder erschienen. In der Ernährung, bzl. Fütterung stimmen die Dickschnabel= mit den Keilschwanzsittichen überein.

Der Mönchs-Dickschnabelsittich

[Psittacus mónachus, *Bdd.*].

Mönchssittich, Quäkersittich, Mäusesittich, Mönchspapagei, Quäker, junge Witwe, grauköpfiger Dickschnabelsittich. — Grey-breasted Parrakeet, Quaker Parrakeet. — Perruche moine, Perruche souris. — Monniks Dick-beckparkiet of Muisparkiet.

In ähnlicher Weise wie der Karolinasittich nimmt auch der Mönch oder Quäker vonvornherein für sich ein; freilich sieht sein Gefieder nicht so bunt und auffallend aus, wie das des erwähnten Keilschwanz, sondern vielmehr schlicht, in sanften

Farben, aber ungemein ansprechend; ja seine ganze Erscheinung ist so hübsch, daß ihm der Forscher Azara, welcher ihn in der Heimat beobachtet, den Namen „Junge Witwe" beigelegt hatte. Dem Liebhaber aber, welcher sich dadurch verleiten läßt, ein Pärchen dieser Dickschnäbel anzuschaffen, machen sie sich baldigst im höchsten Grade überdrüssig, nämlich durch ihr unverwüstliches Geschrei. Das anhaltende durch nichts zu stillende Gekreisch für die Dauer zu ertragen, dürften selbst die kräftigsten Nerven nicht ausreichend sein.

Der Mönchs-Dickschnabelsittich ist an Stirn, Vorderkopf, Zügeln, Wangen, Kehle, Vorderhals und Brust hellgrau, jede Feder mit schmalem fahlgrauen Endsaum, sodaß die graue Färbung namentlich an Stirn und Brust wie zart geschuppt erscheint, an der letztern auch mit bemerkbar bräunlichem Ton; ganze übrige Oberseite grasgrün; Mantel olivengrünlichbraungrau verwaschen; Schwingen erster Ordnung indigoblau, Außenfahne grün gerandet, Innenfahne breit schwärzlich, Schwingen zweiter Ordnung, Deckfedern und Eckflügel blau, alle Schwingen unterseits grünblau; Schwanzfedern an der Innenfahne gelblichgrün, unterseits graulichblau, Innenfahne gelbgrün gerandet; Unterbrust und Bauch hellgelblichgrau, Unterbauch, Schenkel, Hinterleib und untere Schwanzdecken gelbgrün; Schnabel gelblichgrau; Auge braun; Füße bräunlichgrau, Krallen schwärzlich. Jugendkleid weniger lebhaft grün und mehr einfarbig grau; die hellen Ränder der grauen Federn an Hals und Brust sind noch nicht vorhanden; Schwingen nicht rein-, sondern mehr grünblau. Drosselgröße (Länge 27,3 cm: Flügel 12,2—15,2 cm; längste Schwanzfeder 11,3—14,8 cm: äußerste Schwanzfeder 5,4—8,7 cm).

Seine Heimat ist das südwestliche Südamerika und in Bolivia, Argentinien, Uruguay und Paraguay soll er sehr gemein sein. Im Gebirg findet man ihn bis zu 1000 m Höhe. Der Mönchssittich wurde von Gmelin (1783) beschrieben und benannt, und über sein Freileben haben die amerikanischen Forscher, insbesondre Azara, Darwin, Rengger, Burmeister, Gibson u. A. sehr ausführliche Mittheilungen gemacht. Diese Sittiche leben immer, auch während der Nistzeit, gesellig. Ihr Flug ist hurtig und gewandt mit schnellen Flügelschlägen, sie klettern ungemein geschickt, laufen aber unbeholfen auf dem Boden und als Baumvögel kommen sie selten zum letztern herab. Ein Schwarm verräth sich, gleichviel wo er sich aufhalte, stets durch das fortwährende schrille und gellende Geschrei und Gelärme. Die Nahrung besteht in Sämereien, aber auch in Früchten und im Sommer und Herbst vorzugsweise in Distelsamen. Alle Wälder, sagt ein Reisender, enthalten Tausende von Nestern dieser Sittiche, und dieselben hängen gewöhnlich in den Spitzen der Zweige, in welche sie hineingeflochten sind. Jedes einzelne Nest besteht in einem Vorbau und hinter diesem in der eigentlichen Nisthöhle, welche immer von einem Par bewohnt ist. Der Eingang führt gewöhnlich von unten hinauf; befindet er sich an der Seite, so ist er durch ein überragendes Dach geschützt. So errichten etwa ein Dutzend Pärchen ihre Nester dicht nebeneinander, in jedem Frühjahr baut das Par ein neues an oder auf das alte und dadurch entstehen allmählich ungeheure Klumpen von Nestern in einer Masse, welche wol mehrere Zentner schwer wird; auf manchen alten, gewaltigen Waldbäumen sieht man aber bis sieben oder acht solcher Brutansiedelungen, an denen die Vögel fortwährend thätig sind, ausbessern u. s. w.; neue Nester werden stets nur im Frühling, zur wieder beginnenden Nistzeit, angefügt. Die Brut fängt mit dem November an, und 7—8, meistens aber nur 6 Eier, bilden das Gelege. Auch nach der Brutzeit, also das ganze Jahr hindurch, werden die Nester von den Vögeln bewohnt. Als Baustoffe werden ausschließlich dornige Reiser benutzt, und nach Azara's Angabe soll die Bruthöhle mit Gräsern ausgepolstert sein. In den alten umfangreichen Nesterballen hausen nicht selten auch fremde Gäste, so eine Entenart, die sehr gern sich darin ansiedelt, und manchmal wol gar ein Opossum. Am Nest erschallt den ganzen Tag hindurch das gellende Gekreisch, und dadurch, nicht minder aber durch die Plünderungen, welche diese Sittiche an Mais, Obst und mancherlei anderen Nutzgewächsen anrichten, machen sie sich sehr verhaßt, umsomehr, da sie nach Papageienart viel mehr vernichten als eigentlich fressen. Sie werden daher überaus eifrig verfolgt und, da sie trotzdem wenig scheu sind, ungemein zahlreich geschossen oder auch in Netzen gefangen. Sie gelten zugleich als schmackhaftes Wildbret, und man veranstalte von Zeit zu Zeit förmliche Papageienschießen. In manchen Gegenden hat man Schußgeld auf ihre Erlegung ausgesetzt, und so werden sie z. B. am La Plata zu Tausenden alljährlich abgeschossen. In ihrer

Zudringlichkeit lassen sie sich garnicht verscheuchen, sondern kehren nach den Maisfeldern u. a. immer wieder zurück. Nur an wenigen Stellen, wo sie schon wahrnehmbar verringert worden, sind sie vorsichtig und sehr scheu, und dann bildet solch' Quäkersittich wol gar den Warner für alle anderen Thiere, zum großen Verdruß des Jägers. Nach beendeter Brutzeit schwärmen sie nicht selten in vielköpfigen Scharen nahrung=suchend umher.

Schon die alten Schriftsteller Buffon, Bechstein u. A. beschäf=tigten sich mit dem Quäker als Stubenvogel. Letzterer sagt, er scheine von schwermüthiger Stimmung zu sein, werde sehr zahm und lerne auch, wiewol nur wenig, sprechen; seine Lockstimme sei ein hohes, scharf klingendes Kreischen. Azara berichtet, daß er in der Heimat als Käfigvogel recht geschätzt sei und mit Vorliebe zum Sprechen ab=gerichtet werde. Bemerkenswerth ist die Mittheilung von Gibson, daß man unter den Scharen im Walde manchmal einen Quäker höre, welcher menschliche Worte spreche, die er als Käfigvogel gelernt und nun nach seinem Entkommen hier in der Freiheit noch beibehalten habe; „so hörte ich oft zu meiner Verwunderung. wenn ich durch den Wald streifte, das heisere ‚Pretty Poll‘ eines solchen Vogels." Der Reisende meint, daß die Mönchssittiche immer nur undeutlich sprechen lernen. Diese letzte Behauptung widerlegt aber ein liebevoller Beobachter, Herr Dr. D. A. Willink in Utrecht, mit voller Entschiedenheit. Er fand bei einer Händlerin, Frau Bianchi in Nizza, einen abgerichteten Mäusesittich, welcher zunächst dadurch auffiel, daß er wüthend nach jedem Fremden biß, und den daher Niemand kaufen wollte. „Bei häufigen Besuchen ge=wöhnte sich der Vogel aber bald an mich und begann zu sprechen. Französisch konnte er nur ‚zu den Waffen‘ rufen und dann ahmte er einen Trommelwirbel nach; italienisch sagte er ‚Rosetta komm' her‘, ‚gib mir einen Kuß‘; dann hustete und lachte er. Bald wurde er so zahm, daß er auf den Finger kam und Küßchen gab. Ich kaufte ihn, und er ist jetzt gegen mich ungemein liebenswürdig, gegen jeden Fremden bleibt er jedoch unfreundlich und böse. Er spricht übrigens ebenso deutlich, wie der beste Graupapagei, sein arges Geschrei hat er aber trotzdem nicht abgelegt, sondern läßt dasselbe leider nur zu oft erschallen. Auch Herr Zahlmeister Exner berichtet von seinem Mönchs=

sittich, welchen er frei in den Garten fliegen lassen durfte und
der viel sprechen und singen lernte, auch lachen und weinen
konnte.

Wer den Versuch mit der Abrichtung eines solchen Sittichs
zum Sprechenlernen unternehmen will, sollte sich vor allem
bemühen, daß er einen jungen Vogel dieser Art erlange, und
ich habe deshalb das Jugendkleid besonders angegeben; je
düstrer, weniger klar und bemerkbar gewellt die graue Fär=
bung und je dunkler die Augen, um so jünger ist der Quäker
und um so eher für den Unterricht empfänglich wird er sich
ergeben.

Im Handel wird diese Art meistens pärchenweise ausgeboten
und dann entweder von unkundigen Liebhabern gekauft und in der
Regel schleunigst wieder abgeschafft oder mit Vorbedacht für den Zweck
eines Züchtungsversuchs erworben. Der letztre bildet in der That viel
Anregung und Vergnügen und hat schon mehrfach zu guten Erfolgen
geführt; über solche berichteten die Herren Ministerialsekretär Schmalz
in Wien, Kaufmann E. Linden in Radolfzell und Maler Mützel, letztrer
aus dem zoologischen Garten in Berlin. In allen diesen Fällen hatten
die Sittiche ganz ähnliche Nester wie in der Freiheit errichtet*). Für die
zoologischen Gärten ist der Quäker um so werthvoller, als er sich kräftig
und ausdauernd zeigt und schon im Freien überwintert worden.
Preis: 10 bis 15 M. für das Pärchen, 6 bis 9 M. für
den einzelnen.

Der schwarzgefleckte Dickschnabelsittich [Psittacus lineolatus,
Cass.] — Katharina=Sittich — Black-spotted Parrakeet — Perruche
à tâches noires — Zwartvlek Parkiet. Die Thatsache, daß ich ein
Pärchen schwarzfleckige Dickschnäbel lebend vor mir gehabt, und die
Voraussetzung, daß dieser Sittich ebenso wie der verwandte Quäker
sprachbegabt sein wird, veranlassen mich dazu, diese bis dahin noch nie=
mals lebend eingeführte Art hier mitzuzählen. Sie ist an der ganzen
Oberseite dunkelgrasgrün, jede Feder mit schwärzlichem Endsaum;

---

*) Näheres in Dr. Karl Ruß, „Handbuch für Vogelliebhaber" I
(Fremdländische Stubenvögel) dritte Auflage, Magdeburg 1887.

Hinterrücken olivengrünlich und hier ebenso wie am Bürzel und an den oberen Schwanzdecken jede Feder mit breiten, rundlichen, schwarzen Endflecken; erste Schwingen dunkelgrün, Innenfahne schwarz, die übrigen Schwingen grün, alle unterseits düstergrün: mittelste Flügeldecken an der Außenfahne schwarz gerandet, kleinste Flügel= decken am Unterarm schwarz (einen großen länglichen Fleck bildend), Flügelrand hell gelbgrün; Schwanz dunkelgrün, die beiden mittelsten Federn am Ende schwarz, alle unterseits düstergrün; Kopfseiten und ganze Unterseite lebhaft grasgrün; an den Schenkelseiten jede Feder mit breitem schwarzen Endfleck; untere Schwanzdecken grasgrün, mit kleinen schwarzen Flecken: Schnabel weiß: Auge braun, sehr schmaler nackter Augenkreis weiß; Füße fleischfarben, Krallen schwarz. Ge= schlechter übereinstimmend. Kaum Stargröße (Länge 13—15,5 cm; Flügel 10,5—11 cm; Schwanz 6,5—7 cm). Heimat: Mexiko und Guatemala. Dieser Sittich erscheint so gekennzeichnet, daß eine Ver= wechselung garnicht möglich ist. Er wurde erst durch Cassin (1853) bekannt gemacht und dann unter verschiedenen Namen beschrieben; doch haben Baird (1858) und nach ihm Sclater (1859) ihn dann fest= gestellt. Selbst in der Heimat soll er höchst selten vorkommen, sodaß erst wenige Museen einen Balg von ihm aufzuweisen haben. Die beiden Sittiche zeigten sich als ungemein sanft, ließen nur ein leises Geplauder hören und schrieen garnicht. Sie wurden mir im Oktober 1882 vom Großhändler H. Fockelmann in Hamburg zur Bestimmung zugeschickt, und ich entnahm sie für meine Vogelstube. Herr Blaauw glaubte aus dem Geplauder eines in seinem Besitz befindlichen Vogels dieser Art zwei Worte herauszuhören und hält ihn für abrichtbar.

Von den übrigen Angehörigen dieses Geschlechts ist nur noch ein einziger, der **Dickschnabelsittich mit gelbem Gesicht** [Psittacus auri- frons, *Lss.*] vor Jahren in einem Kopf lebend eingeführt und zwar in den zoologischen Garten von Hamburg.

*　　*　　*

Die Schmalschnabelsittiche [Brotogérys, *Vgrs.*]. Wer diese kleinen Papageien von Finken= bis Drosselgröße selber gehalten hat und sie also ausreichend kennt, zerbricht sich wol vergeblich den Kopf darüber, weshalb der Vogelkundige Vigors ihnen die griechische Bezeichnung beigelegt, welche in der Uebertragung „mit menschlicher Stimme be= gabt" lautet. Von den bisher bekannten Arten haben sich mehrere allerdings als fähig erwiesen, menschliche Worte sprechen zu lernen, allein ihre Begabung ist doch nur eine so geringe, daß sie auf der untersten Stufe von allen gefiederten Sprechern stehen. Dagegen sind sie meistens angenehm gefärbt, in ihrer Erscheinung niedlich, im Wesen komisch, sie werden überaus zahm und dreist, aber niemals wirklich zutraulich und hingebend; immer bleiben sie ungemein lästige Schreier.

Ihre besonderen Merkmale hat Finsch in folgendem aufgestellt: Schnabel ziemlich lang, schlank, stark seitlich zusammengedrückt, an der First kantig, mit langer, dünner, stark herabgekrümmter Spitze und tiefem Ausschnitt; Zunge dick, fleischig, vorn abgestumpft, Nasenlöcher rund und frei, in breiter, nackter Wachshaut; Zügel befiedert; Augen= kreis nackt; Flügel lang, spitz; Schwanz keilförmig, alle Federn an der Spitze zugerundet; Füße ziemlich schwach mit kurzem Lauf; Gefieder weich und voll. Die Geschlechter dürften übereinstimmend gefärbt sein. Heimat: ganz Südamerika, einige auch in Mittelamerika. Ueber das Freileben liegen bisher nur geringe Angaben vor. Sie sind sehr ge= sellig und im ganzen Wesen harmlos. Man weiß noch nicht, ob sie, wie die vorgegangenen Verwandten, auch zu zahlreichen Pärchen ver= eint nisten, doch dürfte dies kaum der Fall sein. Ihre Bewegungen sind einigermaßen schwerfällig; sie fliegen zwar hurtig, doch nicht ge= wandt, klettern auch ziemlich ungeschickt und trippeln unbeholfen auf dem Boden. Die Nahrung soll in allerlei Samen, Früchten, Beren und anderen Pflanzenstoffen bestehen, und auch sie sollen manchmal argen Schaden an Mais, Reis, Obst u. a. verursachen. Das Nest steht wie bei allen Verwandten in einer Baumhöhle und das Gelege soll 2—4 Eier enthalten.

Gleich anderen Papageien sind auch sie schon in der Heimat als Stubenvögel beliebt, doch werden sie kaum wie die großen aus den Nestern gehoben und aufgefüttert, sondern vielmehr als alte Vögel gefangen. Dies ist infolge ihrer Harmlosigkeit, ja Dummdreistigkeit staunenswerth leicht. Man kann vermittelst einer an einen Stock ge= bundnen Pferdeharschlinge, die man einem nach dem andern über den Kopf streift, oder mit einer Leimrute einen ganzen Schwarm aufreiben, wenn man erst einen einzigen hat, welchen man als Lockvogel benutzt. Vonvornherein zeigen sie sich nicht dummscheu wie viele andere ge= fangene Vögel, sondern, wenn auch anfangs sehr ängstlich, doch bald dreist und sogar frech, indem sie gegen die fütternde Hand, ebenso wie gegen jeden Feind überhaupt, vereint kämpfend losgehen. Unter

schnatterndem Geschrei, kopfnickend und mit erhobenen Flügeln er=
scheinen sie überaus streitbar und dabei zugleich sehr komisch; bei der
geringsten Bedrohung aber flüchten sie erschreckt in einen Winkel.
Sie halten in innigster Weise zusammen, gleichviel ob ein richtiges
Pärchen oder zwei vom gleichen Geschlecht bei einander sind. Alle
Verrichtungen, Fressen, Trinken, Flügelausschwingen, plötzliches Los=
schnattern, führen sie immer gleichzeitig aus. In Brasilien werden sie
mit verschnittenen Flügeln auf einem Ständer, welcher eine wagerechte Sitz=
stange und einen Schlupfkasten zur Nachtruhe hat, angekettet gehalten;
bei uns dagegen hat man sie in der Regel parweise in einem Käfig,
doch dürfen sie nur allein oder mit größeren, friedlichen Papageien
zusammen sein, denn gegen alle schwächeren Genossen zeigen sie sich
bösartig, soweit sie eben können. Wenn A. E. Brehm sagt: „Sie beleben
einen Flugbauer in hohem Grade und sind durchaus friedlich", so beruht
dies in völliger Unkenntniß. Als Fütterung verlangen sie vorzugsweise
Kanariensamen, Hanf und Hafer mit ein wenig Zugabe von süßer
Frucht und Biskuit oder eingeweichtem Eierbrot, doch nehmen die
meisten beides letzte garnicht einmal an. Sie sind recht kräftig und
ausdauernd und lassen sich viele Jahre gut erhalten, nur muß man
sie gegen Kälte und Nässe durchaus behüten; zwar ist eine Art, die
größte, schon im Freien überwintert worden, doch muß ich inbetreff
der anderen, kleineren und kleinsten ernstlich warnen. Bis jetzt sind
acht Arten lebend eingeführt, aber nur eine gehört zu den gemeinen
Vögeln des Handels. Trotzdem sie, wie erwähnt, fast nur pärchen=
weise gehalten werden, ist erst ein einziger Schmalschnabel in der
Gefangenschaft gezüchtet. Die selteneren stehen ziemlich hoch im Preise.
Ich werde hier selbstverständlich nur die schildern, welche bisher als
Sprecher festgestellt worden.

Der Tovi-Schmalschnabelsittich

[Psittacus tovi, *Gml.*].

Tovisittich, Schmalschnabelsittich mit gelben Unterflügeldecken, Goldkinnsittich (!),
gewöhnlich bloß Grassittich oder Grasperikit. — Tovi Parrakeet or Orange-
chinned Parrakeet. — Perruche tovi ou Perruche à menton orange. —
Tovi Parkiet.

Im Handel allbekannt und sogar ziemlich gemein, gehört
der kleine Tovisittich doch keineswegs zu den häufigsten Er=

scheinungen des Markts, sondern er wird nur zuweilen und stets in einzelnen Pärchen eingeführt. Obwol schon von Brisson (1760) beschrieben und abgebildet, wurde er von den älteren Schriftstellern vielfach verwechselt und mit anderen Arten zusammengeworfen. Ueber sein Gefangenleben haben sie noch garnichts mitgetheilt.

Er ist am ganzen Körper grün; Kopf grasgrün, malachitgrün scheinend; Hinterhals und Mantel olivenbräunlich verwaschen; übrige Oberseite dunkelgrün; Bürzel und obere Schwanzdecken schwach bläulichgrasgrün; erste Schwingen mit schwärzlich gesäumter Innenfahne, zweite Schwingen an der Außenfahne bläulich, alle Schwingen unterseits düster grünlich, an der Außenfahne schwärzlich; Deckfedern der ersten Schwingen dunkelblau, mittlere und kleinste Flügeldecken nebst Schulterdecken gelblichzimmtbraun, kleinere und mittlere untere Flügeldecken zitrongelb; Schwanzfedern dunkel malachitgrün, unterseits heller gelblichgrün; Kehlfleck dicht unterm Schnabel hochorangegelb; ganze Unterseite hell grüngelb; Schenkel, Bauch und untere Schwanzdecken grasgrün, malachitgrün scheinend; Schnabel weißlichhorngrau, Oberschnabel mit schwärzlicher Spitze; Auge dunkelbraun; Füße fleischfarbengrau, Krallen dunkler, horngrau. Etwa Sperlingsgröße (Länge 18,9 cm; Flügel 10—11,8 cm; Schwanz 5,7—6,5 cm). Jugendkleid in Farbe und Größe nicht abweichend. Heimat: Mittelamerika und die nördlichen Gegenden Südamerikas; am häufigsten soll er in Neugranada und Panama sein; in Brasilien dürfte er dagegen nicht vorkommen. Dr. A. v. Frantzius berichtet, daß er ihn in Kostarika nur in der heißesten Gegend, vornehmlich am Golf von Nikoya, gefunden. „In der Hochebene, wohin sie vielfach zum Verkauf gebracht werden, sterben sie immer bald. Sie lassen sich leicht zähmen und lernen auch ein wenig sprechen."

Die Beobachtung in der Gefangenschaft hat gezeigt, daß sie keineswegs so sehr weichlich sind, sondern unser Klima recht gut ertragen; zahm werden sie sämmtlich, wie in der Uebersicht angegeben, ob sie aber alle so sprachbegabt sein werden, wie der, von welchem Herr Th. Hallbauer berichtet, ist noch nicht festgestellt. Ein Pärchen, welches deſſen Bruder, ein Schiffsarzt, bei der Rückkehr von Weſtindien mitgebracht, lernte, nachdem es ſich etwa in Jahresfriſt ausgemuſtert und ein ſchönes glattes Gefieder bekommen, von einer Amazone, neben deren Käfig es ſich befand, ſprechen, d. h., nur der eine, wahrſcheinlich das Männchen. „Es begann mit leiſem Nachahmen des Rufs ‚Kickerick‘, welcher ſich nach und nach in ‚Kickericki‘ vervollkommnete. Bald lernte er dann auch das Wort ‚Papa‘, und beides hörte ſich, von dem feinen Stimmchen ausgeſprochen, ſehr drollig an. Merkwürdig iſt es, daß der kleine Sprachkünſtler beim Rufen ſeines ‚Kickericki‘ auf der Sitzſtange herumhüpft und mit den Flügeln ſchlägt, wodurch der komiſche Eindruck weſentlich erhöht wird.“ Die Reiſenden haben übrigens mehrfach angegeben, daß der Toviſittich in der Heimat gar= nicht ſelten ſprechen lernen ſoll. Wir dürfen daher wol erwarten, daß ſich auch bei uns künftig mehrere zeigen werden, wenn die Liebhaber nämlich mit jüngeren Vögeln ſich die Mühe geben, ſie zu unterrichten. Zwei Vogelpfleger, Frau Veronika Greiner und Herr Miniſterialſekretär Schmalz, Beide in Wien, haben ſich bis jetzt glücklicher Zuchtergebniſſe mit dem Toviſittich erfreut. Trotzdem findet man ihn nicht oft in den Vogelſtuben, weil ſein anhaltend gellendes Geſchrei doch zu läſtig wird. Preis 10 bis 15 M. für das Pärchen.

Der Tuipara-Schmalſchnabelſittich

[Psittacus tuipara, *Gml.*].

Tuiparaſittich, orangeflügeliger Schmalſchnabelſittich, Goldflügelſittich, Orange=
flügelſittich. — Tuipara or Golden-winged Parrakeet. — Perruche tuipara.
— Tuipara Parkiet.

Eigentlich hübſcher, doch düſtrer als der vorige gefärbt, hat er wol mehr um ſeiner Seltenheit als Schönheit und ſonſtigen Eigenthümlichkeiten willen im Handel einen höhern Preis als faſt alle übrigen. Er iſt ſchon vom alten Markgraf (1648) beſchrieben und von Gmelin wiſſenſchaftlich benannt. Trotzdem hat auch er wiederum für die Ornithologen Anlaß zu mancherlei Irrthümern geboten, welche wol zum größten Theil in der Veränderlichkeit seiner Zeichnung begründet liegen. Er erscheint dunkelgrasgrün, an der Unterseite kaum heller, schwach gelblicholivengrün; schmaler Stirnrand lebhaft orangeroth (fehlt jedoch zuweilen), Vorderkopf malachitgrün, Hinterkopf mer= bläulich verwaschen, Zügel und Wangen schwach röthlicholivengrün, Kehlfleck unterm Schnabel hell orangeroth (fehlt gleichfalls zuweilen); Nacken und Mantel dunkelolivengrün; erste Schwingen an der Außen= fahne dunkelgrün, fein röthlichgelb gesäumt, am Grunde blauschwarz, Innenfahne grauschwarz, Spitze grün, die übrigen Schwingen grün, alle Schwingen unterseits grünlichmerblau; größte Deckfedern und Eckflügel orangeroth; Schwanzfedern dunkelolivengrün, unterseits bläulichgrün, Innenfahne beiderseits röthlichgelbgrün; Schnabel bräunlichhornweiß; Auge dunkelbraun, breite nackte Haut bläulichweiß; Füße und Krallen bräunlichhornweiß. Stark Finkengröße (Länge 19,6—20 cm; Flügel 10,8—11,8 cm; Schwanz 5,7—6,8 cm). Heimat: Brasilien und Guiana. Die Reisenden Schomburgk, Natterer, Wallace u. A. beobachteten ihn in großen Schwärmen besonders in der Nähe der Küsten und in den Wäldern an den Flüssen. Er ernähre sich von den Blüten haidekrautartiger Bäume, niste in Astlöchern, das Gelege bestehe in 2—4 Eiern. Damit sind die Angaben über sein Frei= leben erschöpft. Buffon, der ihn übrigens in drei verschiedenen Arten schildert, erzählt mancherlei wunderliche Dinge von ihm, doch sagt er auch, man könne diesen Sittich leicht erziehen, derselbe lerne sehr gut sprechen, habe eine Stimme wie der Hanswurst bei den Puppenspielern und plaudre ohne Aufhören. Obwol diese Art doch eine weite Ver= breitung hat und in der Heimat noch in großen Schwärmen vor= kommt, so gelangt sie auffallenderweise nur selten und in wenigen Köpfen zu uns. Ich erhielt drei Tuiparasittiche vom Händler G. Linz in Hamburg und kann berichten, daß dieselben sich viel mehr scheu und zurückhaltend zeigten, als Angehörige der vorher beschriebnen verwandten Art. Ein gellendes unangenehmes Geschrei ließen sie nur höchst selten erschallen. Sie haben weder bei mir noch bei Herrn Karl Forster, der sie gleichfalls besaß, genistet und auch nicht sprechen gelernt, doch wird die Abrichtung dazu zweifellos gelingen, wenn wir diesen Sittich erst zahlreicher und in jüngeren Vögeln bekommen. Preis 30 bis 45 M. für das Par.

Der Tirika-Schmalschnabelsittich

[Psittacus tirica, *Gml.*].

Blumenausittich, Tirikasittich, bloß Tirika, bloß Grassittich, blauflügeliger
Schmalschnabelsittich. — All-green Parrakeet. — Perruche tirica. — Tirica-
Parkiet.

Der Tirikasittich war gleichfalls den alten Schriftstellern
bekannt, denn er ist schon von Brisson (1760) beschrieben und
dann von Gmelin (1788) benannt. Die älteren Autoren geben
freilich nichts Näheres über ihn an. Er erscheint an der Stirn
hellgrasgrün; an der ganzen übrigen Oberseite dunkelgrasgrün; erste
Schwingen längs der Schaftmitte dunkelblau, an der Innenfahne
breit grauschwarz, die nächsten Schwingen an der Innenfahne ab=
nehmend weniger grauschwarz, die übrigen einfarbig grün, alle unter=
seits düstergrün; Deckfedern der ersten Schwingen dunkelblau, Flügel=
rand gelbgrün, kleine unterseitige Flügeldecken grünlichgelb; die
äußeren Schwanzfedern an der Innenfahne gelbgrün, alle unterseits
schwärzlichgrün; Wangen und ganze Unterseite hell grasgrün; Schnabel
röthlichfleischfarben, Spitze fast weiß, Wachshaut grauweiß; Auge
braun; Füße bräunlichfleischfarben. Jugendkleid graulichgrün; Flügel
fast reingrün; Flügeldeckfedern bräunlichgrün. Drosselgröße (Länge 26 cm;
Flügel 10,7—12,4 cm; Schwanz 10—12,6 cm). Seine Heimat erstreckt
sich besonders über das östliche Brasilien bis Guiana. Die
Reisenden Natterer, Prinz v. Wied, Schomburgk, Burmeister,
Karl Euler und dann Karl Petermann haben über sein Freileben
berichtet: Im Küstenwaldgebiet Brasilien ist er gemein, aber er
kommt in ganz Brasilien vor, und wo der Wald an Pflanzungen
grenzt, sieht man nicht selten überaus vielköpfige Schwärme verschie=
dene Arten von Keilschwanzsittichen und unter ihnen diese Schmal=
schnäbel. Jede Art hält sich in der Schar gesondert für sich. In
dem gewaltigen Lärm, welchen alle zusammen verursachen, hört man
die schrillen Rufe der Tirikasittiche noch besonders heraus. Des
Schadens wegen, welchen sie am Mais und an allerlei anderen Nutz=
gewächsen verursachen, verfolgte man sie früher eifrig mit Schußwaffen;
auch sollen manche recht wohlschmeckend sein, doch sind sie als Wild=
bret im allgemeinen nicht sehr geschätzt. In neuerer Zeit bilden diese

Vögel einen bedeutsamen Handelsgegenstand. Sie werden daher in mancherlei Weise gefangen. Bis vor kurzem und hier und da auch wol noch jetzt zeigten sie sich so harmlos, daß man in der Seite 267 angegebnen Weise einen ganzen Schwarm überlisten konnte. Wo sie seitdem vorsichtiger geworden, fängt man sie an der Tränke in Schlag= netzen u. drgl. Die erste großartige Einführung nach Deutschland geschah durch Herrn Wilhelm Schlüter, welcher mehrere hundert Pärchen an die Naturalienhandlung von H. Schlüter in Halle schickte, die dann meistens durch die Vogelhandlung von K. Gudera, damals in Leipzig, in den Handel gebracht wurden. Seitdem sind diese Schmalschnäbel alljährlich in mehr oder minder großer Anzahl nach Europa gelangt. Leider werden sie von der Heimat aus gewöhnlich unzweckmäßig verpflegt, nur mit zerstoßnem Mais und in Wasser aufgeweichtem Brot, welcher erstre in den Schmutz geworfen und welches letzte nicht selten sauer geworden, gefüttert; wenn sie trotz= dem nach der anstrengenden Reise von der Kolonie Blumenau bis nach Rio de Janeiro und dann nach der Ueberfahrt bis Hamburg oder London lebend ankommen, so ist das doch ein Beweis dafür, daß sie zu den ausdauerndsten unter allen Papageien gehören. Dies ist in der That richtig, denn man hat sie bei uns auch bereits mehrfach im ungeheizten Raum überwintert.

Trotzdem der Tirikasittich aber in seiner Heimat als Käfigvogel geschätzt sein und vielfach zum Sprechen abgerichtet werden soll und obwol er sich so lebenskräftig zeigt, daß er in den zoologischen Gärten ein Jahrzehnt hindurch und dar= über gut ausdauert, hat er sich bei uns doch keiner besondern Beliebtheit zu erfreuen, weil er eben zeitweise ein arger Schreier ist. Während ich in der ersten Auflage dieses Werks sagte: nach meiner Ueberzeugung würde es besonders vortheil= haft sein, wenn man mit ihm Züchtungsversuche — die zweifellos glücken müssen — unternehmen, dann die jungen Sittiche zähmen und zum Sprechen abrichten wollte, so ist meine Voraussage bereits glänzend eingetroffen, denn er ist inzwischen, zuerst von Herrn Pfarrer Hinz in Rastenburg, dann in der Vogelstube des Prinzen Ferdinand von Sachsen=

Koburg=Gotha, und bei Herrn Graeff jun. mehrfach gezüchtet wor=
den. Mit dem fortschreitenden Unterricht werden die jungen Vögel
das arge Geschrei sicherlich unterlassen, und man kann so die bis=
her ziemlich werthlose Vogelart in eine sehr werthvolle verwandeln.
Der Preis, welcher 10 M. für das Par beträgt, geht nicht selten auf
7,50 M. und sogar auf 5 M. herunter; der durchaus zahme und
etwas sprechende Tirikasittich wird doch wol 30—45 M. werth sein.

Der Schmalschnabelsittich mit hochgelber Flügelbinde

[Psittacus xanthópterus, *Spx*.].

Gelbflügeliger Schmalschnabelsittich, Gelbflügelsittich, Goldflügelsittich, Kanarien=
vogelsittich, Kanarienflügelsittich, gelbflügeliger Grassittich. —
Orange-winged Parrakeet, Canary-winged Parrakeet. — Perruche xanthop=
tère. — Oranjevleugel Parkiet.

Von Spix (1824) beschrieben und benannt, gehört diese
Art also zu den erst in neuerer Zeit bekannt gewordenen.
Sie ist am ganzen Körper grasgrün, oberseits dunkler, unterseits
kaum heller; Schwingen an der Außenfahne bläulich, an der Innen=
fahne schwärzlichgrau, alle unterseits bläulichgrün; Eckflügel und die
großen oberen Deckfedern hochgelb (eine breite gelbe Binde über den
Flügel bildend); Schwanzfedern an der Innenfahne olivengrünlichgelb,
unterseits an beiden Fahnen bläulichgrün; Schnabel bräunlichgrauweiß;
Auge dunkelbraun; Füße bräunlichhorngrau. Nahezu Drosselgröße
(Länge 25 cm; Flügel 11,8—12,6 cm; Schwanz 9,6—10 cm). Heimat:
wahrscheinlich ganz Brasilien; außerdem soll er besonders häufig
im Gebiet des Amazonenstroms und in Bolivia sein, Bart=
lett fand ihn auch in Peru. Ueber sein Freileben ist nichts
weiter bekannt, als daß er in der Lebensweise mit den ver=
wandten Arten übereinstimme; Burmeister sah in der Um=
gebung von Neu=Freiburg täglich kleine Flüge.

Auch dieser Schmalschnabel wird in der Heimat vielfach
gehalten und zeigt in der Gefangenschaft ganz dasselbe komische
Wesen, welches ich bei den vorigen geschildert, aber er zeichnet

sich vor ihnen durch besondre Liebenswürdigkeit aus, und ich füge daher die Schilderung eines der hervorragendsten Kenner und liebevollsten Pfleger fremdländischer Stubenvögel, des Herrn Dr. Luchs, Badearzt in Warmbrunn, hier an: „Mein gelbflügeliger Sittich ist ein ungemein zahmer, sanfter und liebenswürdiger Vogel. Er wurde gegen mich täglich zutraulicher und dreister, während er Fremden gegenüber schüchtern blieb. Setzte ich mich zum Frühstück, so begann er sogleich von seinem offenstehenden Käfig aus, eine umständliche Kletterreise an der ihm nahen Fenstergardine hinauf, über zwei Vogelkäfige hinweg, an der Gardine der andern Seite hinab, auf das daranstoßende Sofa, von dort wieder an der Tischdecke hinauf, um endlich nach der entgegengesetzten Seite zu mir heranzutrippeln und von Milch, eingeweichtem Zwieback, Zucker und dergleichen zu schmausen; wenn ich ihn nicht sogleich beachtete, zwickte er mich anfangs leiser, dann aber stärker in die Hand, abwechselnd mich anblickend, ob ich ihn nicht bald befriedigen werde. Hatte er sich genug gelabt, so ging es auf demselben Wege mit allen Hindernissen wieder zurück. Mancherlei drollige Liebenswürdigkeiten könnte ich von meinem trauten Schmalschnabel erzählen; in denselben würde sich freilich nichts zu Gunsten der psychischen Begabung der Papageien ergeben, überhaupt nichts, was nicht schon in höherm Grade bei vielen anderen Arten beobachtet worden; ich wünsche nur mit Nachdruck hervorzuheben, daß diese Art durchaus nicht zu den unbegabten, geistig niedrig stehenden gehört. Mein kleiner Gelbflügel sagte recht deutlich: ‚Da, da Paperle!' Sein Geschrei war keineswegs arg und lästig, auch ließ er es nicht oft erschallen. Jedesmal, wenn ich zur Stube hereinkam, begrüßte er mich mit einem Ruf und ebenso, wenn ich ihn mit ‚Paperle' anredete. Hatte er sich zur Nachtruhe zurechtgesetzt, so gab er mir, wenn ich herantrat und mit ihm sprach, durch leises Wispern und zuletzt mit einem nochmaligen Schrei Antwort." Die Züchtung dieser Art ist bis jetzt noch nicht geglückt. Ihrer Seltenheit wegen steht der Preis ziemlich hoch, obwol der Vogel doch keineswegs zu den schönsten Sittichen gehört, sondern vielmehr recht schlicht gefärbt erscheint. Das Pärchen kostet meistens 30 M. und geht selten herunter bis auf 15 M.

18*

Der Schmalschnabelsittich mit gelber und weißer Flügelbinde

[Psittacus virescens, *Gml.*].

Weißflügeliger Schmalschnabelsittich, Weißschwingensittich, Weißflügelsittich oder nur Weißflügel. — Yellow- and white-winged Parrakeet. — Perruche Chiriri, Perruche à ailes blanches. — Chiriri Parkiet.

Alle diese Schmalschnäbel erscheinen einander außerordent=
lich ähnlich, und die Merkmale, an denen sie sich unterscheiden
lassen, treten immer nur wenig auffallend hervor. Die Ange=
hörigen der Gruppe mit gelbem Fleck an der Oberkehle kann man
allerdings mit den anderen nicht leicht verwechseln, unter
sich aber sind die einzelnen Arten doch fast völlig überein=
stimmend; noch mehr ist dies bei den Arten der zweiten Gruppe
der Fall, deren Kennzeichen nur in der verschiednen Flügelzeichnung
sich ergeben. So ist der Weißflügelsittich neben dem Gelbflügel=
sittich nur daran zu erkennen, daß man im ausgebreiteten Flügel
eine gelbe und eine weiße Binde zugleich erblickt. Er wurde bereits
von Brisson (1760) beschrieben und von Gmelin (1788) wissenschaftlich
benannt; er gehört also zu den seit älterer Zeit her bekannten
Arten. Buffon macht schon Angaben über das Freileben und sagt
sogar, daß dieser kleine Sittich gut sprechen lerne. Der Schmal=
schnabelsittich mit gelber und weißer Flügelbinde ist dunkelgrasgrün;
Rücken olivengrünlich verwaschen; die ersten fünf Schwingen grün,
längs der Schaftmitte bläulich, Innenfahne schwärzlich gesäumt, die
vier letzten Schwingen erster Ordnung und die Schwingen zweiter
Ordnung bis auf die drei letzten weiß, auch an den Schäften; die
größten oberen Flügeldecken schwefelgelb, mit weißen Innenfahnen,
die nächsten Deckfedern ganz weiß, Eckflügel gelb; Schwanzfedern
grün, Innenfahne gelblich; ganze untre Körperseite wenig heller als
die obre, gelblichgrün; Schnabel weißlichhorngrau, Wachshaut weiß;
Auge braun; Füße gelblichhorngrau. Größe nahezu die des vorigen
(Länge 22,5 cm; Flügel 11,3—12 cm; Schwanz 8,2 cm). Die Heimat
erstreckt sich von Paraguay bis zum nördlichen Brasilien, und
am Amazonenstrom soll er nicht selten sein. Azara berichtet,
daß er in kleinen Flügen lebe, in Baumlöchern niste, das Ge=

lege bestehe in 3—4 Eiern. Wallace sah ihn auf der Insel
Mexikana an der Mündung des Amazonenflusses in Schwärmen
von mehreren Hunderten. Trotzdem ist diese Art nachweislich erst
seit dem Jahr 1862 lebend bei uns eingeführt worden und zählt bis
jetzt zu den seltenen Erscheinungen im Vogelhandel. Dr. Finsch' An=
gabe, daß sie zu den Papageien gehöre, welche nicht sprachbegabt sind,
ist wenigstens in einem Fall bereits widerlegt worden, denn Herr
Kaufmann Hinz in Königsberg theilt mit, daß ein Weißflügel bei
ihm deutlich ‚Papa‘ und ‚Polly‘ nachsprechen gelernt habe. Sein Preis
steht der Seltenheit wegen hoch, etwa 60 M. für das Pärchen.

Der Schmalschnabelsittich mit feuerrothen unteren Flügeldecken

[Psittacus pyrrhópterus, *Lth.*].

Feuerflügeliger oder Feuerflügelsittich, grauköpfiger Schmalschnabelsittich. — Fire-
winged or Orange-flanked Parrakeet. — Perruche Périco. — Perico Parkiet.

Neben den beiden vorhergegangenen Arten ist dieser Sittich
an seinen hoch orangefarbenen unteren Flügeldecken und dem
Fehlen der gelben und weißen Flügelbinden zu erkennen.
Er wurde von Latham i. J. 1801 beschrieben, doch wußte
dieser Schriftsteller seine Heimat nicht anzugeben. Durch
Fraser wurde erst festgestellt, daß er im nordwestlichen Süd=
amerika vorkomme, wo er in Ekuador, bei Babahoyo und
Guajaquil beobachtet worden. Am letztern Ort zeigt er sich
zu Hunderten, kommt schaarenweise in die Gärten und ist
wenig scheu.

Der Feuerflügel erscheint oberseits dunkel=, unterseits gelblich=
grün; Stirn, Zügel und Wangen grau, Ober= und Hinterkopf bläulich=
grün; Schwingen dunkelgrün, Außenfahne bläulich, Innenfahne breit
schwärzlich, letzte fein gelb gesäumt; größte Deckfedern und Eckflügel
dunkelblau, unterseitige Flügeldecken hoch orangefarben; Schnabel
und Wachshaut fleischröthlichweiß; Augen braun; Füße fleischfarben;
Größe der des vorigen gleich. Von den bisher geschilderten Schmal=

schnäbeln ist dieser am seltensten im Handel. Ich erhielt ein
Par vom alten Lintz und dann einen einzelnen von Fockel=
mann in Hamburg. In den zoologischen Garten von London
ist er zuerst i. J. 1862 und dann noch einmal i. J. 1869,
je in zwei Köpfen, gelangt. Neuerdings, i. J. 1886, hat aber
Frau Kammergerichtsrath Strützky einen solchen Sittich als
zahm, liebenswürdig und sprachbegabt geschildert.

„Ich besitze den Vogel seit neun Jahren und erhielt ihn schon
mit einem gebrochnen Flügel. Meine Vorbesitzerinnen, die Töchter
des Herrn Amtsgerichtsrath S c h u l z in Görlitz, bekamen ihn mit
einem zweiten gleichen, etwa sechs bis acht Jahre früher von einem
Verwandten aus Hamburg; dieser hatte die Vögel von einem Herrn
gekauft, der sich dieselben aus dem Ausland mitgebracht. Sie waren
schon zahm, als Fräulein Schulz sie bekam, wurden es aber noch mehr,
weil sie frei in den Zimmern herumfliegen durften, und die ganze
Familie sich sehr viel mit ihnen beschäftigte. Der Gefährte entflog im
sechsten oder siebenten Jahr, und zwar machte er einen sehr weiten Flug
mitten aus der Stadt Görlitz bis in die sog. Bleichen, über ¼ Meile;
dort wurde er von Krähen todt gebissen und todt der Familie zurück=
gebracht. Als der andre todt war, grämte sich der überlebende sehr,
vergaß aber bei liebevoller Pflege bald des Gefährten. Kurz darauf
erhielt ich ihn. ‚Lorchen‘ hat bei seiner Vorbesitzerin, ohne daß es
ihr gelehrt wurde, „Papa“, „Schwiegerpapa“, „Lorchen“, „Anna“,
„Du, Du, Du“ sprechen gelernt. Auch die andere ‚Lore‘ konnte
sprechen, und beide Vögel wußten genau, welche der Töchter ihre
Herrin war. Bei mir hat sie nur noch „Kopperle“ hinzugelernt,
trotz aller Mühe, die ich mir mit ihr gegeben, und zwar dieses Wort auch
nur, weil mein Mann mich oft so ruft. Sage ich dem ‚Lorchen‘ hinter=
einander einunddasselbe Wort vor, so hat es ziemlich lange Geduld,
sichs anzuhören, dreht sich immerfort im Kreis herum, und sagt schließlich
ärgerlich „Schwiegerpapa“, nickt dabei mit dem Kopf und geht fort, sagt
aber das vorgesprochne Wort auch später nie. Jetzt, seit etwa einem
halben Jahr, sagt er anstatt „Lorchen“ oft „Lora viva“, was er von
uns nie gehört hat. Der Sittich ist ungemein zahm und zutraulich
und kann den Tag über bei uns auch herumfliegen. Er kann auch
sehr eigensinnig sein und schreit oft recht unangenehm; wird er dann
mit dem Gebauer in eine andre Stube getragen und zugedeckt, so

weiß er die Strafe zu würdigen und verhält sich, wieder geholt und
herausgelassen, eine Zeitlang ruhig. Neugierig ist er wie ein Roth=
kehlchen. So muß er stets dabei sein, wenn etwas Außergewöhnliches
geräuschvoll geschieht; hört er Teller oder Gläser klappern, so muß
er helfen, und so eilig wie er nur kann, halb fliegend, halb laufend,
durcheilt er mehrere Zimmer und hilft decken, d. h. er stößt Messer,
Gabeln und Löffel, macht einen Heidenlärm, rennt hin und her und
hat sehr viel zu thun, was sehr possierlich ist. Wenn er etwas will,
so kommt er zu mir und weiß mir auch verständlich zu machen, was;
z. B. gegen Abend zugedeckt zu werden. Bin ich einmal recht betrübt,
allein und weine, so kommt das liebe Vögelchen, küßt mich, wispert
um meine Ohren „lieb haben, lieb haben", rennt an mir hin und
her, ordentlich ängstlich, klappt mit den Flügeln und schwatzt alle
Worte, die er kann, aber so rasch, daß sie sich überstürzen. Sieht er
dann, daß ich nicht mehr weine, so lacht er herzlich.

*   *   *

Unter den farbenprächtigsten aller Papageien überhaupt stehen
die Plattschweifsittiche [Platycercus, Vgrs.] hoch obenan. Erst in
neuerer Zeit, etwa seit fünfzehn Jahren, werden sie in zahlreichen
Arten und in bedeutender Kopfzahl nach Europa eingeführt. Hier
fanden sie von Anfang an die bereitwilligste Aufnahme, und man
sieht sie theils in den Vogelstuben unter kleinen Schmuck= und Sing=
vögeln, theils parweise in einzelnen Käfigen, oder gesellschaftsweise
in großen Volieren. Außer ihrer Schönheit und Anmuth bieten viele
noch die Annehmlichkeit einer mehr oder minder leichten Züchtbarkeit,
und es liegt nicht fern, anzunehmen, daß sich alle Arten mit der
Zeit als der Züchtung zugänglich erweisen werden. Zugleich ergeben
sie jedoch auch manche Uebelstände, mit denen die Liebhaberei schwer
zu kämpfen hat; so z. B. die meistens nur zu hohen Preise, und noch
schlimmer, die Hinfälligkeit, welche diese Vögel in manchmal förmlich
räthselhafter Weise zeigen.

Ihre besonderen Merkmale bestehen in folgendem: Schnabel
kurz, kräftig, fast immer höher als lang, abgerundet und mit stumpfem
Zahnausschnitt, mit kurzer, meist stark zurückgebogner Spitze und
sehr breiter Dillenkante; Nasenlöcher länglichrund, freiliegend in
einer schmalen, vorn mit Härchen umgebnen Wachshaut; Zügel und
Augenkreis befiedert; Flügel spitz und lang; Schwanz breit, stark

abgestuft, jede Feder breit, an der Spitze zugerundet; Füße mittel-
stark; Zunge dick, fleischig, glatt, vorn abgestumpft, bei manchen am
vordern Rand mit schwachen Einkerbungen; Gefieder weich, selten
etwas hart, ohne Puderdaunen. Drossel= bis Krähengröße. Von den
übrigen Langschwänzen oder Sittichen unterscheiden sie sich zunächst
vornehmlich dadurch, daß sie lebhafter und beweglicher sind (nur
manche der größten erscheinen schwerfällig), ferner daß sie hurtiger
und geschickter auf dem Boden umherlaufen und gewandter fliegen,
wenn auch nicht besser klettern. Im Gegensatz zu den Edelsittichen,
Keilschwänzen, Dickschnabel= und Schmalschnabelsittichen sind sie viel
mehr Erdvögel und suchen ihre hauptsächlich in Gräsersämereien bestehende Nahrung ziemlich rasch laufend auf dem Boden. Ihre Heimat
erstreckt sich über Timor, Buru, Ceram, die östlichen Molukken, Neuguinea, Australien, Vandiemensland, die neuen Hebriden, Neukaledonien, Neuseeland, die Norfolk=, Aucklands= und einige Gruppen der
Südseeinseln, Fidschi=, Freundschafts= und Gesellschaftsinseln; eine
Art ist auch auf den Macquarie=Inseln, dem südlichsten Punkt, auf
welchem überhaupt Papageien vorkommen, heimisch. Bis jetzt ist
ihr Freileben im ganzen erst wenig erforscht, das Nest soll, wie bei
anderen Papageien, in Baumhöhlungen, besonders den Astlöchern der
Eukalypten, stehen und 4—8, ja bis 12 Eier enthalten, und noch
dazu sollen sie alljährlich mehrere Bruten hintereinander machen.
Nach der Nistzeit schlagen sie sich gewöhnlich, jede Art besonders,
selten mehrere vereinigt, zu großen Schwärmen zusammen, welche
nahrungsuchend umherstreichen. Außer den Gräsersämereien sollen
sie auch mancherlei Früchte, Blütensaft und Kerbthiere verzehren.
Als Dämmerungsvögel sitzen sie tagsüber ziemlich ruhig da, sind
aber frühmorgens und abends ungemein lebendig. Manche Plattschweifsittiche sollen an Getreide u. a. Nutzgewächsen erheblichen
Schaden verursachen und deshalb, sowie auch ihres wohlschmeckenden
Wildbrets halber eifrig verfolgt werden; viel zahlreicher fängt man
sie jedoch neuerdings an Quellen u. a. mit großen Netzen, um sie
nach Europa auszuführen.

In der Gefangenschaft zeigen sie zunächst den bereits erwähnten
Uebelstand, daß viele unmittelbar nach der Einführung überaus hinfällig sind und durch die geringste Veranlassung zugrunde gehen.
Dies liegt indessen vor allem darin, daß auch sie (wie S. 12—13 inbetreff der großen Papageien angegeben) bereits von den Aufkäufern und

dann bei der Einführung bis zur Ankunft in Europa nur zu schlimm
behandelt werden. Gelangen sie gesund und lebenskräftig zu uns,
werden sie sachgemäß eingewöhnt und verständnißvoll verpflegt, so
gehören sie zu den lebenskräftigsten aller Stubenvögel. Ihre Liebhaber
seien dringend darauf aufmerksam gemacht, daß sie jeden schroffen
Uebergang sowol in der Fütterung als auch in allem übrigen durchaus zu vermeiden haben.

Man verabreiche den soeben angekauften Plattschweifsittichen anfangs also nur das Futter, welches man vorher vom Verkäufer erfragt
hat. Dasselbe bestehe lediglich in Sämereien. Man wird in den
Versandtkäfigen der frisch eingeführten Vögel meistens nur Kanariensamen oder nur Hanfsamen finden, und selbst wenn man zu dem
einen dieser Samen den andern ohne weitres hinzufügt, so kann das
schon die Ursache zu einem Verlust werden. Erst nach wochenlanger
Haltung und nachdem man sich von der vollen Gesundheit des Sittichs
überzeugt hat, setze man in kleinen, nach und nach zu vergrößernden Gaben
die Sämereien hinzu, welche man als zuträglich erachtet, und zwar
ist es gut, wenn man auch diese Papageien gleich den Edelsittichen
und Keilschwänzen an recht mannigfaltiges Samenfutter gewöhnt.
Vornehmlich gefährlich kann für die Plattschweife übrigens die Darreichung von Grünkraut werden; beim frisch angekommenen Vogel
genügt eine Kleinigkeit, um ihn sogleich krank zu machen und selbst
beim längst eingewöhnten, ja gezüchteten, wirkt es manchmal verderblich. Dennoch scheint das Grünkraut für sie Bedürfniß zu sein,
denn sie fallen mit unglaublicher Begierde darüber her. Ich habe
meine Plattschweifsittiche durch anfangs ganz geringe und dann mit
der Zeit vergrößerte Gabe von Doldenriesche, Resedakraut oder Vogelmiere stets so gewöhnt, daß sie nachher soviel davon erhalten durften,
als sie fressen wollten. Alles andre Grünkraut, namentlich aber
Salat, lasse man durchaus fort. Unbedingt zuträglich sind ihnen
frische Baumreiser, besonders von Weiden. Als sonstige Zugaben
biete man ihnen — ich muß es aber immer wiederholen, nur in ganz
allmählicher Gewöhnung — Löffelbiskuit oder Eierbrot, frische oder
getrocknete Ameisenpuppen, letzte auch wol im Morrübengemisch,
doch eigentlich nur dann, wenn sie hecken wollen, schließlich auch etwas
Obst, guten Apfel, süße Birne, Kirsche oder Weintraube und namentlich Vogelbeeren, doch von allem mit Ausnahme der letzteren immer nur
sehr wenig. Am allerzuträglichsten erachte ich auch für die Plattschweif-

sittiche, wie für alle Papageien überhaupt, die Getreide- und Gräsersamen in frischen Aehren, ‚in Milch stehend‘ oder auch ganz reif, am besten Hafer, Hirse, Kanariensamen; fortlassen wolle man aber dabei frischen Hanf. Bei solcher Vorsicht ergeben sich die Plattschweifsittiche als außerordentlich lebenskräftig, denn fast alle, selbst die zartesten Arten, haben sich dann für lange Zeit erhalten und sogar im ungeheizten Raum überwintern lassen.

Inbezug auf geistige Begabung scheinen sie sämmtlich nicht besonders hoch zu stehen, wenigstens bleiben sie entschieden hinter den meisten Edelsittichen und Keilschwänzen zurück, dagegen haben sie auch nicht das schrille Geschrei derselben, während sie jedoch ebenfalls in ihrem Kreischen recht lästig werden können. Neuerdings hat man sodann bei mehreren Arten Sprachbegabung festgestellt — und dieselben müssen daher hier mitgezählt werden. Aber wenn die Plattschweife auch in allen Arten zum Sprechenlernen sich als fähig erweisen sollten, so wird doch keine einzige hervorragend sprachbegabt sein, sondern alle ohne Ausnahme werden es nur zum Nachplappern weniger Worte bringen. Immerhin ist es interessant, daß diese überaus farbenprächtigen Schmuck- und zugleich ergibigen Zuchtvögel auch sprechen lernen können, und für die Züchter sowol, als auch für die Liebhaber liegt nun doch fraglos ein besondrer Anreiz darin, allerlei Plattschweifsittiche eifrig zu züchten und die erlangten Jungen dann als Sprecher auszubilden. Viele Arten kommen noch unverfärbt, also als offenbar junge Vögel in den Handel und alle diese werden sich zum Sprachunterricht ebenso gut eignen wie gezüchtete. Hier kann ich selbstverständlich nur die Arten schildern, aus denen bisher schon Sprecher festgestellt worden.

Der bunte Plattschweifsittich

[Psittacus eximius, *Shw.*].

Buntsittich, gemeiner Buntsittich, Rosella, Omnikolor, grünbürzeliger Plattschweifsittich, wunderlicherweise Allfarbsittich oder bloß Allfarb genannt. — Rose Hill Parrakeet, Rose-hill Broadtail, Rosella, Rosella Parrot. — Perruche omnicolore. — Groenstuit of Rose-Hill of Rosille Parkiet.

Der im Vogelhandel allbekannte und gemeine Buntsittich, meistens Rosella genannt, einer der farbenreichsten unter allen

Papageien überhaupt, welcher sich bisher eigentlich nichts weniger als geistig hochbegabt gezeigt und trotz seiner grellen Farbenpracht nicht besonders beliebt war, hat sich nun auch als sprachfähig gezeigt, und dadurch wird er zweifellos zu ungleich größrer Bedeutung, wenigstens für die Liebhaber sprechender Vögel gelangen.

Bereits von Philipps und White (1789—90) entdeckt, ist er von Shaw (1812) beschrieben und wissenschaftlich benannt. Levaillant (1805) gab schon eine Abbildung von einem lebenden Buntsittich, welcher sich im Besitz der Madame Bonaparte befand. Die älteren Schriftsteller hielten ihn übrigens immer für das Weibchen des Pennantsittich. Er erscheint an der Stirn und dem ganzen Kopf nebst Gegend über und unter dem Auge scharlachroth; im Nacken eine breite orangegelbe Binde; Mantel und Oberrücken schwarz, jede Feder gelbgrün gesäumt; Bürzel und obere Schwanzdecken gelblichgrün; Schwingen schwarzbraun, an der Außenfahne dunkelblau, die letzten an der Außenfahne breit hellgrün gerandet; ober- und unterseitige Deckfedern nebst Flügelrand lilablau, am Unterarm ein großer schwarzer Fleck; die beiden mittelsten Schwanzfedern dunkelolivengrün, die übrigen Schwanzfedern an der Grundhälfte grün, äußerste seitliche Schwanzfedern grünlichblau mit weißer Spitze; Bartfleck vom Unterschnabel beginnend, an der untern Kopfseite bis zum Ohr weiß; Kehle und Brust scharlachroth, Unterbrust hochgelb, Brustseiten gelb, jede Feder mit schwärzlichem Mittelfleck; Bauchmitte und Hinterleib bläulichgrün; untere Schwanzdecken roth; Schnabel weißlichgelbgrau, Oberschnabel am Grunde wenig dunkler horngrau; Auge dunkelbraun; Füße graubraun, Krallen schwärzlich. Weibchen übereinstimmend, doch der gelbe Nackenfleck kleiner; untere Bauchmitte und Hinterleib gelbgrün, nicht blaugrün. (Nach Angabe von Bargheer ist das Männchen reiner und kräftiger gefärbt; der hellgrüne Fleck rings um die Augen ist beim Weibchen größer und seitlich verlängert; letzterm fehlt der schwefelgelbe Fleck im Nacken, der durch die grünliche Färbung des Oberrückens ersetzt ist; das Weibchen ist auch schlanker und mehr rundköpfig, das Männchen starkleibig und dickköpfig). Jugendkleid fahler und düstrer;

jede Feder nicht gelblich, sondern graugrün gesäumt; am Hinterkopf ein großer grauer, im Nacken ein gelber Fleck. Unter Krähengröße (Länge 35,5 cm; Flügel 14,8—17,2 cm; mittelste Schwanzfedern 16,4—17,9 cm, äußerste Schwanzfedern 8—8,9 cm). Es kommen verschiedene Spielarten vor.

Als seine Heimat ist Vandiemensland, Neusüdwales und Südaustralien festgestellt. Die Lebensweise ist von den Reisenden Caley, Gould, Rietmann u. A. nur soweit erforscht, als ich sie in der Uebersicht der Plattschweifsittiche im allgemeinen angegeben. Nach den Mittheilungen der Genannten kommt er nur in bestimmten, abgegrenzten Strichen vor; am Hunter und auf Vandiemensland ist er sehr zahlreich. Er bevorzuge offene, sandige Grasebenen mit Gebüsch und einzelnen großen Bäumen. Hier sehe man verschiedene bunte Sittiche, außer der Rosella auch noch Pennant- und Königssittiche, gemeinsam, doch meistens nur in kleinen Flügen an und auf den Wegen umherlaufen und, aufgescheucht, auf die Umzäunungen der Grundstücke fliegen; sie seien so wenig scheu, daß man sie fast mit einem Stock herunterschlagen könne. Die Nahrung der Buntsittiche bestehe hauptsächlich in Sämereien, doch auch in Insekten. Ihre Rufe seien nicht schrill und gellend, sondern angenehm pfeifend. Die Brutzeit falle in die Monate Oktober bis Januar und das Gelege bilde eine reichliche Anzahl von Eiern, bis zu elf, gewöhnlich aber fünf bis sechs Stück. Das Nest befinde sich in einer Baumhöhlung, welche manchmal sehr tief in den Stamm hinabführe, von dem geschickt kletternden Sittich aber trotzdem benutzt werden könne. Da die Schwärme der Prachtsittiche in den reifenden Mais u. a. Nutzgewächse einfallen und Schaden anrichten, da sie als Wildbret zugleich sehr schmackhaft sind, so wurden sie schon längst viel verfolgt und aus den bewohnten Gegenden sollen sie überall verdrängt sein. Neuerdings aber sind sie[1], wie ja die meisten Papageien überhaupt, zu einem bedeutsamen Handelsgegenstand geworden, und man fängt sie daher vornehmlich in großen Netzen lebend. Dies geschieht besonders, wenn sie zu Schwärmen vereinigt ihre Wanderflüge unternehmen. Dann erscheinen sie plötzlich mehr oder minder zahlreich in Gegenden, in denen sie sonst nicht vorhanden sind, und je nach der Ergibigkeit des Fangs werden sie in größrer oder geringrer Kopfzahl nach Europa ausgeführt. Im Gegensatz zu den verhältnißmäßig geringen Angaben über das Freileben dieser doch in ihrer Heimat recht gemeinen Art liegen erfreulicherweise eingehende Mittheilungen über das Gefangenleben vor. Alles, was ich in der einleitenden Uebersicht (S. 280) in dieser Beziehung gesagt, gilt für den gemeinen Buntsittich hauptsächlich. Mit besonderm Nachdruck sei noch darauf hingewiesen, daß derselbe unser Klima im Freien vortrefflich erträgt und schon in vielen Fällen — zuerst bei Herrn Photograph Otto Wigand in Zeitz — gezeigt hat, daß er ohne Gefahr sogar hier bei uns im Freien überwintert werden kann. Wigand hat ihn auch in Deutschland zuerst (i. J. 1871) gezüchtet.

Der Reisende Gould hebt hervor, daß die Rosella trotz ihrer sehr bunten Farben nicht imstande sei, ein dauerndes Interesse zu erregen, sie werde immer bald langweilig; ich meinerseits fürchte, daß auch ihre Züchtbarkeit ihr kaum besondern Werth verleihen wird; aber auch sie hat begeisterte Liebhaber gefunden, und ich führe in Folgendem die Schilderung eines solchen, des Herrn Musik=meister A. Bargheer in Basel, an: „Ein Par Buntsittiche mögen im Käfig still und langweilig erscheinen, schon weil sie zu scheu und furchtsam sind, um sich viel zu bewegen. Im größern Flugraum dagegen zeigen sie sich ungemein lebhaft und so anziehend und unter=haltend, daß man ihrem Treiben mit Vergnügen zusehen mag. Ihr Flug ist leicht und gewandt, ihre Bewegungen am Boden sind schnell und geschickt, obwol sie durch das Einwärts= und Uebereinandersetzen der Füße wie alle Papageien unbeholfen aussehen. Sie klettern auch hurtig, doch fliegen sie lieber und unternehmen oft anhaltende Flug=übungen. Vor Grünkraut muß man sie, wenigstens in der ersten Zeit, sorgsam behüten; dagegen gab ich Weiden=, Erlen=, Buchen= und Obstbaumzweige, später Aehren von allen Getreidearten und Gräsern, zuletzt auch Vogelmiere und Salat (letztrer ist für die Plattschweif=sittiche immer bedenklich). Im Herbst erhielten sie Ebereschen= und im Winter trockene Wachholderberen; alle anderen verschmähten sie; frische Sonnenblumenkerne nahmen sie sehr gern. Das Hauptfutter bestand natürlich in Sämereien: Kanariensamen, Hirse, Hanf, Hafer und Mais. Die Stimme des Buntsittichs ist wohltönend flötend. Das Männchen läßt einen kurzen, aber ziemlich mannigfaltigen Ge=sang, das Weibchen nur einen leisen sanften Lockton und hellen, lauten Warnungsruf, welche beiden letzteren übrigens dem Männchen gleichfalls eigen sind, erschallen. Das letzte führt auch in aufrechter Haltung mit emporgesträubten Nacken= und Kopffedern und fächerartig ausgebreitetem Schwanz und unter ruckweisem Emporschnellen des Oberkörpers einen ungestümen Liebestanz aus, begleitet von hellen feurigen Tönen. Der erwachsene Buntsittich ist mit seinesgleichen u. a. Vögeln unverträglich." Herr Bargheer hat dann von zwei Pärchen alljährlich mehrere Bruten von je drei bis fünf Jungen gezüchtet, und zwar begannen die Sittiche immer in unseren Frühlingsmonaten zu nisten.

Gebe ich nun auch mit Freuden zu, daß der Buntsittich bei aufmerksamer und liebevoller Behandlung ein angenehmer Stubengenosse sein kann, so würde mich dies doch keineswegs dazu berechtigen, ihn hier mitzuzählen; aber bei Herrn Post= sekretär Holtz in Leipzig hörte ich selber eine Rosella die Worte ‚Papa‘, ‚Mama‘, ‚Ella‘ u. a. plappern und in ihr sonderbares natürliches Geplauder verweben; auch sind über sprechende Buntsittiche schon mehrere Angaben, die ich jedoch nicht mehr anzuführen vermag, gemacht worden. Nach Dr. Sack in Barcelona lernen Junge leicht Melodieen nachpfeifen. Hier= durch gewinnt auch diese Art allerdings einen weit höhern Werth, indem man nun Aussicht hat, die gezüchteten jungen farben= prächtigen Vögel zugleich zu Sprechern heranzubilden. Der Preis für den rohen Buntsittich beträgt etwa 12 bis 15 M., doch werden alle Plattschweifsittiche fast nur pärchenweise ge= kauft, und das Par von diesem preist 20 bis 24 M., manch= mal auch noch niedriger. Zur Abrichtung würde man am vortheilhaftesten die freilich meistens erbärmlich aussehenden, schwanzlosen, auch sonst entfederten und beschmutzten, frisch ein= geführten jungen Vögel noch im grauen, unschönen Gefieder entnehmen.

Der blaßköpfige Plattſchweiſſittich

[Psittacus pallidiceps, *Vgrs.*].

Blaßköpfiger Buntſittich, blaßköpfige Roſella, blaue Roſella, Blaß-
kopf, Blaßkopfſittich. — Pale-headed Parrakeet, Pale-headed Broadtail, Mealy
Rosella, Blue Rosella. — Perruche palliceps, Perruche à tête pâle, Perruche à tête blanchâtre, Perruche bleue et jaune. — Blauwe Rose-Hill Parkiet.

Gould ſagt, daß dieſer Sittich ſich nicht allein in der
Gefangenſchaft vortrefflich erhalten laſſe, ſondern auch ſehr
zutraulich und ſogar gelehrig ſich zeige — und da er mit dem
vorhergegangenen überaus nahe verwandt iſt, ſo muß ich ihn hier
unter den Sprechern mitzählen. Er wurde von Vigors (1825)
beſchrieben und wiſſenſchaftlich benannt und in Lear's Werk
abgebildet. Das alte Männchen iſt in folgender Weiſe gefärbt:
Oberkopf, Gegend ums Auge und Ohr blaß ſtrohgelb, hier und da
eine einzelne Feder roth, Hinterkopf und breites Nackenband dunkler
gelb, jede Feder ſchwärzlich geſäumt, Bartfleck vom Unterſchnabel
bis zur Kehle weiß, an jeder Wange ein blauer Fleck; Schultern
und Mantelfedern ſchwarz, breit zitrongelb geſäumt; Bürzel und
obere Schwanzdecken hellgrünlichblau, jede Feder ſchwärzlich gerandet;
Schwingen ſchwärzlichblau, Außenfahne dunkelblau, am Ende fahlblau
gerandet, Innenfahne ſchwarzbraun, die letzten Schwingen ganz
ſchwarzbraun, nur an der Außenfahne fahlgrün geſäumt, Schwingen
unterſeits ſchwärzlichbraun, ſilberglänzend; Deckfedern der erſten
Schwingen dunkelindigoblau, alle übrigen Deckfedern lilablau, Flügelrand und unterſeitige Flügeldecken blau, die kleinſten Deckfedern
längs des Unterarms braunſchwarz, einen Schulterfleck bildend; die
beiden mittelſten Schwanzfedern an der Spitze weiß, dann an der
Außenfahne bläulich, im übrigen fahlgrün, die beiden nächſten
Schwanzfedern gleichfalls mit weißer Spitze, Außenfahne mergrün,
Innenfahne braunſchwarz, auch die übrigen weiß geſpitzt, an der
Endhälfte hellblau, Grundhälfte zunehmend braunſchwarz; Oberbruſt
fahl grünlichgelb, blau angehaucht, Unterbruſt, Bauch und Hinterleib
dunkler grünlichblau; an der ganzen Unterſeite jede Feder fein
ſchwärzlich quergeſtreift; untere Schwanzdecken roth; Schnabel weißlichhorngrau, am Grunde dunkler; Auge dunkelbraun; Füße dunkel-

graubraun. Beim Weibchen soll der blaue Wangenfleck fehlen oder nur schwach hervortreten, der Kopf mit dunkelgelben, grauen und röthlichen Federchen besprizt erscheinen. Im Jugendkleid ist der Kopf bräunlichroth, verfärbt sich dann grünlich= und zulezt weißlichgelb. Größe bemerkbar geringer als die des vorigen (Länge 30,5 cm; Flügel 14,4—14,9 cm; mittelste Schwanzfedern 13,6—17,7 cm, äußerste Schwanzfedern 7,2—9 cm). Auch von dieser Art kommen verschiedene Spielarten vor. A. Jamrach erhielt i. J. 1882 eine reinweiße. Seine Heimat soll ein großer Theil Australiens, vornehmlich der Osten, sein. Ueber seine Lebensweise liegen bis jetzt garkeine Mittheilungen vor, doch dürfte er in der= selben, sowie in jeder andern Hinsicht mit der vorigen, wie schon gesagt nahverwandten Art durchaus übereinstimmen. Nicht ganz so zahlreich wie jene lebend eingeführt, gehört er doch gleichfalls zu den gemeinsten Vögeln des Handels. Ge= züchtet dürfte er zuerst von der Frau Prinzessin von Croy auf Schloß Roeulx in Belgien sein, und dann ist dies noch mehrfach geschehen. Die Jungen werden ungemein zahm, und man sollte sie wie die des vorigen zum Sprechen abzu= richten versuchen. Preis 26 bis 30 M.

Der Plattschweifsittich mit blauem Unterrücken

[Psittacus cyanopygus, *Vll.*].

Königssittich, Wellat und Plattschweifsittich mit blaßgrünem Schulterfleck (Finsch), im Handel fälschlich Königslori. — Perruche royale, Platycerque à croupion bleu. — King Parrakeet, King Parrot, falsely King Lory. — Konings-Parkiet.

Unter den australischen Prachtsittichen, welche alljährlich regelmäßig eingeführt werden, ist dieser einer der farbenpräch= tigsten und größten.

Er erscheint an Kopf und ganzer Unterseite scharlachroth; Nacken= band, Unterrücken und Bürzel blau; Rücken und Flügel grün; Schulter= binde blaßgrün; unterseitige Schwanzdecken roth und schwarz geschuppt; Schnabel korallroth, Schneidenränder schwärzlich, Unterschnabel schwärz=

lichroth, Schnabelgrund röthlichhorngrau; Auge gelb; Füße schwärzlich=
grau, Krallen schwarz. Das Weibchen ist am Kopf und an der übrigen
Oberseite grün; Unterrücken blau; Bürzel bläulichgrün; schwache
Schulterbinde hellgrün; Hals und Oberbrust fahl rothbräunlichgrün;
ganze übrige Unterseite roth; untere Schwanzdecken ebenfalls roth ge=
schuppt. Junge Männchen färben sich erst nach 2 Jahren völlig prächtig
aus. Er ist fast um die Hälfte größer als der Buntsittich. Seine Heimat
erstreckt sich über Südaustralien und Neusüdwales. Nach Gould be=
wohnt er vorzugsweise die niedriggelegenen Kasuarinenwälder, wo er
sich von Sämereien und auch Beren u. a. Früchten ernährt. Zur
Maisreife soll er erheblichen Schaden verursachen. Der Fang ge=
schieht vornehmlich mit großen Netzen bei der Tränke. Bei uns wird
er ebenso häufig in zoologischen Anstalten wie in Vogelstuben gehalten.
Er ist friedlich und ruhig, zeigt sich ausdauernd und unempfindlich
gegen Kälte und badet gern; doch muß man ihn gegen starke und trockne
Stubenhitze behüten. Die Herren Köhler in Weißenfels und A. Rousse
in Frankreich haben ihn gezüchtet. Was seine Sprachbegabung
anbetrifft, so soll ein Königssittich der Frau Werner in Berlin
einige Worte sprechen gelernt haben. Der Preis beträgt 20
bis 30 M. für das Pärchen, bis 60 M. aber für ein
Männchen im Prachtgefieder.

Der purpurrothe glänzende Plattschweifsittich
[Psittacus splendens, *Pl.*].

Purpursittich, glänzender Purpursittich, Glanzsittich, Fidschisittich, rother
Pompadoursittich, purpurrother Plattschweifsittich. — Shining Parrakeet or
Parrot, Fidji Parrakeet. — Perruche pourpre de Fidji, Perruche pourpre
brillante. — Purperroode Fidji-Parkiet.

Wenn, wie Seite 279 gesagt, die Plattschweifsittiche über=
haupt zu den farbenreichsten oder doch buntesten aller Papa=
geien gehören, so zeichnen sich diese und die nächstfolgende Art
noch dadurch aus, daß ihre Farben in besonders prächtigem
Glanz förmlich erstrahlen. Dieser Schönheit und ihrer Sel=
tenheit wegen zugleich haben sie außerordentlich hohe Preise

und daher sind sie eigentlich der allgemeinen Liebhaberei nicht zugänglich; man findet sie nur bei den wohlhabendsten Vogel= freunden und als absonderliche Schmuck= und Schaustücke in den größten zoologischen Gärten.

Der Fidschisittich, wie er meistens genannt wird, ist an Ober= und Hinterkopf, Kopf= und Halsseiten purpurscharlachroth; Hinter= hals mit breitem blauen Bande; ganze übrige Oberseite, Flügeldeck= federn, Bürzel und obere Schwanzdecken dunkelgrasgrün; erste Schwingen blau, Innenfahne schwarz gerandet, zweite Schwingen am Grunde der Außenfahne blau, am Ende grünblau, die letzten grün, alle an der Innenfahne schwarz gerandet, unterseits ganz schwarz; unterseitige Flügeldecken meerblau; Schwanzfedern blau, am Grunde der Außenfahne grün gerandet, die beiden mittelsten grün mit blauem Enddrittel; ganze Unterseite purpurscharlachroth; Schnabel bläulichschwarz, Spitze gelblich; Auge hellorangeroth; Füße schwarzbraun, Krallen schwarz. Krähengröße (Länge 43—45 cm; Flügel 18,7—23 cm; mittelste Schwanzfedern 18,5—22,4 cm; äußerste Schwanzfedern 11,8—13,4 cm). Heimat: die Fidschiinseln und zwar nur die kleine Viti=Gruppe, wo er auf einzelnen Inseln vorkommt.

Erst in neuerer Zeit, von Peale (1848), entdeckt, ist er dann von Layard und Gräffe beobachtet worden. Die Glanzsittiche fallen in den Mangrovewäldern nicht allein durch ihre Farben, sondern auch und zwar weniger angenehm, durch ihr lautes wie kaiau schallendes Geschrei auf. Ihren Aufenthalt bildet vornehmlich der Wald; sie haben einen schwerfälligen Flug, nisten in hohlen Bäumen, ernähren sich von Beren u. a. Früchten und Sämereien und richten stellenweise an Mais u. drgl. Nutzgewächsen empfindlichen Schaden an. Während einer solchen Plünderung verhalten sie sich, durch Ver= folgungen scheu und vorsichtig geworden, lautlos. Bei nahender Ge= fahr erhebt einer oder der andre einen warnenden Ruf und die ganze Schar fliegt schleunigst dem Walde zu, um sich in den dichten Kronen der höchsten Bäume zu verbergen. Wenn die Sittiche auch dort behelligt werden, eilen sie mit lautem Kreischen davon. Thut man aber, als wolle man vorübergehen, so lassen sie sich wol täu= schen, sodaß man sich in Schußnähe heranschleichen kann. Nach Layard werden sie auf den Fidschiinseln seit undenklichen Zeiten in der Gefangenschaft gehalten und zwar für den Zweck, ihre Federn zu gewinnen und zum Schmuck zu benutzen. Aus den Nestern geraubt (eine solche Brut enthielt drei Junge), werden sie recht zahm, lassen sich unschwer zum freien Umherfliegen gewöhnen und kehren abends regelmäßig in den Käfig zurück.

Seit dem Jahr 1864 ist dieser Sittich mehrfach, jedoch immer nur einzeln oder höchstens parweise, bei uns lebend eingeführt worden; zur genannten Zeit gelangte er zuerst in den zoologischen Garten von London, dann in den Amster= damer, Berliner, Hamburger u. a. Auch auf den Ausstellungen ist er hier und da erschienen; ferner befand er sich in den Sammlungen der Herren Wiener, Rittner=Bos, Blaauw, Scheuba u. A. Die obengenannten Reisenden hatten schon berichtet, daß er sprachbegabt sei, und ein prachtvoller Glanz= sittich, welchen Fräulein Chr. Hagenbeck auf die „Ornis"=Aus= stellung in Berlin (1880) brachte, ergab sich nicht allein als sehr zahm, sondern auch als ein recht guter Sprecher. Ritt= ner=Bos schildert diese Art als im Käfig plump und unbe= holfen. „Angenehme Eigenschaften habe ich, ihr prachtvoll gefärbtes Gefieder ausgenommen, nicht an ihnen entdecken können, doch glaube ich, daß alle diese großen Sittiche freifliegend in einer geräumigen Vogelstube ein ganz andres Wesen entfalten würden." Bei Herrn Scheuba wurde ein Purpursittich ungemein zahm, sodaß er freiwillig auf die Hand kam; er legte im Lauf der Zeit mehrere Eier. Der Preis steht sehr hoch und beträgt 100 bis 200 M. für den frisch ein= geführten, für den sprechenden Vogel 250 M. und sogar bis 600 M.

Der braunrothe glänzende Plattschweifsittich
[Psittacus tabuënsis, *Gml.*].

Braunrother Plattschweifsittich, braunrother Pompadoursittich. — Marron Shi= ning Parrot, Tabuan Parrakeet. — Perruche marron de Fidji, Perruche marron brillante, Perruche tabuane. — Bruinroode Parkiet.

Neben dem vorigen ist dieser an der dunkelpurpurbraun= rothen Färbung und dem mehr oder minder ausgedehnten

19 *

tiefbraunen bis schwarzen Fleck an der Oberkehle sogleich zu
erkennen; andere angegebene Merkzeichen, besonders ein breites
blaues Nackenband und der purpurn scheinende Bürzel, sind nicht
zutreffend. Er ist an Kopf und Hals dunkel purpurbraunroth, jede
Feder am Grunde grauschwarz, in der Mitte mit schmalem grünen
Querstrich: Stirn, Gegend um den Schnabel und die Oberkehle fast
bräunlichschwarz; schmales Band im Nacken blau; Hinterhals,
Rücken, Schultern, Deckfedern, Bürzel und obere Schwanzdecken
dunkel gras=, fast smaragdgrün, am Bürzel mit purpurrothem Schein:
erste Schwingen blau, an der Innenfahne schwärzlich, zweite Schwingen mattblau, an der Außenfahne grünlich, alle unterseits matt=
schwarz; Deckfedern und Eckflügel blau; unterseitige Flügeldecken
grün, am Grunde schwarz; Schwanzfedern blau, Innenfahne breit
schwärzlich gerandet, Außenfahne am Grunde grünlich, die beiden
mittelsten Federn fast reingrün, alle Schwanzfedern unterseits matt
schwarz; Schnabel schwarz mit hellerer Spitze; Auge orange= bis
feuerroth; Füße und Krallen schwarz. Größe ein wenig bedeutender
als die des vorigen (Länge 47—48,5 cm; Flügel 24,5—24,7 cm;
mittelste Schwanzfedern 20,8—23,9 cm; äußerste Schwanzfedern 14,8 cm).
Als seine Heimat sind gleichfalls die Fidschiinseln bekannt, wo
er auch wie der Verwandte nur in bestimmten Oertlichkeiten
zu finden sein soll. Gräffe sagt, er komme nur auf Eua vor,
doch ist er auch auf Wanua Levu u. a. gefunden: genau fest=
gestellt ist seine Verbreitung noch nicht. In der Lebensweise soll
er dem purpurrothen Glanzsittich durchaus gleichen und alles inbetreff desselben Gesagte gilt also auch von diesem. Peale beobachtete
ihn in den überschwemmten Niederungen auf Mangrovegebüsch, wo
sich die Vögel am heißen Tage im Dickicht verborgen hielten und nur
morgens und abends ihr wie vangha klingendes Geschrei erschallen
ließen; im übrigen verhielten sie sich still. Im unregelmäßigen wel=
lenförmigen Fluge breiten sie den Schwanz fächerförmig aus. Diese
Art wurde bereits von Latham (1781) nach einem lebenden Vogel im
Besitz der Frau King beschrieben und von Gmelin (1788) wissenschaftlich benannt. Er gelangte in den zoologischen Garten von London zuerst i. J. 1873 und wurde dort, wie auch im Hamburger
Garten und gleicherweise von Herrn Karl Hagenbeck, welcher beide,
den purpurrothen und den braunrothen glänzenden Plattschweifsittich,

nebeneinander gehabt, mit Entſchiedenheit als abweichend erkannt und zwar nicht allein in der Färbung, ſondern auch im Lockruf und Geſchrei. Die Aehnlichkeit iſt indeſſen doch ſo groß, daß alles über den erſtern Mitgetheilte auch auf dieſen zu beziehen iſt, und ſelbſtverſtändlich iſt er ebenfalls ſprachbegabt. Die Preiſe ſind gleich, allenfalls wird dieſer noch etwas theurer als jener bezahlt.

Der ſchwarzmaskirte Plattſchweiſſittich

[Psittacus larvatus, *Rss.*)*].

Maskenſittich. — Masked Parrakeet. — Perruche à masque noire, Perroquet masqué, Coracopse noir. — Masker Parkiet.

Der ſtattlichſte unter den Plattſchweiſſittichen iſt leider faſt noch ſeltner als die beiden vorigen und daher auch einer der koſtbarſten von allen.

Er erſcheint an Stirn, Vorderkopf, Gegend ums Auge und den Unterſchnabel ſchwarz (das Geſicht wie mit einer Maske bedeckt); die ganze Oberſeite iſt dunkelgrasgrün; erſte Schwingen blau, an der Innenfahne ſchwärzlich, zweite Schwingen grün, Innenfahne ſchwarz gerandet, alle Schwingen unterſeits ſchwarz; alle oberen Flügeldecken und Eckflügel blau, größte unterſeitige Flügeldecken ſchwarz; Schwanzfedern an der Innenfahne ſchwarz gerandet, unterſeits ganz ſchwarz; Kehle, Seiten, Schenkel und untere Schwanzdecken grün; Vorderhals und Bruſt hochgelb; Oberbauch dunkler gelb, Unterbauch orangegelb; Schnabel ſchwarz; Auge orangeroth; Füße und Krallen ſchwarz. Stark Krähengröße (Länge 46—48 cm; Flügel 21,5—23,4 cm; mittelſte Schwanzfedern 21,3—23,4; äußerſte Schwanzfedern 12,6—14,6 cm).

Auch als ſeine Heimat ſind die Fidſchiinſeln nachgewieſen (ſodaß auf denſelben alſo dieſe drei größten und ſchönſten aller Plattſchweiſſittiche zu finden ſind), und auch er ſoll nur

---

*) Da der Langflügelpapagei mit rother Maske die Bezeichnung Psittacus personatus, *Shw.* mit älterm Recht trägt, ſo mußte ich, um es zu vermeiden, daß zwei Vögel innerhalb einer Familie gleiche Namen haben, die Bezeichnung dieſes Plattſchweiſſittichs (Platycercus personatus. *Gr.*) mit einer neuen vertauſchen.

auf einigen dieser Inseln vorkommen. Gräffe berichtet, daß er
Maskensittiche mit den rothen Glanzsittichen gemeinsam im Mangrove=
gebüsch der Sümpfe an den Flußufern gesehen, wo sie die sonst so
thierarme Gegend angenehm belebten. Obwol der Reisende aber
Bälge und ebenso Eier an das Museum Godefroy nach Hamburg
gesandt, hat er weder über das Nisten, noch über die Lebensweise im
allgemeinen näheres angegeben, und leider ist dies auch nicht von
andrer Seite geschehen. Im Jahr 1848 hat G. R. Gray nach einem
lebenden Vogel in einer Menagerie die Beschreibung gegeben, aber bis
zu einem Bericht von Peale, der die Heimat zuerst festgestellt, waren
die Ornithologen, so z. B. Schlegel, inbetreff dieser Art immer noch
in Irrthümern befangen, indem sie dieselbe für das Weibchen oder
Jugendkleid eines der beiden Glanzsittiche hielten. Leider liegen bis
jetzt auch noch keine näheren Angaben über ihr Gefangenleben vor.
Die zoologischen Gärten haben sie noch seltner aufzuweisen als die
vorigen, und so enthalten sie auch nur die allerbedeutendsten Privat=
sammlungen; die Herren Wiener, Scheuba und Baron Cornely auf
Schloß Beaujardin bei Tours haben kurz berichtet, daß sie je einen
Maskensittich besaßen. Im Vogelhaus des letztern erhielt er sich bei
7 bis 8 Grad C. vortrefflich. Ich habe ihn im Lauf der Zeit
mehrmals in der Handelsmenagerie von Karl Hagenbeck und
der Großhandlung von Fräulein Hagenbeck gesehen; in der
letztern hörte ich einen laut und deutlich sprechen, und dann
erscheint solch' Vogel allerdings werthvoller als viele anderen.
Preis 120 bis 180 M. für den frisch eingeführten.

Der rothstirnige neuseeländische Plattschweifsittich

[Psittacus Novae-Zeelandiae, *Sprrm.*].

Rothstirniger Neuseeländer=Sittich, rothstirniger Plattschweifsittich, Laufsittich,
Ziegensittich, Klabberadatschsittich. — New-Zealand Parrakeet. — Per-
ruche à front pourpre, Perruche de la Nouvelle Zélande. — Roodvoorhoofd
New-Zealand Parkiet.

Der letzte Plattschweifsittich, welcher als Sprecher inbe=
tracht kommt, zeigt sich sowol in der äußern Erscheinung, als
auch im ganzen Wesen abweichend von allen anderen. Er

gehört zunächst zu den am schlichtesten gefärbten Papageien und fällt nur dadurch auf, daß von dem tiefen Grün des ganzen Körpers die kräftig rothe Zeichnung am Kopf sich angenehm abhebt; dann aber ist er (und gleicherweise sind es seine nächsten Verwandten) beweglicher, lebhafter und auch wol anmuthiger als fast alle übrigen Plattschweifsittiche.

Er ist an der Oberseite dunkelgrasgrün, an der Unterseite schwach heller gelblichgrün; Stirn, Vorderkopf, Zügel, ein schmaler Streif ober= und unterhalb des Auges und ein großer Fleck an der Ohr= gegend scharlachroth (Augenbrauenstreif zuweilen grün); Schwingen schwarzbraun bis schwarz, Außenfahne mehr oder minder blau, Schwingen unterseits schwärzlichgrau, zuweilen mit gelblichweißer Querbinde; Deckfedern und Eckflügel blau; Bürzel an beiden Seiten roth, in der Mitte grün; Schwanzfedern dunkelgrün, an der Außen= fahne bläulich, Innenfahne schwärzlich gesäumt, unterseits ganz grünlich bis grauschwarz; Schnabel bleiblau, Spitze und Unter= schnabel schwärzlich; Auge orangegelb; Füße schwärzlichbraungrau, Krallen schwarz. Jugendkleid ebenso, doch das Grün düstrer, das Roth zart und weniger umfangreich; Zügel und Augengegend fahl gelbgrün; Unterseite heller gelblichgrün; Schnabel heller blaugrau; Auge schwarz; Füße fast weiß. Von Drossel= bis zu Dohlengröße schwankend (Länge 24—34 cm; Flügel 11—14,5 cm; mittelste Schwanzfedern 11—17,6 cm; äußerste Schwanzfedern 5,4—9,6 cm). Seine Heimat erstreckt sich über Neuseeland, die Chatham=Insel, Aucklands=Inseln, Norfolk, Neukaledonien und Macquarie= Inseln, bis zum 55. Gr. südl. Br.; Dr. Finsch weist darauf hin, daß die Gegenden, welche er bewohnt, Dänemark und Ostpreußen, etwa in der Höhe von Königsberg, entsprechen.

Bereits von Sparrmann (1787) beschrieben und wissenschaftlich benannt, hat er bis zur neuesten Zeit Anlaß zu vielen Verwechse= lungen gegeben, indem man nämlich hauptsächlich nach der verschied= nen Größe und dann auch nach anderen geringen Abweichungen zahl= reiche Arten aufstellte; alle solche Abänderungen dürften indessen, wie von Finsch nachgewiesen, nur in der weiten Ausdehnung seiner Heimat begründet liegen und allenfalls als Lokalrassen anzusehen sein. Der genannte Gelehrte hat sie nach gründlichen Studien sämmtlich

zu einer Art zusammengeworfen; und hier liegt erst recht keine Veranlassung dazu vor, die letztre noch zu zersplittern.

Ueber die Lebensweise in der Freiheit sind bisher nur geringe
Nachrichten vorhanden. In den Vorhölzern sehe man kleine Flüge
bis zu zwölf Köpfen, und wenn sie von den Fruchtbäumen oder vom
Boden, auf dem sie flink und geschickt herumlaufen, aufgescheucht
werden, so huschen sie im Zickzackflug den nächsten Hecken oder Bäumen zu, um hier unter lebhaftem Geplauder die Entfernung des
Störenden abzuwarten. Ihr Lockton klingt wie twenty-eight, und
durch Nachahmung desselben lassen sie sich leicht herbeirufen. Im
November und Dezember theilen sich die Schwärme in Pärchen. Das
Nest steht in einer Baumhöhlung und das Gelege bilden etwa 5 Eier.
Als ihre hauptsächlichste Nahrung dürfen die Früchte der neuseelän-
dischen Theemyrthe gelten; aber auch in anderen Beren, Sämereien
und zugleich in Insekten besteht dieselbe.

Der Reisende H. T. Potts berichtet, daß dieser Sittich
auf Neuseeland bereits als beliebter Käfigvogel gelte und daß
er im Nachsprechen von Worten sich gelehrig zeige. Für die
Liebhaberei bei uns ergibt er beachtenswerthe Vorzüge, indem
er in seiner schlichten Färbung doch hübsch und anmuthig
erscheint, zugleich anspruchslos und ausdauernd ist, vor allem
aber als unschwer züchtbar sich gezeigt hat. Zuerst bei Herrn
Fiedler, dann in meiner Vogelstube, darauf auch bei zahlreichen anderen Züchtern hat er mit Erfolg genistet, je drei bis fünf Junge in
mehreren Bruten hintereinander aufgebracht und sich als so fruchtbar
ergeben, daß Herr de Laurier in Angoulême ihn für den ertragreich-
sten aller Papageien, welche in der Gefangenschaft nisten, erklärt, denn
ein Pärchen erzog bei ihm nicht weniger als 38 Junge in einem Jahr.

Des eigenthümlichen Meckerns wegen, welches das Weibchen
hören läßt, benannte ich ihn anfangs Ziegensittich, und dieser Name
ist wunderlicherweise sogar in sog. wissenschaftliche Lehrbücher übergegangen. Nach dem seltsamen Ruf des Männchens hieß man ihn
auch Kladderabatsch-Sittich. Er wird nicht oft in den Handel gebracht, dann aber gewöhnlich in erheblicher Anzahl. In unseren
Vogelstuben ist er recht beliebt, dagegen ist seine Sprachbegabung
bei uns leider noch nicht erforscht worden. Hoffentlich wird man
demnächst die zahlreich gezüchteten oder auch eingeführten jungen

Neuseeländer=Sittiche vornehmlich für diesen Zweck benutzen. Der Preis steht auf 30—45 M. für das Pärchen, und gelegentlich geht er bis auf 20 M. herunter. Der einzelne Sprecher wird sicherlich zwischen 60—100 M. preisen.

*　　*　　*

Das Geschlecht **Wellensittich** [Melopsittacus, *Gld.*], wörtlich also Singsittich, ist vonvornherein dadurch von allen übrigen hierher ge= hörenden Papageien zu unterscheiden, daß die einzige dasselbe bildende Art beiweitem kleiner als alle anderen ist und nur etwa Sperlings= größe hat. Ihre besonderen Kennzeichen sind folgende: Schnabel ab= gerundet, mit dünner, verlängerter, ausgebuchteter und mit zwei feinen Zahnausschnitten ausgestatteter Spitze des Oberschnabels; Nasenlöcher klein und rund, in breiter, wulstig aufgetriebner Wachs= haut; Zügel= und Augenkreis befiedert; Flügel lang und spitz; Schwanz lang, keilförmig, die beiden mittelsten Federn weit hervor= ragend; Füße schlank und schwach; Zunge kurz, fleischig, vorn stumpf; Gefieder weich. Da es nur eine Art gibt, so werde ich alle übrigen Eigenthümlichkeiten bei dieser selbst schildern.

Der Wellensittich

[Psittacus undulatus, *Shw.*].

Wellenstreifiger Sittich, Wellenpapagei, Kanariensittich, Muschelsittich, Gesellschafts= vogel, Undulatus (früher Petitapapagei; fälschlich auch Andulatus, Angulatus oder gar Andalusier); Dr. Finsch benannte ihn wellenstreifiger Singsittich. — Undulated Grass Parrakeet, Zebra Grass Parrakeet, Zebra Parrakeet, Shell or Scallop Parrot, Grass Parrakeet, Budgereegar. — Perruche ondulée. — Grasparkiet. — Undulater (dänisch).

In den in der Einleitung zu diesem Werk erwähnten Berührungspunkten zwischen Mensch und Thier im allgemeinen und dem erstern mit dem sprechenden Vogel im besondern liegt ja offenbar eine Fülle von Ueberraschungen für den Liebhaber und jeden Gebildeten überhaupt; kaum aber kann eine andre derselben auf einen weiten Kreis der Betheiligten so außer= ordentlich eingewirkt haben, wie die, welche der sprechende

Wellensittich auf der „Ornis"=Ausstellung in Berlin i. J. 1880 hervorgerufen.

Die Nachricht vom sprachbegabten Kanarienvogel, welche schon lange vorher in die Oeffentlichkeit gedrungen, war nur zu vielfach auf Unglauben gestoßen, trotzdem sie von einer Seite ausgegangen, an deren Glaubwürdigkeit durchaus nicht gezweifelt werden durfte; man meinte dennoch, es sei garnicht anders möglich, als daß ein Irrthum vorliege. Hier nun aber stand der doch offenbar von Natur aus nicht höher be= gabte Wellensittich als Sprecher den Zweiflern leibhaftig vor Augen und die Tausende von Besuchern der Ausstellung konnten sich davon überzeugen, daß sie keiner Täuschung aus= gesetzt seien.

Bekanntlich gehört der Wellensittich auf dem Vogelmarkt und in der Liebhaberei zu den neueren Erscheinungen. Erst von Shaw (1789—1831) beschrieben und wissenschaftlich benannt, wurde er von Wagler (1813) als Seltenheit im Museum der Linnean Society in London erwähnt; Gould gab die erste Schilderung seines Freilebens, und dieser berühmte Naturforscher brachte auch das erste lebende Pärchen Wellensittiche i. J. 1840 nach Europa mit. In dem kurzen Zeitraum aber von etwas über vier Jahrzehnten hat sich dieser kleinste der lebend eingeführten Papageien derartig bei uns ver= breitet, daß er vom Palast bis zur Hütte allüberall zu finden und gleich dem goldgelben Hausfreund eingebürgert ist. In seinem über= aus schnellen Vorwärtsdringen unter den Vogelfreunden aller Länder, im Wechsel seiner Preise, in der Züchtung und der bereits beginnen= den Umwandlung zum Kulturthier zeigt er eine interessante Geschichte.

Als ein hübsch gefärbter Vogel steht er vor uns, und seine komisch=würdevolle Haltung gibt ihm ein allerliebstes Aussehen, während er immer lebhaft und beweglich kopfnickend hinundher läuft und ein singendes Geplauder hören läßt. Auch sein sperlingsähnliches Geschrei ist nicht widerwärtig, und er hat sogar schon den Gesang anderer Vögel, so des Kanarienvogels, Zeisigs, Stiglitz u. a. nachgeahmt.

Er ist in folgender Weise gefärbt: Altes Männchen:
Stirn und Oberkopf rein strohgelb, schmaler Stirnstreif, breiter Zügel
und untre Wangengegend heller schwefelgelb, an der Wangenmitte
einige verlängerte Federchen blau (runde blaue Flecke bildend), langer und
breiter Bart gelb und in demselben gleichfalls jederseits einige aber
dunkler blaue Flecke; Hinterkopf etwa von der Kopfmitte an, Kopf=
seiten, Hinterhals, Nacken, Schultern und der größte Theil der Flügel=
decken lebhaft grünlichgelb, regelmäßig schwarz quergewellt (jede Feder
mit vier feinen schwarzen Querlinien, an den Schulter= und Flügel=
decken nur zwei, aber breitere und halbkreisförmige Linien); Hinter=
rücken, Bürzel und obere Schwanzdecken grasgrün, die letzteren mehr
bläulichgrün; die ersten Schwingen und deren Deckfedern düstergrün,
Außenfahne schmal gelb gesäumt, Innenfahne schwärzlich und an der
Mitte mit breiten gelblichen Flecken (welche unterseits eine helle, vorn
schmale, nach hinten zu breiter werdende Querbinde über den ganzen
Flügel bilden), die zweiten Schwingen an der Außenfahne grün, fein
gelb gerandet, am Grunde und in der Mitte gelb (der aufgeklappte
Flügel zeigt also oberseits eine gelbgrüne, unterseits eine gelblichweiße
Querbinde), alle Schwingen unterseits dunkel aschgrau, die letzten
Schwingen und deren Deckfedern, sowie die längsten Schulterdecken
braunschwarz mit gelben Endsäumen; die beiden mittelsten und läng=
sten Schwanzfedern dunkelblau, die übrigen mehr grünblau mit breitem
gelben Mittelfleck über beide Fahnen und breitem schwarzen Saum
am Grunde der Innenfahne (der Schwanz hat an der Außen= und
Innenfahne zwei breite, schräg laufende, schwärzlichgrüne und eine
gleiche spitzwinkelige schwefelgelbe Binde); ganze Unterseite vom
Schnabelgrund an gelblichgrasgrün; Schnabel grünlichhorngrau,
Wachshaut dunkelblau, mehr oder minder glänzend; Auge perlweiß
bis blaßgelb mit großer schwarzer Iris, breiter Augenrand bläulich;
Füße bläulichhornfarben (bei den hier gezüchteten weiß), Krallen
schwärzlich. — Weibchen: übereinstimmend, allein die blauen Wan=
gen= und Bartflecke ein wenig kleiner; Hauptkennzeichen aber:
die Wachshaut ist grünlich=, gelblich=, bis bräunlichgrau. — Ju=
gendkleid: an Stirn, Oberkopf und Brustseiten ebenfalls, aber fahl
dunkel quergewellt; die gesammte Färbung fahler, das Gelb und
Grün matter; Schnabel beim Nestverlassen schwarz (färbt sich von der
zweiten Woche an allmählich heller grüngrau), Wachshaut fleischfarben
bis bläulichweiß. Sperlingsgröße, aber schlanker, viel länger (Länge

21—26 cm; Breite der ausgespannten Flügel 26 cm; Flügel 9—9,6 cm; mittelste Schwanzfedern 8—9,8 cm; äußerste Schwanzfedern 3,3 cm).

Seine eigentliche Heimat ist Südaustralien, wo er im Frühling erscheint und nach beendeter Brutzeit nordwärts zieht; streichend und wandernd kommt er fast auf dem ganzen Festland von Australien vor. Seine Lebensweise wird mit der Seite 280 geschilderten der Plattschweifsittiche zweifellos übereinstimmen. Gould hebt besonders die Regelmäßigkeit hervor, welche diese Vögel in allen ihren Verrichtungen zeigen; die Schwärme fliegen zur bestimmten Zeit des Morgens ab, um Futter zu suchen, kehren ebenso heim, eilen gleicherweise früh und abends zur Tränke; am heißen Tage sitzen sie regungslos in den dichten Kronen der Bäume. Auch während der Nistzeit leben sie gesellig, und in den natürlichen Höhlungen der Mallee- und Gummibäume wohnen viele Pärchen nebeneinander und ebenso brüten ihrer zuweilen zwei oder mehrere beisammen. Das Gelege soll in drei bis vier Eiern bestehen. Ob nur eine Brut oder wie in der Gefangenschaft mehrere hintereinander gemacht werden, ist nicht berichtet, doch läßt sich mit Bestimmtheit das letzte annehmen. Nach beendeter Nistzeit schlagen sie sich schwarmweise zu zwanzig bis hundert Köpfen zusammen und diese sammeln sich dann wol plötzlich zu ungeheuren Schwärmen an, welche in trockenen Jahren mehr oder minder weite Wanderungen unternehmen und dann, von der Dürre aus ihren Nistbezirken vertrieben, in wasserreichen Landstrichen wol unvermutet erscheinen. Unter ihnen sieht man manchmal auch kleinere Scharen von Schönsittichen, Plattschweifsittichen u. a. in verschiedenen Arten. Wo sie unverfolgt sind, erscheinen sie ungemein harmlos, sodaß der Jäger sie unschwer in großer Anzahl erlegen kann. Alle ihre Bewegungen sind gewandt und hurtig; der Flug ist reißend schnell; ebenso klettern oder vielmehr schlüpfen sie geschickt im Gezweige und gleicherweise laufen sie auf dem Erdboden umher. Ihre Nahrung besteht vornehmlich in Gräser-Sämereien. In den Getreidefeldern, welche sie auch aufsuchen, sollen sie nur geringen Schaden verursachen. Dagegen gewähren sie eine bedeutende Ausbeute, denn sie werden nicht selten in ganzen Schwärmen vermittelst großer Netze eingefangen, für den Zweck der Ausfuhr nach Europa. Einen Hauptplatz solchen Fangs von Wellensittichen und zugleich von verschiedenen Plattschweifsittichen sollen der

Alexandrina= und Wellington=See, beide vom Murray durchströmt, in ihren Umgebungen bieten, wo sich alljährlich zahlreiche Vogelsteller einfinden, um allerlei schöne Papageien, hauptsächlich aber Wellen= sittiche, massenhaft zu fangen.

Wenn die Aufkäufer an Ort und Stelle erklärlicherweise auch nur eine äußerst geringe Summe, etwa 25, 30, 40 bis höchstens 50 Cent für den Kopf zahlen, so läßt sich doch denken, daß bei der großen Anzahl für dortige Verhältnisse beträchtliche Summen heraus= kommen.

Das erste nach England in den Handel gelangte Par kaufte Chs. Jamrach für 26 Lstr. und verkaufte es für 27 Lstr. an Dr. Butler in Woolwich. Die erste massenhafte Ein= führung nach Berlin geschah in den fünfziger Jahren durch Bolzani, Inhaber einer Luxuswarenhandlung; derselbe brachte 500 Par je für 2 Friedrichsd'or Einkaufspreis von London. Zuerst in Deutschland gezüchtet hat ihn i. J. 1855 die Gräfin Schwerin, und seit den sechsziger Jahren verbreitete sich die Zucht dann über Deutschland und bald ganz Europa, auch Nordamerika u. a. Der Wellensittich gelangt jetzt jährlich in vielen tausend Köpfen von Australien nach Europa, und wird in besonderen Züchtungsanstalten, zoologischen Gärten und bei zahllosen Liebhabern in noch weit größrer Anzahl hier gezüchtet. Nach der Zucht einerseits und der Einfuhr andrerseits schwanken die Preise: sie standen i. J. 1878 auf 12 bis 15 M. für das Par, fielen 1879 durch bedeutende Einfuhr auf 7,50, 5, selbst 3,50 M. im Großhandel und 8, dann 7 und sogar 5 M. im Kleinhandel. Jetzt ist der Durch= schnittspreis bei den Händlern 10—12 M. für ein gutes, nistfähiges Pärchen, gegen Weihnachten 15, selbst 20 M. für die besten Vögel; Weibchen stehen meist höher, gute, heckfähige 8—12 M. für den Kopf.

In allen Bewegungen, im Fliegen, Gehen und Klettern ist der kleine Sittich anmuthig und zierlich, und obwol lebhaft und laut, wird er doch niemals lästig. Im Käfig, wie in der Vogelstube zeigt er sich insbesondre zur Nistzeit stürmisch, wennschon nicht blind tobend oder tölpelhaft. Seine Fruchtbarkeit ist so groß, daß man bedeutenden Zuchtertrag haben kann. Oft nistet ein Pärchen Jahr und Tag ununterbrochen, bis das Weibchen endlich an Erschöpfung

stirbt, wenn der Züchter nicht rechtzeitig Einhalt thut. Die Schil=
derung des Brutverlaufs, sowie Rathschläge für Einkauf, Haltung,
Pflege, Züchtung und Verwerthung der Jungen bietet mein Buch
„Der Wellensittich" (zweite Auflage, Magdeburg, Creutz'sche
Verlagshandlung). Hier sei nur noch bemerkt, daß der Wellensittich
gegen Kälte nicht empfindlich, dagegen vor Zugluft, Nässe und zu
großer Hitze zu schützen ist. Die Fütterung stimmt ganz mit der
Seite 281 für die Plattschweifsittiche vorgeschriebnen überein. Den
einzelnen Vogel versorgt man am zuträglichsten nur mit Kanarien=
samen, ungeschälter Hirse und rohem Hafer, nebst Zugabe von etwas
Grünkraut und Getreide= und Gräserähren.

Während der Kanarienvogel für seine volle Einbürgerung bei
uns eines verhältnißmäßig langen Zeitraums bedurfte — wir ver=
mögen freilich nicht mit Bestimmtheit festzustellen, wann die Ver=
wandlung von dem grüngrauen Kleide des Wildlings zum hellgelben
des Kulturvogels stattgefunden und ob dazu wirklich mehrere Jahr=
hunderte erforderlich gewesen — so hat sich der Wellensittich den
Einflüssen der Züchtung in ungleich höherm Maße zugänglich gezeigt.
Kein halbes Jahrhundert hat es gedauert, um ihn nicht allein in
verschiedenen Farbenspielarten, sondern auch als Sprecher vor uns
erscheinen zu lassen. Wir züchteten außer der ursprünglichen Art
zunächst eine gelbgrüne, ferner eine reingelbe und bald auch eine
weiße Spielart, die beiden letzteren mit rothen Augen, und dann
sogar eine blaue Varietät.

Gehen wir nun auf den Vorzug des Wellensittichs näher
ein, in welchem sein Werth für die Leser dieses Werks im
besondern begründet liegt, betrachten wir ihn also in seinen
Leistungen als Sprecher.

Zuerst und zwar i. J. 1877 berichtete Fräulein Eugenie
Maier in Stuttgart über einen solchen Sprecher. Der noch
ganz junge und unverfärbte Wellensittich eignete sich zuerst aus
dem Gesang eines Sonnenvogels einige schöne Töne an. „Er
wurde sehr zahm und kam auf einen Ruf mir sogleich auf die Schulter
oder Hand geflogen. Dann lernte er von einem Pärchen Zebrafinken
deren Trompetentöne und vergaß den Ruf des Sonnenvogels. Ich
schaffte die Zebrafinken daher fort, sodaß ‚Missé', wie ich ihn nannte,
mit keinem andern Vogel in Berührung kam, und bald unterließ er

auch das Trompeten. Wie groß war aber meine Verwundrung und
Freude, als er mich eines Tags mit den Worten ‚Liebe, kleine Misse,
komm, komm‘ überraschte, die er anfangs schüchtern aussprach, bald
jedoch laut und deutlich. Mit denselben hatte ich ihn morgens immer
begrüßt, ganz ohne die Absicht, sie ihn sprechen zu lehren. Nicht
lange, so begann er auch noch ‚O, Du liebe, kleine Misse, lieb‘ klein‘
Herz, komm‘, gib mir ’nen Kuß‘. Allerliebst ist es anzusehen und
anzuhören, wenn er mit meinem Finger spielt, denselben küßt, besingt,
zu ätzen sucht; er fliegt fort, kehrt zurück und wiederholt dieses Spiel
unzähligemal, wobei er fortwährend die erwähnten Worte plaudert.“

Einen zweiten sprechenden Wellensittich schilderte Herr
Wilhelm Bauer in Tübingen: „Wenn man ruft Hansele komm,
so fliegt er sogleich herbei, setzt sich auf die Schulter oder einen
Finger und beginnt zu plaudern. Am deutlichsten sagt er: ‚Hansele,
wo bist Du, bist Du?‘ und dann antwortet er selber: ‚Da bin ich‘,
dann fragt er weiter: ‚bist Du lieb?‘ und sehr hübsch, ‚bist e‘ lieb’s
Zuckerle‘ oder auch ‚Zuckerhansele‘ und ‚schönes Bubele‘ oder ‚Bule‘.
Wenn man ihm etwas vorsingt, so singt er mit, gleichfalls lacht er
und hustet er mit, besonders gern will er ‚Kussele‘ haben, er legt sein
Schnäbelchen auf die Lippen und schmatzt eifrig mit. Dabei sieht er
beständig nach den Augen, ob dieselben auch freundlich blicken. Wenn
er geküßt sein will, so mahnt er: ‚komm‘, e ‚Kussele‘ oder ‚Bussele‘.
Selbstverständlich ist er daran gewöhnt, daß man sich viel mit ihm
unterhält, lacht und spricht; andernfalls spielt er auch selber mit
einem Garnknäul oder einem Stückchen Semmel. Wird er des Morgens nicht bald aus dem Käfig freigelassen, so weint und jammert er
in wirklichen Klagetönen. Auch abends bei Licht spricht er, und
wird er müde, so singt und wiegt er sich immer leiser pfeifend in
den Schlaf. Seine Naturlaute scheint er ganz abgelegt zu haben.“
Dieser Wellensittich war es, welchen Herr Bauer zur Vogelausstellung nach Berlin geschickt, der hier mit einer silbernen
Medaille prämirt und dann für 150 M. verkauft wurde.

Wiederum eine derartige Schilderung liegt seitens des
Herrn K. v. Scheidt in Koblenz vor. Der betreffende Wellensittich befand sich beim Schneidermeister Schmitz in der Werkstätte
mit einem Kanarienvogel zusammen und überraschte die Arbeiter,
welche sich viel mit ihm beschäftigten, eines Tags mit den leise gesprochenen Worten ‚Jakob, gehst Du her, Dickkopf, Spitzbube!‘ Die

Leute trauten ihren Ohren nicht, Einer bestätigte, ein Andrer bestritt, daß der Vogel gesprochen, dann aber hörten sie ihn bald ganz laut und vernehmlich reden. Ferner lernte er mit der Zunge schnalzen, langgezogen flöten, sodann küßte er, nahm seinem Herrn und dessen Tochter Futter aus dem Mund, wußte seine Umgebung ganz genau zu unterscheiden und folgte dem Fräulein auf den Ruf. Das natürliche Kreischen der Wellensittiche ließ er niemals mehr erschallen, sondern nur ein durchaus nicht unangenehmes Zwitschern.

Herr Dr. Lazarus erzählt von seinem Wellensittich ‚Mignon‘, welcher ungemein zahm geworden und beim freien Umherfliegen im Zimmer auf den Ruf folgte und auf die Hand kam, daß er seinen Namen überaus deutlich und mit sanftem Ton aussprechen lernte. Der Vogel war unendlich liebenswürdig.

Noch einen Bericht hat Herr A. Brandt in Frauenburg gegeben: „Ein aus dem Nest genommenes, erst kaum befiedertes Wellensittich-Männchen wurde schon nach einigen Tagen auffallend zahm, und da der Besitzer sehr viel Zeit übrig hatte, sich mit ihm zu beschäftigen, so lernte es bald einige, im Lauf von 1½ Jahren aber etwa fünfzig Worte und ganze Sätze deutlich aussprechen. Der Vogel ist so gelehrig, daß er täglich noch Neues dazu annimmt." Da der Genannte alle Liebhaber einladet, seinen Wellensittich anzusehen und zu hören, so können wir an der außerordentlichen Begabung dieses kleinen Sprechers doch keinenfalls zweifeln. Allerdings dürfte derselbe bis dahin noch von keinem andern seiner Art erreicht sein.

Zum Schluß sei noch der Wellensittich der Frau Glaubitz in Breslau erwähnt, welcher nach drei Monaten mehrere Sätze deutlich sprechen lernte.

Nach den angeführten Beispielen sehen wir nun aber den Wellensittich auch für die Zukunft noch in einer viel weitern, ungleich höhern Bedeutung vor uns, denn unter allen sprechenden Papageien überhaupt ist er doch vonvornherein einer der anspruchslosesten, lieblichsten und zugleich am leichtesten zugänglichen.

Pflege und Behandlung der sprachbegab=
ten Papageien.

Einkauf und Empfang.

Je nach dem persönlichen Geschmack, mancherlei obwal=
tenden Verhältnissen, auch wol der Örtlichkeit, die man vor
sich hat, entsprechend u. s. w. ist die Wahl der Art zu
treffen, aus welcher man einen Papagei anschaffen will. Eine
übersichtliche Schilderung, wie ich sie hier biete, muß aber
selbst für den Liebhaber, der die Papageien erst wenig oder
garnicht kennt, möglichst stichhaltige Angaben bringen; ich will
mich bemühen, diese Erwartung zu erfüllen, und weise hier
darauf hin, daß ich in den Gruppen=Uebersichten jedesmal
eine eingehende Darstellung aller Eigenthümlichkeiten der be=
treffenden Arten und bei Behandlung dieser letzteren selbst
genaue Mittheilungen über alle ihre Eigenschaften bieten
werde. — Hier kommt es zunächst nur darauf an, die Merk=
male der für den Besitz als wünschenswerth erscheinenden
sprachbegabten Papageien im allgemeinen zu überschauen.

Wie bei allem andern Gefieder, so gibt es auch bei den
Papageien zunächst bestimmte Gesundheitskennzeichen, die man
beim Einkauf niemals unbeachtet lassen wolle. Jeder Vogel

muß frisch und munter aussehen, seine natürliche Lebhaftigkeit
und ein glatt und schmuck anliegendes, besonders am Unter=
leib nicht beschmutztes Gefieder, klare und lebhafte, nicht trübe
oder matte Augen, nicht schmutzige, nasse oder verklebte Nasen=
löcher und keinen scharf und spitz hervortretenden Brustknochen
haben; er darf nicht traurig sein, bewegungslos und mit
struppigem oder aufgeblähtem Gefieder dasitzen, in der Ruhe
nicht kurzathmig erscheinen oder beim Athemholen gar den
Schnabel aufsperren und namentlich nicht zeitweise einen
schmatzenden Ton hören lassen; der Unterleib darf weder stark
eingefallen, noch aufgetrieben, am wenigsten aber entzündlich
roth aussehen. Abgestoßnes Gefieder, mangelhafter Schwanz
und beschmutzte Federn dagegen sind, besonders bei stürmischen
Vögeln, an sich nicht als gefahrbringend anzusehen. Die
meisten Papageien zeigen nach der Einführung an einer oder
beiden Seiten mehr oder minder arg beschnittene Flügel.
Dies ist allerdings ein großer Uebelstand, gegen den wir aber
vergeblich ankämpfen, weil nämlich das Flügelverschneiden ge=
schieht, um das Entkommen der Vögel theils schon in der
Heimat, theils auf den Schiffen zu verhindern. Bei den
großen Sprechern erscheint dies umsomehr bedauernswerth, da
es einerseits oft jahrelang währt, bis die Stümpfe durch neue
Federn ersetzt werden, und da andrerseits jeder sehr entfederte
Papagei vorzugsweise sorgfältiger und vor allem kenntnißvoller
Verpflegung bedarf. Nur dann, wenn ein solcher vollkräftig
und wohlbeleibt sich zeigt, mag man ihn ohne Besorgniß kaufen.

		Zum befriedigenden Einkauf gibt es sodann verschiedene
Wege, doch muß man, gleichviel welchen man einschlagen will,
stets aufmerksam und mindestens mit einigen Kenntnissen zu=
werke gehen, denn der Handel mit lebenden Thieren hat
immer seine Schattenseiten, die nur zu leicht Täuschung, Ver=
druß und Verleidung der ganzen Liebhaberei bringen können.

Wer bisher erst eine geringe Kenntniß dieser Vögel be=
sitzt und vornehmlich der Erfahrung ermangelt, dürfte am
besten daran thun, einen bereits abgerichteten Papagei zu
kaufen, mindestens einen solchen, der schon eingewöhnt und
wenn möglich halb gezähmt ist. Im erstern Fall kommt frei=
lich der Preis bedeutungsvoll inbetracht, und nur wenn man
ohne Bedenken die Ausgabe von hundert Mark und weit dar=
über nicht zu scheuen braucht, ist es rathsam, einen schon
sprechenden Papagei anzuschaffen; denn man erspart sich ja
nicht allein die Mühe der Selbstabrichtung und das Wagniß,
daß man einen ganz untauglichen oder doch stümperhaften
Vogel bekomme, sondern man hat auch nicht zu befürchten,
daß der Papagei bei der Eingewöhnung und Abrichtung zu=
grunde gehe. Nicht außerachtlassen wolle man bei solchem
Einkauf, daß man die volle Gewähr dafür haben muß, man
sehe einen entschieden ehrenhaften Verkäufer vor sich; andern=
falls wird man immer in die Gefahr gerathen, nur zu arg
übervortheilt zu werden. Der Werth eines solchen Sprechers
ist ja eigentlich ein durchaus illusorischer; oft hört man die
Bemerkung — und schon bei der Indianerin im Urwald hat
man es als Thatsache gefunden —, daß ein sprechender Papagei
geradezu unbezahlbar ist, denn der Besitzer oder die Besitzerin
will ihn eben um keinen Preis fortgeben. Inanbetracht dessen
jedoch, daß gut und sachgemäß verpflegte Papageien in der
Regel überaus ausdauernd sich zeigen und sehr alt werden,
und daß also bei dem eingewöhnten Vogel nicht leicht die
Gefahr eines Verlusts vorhanden, ferner, daß ein guter
Sprecher zu angemeßnem Preise jederzeit wieder unschwer zu
verwerthen ist, kann ich vom Ankauf eines solchen nicht ab=
rathen. Dabei ist eigentlich nur folgendes zu berücksichtigen.
Zunächst lasse man sich von dem Verkäufer möglichst genaue
Angaben darüber machen, was der Vogel leisten kann; man

20*

verlange solche in gewissenhafter Weise und bedinge ausdrück=
lich, daß dieselben lieber zu wenig als zu viel besagen. Noch
nothwendiger ist es, daß der Verkäufer eingehende Auskunft
über die bisherige Verpflegung, bzl. Fütterung
und Haltung ertheile. Dies sollte man übrigens beim
Ankauf eines jeden Vogels überhaupt als Regel festhalten.

Vortheilhafter ist es unter Umständen allerdings, wenn
man einen ganz rohen oder doch erst wenig abgerichteten
Papagei einkauft, um die Unterrichtung, bzl. weitere Fort=
bildung selbst zu übernehmen. Der billige Preis macht dann
ja auch das Wagniß, daß man einen kranken Vogel erhalten
könne, der trotz sorgsamster Pflege vielleicht eingeht, oder daß
er ein störrischer, kaum oder garnicht gelehriger alter Schreier
sei, nicht zu schwer. Wer die Gelegenheit dazu findet und in
der Kenntniß dieser Vögel schon einigermaßen bewandert ist,
thut am besten daran, sich beim Händler den Jako selber
auszusuchen. Andernfalls muß man sich auf die Redlichkeit
des Verkäufers verlassen. Der erstre Fall bedingt freilich
einigermaßen starke Nerven, denn man muß das Gekreisch,
welches die je in einem Kasten zu 8—20 Köpfen beisammen
steckenden Grauen ausstoßen, selber gehört haben, um es
würdigen zu können, welch' hoher Grad von Liebhaberei dazu
erforderlich ist, daß sich ein Neuling nicht ein= für allemal
abschrecken lasse. Zur Behandlung, Verpflegung und Ab=
richtung eines solchen rohen Vogels bedarf es aber, wie
bereits gesagt, Erfahrungen, bei deren Mangel man sich nur
zu leicht Verdrießlichkeiten und Verlust aussetzt. Vor allem
ist auch hier Kenntniß der bisherigen Verpflegung nothwendig.
Wenn die meistens noch sehr jugendlichen Papageien soeben
all' die Beschwerden und Gefahren der Reise durchgemacht
haben, nun einen harten Kampf ums Dasein in der Gewöh=
nung an das rauhe Klima, die veränderte Ernährung und

ganz andre, sie gewöhnlich nur zu sehr beängstigende Behand=
lung durchmachen müssen, wenn sie dabei weder vor Zugluft,
noch plötzlichen Wärmeschwankungen und anderen schädlichen Ein=
flüssen genügend geschützt werden und sich dennoch erhalten, so
liegt darin wol der Beweis dafür, daß sie eine außerordentliche,
staunenswerth zähe Lebenskraft haben. Erklärlicherweise geht
dabei doch manch' einer zugrunde, und um dies zu vermeiden,
beachte man vornehmlich die goldne Regel, daß jeder Vogel,
wie jedes Thier überhaupt, bei allmählichem Uebergang sich
von einem Nahrungsmittel zum andern unschwer und gefahr=
los überführen läßt, während ihm jeder plötzliche Wechsel fast
immer Verderben bringt. Man verpflege ihn also in der
ersten Zeit genau nach den Angaben des Verkäufers und
gewöhne ihn dann, je nach seinem Befinden, vielleicht erst
nach Wochen, an die zuträglicheren Futtermittel, die ich weiter=
hin angeben werde, und zwar auf dem Wege, daß man nach
und nach die Gabe des bisherigen Futters verringert und
von dem neuen entsprechend hinzugibt. Im Nothfall muß
man die Annahme des letztern durch Hunger zu erreichen
suchen. Vortreffliche Dienste leistet bei solchem Wechsel das
Beispiel eines bereits längst eingewöhnten Genossen, den man
neben den Angekommenen bringt.

Bei jedem Handel mit lebenden Thieren lassen sich einer=
seits Selbsttäuschungen nur schwer vermeiden und herrschen
andrerseits mehr als sonstwo Unredlichkeiten. Es ist eine
trübselige, jedoch leider unumstößliche Thatsache, daß hier nur
zu oft Einer den Andern zu übervortheilen sucht, und daß
man wirkliche oder vermeintliche, unabsichtliche oder geplante
Unredlichkeiten hier selbst bei sonst durchaus achtungswerthen
Leuten vor sich sieht. Wer einen lieb gewordnen Vogel besitzt,
ein talentvolles Thier wol gar nach vielen Fehlschlägen end=
lich erlangt hat, täuscht sich leicht selber, und wenn solch'

Vogel ein oder einige Worte wirklich inne hat, so hält man
ihn wol bereits für einen ausgezeichneten Sprecher und gibt
ihn auch in voller Ueberzeugung dafür aus. Nun treten
vielleicht Verhältnisse ein, die den Verkauf nothwendig oder
doch wünschenswerth machen — und dann wird in harmloser
Weise beiweitem mehr versprochen als die Thatsächlichkeit ergibt. Im Gegensatz dazu wiegt sich ebenso jeder Käufer in
übertriebenen Einbildungen; er will einen vorzüglichen Vogel
erlangen, dagegen einen möglichst geringen Preis zahlen. So
sind gegenseitige Täuschungen und damit Zank und Streit un-
ausbleiblich. Unleugbar aber haben wir hier auch recht viele
Menschen vor uns, welche in unverantwortlicher Weise auf die
Einfalt und Leichtgläubigkeit Anderer bauen und den sprechenden Papagei weit über sein Können und seinen Werth hinaus
anpreisen und verkaufen; ja, schließlich kommen Fälle von
harsträubendem Betrug vor, indem noch ganz rohe oder alte,
unbegabte Vögel als vorzügliche Sprecher verkauft werden.

Ein weiterer großer Uebelstand, den man unter Umständen
geradezu als Unfug bezeichnen kann, tritt uns in den sog.
‚akklimatisirten‘ Vögeln entgegen. Unter dieser Bezeichnung
werden vielfach Papageien ausgeboten, von denen die uner-
fahrenen Käufer glauben sollen und auch wirklich vielfach sich
überzeugt halten, daß sie die beste Gewähr guter Beschaffenheit in jeder Hinsicht bieten. Nun ist es aber erstaunlich,
wie weit ausdehnbar der Begriff ‚akklimatisirt‘ ist oder doch
ausgedehnt wird. Streng genommen kann man als einen
akklimatisirten Vogel nur einen solchen ansehen, der sich nicht
allein völlig eingebürgert und mindestens bereits eine Mauser
überstanden hat, sondern der auch in seinem Aeußern, also in
voller Befiederung, und überhaupt nach allen Gesundheits-
zeichen hin tadellos erscheint, vor allem jedoch hinsichtlich der
Fütterung und Verpflegung vollkommen eingewöhnt ist. Die

Verkäufer, insbesondre die Händler, bezeichnen im Gegensatz dazu jeden Papagei schon als akklimatisirt, der sich nur einigermaßen an das veränderte Klima und die neue Fütterung gewöhnt und einige Monate oder wol gar nur einige Wochen erhalten hat, gleichviel wie sein Aeußeres beschaffen sei. Jeder geringste Zufall, insbesondre die Beschwerden einer weitern Versendung, können dann aber Erkrankung und Tod herbei= führen — und die Gewähr oder ‚Garantie‘ solcher ‚Akkli= matisirung‘ ist also nichts andres als eine lere Redensart.

Der nächste Punkt, welcher gleichfalls zu Streitigkeiten und noch dazu unnöthigerweise führt, liegt in der mangelnden Kenntniß und Geduld seitens des Käufers begründet. Selbst bei einem vorzüglichen, hoch begabten und gut abgerichteten Papagei muß man darauf gefaßt sein, daß er in den ersten Tagen, manchmal selbst Wochen, nichts hören läßt. Man wolle bedenken, daß jeder derartige Vogel nur dann spricht, bzl. seine Kenntnisse nach jeder Richtung hin zur Geltung bringt, wenn er sich einerseits körperlich durchaus wohl und andrerseits sicher und behaglich fühlt. Darin liegt ja eben ein Beweis für die hohe Begabung eines solchen Thiers, daß es mit scharfer Beobachtung die Verhältnisse ermißt, sich nur allmählich in die neue Lage findet und dann erst in derselben wohlfühlt. Ich bitte weiterhin in dem Abschnitt über Zäh= mung und Abrichtung Näheres hierüber nachzulesen.

Die Versendung aller Papageien im Großhandel geschieht in Holzkisten, welche nur an der vordern Seite vergittert sind. In der Regel zeigen sie die bekannte praktische Einrichtung, daß die vordre vergitterte Seite zugleich abgeschrägt ist, sodaß man sehen kann, wohin das Futter gestreut wird, während die scheuen Vögel sich in den Hintergrund zurückziehen; die Thür befindet sich entweder vorn im Gitter oder in der Hinterwand und ist gewöhnlich nur so groß, daß man den

Vogel gerade hindurch bekommt. Besondere Futtergefäße sind
in der Regel nicht vorhanden, sondern das Futter wird ein=
fach auf den Boden geworfen. Wasser bekommen die großen
Papageien ja, wie schon gesagt, meistens leider garnicht oder
es wird ihnen nur ein= bis zweimal täglich in irdenen Töpfen
hineingereicht. In den Käfigen der kleinen und kleinsten Arten
hängen meistens einfache Kruken oder Töpfe, die leider fast
immer fest angebracht sind, während der ganzen Reise also
nicht gereinigt werden können. Die meisten Käfige sind auch
nicht einmal mit einer Vorrichtung zum Reinigen ausgestattet,
und so bleiben denn Schmutz, Hülsen und andere Abgänge
sowie die Entlerungen faulend auf dem Boden liegen und
verpesten die Luft. Neuerdings sind namentlich die von den
Großhändlern mitgegebenen Ueberfuhr=Käfige so eingerichtet,
daß in der Vorderwand dicht über dem Fußboden eine beweg=
liche, etwa 2—3 cm hohe Leiste sich befindet, bei deren Oeff=
nung der Unrath vermittelst eines eisernen Hakens täglich her=
ausgekratzt wird. Fräulein Christiane Hagenbeck u. A. geben
ihren Aufkäufern zerlegbare und überhaupt sehr praktisch ein=
gerichtete Kistenkäfige mit — und so darf ich mit Freuden
darauf hinweisen, daß sich vielfach das ernste Streben zeigt,
die S. 12—13 geschilderten Uebelstände abzustellen oder doch zu
mildern. Freilich bleibt leider immer noch gar viel in dieser
Hinsicht zu wünschen übrig.

Zum Versandt im Binnenlande, sei es seitens der Händler
an die Liebhaber oder der letzteren an einander, sind Käfige
im allgemeinen Gebrauch, die für diesen Zweck recht praktisch,
im übrigen aber sehr roh erscheinen. Ein solcher besteht in
einem einfachen langgestreckten Holzkasten, dessen Vorderseite
an der obern Hälfte vergittert und für die großen, sowie für
alle stark nagenden Papageien überhaupt in der Regel mit
dünnem Blech innen fest ausgeschlagen ist; die Oberseite

schrägt sich, der Gestalt des Vogels entsprechend, nach hinten
zu ab, sodaß die Hinterwand nur etwa zwei Drittel von der
Höhe der Vorderwand beträgt. Entweder die Oberwand
oder die Hinterwand bilden einen einschiebbaren Deckel, bzl.
die Thür, durch welche der Vogel hineingebracht und heraus=
genommen wird. Vorn unterhalb des Gitters haben diese
Kasten einen durch Holzleiste oder Brettchen vom Boden ab=
getheilten Raum für das Futter und etwas weiter hinten
eine unmittelbar über dem Boden befindliche dicke Sitzstange;
meistens enthalten sie kein Wassergefäß und oft genug fehlt
auch die Futter= und Sitzvorrichtung. Man nimmt mit Recht
an, daß ein Papagei auf kürzeren Reisen von 1 selbst bis
3 Tagen dursten darf, ohne Schaden zu leiden, während im
Gegensatz dazu ein Wassergefäß ihm verderblich werden kann,
denn bei kühler, unfreundlicher Witterung zieht das beim Fahren
überspritzende Wasser ihm leicht Erkältung, bzl. Erkrankungen
zu. Man sucht dies bekanntlich durch einen Schwamm zu
verhindern, allein derselbe wird von dem Papagei in der
Regel herausgezupft und näßt ihn dann erst recht oder wird
von ihm verschlungen und bringt ihm im letztern Fall noch üblere
Erkrankung. Englische Händler füllen das Trinkgefäß mit in
Wasser erweichtem Weißbrot an, doch auch dies ist kein gutes
Verfahren, denn dasselbe säuert und verursacht Durchfall und
andere Krankheiten. Die neuerdings vielfach gebrauchten
pneumatischen Trinkgefäße dürften, wenn sie ganz von Metall,
Zink oder verzinntem Eisenblech sind, für Papageien bei weiter
Versendung empfehlenswerth sein; doch muß dann der Käfig
eine bedeutendere Größe als die gebräuchlichen haben, damit
sich solch' Gefäß darin unterbringen läßt, ohne den Vogel zu
sehr zu beengen; je weiter die Reise, desto mehr Raum ist
überhaupt nothwendig. Bei kurzen Entfernungen ist es am
besten, wenn das Wasser, wie erwähnt, ganz fortbleibt. Zur

Versendung in kalter Jahreszeit werden von den Käfigfabriken
besondere Winter = Versandtbauer hergestellt, welche in einem
Doppelkasten mit drahtvergittertem Fenster an dem Außen=
kasten bestehen, während der innere ein gewöhnlicher Versandt=
käfig ist. Sehr eingehende Anleitung zur Versendung aller
Vögel gewährt mein „Lehrbuch der Stubenvogel=
pflege, = Abrichtung und = Zucht" in einem besondern
Abschnitt.

Empfang. Für jeden bestellten, bzl. erwarteten Papagei
halte man den Wohnkäfig oder Ständer bereit, damit er nach
der Ankunft nicht mehr lange im Versandtkasten zu bleiben
braucht; kommt er indessen gegen Abend an, so soll man sich
mit dem Herausnehmen keineswegs übereilen, sondern den
Vogel lieber die erste Nacht ruhig im Versandtkasten sitzen
lassen. Beim Ein= oder Aufbringen in den Käfig oder auf den
Ständer sei man nun aber besonders vorsichtig. Wenn es
irgend möglich ist, vermeide man dabei die Anwendung von
Gewaltmaßregeln, und geht es ohne solche durchaus nicht, so
lasse man sie von einem Andern ausführen — eingedenk dessen,
daß der Papagei dergleichen niemals oder doch für lange Zeit
nicht vergißt und gegen den, der ihm derartige vermeintliche
Unbill zugefügt hat, stets scheu und ängstlich oder mißtrauisch
bleibt.

In der Ankunft vieler, ja der meisten großen Papageien
liegt vonvornherein eine arge Enttäuschung für den Em=
pfänger, insbesondre wenn derselbe noch garkeine Kenntniß
von dem Wesen und Benehmen eines solchen Vogels hat.
Da kommt der sehnlichst erwartete Graupapagei mit der Post
an — und jagt das ganze Haus in Entsetzen, denn er schreit
„wie ein gestochnes Schwein" und läßt sich garnicht beruhigen
und weder durch Sanftmuth noch durch Strenge stillen; er
zeigt sich eben als ein wildes, ungeberdiges, ungeschlachtes

Vieh, welches keinerlei Besänftigungsmitteln zugänglich ist. Dadurch ließ sich schon manch' ein Liebhaber die Freude für immer verderben, und nur der Sachverständige weiß es zu ermessen, daß gerade dieser Vogel die Aussicht auf besten Erfolg gewährt, weil er die vorzüglichsten Anlagen zeigt. Als allererste Wahrheit wolle man beachten und daran festhalten, daß das Wort „aller Anfang ist schwer", wie überall, so namentlich hier bei der Papageienliebhaberei, zur vollen Geltung kommt, daß aber auch kaum in irgend einem andern Fall den ersten Widerwärtigkeiten so große Freude an herrlichen Erfolgen entsprießen kann, als gerade bei ihr.

Sobald man in den Empfangs=, bzl. Wohnkäfig Futter und Wasser gegeben, stellt man vor seine geöffnete Thür, bzl. in ihn hinein den gleichfalls aufgemachten Versandtkasten, sodaß der Vogel von selber ohne jeden Zwang aus diesem heraus und in jenen hineingehen mag, und wartet geduldig, selbst wenn es, wie dies zuweilen vorkommt, auch ziemlich lange dauert. Ist der Papagei so scheu und zugleich störrisch, daß er durchaus nicht freiwillig den Kasten verläßt, so muß man ihn, wie schon gesagt, von einer fremden, natürlich jedoch zuverlässigen Person herausgreifen lassen. Der Betreffende muß sich, nachdem er auf beide Hände starke, am besten wildlederne Handschuhe gezogen, die rechte Hand mit einem derben Leinentuch umwickeln und dann dreist und rasch, den Papagei hinterrücks über den Kopf und das Genick fassen, sodaß derselbe nicht beißen kann. Letztres muß mit Geschick und Vorsicht geschehen, damit das werthvolle Thier dabei keinenfalls beschädigt werde. Mit der linken Hand schiebt man ihn nun sofort ohne weitern Aufenthalt in den Wohnkäfig hinein, verschließt dessen Thür und überläßt den Papagei für möglichst lange Zeit völlig ungestört sich selber.

Will man ihn anstatt im Käfige lieber auf einem Bügel

oder Ständer halten, so dürfte es am rathsamsten sein, daß jeder unerfahrne Liebhaber schon bei der Bestellung den Händler bittet, dem Papagei Ring und Kette anzulegen. Muß man letztres selber ausführen, so packt man den Vogel oder läßt ihn wie vorhin angegeben ergreifen, jedoch zugleich ihm den Schnabel zuhalten oder den Kopf mit einem losen Tuch verhüllen, dann zieht man am besten den linken Fuß vor und schraubt den bereits geöffneten Ring daran fest, während das andre Ende der Kette schon am Ständer befestigt sein muß. Beim Loslassen aber, sowie bei jeder Annäherung späterhin, sei man recht vorsichtig, damit der Papagei nicht in blinder Angst und Hast plötzlich fortspringe, sich hinabstürze und den Fuß breche oder ausrenke.

Die kleinen langschwänzigen Papageien oder Sittiche, sowie auch die kleineren Kurzschwänze verursachen nicht so viele Mühe; man läßt sie einfach ganz von selber aus dem Versandtkäfig hervorkommen und in den Wohnkäfig gehen, sobald sie nämlich der Hunger dazu treibt. Auf Ständer oder Bügel werden sie nur selten oder kaum gehalten.

Nun kann es manchmal gar lange dauern, bis der durch das Herausgreifen beim Händler, Einsetzen in den Kasten und die Versendung im engen Raum nur zu sehr verschüchterte Papagei endlich soviel Ruhe zu gewinnen und Muth zu fassen vermag, daß er nicht mehr bei jeder Annäherung, namentlich aber beim Füttern und Reinigen des Käfigs, davonzukommen sucht und das ohrenzerreißende Geschrei ausstößt; bei manchem währt es wochenlang, ehe er allmählich sich beruhigt, verständig, zutraulich und dann auch bald gelehrig sich zeigt.

Hat man einen rohen Papagei vor sich, der noch ganz wild und unbändig ist, so sollte man ihn zunächst weder sogleich in den geräumigen Wohnkäfig, noch an die Kette auf den Ständer bringen. Im erstern Fall wird seine Einge-

wöhnung sehr verzögert und im andern kommt er nur zu
leicht in die Gefahr, bei Erschrecken oder Beängstigung sich
plötzlich hinabzustürzen und wie oben gesagt zu beschädigen.
Man setzt ihn vielmehr zunächst in einen Empfangskäfig und
beherbergt ihn in demselben, je nach dem Fortschreiten seiner
Eingewöhnung, bzl. Zähmung, vier bis sechs Wochen. Dieser
letzterwähnte Käfig muß ebenso wie der, welchen ich weiterhin
als Wohnkäfig beschreiben werde, gestaltet und eingerichtet
sein, nur mit dem Unterschied, daß er um die Hälfte oder
doch um ein Drittel kleiner als jener ist.

Die Wohnungen.

Wenn der Käfig für jeden Vogel bedeutungsvoll erscheint,
so ist dies doch bei den Angehörigen keiner andern Familie
in dem Grad der Fall wie bei den Papageien. Diesen Er-
fahrungssatz, welchen ich in meinem Werk „Die fremdländischen Stubenvögel“ IV. (Lehrbuch der Stubenvogelpflege,
-Abrichtung und -Zucht‘) aufgestellt, muß ich hier mit besonderm Nachdruck wiederholen, denn er kommt bei den einzeln
als Sprecher gehaltenen Papageien mehr als bei irgendwelchen
anderen Vögeln zur Geltung.

Selbst der völlig eingewöhnte, gut geartete und vorzüglich abgerichtete Sprecher wird nur zu leicht verstimmt und
aufgeregt, wol gar krank, wenn er seine Behausung wechseln
muß und wenn die neue noch dazu irgendwie sein Mißfallen
erregt; im Gegensatz dazu gewöhnt ein frisch angeschaffter
Papagei sich beiweitem schwerer ein, zeigt sich der Zähmung
und Abrichtung viel schwieriger zugänglich, wenn ihm nicht
eine in jeder Beziehung behagliche Wohnung geboten ist.

Ein guter Papageienkäfig soll folgenden Anforderungen durchaus genügen: 1. er muß ausreichenden Raum gewähren, sodaß der Vogel sich, wie ich weiterhin näher erörtern werde, die nothwendige Bewegung machen kann; 2. seine Gestalt ist am besten eine einfach viereckige, oben sanft gewölbte, ohne alle Ausbuchtungen, Schnörkeleien und dergleichen Verzierungen; 3. der Käfig sollte eigentlich für jeden Papagei, insbesondre aber muß er für jeden großen, völlig aus Metall hergestellt sein.

Als die gebräuchlichste Form des Käfigs für den ein= zelnen Sprecher sieht man einen einfachen viereckigen, auch oben nicht gewölbten, sondern flachen und nur an den Seiten zugerundeten Kasten aus starkem verzinnten Eisendraht, meistens noch mit hölzernem Sockel und über dem Fußboden in der Höhe des letztern mit einem Gitter, gleichfalls aus starkem Draht. Dieser Käfig hat aber mancherlei Mängel. Zunächst ist er in der Regel zu klein, sodann müssen die Futter= und Trinkgefäße gewöhnlich von innen angehakt werden, was bei einem bissigen Papagei recht mißlich ist, schließlich sind Draht= netz und Sockel nebst Schublade, letztere beiden nämlich ge= wöhnlich aus Holz, nichts weniger als zweckmäßig. Der Verein „Ornis" in Berlin ließ zur Beherbergung der Papa= geien auf seinen Ausstellungen Bauer anfertigen, welche ich als Musterkäfige (s. umstehende Abbildung) bezeichnen kann. Ein solcher bietet vollen Raum zur Bewegung, denn er hat 75 cm Höhe und je 43 cm Länge und Tiefe, für den Grau= papagei, die Amazonen, Kakadus und alle Papageien in solcher Größe, während er natürlich für größere bis zu den Araras hinauf im Umfang entsprechend erweitert und für kleinere bis zu den Schmalschnabelsittichen und selbst bis zum Wellensittich hinab, verengert werden muß. Sein Obergestell ist aus 4 mm starkem, verzinnten Draht in 3 cm Weite, Sockel, Schublade und Unterboden sind aus verzinntem

Eisenblech hergestellt; der letzte kann der bequemern Reinigung
halber auch in einem Drahtgitter bestehen. Das erwähnte
Drahtgitter oberhalb des Fußbodens ist hier ganz fort=
geblieben, zunächst weil sich der Vogel daran die Beine zer=

brechen kann, sodann weil sich der Schmutz darauf in häß=
licher Weise festsetzt, hauptsächlich aber, weil jeder Papagei
das Bedürfniß fühlt, sich hin und wieder auf dem Fußboden
auszustrecken und in den Sand zu legen. Die Blechschub=
lade muß daher auch leicht ein= und auszuschieben sein, sodaß

die Entlerungen täglich fortgekratzt werden können, worauf der
Boden wieder mit trocknem, reinem Sand bestreut wird. Die
so leicht gehende Schublade muß von außen durch Klammern
oder starke Häkchen befestigt werden, damit sie der muthwillige
Papagei nicht aufschieben kann. Der Sockel soll immer
recht hoch, mindestens 7 cm breit sein, weil sonst der Papagei
durch Herausscharren von Sand u. a. das Zimmer sehr verunreinigen kann. Die Thür muß so weit sein, daß man
den Vogel bequem hineinbringen und herausnehmen kann, also
etwa 16—17 cm im Geviert. Meistens hat man sie von
oben herabfallend, da dies aber hier unbequem ist, so kann
sie auch seitwärts zu öffnen sein; in jedem Fall muß sie vermittelst eines tief einzuschiebenden Hakens oder einer federnden
Klammer unbedingt sicher sich verschließen lassen. Fast jeder
Papagei, insbesondre jeder große, beschäftigt sich, sei es aus
Langweil, Uebermuth oder Bösartigkeit, angelegentlich damit,
Alles was nicht fest und sicher im Käfig ist, loszubrechen und
also vornehmlich den Thürverschluß zu sprengen. Großer
Sorgfalt bedarf die Sitzstange. Damit sie nicht zernagt
würde, hatte man sie früher mit dünnem Eisenblech beschlagen,
dies verursachte jedoch dem Vogel Pein, denn einerseits wurde
sie bald so glatt, daß er sich nur mit Mühe darauf halten
konnte, nachts oft herabfiel und von der fortwährenden Anstrengung sehr litt, andrerseits bekam er durch den Druck
auf dem harten Metall leicht Hühneraugen oder Geschwürchen
in den Fußsohlen und endlich verursachte ihm dasselbe als
guter Wärmeleiter Erkältungen der Füße oder des Unterleibs
und dadurch Krankheiten. In zweckmäßiger Weise wird jetzt
an jeder Seite des Käfigs unterhalb des Futter- und Trink-
gefäßes je ein eiserner Ring oder eine Hülse von starkem Blech
angebracht und darin die Stange festgeklemmt. Man wählt
am besten ein 3—3,5 cm dickes, frisches Aststück noch mit
voller Rinde von nicht zu hartem Holz, und sobald dasselbe

zernagt ist, kann es unschwer durch ein neues ersetzt werden.
Falls man eine entrindete Stange nimmt, darf dieselbe nicht
zu glatt gehobelt, sondern sie muß etwas rauh sein. An den
Futter= und Trinkgefäßen hat man neuerdings eine
zweckmäßige Vorrichtung angebracht, einen aufgelötheten ge=
wölbten Mantel nämlich, welcher das Futter so umgibt, daß
der Papagei die Sämereien u. drgl. nicht wie bei den offenen
Gefäßen herausstreuen und verschleudern, bzl. das Wasser ver=
spritzen kann (s. Abbildung). So werden sie eingeschoben, und
hinter jedem befindet sich eine auf= und niedergehende Gitter=
thür, welche verhindert, daß der Vogel entkomme, wenn Futter
und Wasser gewechselt werden. — Ein völlig entsprechender
Papageienkäfig sollte einer Vorrichtung nicht ermangeln, die
ich für ganz besonders wichtig ansehe, nämlich einer kurzen
bequemen Sitzstange oberhalb des Bauers, zu welcher
der zeitweise herausgelaßne Papagei emporklettern, sich darauf
setzen und bequem die Flügel schwingen und das Gefieder aus=
lüften kann. Als Uebelstand ergibt sich freilich, daß er von hier
aus das Käfiggitter verunreinigt; entweder muß das letztre
dann stets sogleich wieder geputzt werden, oder man sollte auf
dem Käfigdach, unterhalb des etwas erhöhten Sitzes, eine
entsprechende Schublade mit Sand anbringen. — Die noch
vielfach gebräuchliche Schaukel im Käfig halte ich nicht
allein für überflüssig, sondern sogar für schädlich, weil sie den
Papagei in der Bequemlichkeit stört, namentlich aber ihm den
zum Flügelschwenken nöthigen Raum beengt *).

---

*) Da im Lauf der Zeit immerfort Anfragen inbetreff der Papa=
geienkäfige des Vereins „Ornis" eingegangen sind, so muß ich die
Bemerkung hier anfügen, daß dieselben in Berlin aus den Käfig=
fabriken von A. Stüdemann, Weinmeisterstraße 14, C. B. Hähnel,
Lindenstraße 67 und L. Wahn, Lindenstraße 66 für den Preis von
10, 15 bis 20 M., je nach der Herstellung, zu haben sind.

Die Käfige für die kleineren und kleinsten ein=
zeln als Sprecher gehaltenen Papageien — und zwar
von den Alexandersittichen bis herab zum Wellensittich —
sollten in ganz gleicher Einrichtung wie der Musterkäfig des
Vereins „Ornis" hergestellt werden, nur mit dem Unterschied,
daß, je kleiner der Vogel, um so leichter auch das Draht=
gestell, um so enger das Drahtgitter, um so dünner
der Draht sein muß, und daß bei den nicht nagenden Arten
Sockel und Schublade von Holz gefertigt sein können,
weil die Papageien bekanntlich zu den Vögeln gehören, die
nicht arg schmutzen; andrerseits freilich macht die Holzschub=
lade Schwierigkeiten beim Baden, und man muß daher stets
unterhalb derselben anstatt des Bodens ein enges Drahtgitter
haben, auf welches das Badegefäß gesetzt, während die Schub=
lade herausgenommen wird; die Auszugsöffnung der Schub=
lade muß dann zugleich vermittelst einer herabfallenden Klappe
verschließbar sein. Bei diesen Käfigen ist es auch besser, wenn
die Thür von oben herab, an den Drahtstäben gehend, zu=
fällt. — Die in allen Papagei=Käfigen einzustellenden Trink=
und Futtergefäße sollten immer nur von Glas oder
Porzellan sein. Als Badenäpfe für die Papageien eignen
sich am besten die gewöhnlichen bekannten Blumentopf=Unter=
sätze von Steingut oder besser von Porzellan, im letztern Fall
ein gewöhnlicher, selbstverständlich noch ungebrauchter, Spuck=
napf. Da diese Papageien nicht bloß klettern, sondern meistens
auch gern fliegen und hüpfen, so muß der Käfig drei Sitz=
stangen und zwar eine hoch oben und zwei in der Mitte
haben.

Viele Liebhaber wünschen, daß der sprechende Vogel zu=
gleich als ein Schmuck in der Häuslichkeit zur Geltung komme,
und geben ihm also einen so prachtvollen Käfig als möglich.
Daher sieht man denn die vielen durchaus unpraktischen

runden, zylinder=, kegel= oder thurmförmigen
Bauer von Messingblech oder =Draht. Abgesehen
davon aber, daß solche Käfige vonvornherein den Vogel be=
engen, ihm wenigstens keinenfalls ausreichenden Raum und
einen bequemen Aufenthalt gewähren, bergen sie auch noch
arge Gefahren. Zunächst setzt dieses Metall bekanntlich, wenn
es nicht stets aufs sorgsamste trocken und blank gehalten wird,
Grünspan an und sodann bedrohen die Putzmittel Gesundheit
und Leben des Vogels. Der Käfig aus verzinntem,
verzinktem oder sonstwie metallisch überzognen
Eisendraht kann ja gleichfalls als ein hübscher Schmuck
des Zimmers betrachtet und gewünschtenfalls in beliebiger
Weise angestrichen werden. Sorgsam zu beachten ist freilich,
daß es ein schnell und hart trocknender Lackanstrich
sein muß und daß der Vogel nicht eher in den Käfig gebracht
werden darf, als bis die selbstverständlich durchaus giftfreie
Farbe vollkommen getrocknet ist. Neuerdings hat man auch
einen farblosen Lack im Gebrauch, mit welchem man das
blanke, trockne Messing überzieht und der dann so hart an=
trocknet, daß der Papageienschnabel den dünnen Anstrich nicht
loszuknabbern vermag, während das Messing nicht Grünspan
ansetzen kann. Geht man von der naturwidrigen runden Form
ab und läßt den Käfig in der Gestalt des „Ornis“=Bauers
oder sonstwie zweckmäßig anfertigen, so darf man immerhin
Messing dazu wählen. Hat man dieses Metall aber ohne
Lackanstrich und muß der Käfig geputzt werden, so ist der
Papagei während dessen jedesmal herauszunehmen und nicht
eher wieder hineinzubringen, als bis das geputzte Gitter ver=
mittelst eines weichen, leinenen Tuchs durchaus rein und trocken
gerieben ist; die meisten Putzmittel, so namentlich die sog.
Zuckersäure, sind sehr giftig.

Manche Liebhaber ziehen es vor, den Papagei, anstatt in
21*

dem Käfig, frei auf einem Ständer, im Ring oder Bügel
zu beherbergen. Die bisher vorhandenen Vorrichtungen dieser
Art sind leider fast sämmtlich ebenso unpraktisch und untaug=
lich wie manche Käfige; auch sie können in der Regel nur als
Luxusgegenstand gelten. Man sieht sie in verschiedner Ein=
richtung, und die schlimmsten von ihnen sind ganz, selbst mit
Einschluß der Sitzstange, aus Metall oder von härtestem
polirten Holz angefertigt. Es sei vorausgeschickt, daß man
inbetreff der Sitzstangen immer das S. 320—321 bereits
Gesagte beherzigen möge und daß dieselben namentlich leicht zu
erneuern sein müssen.

Der einfachste Papageienständer ist ein Gestell
etwa von Mannshöhe, eine Säule aus hartem, polirtem Holz,
oben mit einem Knauf und unten oberhalb des Fußes mit
einer 66 cm langen und 50 cm breiten Vorrichtung, in welcher
sich eine leicht ausziehbare Schublade mit voll Sand be=
streutem Boden, gleichwie im Käfige, befindet, an der zu
beiden Seiten Futter= und Wassergefäß angebracht sein können,
während an der Säule hinauf treppenartig eingesteckte etwa
15 cm lange Kletterstangen bis zu der eigentlichen etwa
50 cm langen obersten Sitzstange führen, welche letztre
nicht zu hoch, sondern noch unterhalb des menschlichen Auges
durch die Säule gesteckt sein muß, und an deren beiden
Enden man wol zweckmäßiger als unten Futter= und
Wassergefäß haben kann. Immer müssen die Gefäße aber
durchaus sicher befestigt werden können, weil der Papagei hier,
wo er frei sitzt, sich noch viel angelegentlicher mit ihnen be=
schäftigt. Am zweckentsprechendsten sind sie so eingerichtet, daß
sie schubladenartig in eine oben offne Blechkapsel geschoben
werden, deren hervorstehende und nach innen gebogene starke
Ränder sie festhalten.

Häufiger findet man den Papageienständer mit

Bügel oder Ring, bei dem vor allem der Bügel der Größe des Vogels entsprechend, und unterhalb des Sitzes die Schubladenvorrichtung angebracht sein muß. (S. die Abbildung). Er ist in der Regel aus Metall angefertigt, mit alleiniger Ausnahme der Sitzstange.

Die Papageienständer, welche der erstern Anforderung nicht genügen, schließe ich von vornherein als unbrauchbar aus. Prunkvolle Ständer, die anstatt derer wol gar mit Goldfischglocke und Schmuckkäfig für einen kleinern Vogel ausgestattet sind, können nichts weniger als Behaglichkeit für die Bewohner bieten, sondern bergen im Gegentheil Thierquälerei. Die neuesten zweckmäßigen Ständer (s. Abbildung) werden nach meinen Anordnungen von Herrn Josef Schmölz in Pforzheim in

der Regel ganz aus Metall, mit alleiniger Ausnahme der Sitzstange, angefertigt. Der Bügel muß für einen Papagei in der

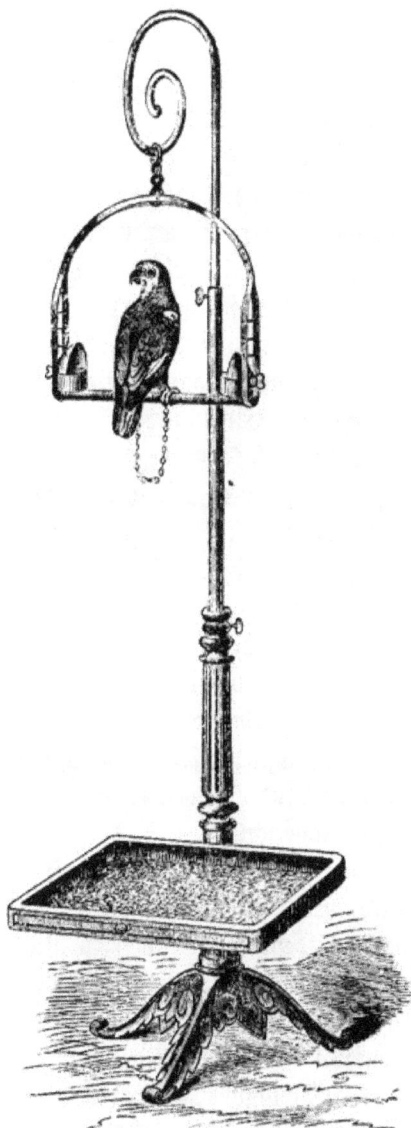

Größe des Jako eine etwa 60 cm lange Sitzstange haben und
in der Rundung etwa 50 cm hoch sein. An den Seiten befinden
sich Futter und Wassergefäß, und inbetreff dieser sowie der Sitzstange selbst gilt das bereits Gesagte. Als Erfordernisse, welche
bei den Papageienständern meistens versäumt werden, und die ich
doch als durchaus nothwendig ansehen muß, nenne ich folgende:
Zunächst sollte solch' Ständer immer eine Klettervorrich-
tung haben, an welcher der Vogel zur Schublade herabgelassen werde, sodaß er täglich mindestens eine Stunde im
Sande paddeln und damit, wie ich weiterhin näher angeben
werde, ein nothwendiges Bedürfniß befriedigen kann. Fehlt
eine derartige Einrichtung, so ist der Vogel sehr elend daran,
und es ist auch keineswegs ausreichend, wenn er oberhalb des
Bügels noch einen besondern festen Sitz hat, während ich
diesen letztern allerdings für alle Fälle, selbst wenn der Bügel
auch garnicht einmal so sehr lose hängt, daß er bei der
geringsten Bewegung in Schwingungen versetzt wird, als entschieden unentbehrlich erachte. Immerhin fehlt hier die naturgemäße Bewegung des Kletterns, und man sollte bei An-
bringung der obersten Sitzstange darauf Bedacht nehmen, ihm
dieselbe, wenigstens soweit es thunlich ist, zu verschaffen. Der
Papageienständer, welchen die nebenstehende Abbildung zeigt,
ist so eingerichtet, daß das Gestell vermittelst der beiden
Schrauben tief genug herabgelassen, bzl. in den Fuß hinunter-
gesenkt werden kann, um dem Vogel das Erreichen der Schublade mit dem Sand zu ermöglichen. Man kann die Kette,
namentlich wenn sie aus leichtem Metall hergestellt worden,
auch noch um die Hälfte länger geben, damit der Papagei
keinenfalls behindert werde, den ganzen Raum des Untersatzes,
bzl. der Schublade, zu betreten. Dieser Ständer hat keinen
besondern obern Sitz. Will der Vogel klettern und ist die
Kette lang genug, so kann er ja immerhin die obre Rundung

des Ständers erklimmen; die Kette muß dann aber nicht allein die volle ausreichende Länge, sondern auch in der Mitte ein drehbares Glied haben, damit sie dem Vogel jede Bewegung gestatte und sich nicht verwickle. Auf der R u n d u n g oben am Ständer kann dann wol zeitweise ein Sitzholz fest an= geschraubt werden, und schließlich ist die Kette so einzurichten, daß sie, wenn der Papagei wieder ruhig im Bügel sitzt, zur Hälfte eingehakt wird, damit der Fuß nicht fortwährend die ganze Last zu tragen hat.

Nach Ermessen muß man den Bügel abnehmen und im Freien an einen Baumast aufhängen können; am Ständer= haken aber müßte sich stets eine Feder oder dergleichen be= finden, welche es verhindert, daß der Papagei gelegentlich den Bügel selber loslöse und mit ihm herabfalle.

Zu den wichtigsten, zugleich aber am meisten Schwierig= keit verursachenden Dingen gehört die Fußkette nebst Fuß= r i n g, vermittelst derer der Papagei an Ständer oder Bügel gefesselt wird. Alle bis jetzt im Handel vorkommenden Papa= geienketten sind durchaus unzweckmäßig, denn vor allem ist die Wahl des Metalls für dieselben mißlich. Kupfer, Messing, Neusilber u. a. werden durch Grünspanansatz leicht gefährlich und sind auch fast ebenso wie das Eisen zu schwer, sodaß solche Kette durch ihre zu große Last an einem Fuß dem Vogel Pein macht. Das neuerdings vorgeschlagne Aluminium leistet dem Schnabel zu geringen Widerstand und würde sich von demselben wie mit einer Kneifzange durchschneiden lassen Zwischen diesen Klippen aber scheitert auch die Verwendung aller übrigen Metalle. Noch übler sieht es inbetreff des Fuß= rings aus, denn entweder drückt er mit harter Kante an der Stelle, wo er fest aufliegt, d. h. an der Seite, wo die Kette herunterhängt, den Fuß und bringt schmerzhafte Hautverhär= tungen hervor oder er reibt wenigstens die Stelle wund; so=

dann jedoch vermag der Verschluß des Rings der rastlosen
Gewaltthätigkeit und förmlichen Kunstfertigkeit des Papageien=
schnabels nicht zu widerstehen. Der Vogel, wenn er nicht
bereits völlig an den Ständer gewöhnt ist, macht sich dann
über kurz oder lang doch einmal los und kann allerlei Unfug
im Zimmer anrichten oder wol gar auf Nimmerwiedersehen ent=
kommen. Es bleibt mir hier nichts weiter übrig, als die Aufforde=
rung, welche ich in meinem „Lehrbuch der Stubenvogelpflege,
=Abrichtung und =Zucht" an die Sachverständigen auf diesem
Gebiet gerichtet, hier zu wiederholen: sie mögen darauf sinnen,
zweckmäßige Fußketten und Ringe, die alle derartigen Uebel=
stände vermeiden lassen, die namentlich durchaus fest und
sicher, dabei jedoch auch leicht sind, sodaß sie den Vogel nicht
qualvoll belästigen, herzustellen *).   Am allerbesten dürfte es

---

*) Herr Oberförster Rupprecht wendet, um den Druck des Rings
möglichst zu mildern, eine Einlage von rohem Guttapercha, welches
in siedendem Wasser plastisch gemacht ist, an; Tuch= oder Filzeinlage
hält er dagegen für verwerflich. Schwieriger, sagt er, ist es, den
Druck abwärts gegen die Zehen zu verhindern. Die schmale Kante
des Rings gestattet nämlich nicht das Auflegen eines weichen, elastischen
Stoffs, und selbst wenn dies anginge, so würde derselbe hier doch
bald vom Papagei zernagt werden; Abhilfe kann nur darin liegen,
daß man die unmittelbare Ursache des Drucks, das Gewicht der Kette,
verringre. Meinerseits füge ich den Hinweis hinzu, daß man angesichts
dieser Schwierigkeiten gut daran thut, dem Papagei die Kette wechselnd
eine Zeitlang am rechten und dann am linken Fuß anzulegen. Aus
Ostindien kommende Vögel, so namentlich die kostbaren sprechenden
Loris, zeigen oft noch einen Ring am Fuß und zwar aus Horn oder
Nußschale, welcher in beiden Fällen ungemein leicht und doch so fest
ist, daß selbst der schneidigste Papageienschnabel ihn nicht zerstören
kann. Darin liegt meines Erachtens eine bedeutungsvolle Anregung
für Versuche, aus gleichen oder ähnlichen Stoffen wirklich brauchbare,
stichhaltige und nicht mehr die Vögel belästigende oder gar quälende
Papagei=Ketten und =Fußringe herzustellen.

immer sein, wenn man den sprechenden Papagei so auf den Bügel und an den Ständer gewöhnt, daß er denselben auch unangekettet niemals freiwillig verläßt; dazu gehört freilich recht viel, und es bleibt dabei mindestens eine Gefahr, nämlich die, daß der Vogel einmal, durch einen plötzlichen Schreck oder dergleichen aus seiner Ruhe gebracht, durch's offne Fenster davon fliegt, selbst wenn er schon seit zehn Jahren und darüber neben demselben gesessen.

Ernährung.

Es ist wol erklärlich, daß eine zweckentsprechende Fütterung für keinen Vogel so wichtig erscheint, wie für den sprechenden und daher mehr oder minder kostbaren Papagei. Unter Bezugnahme auf das S. 12—13 bereits Gesagte will ich zunächst nochmals darauf hinweisen, daß die Aufkäufer und Einführenden bisher meistens in der ganzen Behandlung unzweckmäßig verfahren und dadurch vielfach vonvornherein den Keim zum Siechthum und Untergang solcher Vögel legen. Die großen Sprecher werden in ihrer Heimat nach der Auffütterung mit gekautem Mais also entweder nur mit dem letztern in trocknem, hartem Zustand mit und ohne Zugabe von Schiffszwieback oder mit Bananen u. a. tropischen Früchten, auch wol gekochtem Mais, selbst gekochten Kartoffeln und manche Arten, so vornehmlich die Pinselzüngler oder Loris, mit malayisch gesottnem Reis ernährt. Jeder, der Papageien herüberbringt, füttert dieselben seiner Einsicht und Kenntniß gemäß, und da läßt es sich denken, daß nicht selten einunddieselbe Art in mancherlei verschiedenartiger Weise verpflegt wird. Hierin ist die Ursache der

bestehenden argen Uebelstände zu suchen, und es ergibt sich als
in der That dringend nothwendig, daß die gesammte Papageien=
Einfuhr, bzl. Verpflegung, in einheitlicher Weise geregelt werde.
Vor allem müssen die Großhändler dahin streben, daß sie
lebensfähige Vögel erlangen, und dies können sie eben nur
dadurch erreichen, daß die Verpflegung und Fütterung bereits
von Anbeginn her sach= und naturgemäß eingerichtet werde.
Man könnte einwenden, dies sei garnicht möglich, bevor man
nicht die Lebens= und Ernährungsweise dieser Vögel im Freien
gründlich kennt. Um aber das letzte Ziel zu erreichen, bedarf
es noch vieler Reisen und Forschungsergebnisse, welche leider
in weiter Ferne liegen dürften. Ganz entschieden kann ich
jedoch die Behauptung aussprechen oder vielmehr wiederholen,
daß das gegenwärtige Verfahren der Einführung aller, be=
sonders der größeren Papageien, mehr oder weniger ein unheil=
volles ist.

Es dürfte unbestreitbar sein, daß alle letzteren Vögel in
der Freiheit der Hauptsache nach von mehlhaltigen Sämereien,
in geringerm Maße von öligen Samen und zeitweise auch von
frischen zarten Pflanzentheilen sich ernähren. Daher ist es richtig,
wenn man in neuerer Zeit meistens mit Mais, nebst etwas
Hanf und Zugabe von gut ausgebacknem, nicht
gesäuertem Weizenbrot füttert. Der Mais wird ent=
weder roh oder gekocht gegeben. Letztres geschieht in der
Weise, daß man ihn solange siedet, bis ein herausgeschöpftes
Korn den Eindruck des Fingernagels annimmt, dann gießt
man das Wasser ab und reibt die Körner auf einem groben
Leinentuch lufttrocken. Das Weißbrot (Weizenbrot, Semmel
oder Wecken, nicht aber mit Milch, Zucker und Gewürzen)
muß altbacken, also hartgetrocknet sein, wird dann in Stücke
zerklopft und in möglichst wenig Wasser getaucht; nach dem
völligen Aufweichen wird vermittelst eines Messers die Rinde

entfernt und die reine Krume gut ausgepreßt, sodaß die Masse
krümelig feucht, jedoch nicht klebrig oder schmierig ist.

Herr Karl Hagenbeck hat zuerst darauf hingewiesen und
ich schließe mich seinem Ausspruch durchaus an, daß alles sog.
Matschfutter, also eingeweichtes Weißbrot, gekochter Mais
oder gar Reis u. drgl. für diese Papageien schädlich sei, sie
mindestens über kurz oder lang mit Gefahren bedrohe. Man
gewöhne sie also nur an die Fütterung von trocknem
harten (immer am besten Pferdezahn=, weniger Perl=) Mais
und Hanfsamen, beide natürlich im vorzüglichsten Zustand,
ferner an bestausgebacknes trocknes, keineswegs frisches, aber
ebensowenig ganz altes hartgetrocknetes (in keinem Fall ange=
schimmeltes, dumpf riechendes oder übel schmeckendes) Weizen=
brot; anstatt des letztern kann man den bekannten Schiffs=
zwieback, gleichfalls trocken, also nicht aufgeweicht, geben.
Die Maiskörner müssen, auch wenn man sie trocken füttert,
doch vorher mit siedendem Wasser abgebrüht werden, um
etwa anhaftende thierische und pflanzliche Schmarotzer zu er=
tödten; selbstverständlich ist es aber nothwendig, sie nach dem
Abgießen des Wassers mit einem saubern Tuch abzureiben
und an einem nicht zu heißen Ort gut zu trocknen. Mit
diesem einfachen Futter kann man nach meiner Ueberzeugung
die großen Papageien für die Dauer vortrefflich erhalten und
alle Uebelstände und Gefahren vermeiden.

Sobald der Papagei als völlig eingewöhnt, zweifellos
gesund und lebenskräftig betrachtet werden kann, darf man
damit beginnen, ihm einige Zugaben zur Erquickung zu bieten,
so namentlich Obst. Man versuche vorsichtig zunächst mit
einer Kirsche, Weintraube, einem Stückchen Apfel, Birne oder
dergleichen, je nach der Jahreszeit und alles natürlich in
bester Beschaffenheit; doch achte man wenigstens in der ersten
Zeit recht aufmerksam auf die Entleerungen des Vogels, und

wenn diese schleimig oder gar wäßrig, ja auch nur abweichend
überhaupt erscheinen, so lasse man die Fruchtzugabe sogleich
wieder fort, überschlage einige Tage und beginne dann den
Versuch von neuem, bis man den Vogel allmählich an das
gewöhnt hat, was ihm angenehm und wohlthuend zugleich ist.
Ebenso dienlich oder wol noch zuträglicher als letztre ist Mais
in Kolben und zwar im halbreifen Zustand, wie man zu
sagen pflegt: in Milch stehend, mit derselben Vorsicht gegeben.
Als unbedenkliche Leckerbissen für die großen Sprecher
darf man Hasel= oder Wallnüsse, die sog. brasilischen Erd=
oder Paranüsse, auch wol eine süße Mandel gewähren, doch
mache man es sich zur Regel, all' dergleichen vorher sorgfältig
zu schmecken, damit nicht etwa ein verdorbner, ranzig oder bitter
gewordner Kern oder gar eine bittre Mandel darunter ist;
letztre wirkt bekanntlich als Gift, und beiläufig sei bemerkt,
daß man auch Petersilie als ein solches für Papageien ansieht.
Alle weichen Südfrüchte, wie Bananen, Datteln, Feigen,
Apfelsinen u. a. m., gebe man den großen Sprechern lieber
garnicht oder doch nur unter äußerster Vorsicht, indem man
jede einzelne Frucht vorher gleichfalls sorgsam kostet. Ebenso
vermeide man rohe oder gekochte Mören, rohe oder geröstete
italienische Kastanien, Melonen, auch Rosinen, sowie die ver=
schiedenen Beren, denn man ist bei alledem nicht sicher, daß
dies oder das nicht schädlich sei; ohne Bedenken darf man
dagegen vollreife frische und gut getrocknete Ebereschen= oder
Vogelberen reichen. Grünkraut erachte ich für die An=
gehörigen dieser Gruppe als überflüssig, Salat oder Blätter
von den verschiedenen Kohlarten als geradezu gefahrdrohend;
jedoch biete man ihnen stets Zweige zum Benagen,
anfangs trocknes mittelhartes Holz, nach völliger Eingewöh=
nung grüne Zweige mit Rinde, Knospen oder Blättern, am
zuträglichsten von Weiden, Pappeln, allerlei Obstbäumen, auch

Birken, Buchen und selbst von den Nadelhölzern; für
weniger gut halte ich die sehr harten, sowie die stark gerb=
säurehaltigen Holzarten. Des Holzes zum Benagen bedarf
jeder Papagei, einerseits um für seinen Schnabel eine natur=
gemäße Thätigkeit zu haben, andrerseits als erfrischenden und
zuträglichen Nahrungsmittels.

Ein erfahrener Papageienpfleger, Herr E. Dulitz, hat
darauf hingewiesen, daß alle großen Papageien einen wahren
Hang nach thierischem oder pflanzlichem Fett zeigen, und in
Uebereinstimmung hiermit geben viele Liebhaber täglich ein
Stückchen nicht zu dick gestrichnes Butterbrot. Etwas magres
Fleisch an einem Knochen oder ein Stückchen leichten, nicht
zu fetten Kuchen bewilligt auch Herr Hagenbeck; ich empfehle
lieber etwas Kakes oder guten leichten Biskuit, beides trocken ge=
geben; auch dann und wann ein Stückchen besten harten
Zuckers kann nicht leicht schädlich werden.

Allbekannt ist es wol, daß jeder große Papagei in der
Gefangenschaft allerlei menschliche Nahrungsmittel,
Braten, Gemüse, Kartoffeln, ja, sonderbarerweise nicht allein
Zuckersachen, sondern auch stark gesalzene, in Essig eingemachte,
gepfefferte u. drgl. Leckereien mit wahrer Gier frißt, und es
kommen Fälle vor, in denen ein solcher Vogel sich dabei vortreff=
lich erhält und lange Jahre ausdauert. Meistens aber gehen
werthvolle Papageien an derartiger naturwidrigen Ernährung
doch zugrunde. Die erste Folge ist häufig das Selbstaus=
rupfen der Federn, ein unseliger krankhafter Zustand, den ich
weiterhin im Abschnitt „Krankheiten“ besprechen werde. In
vielen anderen Fällen treten mancherlei Leiden ein und nur
zu oft ein Siechthum des ganzen Körpers, sodaß das arme
Thier an inneren und äußeren Geschwüren elend sterben muß.
Ob die Papageien, wenn sie einzeln im Käfig gehalten werden,
wirklich thierischer Nahrungsmittel, also der Zugabe von Mehl=

würmern, Ameisenpuppen u. a. bedürfen, ist immer noch nicht mit Sicherheit festgestellt. Der Afrikareisende Soyaux sagt, daß die Graupapageien in Westafrika als Zerstörer von Nestern anderer Vögel bekannt seien, und es gibt ja noch mehrere Beispiele, in denen, z. B. die Stumpfschwanzloris, in der Freiheit als Fleischfresser sich zeigen, während auch die meisten anderen Papageien jeden kleinen Vogel, den sie zu erhaschen vermögen, tödten und zerfleischen — wer kann aber bis jetzt mit Sicherheit behaupten, ob dies eine naturgemäße oder widernatürliche Erscheinung sei? Zur Darreichung von Fleisch und Fett an große Papageien vermag ich daher bis jetzt keinenfalls zu rathen; denn nach den mir vorliegenden Mittheilungen hat die Erfahrung doch stets gelehrt, daß die meisten großen, sprechenden Papageien, welche gekochtes oder rohes Fleisch erhalten haben, fast regelmäßig elend zugrunde gegangen sind; immer ist dies aber der Fall gewesen bei denen, welchen allerlei menschliche Nahrungsmittel: Gemüse, Kartoffeln, Suppen u. drgl. gegeben wurden.

Die bis hierher aufgestellten Fütterungsvorschriften gelten im allgemeinen für die Angehörigen aus folgenden Geschlechtern: Eigentlicher Papagei, Amazonenpapagei, Edelpapagei (doch ist für diese letzteren mehr Frucht erforderlich), Eigentlicher, Langschwanz- und Arara-Kakadu und Arara.

Alle mittelgroßen Papageien ernährt man mit Hanf, Hafer, Kanariensamen und auch Hirse, die kleinsten Arten bloß mit den drei letztgenannten Sämereien, also ohne Hanf, weil dieser für sie schädlich sein soll, während er für die ersteren, ebenso wie für die ganz großen Arten als eins der besten Ernährungsmittel angesehen werden kann, besonders wenn sie sehr entkräftet sind. Als Zugaben gewährt man zunächst noch mancherlei andere Sämereien, so vielerlei Hirsen (außer reinweißer und Senegal- die verschiedenen

Kolbenhirsen u. a.), in trocenen Samen, sowie in trocenen
und frischen Aehren, bzl. Kolben, ferner Sonnenblumen=,
Saflor= u. a. Samen, außer dem Hafer auch andres Getreide,
letztres, sowie allerlei Gräsersamen vornehmlich im halbreifen
Zustand in Aehren und Rispen, ebenso halbreifen Mais in
den Kolben. Die öligen Sämereien sollte man niemals vor
völliger Reife geben, denn dieselben, namentlich aber der Hanf,
können dann schädlich werden. Einzelne Arten, so der große
Alexandersittich, fressen auch, gleich den kurzschwänzigen Papa=
geien, trocnen Mais. Für die meisten der hierher gehörenden
Arten ist die Darreichung von etwas süßer F r u c h t täglich,
nicht wie bei den letzteren bloß beiläufig, sondern durchaus
nothwendig; im allgemeinen gilt das dort (S. 330) Gesagte,
doch braucht man weniger ängstlich inbetreff der Südfrüchte
zu sein, wenn man nur die Vorsicht beachtet, jede einzelne
Gabe selbst zu kosten. Auch G r ü n k r a u t ist für diese Arten
Bedürfniß, und als am zuträglichsten empfehle ich außer der
allbekannten Vogelmiere noch besonders Resedakraut und die
Ampelpflanze Doldenriesche (Tradescantia). Die Kohlarten
und Salat vermeide man auch bei diesen Papageien gänzlich.
Alles Grünkraut muß natürlich im besten Zustand, rein, luft=
trocken, nicht frisch beregnet oder bethaut, keinenfalls aber von
Mehlthau befallen, angeschimmelt oder gar angefault sein;
man achte sorgfältig darauf, daß sich nicht einzelne derartige
Blätter darunter befinden. Viele der hierher gehörenden Arten
werden bekanntlich in der Gefangenschaft gezüchtet *), und dann
bedürfen sie außer den mannigfaltigsten Sämereien und dem

---

*) Anleitung zur Züchtung der Papageien ist in meinem „H a n d =
b u c h f ü r V o g e l l i e b h a b e r" I, dritte Auflage, am ausführlichsten
aber in meinem „Lehrbuch der Stubenvogelpflege, =Abrichtung und
Zucht", zu finden.

Fruchtfutter auch der Zugabe von Fleischnahrung, also Ameisenpuppen und Mehlwürmer; einzeln als Sprecher ge=halten, braucht man ihnen dergleichen kaum oder doch nur selten zu bieten. Hinsichtlich der Leckerbissen aller Art, sowie der Zweige zum Benagen gilt für sie genau das bei den großen Papageien Angegebne.

Als die Geschlechter, auf welche die letzteren Anleitungen sich beziehen, nenne ich folgende: Langflügelpapagei, Keil=schwanzkakadu, Langschnabelsittich, Edelsittich, Keilschwanzsittich, Dickschnabelsittich, Schmalschnabelsittich, Plattschweifsittich und Wellensittich.

Die Angehörigen der Gruppe, die nun noch übrig bleibt, die Pinselzüngler oder Loris, müssen entsprechend ihrer Ernährung im Freien, absonderlich gefüttert werden. Ihnen vermag man noch viel weniger als allen anderen naturgemäße Nahrung zu gewähren, denn sie sollen theils von überaus zuckerreichen tropischen Früchten, vom Honigsaft der Blüten und theils von Kerbthieren sich ernähren. Die Ersatzmittel, welche man ihnen, und ich darf sagen, erfreulicherweise mit bestem Erfolg, geboten hat, sind folgende. Zunächst bleibt man bei der Fütterung, welche sie beim Händler oder Vor=besitzer überhaupt, bisher erhalten haben, und diese besteht manchmal in den wunderlichsten Dingen, vornehmlich gekautem Brot, malayisch gesottnem Reis*), gekochten Kartoffeln und Tropen= oder sog. Südfrüchten, wie Bananen, Pisangfrucht, Feigen, Datteln u. a.; sodann aber gewöhnt man sie an gutes

---

*) Der Reis wird mit kaltem Wasser beigesetzt und etwa halb=gar gekocht, dann gießt man das Wasser ab, stellt den Topf mit den feuchten Körnern noch weiter an eine heiße Stelle und läßt sie hier dämpfen, bis sie völlig gar sind. So zubereitet soll der Reis viel wohlschmeckender und zugleich gesunder sein, als wenn er im Wasser ganz gar gekocht ist.

Weizenbrot (welches, wie S. 330 angegeben, beschaffen sein muß, in wenig Wasser erweicht und gut ausgedrückt ist); Eierbrot ist, wenigstens anfangs, für sie zu schwer verdaulich. Als Zugabe reicht man ihnen zuerst täglich regelmäßig ein wenig gute Frucht, wie vorhin gesagt, etwas Mischfutter, bloß Ameisenpuppen und Möre, und dann bringt man sie, was eine Hauptsache ist, allmählich auch an Sämereien: Kanariensamen, Hanf, Hafer u. a. Dies geschieht am besten, indem man halbreifen, ,in Milch stehenden' Mais, Hafer, Gräseru. a. Sämereien oder in Ermangelung derer gekochten Mais und Hafer gibt, und dann nach und nach zu trockenen Sämereien übergeht. Wohl zu beachten ist dabei aber, daß man ölige Samen, insbesondre Hanf (und ebenso allerlei Nüsse), niemals anders als vollreif verfüttern darf. Bei den Keilschwanzloris hat die Gewöhnung an trocknes Samenfutter keine Schwierigkeit; man bietet den gekochten Mais und Hafer allmählich immer härter und die Sämereien in immer mehr reifem Zustand. Aber auch fast alle Breitschwanzloris lassen sich so an die harten Samen gewöhnen. Erst dann ist einerseits ihre Erhaltung für die Dauer sicher, und wird andrerseits ihre sonst so arge Schmutzerei weit geringer. Dringend gewarnt sei bei allen Loris noch vor der schon erwähnten Fütterung mit den unnatürlichen Nahrungsmitteln, besonders vor gekochten Kartoffeln, sodann aber auch vor den Südfrüchten, auch Honig, in Milch erweichtem Brot, selbst den gekochten Reis können sie in unserm Klima für die Dauer nicht ertragen; nur bester Apfel, Birne, Kirsche und allenfalls Weintraube, wechselnd nach der Jahreszeit, ist für alle Papageien zuträgliche Frucht. Grünkraut brauchen auch die Loris kaum, will man sie indessen mit solchem erquicken, so gebe man gleichfalls nur das vorhin genannte. Manche Pfleger bieten ihnen geschabte oder geriebne oder selbst gekochte Gelb rübe, die ihnen auch nicht schaden kann, ebenso wie täglich etwas Biskuit; zu hartgekochtem Hühnerei kann ich dagegen nicht rathen. Zuckerwasser, welches namentlich Herr Scheuba für sehr zuträglich hält, möchte ich meinerseits nicht empfehlen.

Außer den beiden genannten Geschlechtern gehören auch die Stumpfschwanzloris oder Nestor-Papageien hierher; obwol behauptet worden, daß sie rohes Fleisch bekommen müssen, hat sich doch herausgestellt, daß sie sich bei gleicher Fütterung wie die Verwandten vortrefflich erhalten lassen.

Nach den bereits vielfach gegebenen Hinweisen in dieser Beziehung brauche ich wol nur noch kurz daran zu erinnern, daß sämmtliche Nahrungsmittel, welche ein Papagei bekommt, sich durchaus in einem in jeder Hinsicht tadellosen Zustand befinden müssen. Alle Sämereien sollen voll ausgewachsen und gut gereift, sodann frei von Schmutz und fremden Samen sein; sie dürfen, so z. B. der Hanf, nicht zu frisch (er bewirkt dann leicht Durchfall), aber auch nicht zu alt, vertrocknet oder ranzig sein. Gleicherweise wichtig ist es beim Obst, daß dasselbe nicht zu früh abgenommen, nachgereift (und dann wol sauer geworden), sondern voll ausgewachsen und naturgemäß gereift sei. Es darf auch nicht im weich gewordnen Zustand, ‚molsch‘ oder ‚mudike‘, wie man in Berlin zu sagen pflegt, sondern es muß frisch und wohlschmeckend sein. Sorgsam achte man darauf, daß es im Winter nicht eisig kalt, sondern immer erst gegeben werde, nachdem es, mehrfach durchge- schnitten, im erwärmten Raum gelegen und stubenwarm ge- worden. Das Weißbrot, wenn man solches füttern will, muß vorzüglich ausgebacken sein, wie schon gesagt, ohne Sauerteig, auch ohne oder doch mit möglichst wenig Hefe, nicht glitschig oder wasserstreifig, sondern gleichmäßig locker und porös. Ebenso darf es nicht zu lange oder in zu viel Wasser ge- weicht sein, damit nicht aller Nahrungsstoff ausgezogen werde.

Das bis hierher Gesagte soll als allgemeiner Anhalt für die Fütterung der hier inbetracht kommenden Papageien die= nen; selbstverständlich ist in der übersichtlichen Schilderung, die ich von jedem einzelnen Geschlecht gegeben, die besondre Fütterung und Verpflegung der betreffenden Arten noch ein= gehend berücksichtigt.

Wie für jeden Vogel überhaupt, so ist auch für alle Papageien und gleicherweise für den einzelnen Sprecher, wie für das nistende Pärchen, die Zugabe von Kalk zur Fütte= rung nothwendig. Am entsprechendsten erscheint der thierische Kalk in Gestalt der bekannten Tintenfisch= oder Sepienschale; er wird zugleich infolge seines Salzgehalts sehr gern gefressen und ergibt sich immer als zuträglich; nur vermeide man, ihn frisch eingeführten Papageien sogleich zu geben, weil sonst leicht übermäßiger Durst und durch das Trinkwasser, an welches sie noch nicht gewöhnt sind, Durchfall verursacht wird. Man klemmt am besten einen ganzen Schulp oder doch ein großes Stück zwischen das Gitter. Nächstdem ist geglühte Austernschale, ferner auch Kalk von alten Wänden oder Kreide empfehlenswert. — Sand und zwar saubrer, durchaus reiner, trockner, feiner, aber nicht staubiger, am besten weißer Stuben= sand, ist nicht allein eines der besten Hilfsmittel zur Reini= gung und Reinhaltung des Käfigs, sondern er muß auch als Lebensbedürfniß gelten, indem Papageien gleich anderen Vögeln kleine Steinchen zur Verdauung verschlucken.

Beim Graupapagei, sowie bei den Amazonen u. a. habe ich darauf hingewiesen, daß viele dieser Vögel ganz ohne Wasser gehalten werden; ich hebe es hier nochmals hervor, daß ich eine solche Verpflegung als durchaus unheilvoll ansehe und vonvornherein dringend rathe, man wolle einen Papagei, der nicht Wasser bekommen darf, überhaupt niemals kaufen. Das gebräuchliche Verfahren, in Kaffe oder Thee getauchtes

22*

Weißbrot zu geben, ist nach meiner Ueberzeugung unzuträglich
und für den Vogel schädlich, denn einerseits kann die geringe,
meistens wol noch dazu warme Flüssigkeit nicht das natürliche
Bedürfniß stillen und andrerseits belästigt das Matschfutter
den Magen, stört die Verdauung, macht den Vogel also krank,
oder es ist doch nicht dazu ausreichend, ihn für die Dauer bei
voller Kraft zu erhalten, zumal wenn er, wie es ja leider oft
geschieht, ausschließlich oder vorzugsweise damit ernährt wird
oder auch nur soviel frißt, als er irgend bekommen kann,
während er das zuträglichere Körnerfutter verschmäht. Da
indessen fast alle, namentlich aber die Hamburger Händler,
jetzt den Graupapageien und auch manchen anderen großen
Sprechern garkein Wasser mehr geben, sondern sie nur mit
Weißbrot in Kaffe oder Thee erhalten, so müssen wir dieser
Thatsache wenigstens bis auf weitres Rechnung tragen. Ich
rathe daher folgendes. Wenn der Händler den Papagei unter
Gewähr des Ersatzes für eine bestimmte Zeit abgibt, so möge
man ihn immerhin übernehmen, dann zunächst ganz genau
wie es bisher geschehen verpflegen, und erst nach Ablauf der
vereinbarten Frist von 4, 6 oder 8 Wochen, nachdem er sich
also entschieden lebensfähig gezeigt hat, an Trinkwasser und
trocknes Weizenbrot gewöhnen. Dies führe man in der Weise
aus, daß man den Kaffe oder Thee allmählich immer mehr
mit Wasser verdünnt, und das Weißbrot immer weniger
weichen läßt, bis man zuletzt bloßes stubenwarmes Wasser
und trocknen Potsdamer Zwieback (s. S. 331) gibt.

Inbetreff des Trinkwassers sind nun aber auch noch
besondere Vorsichtsmaßregeln zu beachten. Gleicherweise wie
ein Mensch mehr oder minder schwer erkranken kann, wenn er
fremdes Trinkwasser ohne allmähliche Gewöhnung genießt, so
ist dies beim Vogel und insbesondre beim Papagei der Fall.
Man reiche daher in der ersten Zeit immer nur abgekochtes

selbstverständlich jedoch wieder erkaltetes Trinkwasser, auch nie=
mals zuviel auf einmal, höchstens bis fünf Schluck hinter=
einander und täglich etwa zweimal. Nach und nach vermischt
man. ganz ebenso wie beim Kaffe, dann das gekochte Wasser
immer mehr mit natürlichem, aber nicht ganz frischem oder
eiskaltem, sondern nur solchem, welches etwa eine Stunde ge=
standen hat und, wie man zu sagen pflegt, stubenwarm ist.
Auch wenn der Papagei bereits völlig eingewöhnt ist, soll man
ihm doch immer nur verschlagnes, niemals eiskaltes, oder auch
nur ganz frisches Trinkwasser reichen. — Die kleineren Arten
sind meistens an reichliches Trink = und auch wol B a d e =
w a s s e r gewöhnt, und man muß daher solches, jedoch ebenfalls
mit der Vorsicht, daß es immer stubenwarm sei, gewähren.

Zähmung und Abrichtung.

Die Nachahmungssucht und =Fähigkeit der Papageien er=
streckt sich nicht bloß auf menschliche Worte, sondern auch auf
allerlei andere Laute — und in dieser Begabung kann ein
solcher Vogel also höchst werthvoll, aber ebenso unausstehlich
und daher werthlos werden. Im guten Sinne lernt der
Papagei Worte nachsprechen und manchmal ebenso nachsingen,
Melodieen flöten oder pfeifen, selbst die Lieder von Singvögeln
mehr oder minder treu wiedergeben; im bösen Sinne nimmt
er die gellenden Schreie aller anderen Vögel, die er hört, an,
ahmt gleicherweise allerlei schrille Töne nach, wie den Hahnen=
schrei, Hundegebell, Thürknarren, das Pfeifen der Lokomotive,
Kinderweinen u. a. m. Aufgabe der Erziehung muß es sein,
ihn ebenso von allem Widerwärtigen abzulenken, wie zum
Angenehmen anzuleiten.

Obgleich die Liebhaberei für Papageien in allen ihren
vielen Erscheinungen eine erstaunlich lebhafte und verbreitete
ist, so würde sie sicherlich noch viel weitere Ausdehnung finden
können, wenn sich ihr nicht nur zu große wirkliche oder vermeintliche Schwierigkeiten entgegenstellten. Manche Leute haben
vonvornherein Widerwillen gegen die Papageien „ihres lang-
samen amphibienähnlichen Kletterns", „ihrer Falschheit, Tücke
und Bosheit", „ihres nur zu argen Lärmens", kurz und gut
vielerlei Unliebenswürdigkeiten wegen, — nach meiner festen
Ueberzeugung aber, auf Grund langjähriger Erfahrung und
genauer Kenntniß, beruhen alle solchen Klagen nur in Vorurtheil, Unkenntniß, überhaupt in der Schuld des Besitzers selber.
Schlimmer noch ist es, wenn, wie Herr E. Dulitz sagt,
Jemand sich einen Papagei hält, während er keineswegs ein
wahrer Vogelfreund ist. „Der stattliche Vogel im hübschen
Bauer gilt ihm lediglich als Zimmerschmuck. Die Begabung
desselben, Worte sprechen zu lernen, erfreut in der ersten Zeit;
nachdem aber der Reiz des Neuen sich verloren hat, dient er
wol nur noch dazu, besuchenden Freunden und Bekannten
Spaß zu machen. Im übrigen wird er dem Besitzer immer
mehr gleichgiltig, wol gar überdrüssig, man überläßt seine
Verpflegung den Dienstboten — und damit ist sein Schicksal
freudlos und beklagenswerth geworden; für den Besitzer erscheint er dann allerdings bald als ein unerträgliches Geschöpf.
Fast jeder Papagei, insbesondre der hochbegabte und lebhafte,
will lieben und geliebt sein, das ist eine Erfahrung, die der
Liebhaber niemals vergessen sollte." Wer diese Hauptbedingung
seines Wohlergehens nicht erfüllen kann, thut ein großes Unrecht daran, einen solchen Vogel anzuschaffen. Alle Mißgriffe
nun aber, in der Erziehung ebenso wie in der Behandlung,
bringen dem Thier anstatt guter Eigenschaften im Gegentheil
abstoßende bei. Eine ernste Wahrheit liegt in dem Ausspruch,

daß, wer selber nicht gut erzogen ist, sich nicht anmaßen soll, Andere, gleichviel Menschen oder Thiere, erziehen zu wollen — und doch ruht die Abrichtung oder „Dressur", wie man bezeichnend genug zu sagen pflegt, unserer nächsten Freunde aus der Thierwelt, unserer innigsten Genossen unter den Hausthieren, in der Regel in den Händen von rohen, oft nicht einmal gutartigen und häufig genug unfähigen Menschen. Daher sehen wir denn um uns her die vielen verdorbenen Hausthiere: Hunde, die von Natur gutmüthig und fügsam gewesen, in bösartige, bissige Köter verwandelt, Katzen falsch und hinterlistig, Papageien störrisch, boshaft und als unleidliche Schreier u. a. m. Andrerseits darf ein wohlerzogenes Thier, welches es auch sei, doch zweifellos als ein hochschätzenswerther Genosse des Menschen, der ihm unter Umständen im vollen Sinne des Worts ein Freund sein und unermeßlichen Werth für ihn haben kann, gelten. Im Nachstehenden will ich es versuchen, Hinweise zu geben, wie dieses in der That herrliche Ziel zu erreichen ist.

Bis jetzt hat die Erfahrung etwaige Merkmale, an denen man die mehr oder minder hohe Begabung eines Vogels ohne weitres erkennen könnte, noch nicht mit Sicherheit feststellen lassen. Wol vermag es der Blick des Sachkundigen einem Papagei einigermaßen anzusehen, ob er ‚einschlagen‘, also sich begabt, leicht zähmbar und gelehrig zeigen werde, wol zeugen Munterkeit und Regsamkeit, ein lebhaftes, glänzendes Auge, Aufmerksamkeit auf Alles, was rings umher vorgeht u. drgl. für die Annahme, daß wir einen „guten Vogel" vor uns haben, allein volle Gewißheit können wir darin doch nicht finden, denn es liegen Beispiele vor, nach welchen auch solche Anzeichen trügerisch gewesen, der Papagei trotzdem störrisch und dumm geblieben, während ein andrer, der anfangs wie stumpfsinnig dagesessen, sich dennoch zum

vorzüglichen Sprecher ausgebildet hat. Die Geschlechts=
unterschiede dürften in dieser Hinsicht bedeutungslos sein
und trotz vielfacher gegentheiliger Behauptung keinen Unter=
schied in der Begabung ergeben, abgesehen davon, daß man
sie bis jetzt bei den meisten großen Arten kaum oder noch
garnicht ermittelt hat. Es ist wol ziemlich allgemein be=
kannt, daß die größeren Papageien, in der Freiheit wahr=
scheinlich fast alle, die nicht einem Zufall zum Opfer fallen
und in der Gefangenschaft die, welche sich sachgemäßer Ver=
pflegung erfreuen, ein hohes Alter erreichen. Selbstverständ=
lich ist es um so schwieriger, einen Vogel einzugewöhnen und
abzurichten, je älter er vor dem Einfangen bereits geworden,
und die erste beim Einkauf eines Sprechers, den man in die
Lehre nehmen will, zu beachtende Regel lautet also, daß der=
selbe, gleichviel von welcher Art er sei, für jeden Unterricht
umsomehr empfänglich ist, je jünger er in unsern Besitz
gelangt. Doch kennt man auch Fälle, in denen selbst soge=
nannte alte Schreier, die im Handel geringern Werth haben,
noch vortreffliche Sprecher geworden, freilich gewöhnlich erst,
nachdem man sie jahrelang in der Gefangenschaft gehalten.
Als Beispiel führe ich den Jako des Herrn Gymnasialdirektor
Neubauer in Rawitsch an, welcher im Alter von nahezu 20
Jahren zu sprechen begann und noch mehr als 200 Worte in
drei Sprachen: deutsch, polnisch und französisch, lernte. Jeder
gelehrige und unschwer zähmbare Papagei pflegt gleichzeitig
mit der fortschreitenden Eingewöhnung erklärlicherweise immer
gefügiger zu werden und auch, jemehr er lernt, desto seltner
sein häßliches Naturgeschrei erschallen zu lassen.

Die Händler zweiter und dritter Hand zähmen in der
Regel jeden Papagei mit Gewalt auf ähnlichem Wege wie
es die Indianerinnen thun sollen. Mit starken, wildledernen
Handschuhen ausgerüstet, packt der Mann den Vogel an den

Beinen, zieht ihn unbekümmert um sein Kreischen und Beißen aus dem Käfig hervor, hält ihn auf dem Zeigefinger der linken Hand fest und streichelt ihn mit der rechten solange, bis er sich in sein Schicksal ergibt, ruhig und zahm wird. Dazu gehört aber vor allem Muth, ferner Geschick, Ausdauer und Geduld und namentlich völlige Nichtachtung der durch die Bisse des Vogels verursachten, trotz der Handschuhe gar empfindlichen Schmerzen. Die zangenartige Gestalt des Papageienschnabels bringt bei heftigen Bissen Quetsch= und Riß= wunden zugleich hervor, welche sehr schmerzhaft sind und schwierig heilen. Man hat sich vornehmlich vor hinterlistigem Beißen zu hüten. Im allgemeinen wolle man beachten, daß kleine Papageien viel häufiger und wüthender beißen als große, welche letzteren eigentlich nur, wenn sie sehr gereizt werden, dann aber freilich um so gefährlichere Bisse hervor= bringen können. Um ihnen das Beißen abzugewöhnen, haut man sie gewöhnlich, sobald sie es versuchen, mit dem Zeige= finger auf den Schnabel; dies ist indessen ein übles Ver= fahren, denn einerseits nützt es meistens doch nichts, und and= rerseits hat man nicht selten Beispiele, in denen dadurch der plötzliche Tod des Vogels herbeigeführt worden. Bei dieser Gelegenheit sei noch darauf aufmerksam gemacht, daß fast alle Papageien, besonders die größeren Arten, anderen, vielleicht in demselben Zimmer freifliegenden Stubenvögeln, wenn sie ihnen nahe kommen, gefährlich werden.

Auch Liebhaber wenden wol das beschriebne Verfahren der gewaltsamen Zähmung an, weil dasselbe, wenngleich mit größerer Anstrengung, so doch rascher als jedes andre, zum Ziel führt. Herr Haushofmeister Meyer in Berlin erzählt, daß er in früheren Jahren es oft ausgeführt habe, sich mit einem ganz rohen Graupapagei in ein Zimmer einzuschließen und den anfangs unbändig erscheinenden, wild tobenden und

fürchterlich kreischenden Vogel solange, wenn es sein mußte,
wol mehrere Tage von früh bis spät und selbst einen Theil
der Nächte in der angegebnen Weise zu behandeln, bis dessen
Scheu und Trotz endlich gebrochen und er aus Mattigkeit und
Hunger fügsam geworden. Die Zähmung auf diesem Wege
muß als eine der schwersten Aufgaben in der ganzen Vogel=
abrichtung angesehen werden, und ich möchte sie daher keines=
wegs allen Liebhabern anrathen. Denn, wenn ein andres
Verfahren auch ungleich langsamer und zeitraubender zum
Erfolg führt, so hat es doch den Vortheil, daß es zwischen
dem Menschen und dem Vogel ein liebevolles Verhältniß zu=
stande bringt, während diese ‚Dressur‘ das Menschenherz
sicherlich nicht mild und sanft stimmen kann. Auch will es
mir scheinen, als ob die Vögel, welche so mit Gewalt gebän=
digt worden, immer den Eindruck der Knechtschaft zeigen, im
Gegensatz dazu aber die in Liebe und Freundschaft abgerich=
teten ihrem Herrn gewissermaßen verständnißvoller zuge=
than sind.

Nur dann kann die Zähmung und Abrichtung unschwer
und mit bestem Erfolg erzielt werden, wenn bei dem Lehr=
meister zunächst ein gewisses Geschick dazu vorhanden ist; es
gibt Leute, welche eine derartige schwierige Aufgabe mit stau=
nenswerther Leichtigkeit zu lösen vermögen, bei anderen da=
gegen, obwol sie reichere Erfahrungen und viel größere Kennt=
nisse haben, hält sie überaus schwer. Wenn man sieht, daß
allerlei Vögel gegen Diesen sogleich furchtlos und sogar zu=
traulich sind, Jenem gegenüber aber selbst in jahrelangem
Verkehr niemals ganz ruhig und zahm werden, so kommt man
unwillkürlich zu der Annahme, daß dergleichen nicht allein im
Benehmen, in der Art und Weise der Behandlung, sondern
vonvornherein auch in der äußern Erscheinung begründet
liegen muß. Man behauptet, daß für die Papageien, ähnlich

wie für die Kinder, ein bärtiger Mann beängstigend sei,
während sie, mindestens im allgemeinen, für Frauen und
Kinder mehr Anhänglichkeit äußern; auch will man festgestellt
haben, daß männliche Papageien gegen Frauen und umgekehrt,
weibliche gegen Männer, sich zugänglicher und liebenswürdiger
erweisen — doch haben wir ausreichende Beobachtungen inbe=
treff aller solchen Annahmen noch nicht gewonnen.

Um eine rasche und vollständige Zähmung zu
erreichen, wolle man einige Erfahrungssätze nicht außer Acht
lassen: Der Vogel darf seinen Stand niemals
höher, sondern er muß ihn stets niedriger als
das menschliche Auge haben. Er ist immer so
zu stellen, daß der Verpfleger, bzl. Lehrmeister,
sich zwischen ihm und dem Licht befinde. Nament=
lich aber mache man ihn, besonders den großen
Papagei, soweit es irgend ausführbar ist, hilf=
los, denn jemehr er sich in die menschliche Gewalt gegeben
sieht, desto leichter wird er zahm und wiederum um so eher
der Abrichtung zugänglich.

Man bringe ihn also in einen recht engen Käfig oder
setze ihn angekettet gleich auf einen Ständer. Beides erfordert
jedoch Vorsicht; bereits das Herausgreifen aus dem Versandt=
käfig muß ja sorgsam vorgenommen und sollte ebenso wie das
Anlegen der Kette um den Fuß niemals von dem Besitzer
selber ausgeführt werden (s. S. 315).

Jedem, auch dem völlig zahmen Papagei gegenüber be=
denke man stets, daß er als Tropenvogel besondere Eigen=
thümlichkeiten mitgebracht hat, denen durchaus Rechnung zu
tragen ist, wenn er nicht in der einen oder der andern Hinsicht
Schaden erleiden soll. Mehr als jedes andre Thier ist der
hochbegabte Papagei einer Erkrankung, ja dem Tode durch
Gemüthsbewegung ausgesetzt und zwar nicht allein aus Angst

und Erschrecken, sondern auch aus Sehnsucht nach seinem
Herrn, der ihn liebevoll behandelt und dann verkauft hat,
oder nach einem gefiederten Genossen, ferner aus Aerger und
Zorn infolge von Zank und Streit mit Menschen oder
Thieren. Man verhalte sich also beim Füttern, wie bei jedem
Nahen immer gleichmäßig ruhig und freundlich und vermeide
es vor allem, ihn durch plötzliches hastiges Herantreten zu
erschrecken. Im ganzen Verkehr mit ihm, namentlich aber bei
der Abrichtung, lasse man sich niemals zur Heftigkeit oder
gar zu Zornausbrüchen hinreißen. Ferner kann der Papagei
durch Erregungen auch leicht verdorben werden. Man soll
ihn niemals necken, im Scherz oder Ernst reizen, unnöthiger=
weise bedrohen oder gar strafen. Das Erziehungsmittel der
Bestrafung darf bei diesen Vögeln nur bedingungsweise und
von einem Abrichter angewendet werden, der vor allem volles
Verständniß für ihr Wesen und ausreichende Erfahrungen auf
diesem Gebiet überhaupt besitzt.

Wenn ich auch von jeder harten Strafe überhaupt durch=
aus absehe, und jede Behandlung, die an Thierquälerei auch
nur streifen könnte, vonvornherein ausschließe, so muß ich
doch zugeben, daß in gewissen Fällen Bestrafung für einen
Papagei entschieden nothwendig ist. Zu allernächst liegt solche
dem Vogel gegenüber, welcher, obwol ein hochbegabter Sprecher,
doch vielleicht aus Uebermuth, oder weil er schlecht gewöhnt
worden, oder weil sein Besitzer sich zu wenig mit ihm be=
schäftigt, zeitweise als ein arger Schreier überaus lästig fällt.
Das Bemühen, ihn im Guten zu beruhigen, ist meistens ver=
geblich, harte Zwangsmaßregeln sind ebensowenig anzuwenden,
da in denselben die Gefahr liegt, daß man dadurch einen bis
dahin gutartigen und ungemein werthvollen Vogel verderbe
und zum boshaften, bösartigen Geschöpf mache, und zwar
ohne trotzdem den eigentlichen Zweck zu erreichen. Stock oder

Rute ist hier als Erziehungsmittel völlig unbrauchbar; an=
statt ihrer muß man ein andres Zwangsmittel anwenden, und
dabei kommt es hauptsächlich darauf an, daß dasselbe einer=
seits mild sei, und andrerseits doch nachdrücklich genug wirke,
vor allem aber, daß man es dem Vogel als eine Strafe ver=
ständlich zu machen vermöge. Jeder Papagei, den man schlägt,
wehrt sich; er empfindet die Schläge nicht als Strafe, sondern
als Befehdung, gegen die er sich so kräftig als möglich zur
Wehr setzt. Ihm, wie gesagt, die Strafe zum Verständniß
zu bringen, hält außerordentlich schwer. Auch insofern ist die
Anwendung von Schlägen u. a. Strafen bedenklich, als der
Papagei dieselben als ihm widerfahrne Unbill lange im Ge=
dächtniß behält, dem, der sie ihm zugefügt, nachträgt, und da=
durch das Zutrauen, und natürlicherweise zugleich die Lernlust
und Lernfähigkeit einbüßt. Selbst die Bedrohung durch harte
Worte, durch anschreien, auf den Käfig schlagen u. s. w., kann
den Vogel verderben, ohne etwas zu nützen. An einem, frei=
lich dem bedeutsamsten, Beispiel will ich erörtern, in welcher
Weise der Vogel lernen kann, Strafe von Unbill zu unter=
scheiden. Haben wir einen recht begabten und gut abgerichteten
Amazonenpapagei vor uns, so werden wir ihn trotzdem nicht
oder doch nur sehr schwierig daran verhindern können, daß er
zeitweise arg schreit und lärmt; alle vorhin angeführten Be=
drohungen nützen garnichts, denn gleichsam hohnlachend sucht
er sie nachdrücklichst abzuwehren. Als wirksames Verfahren
habe ich vorgeschlagen, daß man den Vogel, bzl. seinen Käfig
verdecke. In den meisten Fällen wird mir dann aber mit=
getheilt, daß dadurch kein Erfolg zu erreichen sei, denn, wenn
der Papagei auch im ersten Augenblick verstumme, so währe
es doch nicht lange, bis er auch unter dem Tuch wieder los=
schreie. Darin lag nun aber eben der Mißgriff. Auf fol=
gendem Wege gelangt man dagegen sicherlich zum Ziel. Ein

dickes, dunkles Tuch legt man in der Nähe des Käfigs bereit,
und sobald der Papagei anfängt zu schreien, wird er plötzlich
zugedeckt, und der Käfig rasch ganz verhüllt, sodaß der Vogel
im Finstern sitzt; aber nach einigen Minuten wird das Tuch
wieder abgehoben. Beim Zudecken ruft man ihm ein schel=
tendes Wort im drohenden Ton zu, beim Abheben dagegen
spricht man ihm wieder liebevoll zu. Wenn man dies jedesmal
wiederholt, so wie er zu lärmen beginnt, dann begreift er bald,
und es bedarf zuletzt nur noch des Emporhebens oder wol
gar nur des Hinweises auf das Tuch unter drohendem Zuruf,
um ihn sofort vom Geschrei abzubringen. Hier haben wir
also den Vortheil, daß der Vogel sich durchaus nicht gegen
das, was ihm so unangenehm ist, zu wehren vermag, sondern
daß er es ruhig über sich ergehen lassen muß und daß er
dann bald erkennen lernt, wodurch er die Strafe abwenden
kann. Dem Papagei auf dem Ständer gegenüber ist es nicht
so leicht, diese Strafe zur Anwendung zu bringen. Der ein=
zige Weg wäre der, daß man einen Beutel an einem Stock in
der Gestalt des bekannten Netz= oder Fliegenkätschers, aber
aus derber, fester Leinwand, anfertigen läßt und mit diesem
den Papagei unter Beachtung der ganz gleichen Verhaltungs=
regeln bedeckt. Da er sich indessen hierbei durch Beißen
doch immerhin zu wehren vermag, so wird er den Kätscher
offenbar immer mehr als Feind, denn als Strafmittel ansehen
und der Erfolg wird kein solch befriedigender sein, wie beim
Zudecken des Käfigs.

Bei der Zähmung sind sodann unverwüstliche Ruhe und
gleichmäßig freundliches Wesen Hauptbedingungen des Erfolgs.
Zuerst, etwa ein bis zwei Wochen, überlasse man den Vogel
ungestört sich selber. Sein eigner, scharfer Verstand wird ihm
bald sagen, daß für sein Leben keine Gefahr vorhanden ist,
und sobald er dann ruhig geworden, das dummscheue Wesen

und häßliche Geschrei abgelegt hat, fängt er an, seine Um=
gebung zu beobachten. Während er sie mehr und mehr kennen
lernt, entwickelt er gradezu überraschenden Scharfsinn. Er
weiß Jeden, der es gut mit ihm meint, von dem, der ihm
eine wirkliche oder vermeintliche Unbill zugefügt hat, also
Freund und Feind, bald und ebenso noch nach langer Zeit
sicher zu unterscheiden; er lernt seinen Wohlthäter schätzen,
wird zutraulich gegen ihn und ihm staunenswerth zugethan.
Am besten unterläßt man auch hier jede Zwangsmaßregel und
bedient sich allenfalls nur einiger Kunstgriffe, um eine raschere,
vollständigere Zähmung zu erreichen. Nachdem man ihm für
einige Stunden das Trinkwasser entzogen, hält man ihm
dasselbe, oder auch besondere Leckerbissen so hin, daß er, um
dazu zu gelangen, nur über die Hand hinwegreichen kann.
Unschwer gewöhnt er sich so an diese, kommt freiwillig auf
den Finger, läßt sich dann auch das Köpfchen krauen, nach
und nach streicheln, bis zuletzt völlig anfassen und hätscheln.

Herr Dr. Lazarus, einer der tüchtigsten Papageienkenner
und Pfleger, schlägt etwas abweichend folgenden Weg vor:
„Sobald der frischeingeführte Papagei bei gleichmäßig liebe=
voller Behandlung, oft trotzdem erst nach Monaten, sich
ruhiger zeigt und zutraulich zu werden beginnt, indem er auf=
hört, bei jeder Annäherung zu kreischen, vielmehr an das
Gitter kommt und wol gar den Kopf entgegenstreckt, wobei er
jedoch noch immer sehr scheu und ängstlich ist, darf man all=
mählich den Versuch wagen, mit einem Finger vorsichtig seinen
Oberschnabel oder Kopf zu berühren. Nun versuche man,
ihn zu krauen, während man ihm einige Worte zärtlich sagt,
besonders solche, welche er vielleicht schon spricht. Dies thue
man namentlich in der Dämmerung und des Abends bei
Licht; bald wird er sich solche Liebkosungen gefallen und wol
gar den Kopf in die hohle Hand nehmen lassen. Stets führe

man dergleichen aber durch das Käfiggitter aus, durch welches
man am Papageibauer (s. S. 318 ff.) ja bequem langen kann,
niemals reiche man mit dem ganzen Arm durch die Käfig=
thür, weil der Papagei dadurch immer wieder beängstigt wird.
Erst nach längrer Zeit, wenn er schon daran gewöhnt ist,
durch das Käfiggitter sich ohne Scheu berühren zu lassen, be=
ginne man die Käfigthür zu öffnen, damit er herauskomme,
doch nur wenn es im Zimmer ganz ruhig ist, und ebenso
lasse man ihm vollauf Zeit, sich zu entschließen, auch wenn es
mehrere Stunden dauert, bis er heraus und auf das Dach
klettert. Bald wird er die Bewilligung dieser Freiheit mit
Ungeduld erwarten. Nun beschäftige man sich ausschließlich
mit ihm, wenn er sich draußen befindet. Ist er soweit ge=
zähmt, daß er Futter aus den Fingern nimmt, einen solchen
mit dem Schnabel faßt, ohne zu beißen, seinen Kopf in eine
hohle Hand steckt, während man ihn mit der andern im Ge=
fieder kraut, so muß er nun auch lernen, auf die Hand zu
kommen. Dauert es zu lange, bevor er sich freiwillig dazu
entschließt, so muß man wie vorhin angegeben, Zwangsmaß=
regeln anwenden, und im Verlauf einer Woche etwa bringt
man ihn sicherlich dazu, dies freiwillig zu thun."

Bevor ich meinerseits noch weitre praktische Anleitung
zur eigentlichen Abrichtung gebe, muß ich zu allererst einem
häßlichen, leider noch vielfach herrschenden Vorurtheil mit
voller Entschiedenheit entgegentreten. Dasselbe betrifft das
sog. Zungenlösen, welches viele Leute noch für durchaus
erforderlich halten, andere dagegen als nothwendig ausgeben,
um ihres Vortheils willen nämlich. Nur ungebildete Men=
schen können noch in dem Aberglauben befangen sein, daß das
Lösen der Zunge bei einem Vogel zum Sprechenlernen noth=
wendig sei; ich erkläre hiermit, daß es eine arge, vollkommen
überflüssige und sogar gefährliche Thierquälerei ist.

Zähmung und Sprachunterricht müßten eigentlich stets gleichzeitig erstrebt werden. Erachtet man indessen die erstre nicht für nothwendig, so kann man den Papagei vonvornherein in einen geräumigen Käfig setzen, während dies andernfalls erst in ein bis zwei Wochen geschehen sollte.

Wenden wir uns nun der Abrichtung zu, so ist für dieselbe außer den S. 353 angeführten Bedingungen vor allem in hohem Maß Verständniß, liebevolle Theilnahme für die Vögel überhaupt, vornehmlich aber unbedingte Ruhe und Geduld erforderlich.

An jedem Morgen, wenn man zuerst zu dem Papagei hintritt, und an jedem Abend, besonders in der Dämmerung, sodann auch am Tage mehrmals, sagt man ihm, nachdem man ihn, falls er schon schlummerte, in liebevollem Ton munter und aufmerksam gemacht, zunächst ein einziges Wort laut und recht deutlich betont und wenn möglich immer in genau gleicher, klarer und scharfer, nicht aber schnarrender, lispelnder oder sonstwie schlechter Aussprache vor. Man wähle ein solches mit volltönendem Vokal, a oder o, und sodann mit hartem k, p, r oder t, und vermeide die Zischlaute, besonders sch und z. Die Lehrmeister in den Hafenstädten, bzl. schon die Matrosen auf den Schiffen, bringen den Papageien gewöhnlich die Worte Jako, Koko, Lora, Hurrah, Rorirora, dann weiter, wackre Lora, Papa u. a. m. bei. Ein Graupapagei, den ich schon längre Zeit besessen und welchen ich, weil er garnichts annehmen gewollt, bereits als untauglich zum Sprechen für einen Züchtungsversuch bestimmt hatte, sprach die Worte „Herr Doktor", welche das Dienstmädchen beim Anmelden von Fremden gerufen, plötzlich nach. Die Erfahrung ergibt übrigens, daß jeder Papagei von einer ihm wol melodischer klingenden Frauenstimme leichter lernt, als

von der rauhen eines Mannes, doch darf man keineswegs
glauben, daß letztres garnicht geschehe.

Eine absonderliche Eigenthümlichkeit äußert sich bei man=
chem sprachbegabten Papagei darin, daß er sich nur gegen
Frauen liebenswürdig und für deren Unterricht empfänglich
zeigt, jedem Mann gegenüber aber mehr oder minder bös=
artig. Ein solcher sog. Damenvogel könnte unter Um=
ständen erklärlicherweise bedeutsam höhern Werth haben, da er
sich vornehmlich zum Geschenk eignet; im übrigen ist aber die
Eigenthümlichkeit bisher noch keineswegs mit Sicherheit er=
forscht und festgestellt worden.

Während der Sprachabrichtung wolle man darauf achten,
daß der Vogel vorzugsweise gut behandelt werden muß, damit
er zutraulich werde und besonders nicht mehr wie bisher bei
jeder Annäherung des Menschen zusammenschrecke oder doch
ängstlich und scheu sei, sondern vielmehr recht ruhig und auf=
merksam sich zeige, sodaß er vonvornherein mit einem ge=
wissen Verständniß auf den Unterricht merke. Der letztre
sollte in Wirklichkeit ein solcher und nicht eine bloße Abrich=
tung zum Nachplappern einzelner Worte sein; er muß ent=
schieden eine bestimmte Vorstellung für jedes Gesagte bei dem
Vogel erwecken. Dazu gehört vor allem, daß derselbe sich der
Begriffe von Zeit, Raum und anderen Verhältnissen und
Dingen bewußt werde. Man sagt ihm früh „guten Morgen“,
spät „guten Abend“ oder „gute Nacht“ vor, ebenso „guten
Tag“ oder „willkommen“ bei der Ankunft und „lebwohl“
beim Fortgehen; man klopft an und ruft „herein“; man zählt
ihm Leckerbissen zu: eins, zwei, drei, oder nennt ihm deren
Namen, wie Nuß, Mandel, Apfel; späterhin lobt man ihn,
wenn er artig und folgsam ist, und tadelt ihn, wenn er sich
eigensinnig zeigt oder nicht gehorchen will. All' dergleichen
begreift ein begabter Vogel sehr bald, und es ist manchmal

wirklich erstaunlich, mit welchem Scharfsinn und mit welcher
Sicherheit er derartige Verhältnisse kennen und unterscheiden
lernt. Auch bei der Abrichtung zum Nachsingen eines oder
mehrerer Lieder, sowie zum Nachflöten von Melodieen ist sorg=
sam darauf zu achten, daß der Unterricht, gleichviel ob er im
letztern Fall bloß mit dem Munde oder mit einer Flöte aus=
geführt werde, stets in gleicher Tonart geschehe; jeder unreine
oder Mißton ist durchaus zu vermeiden.

Den sachgemäßen Sprachunterricht soll man wie er=
wähnt mit leichten, einfachen Worten anfangen und allmählich
zu schwereren übergehen. Man verfahre in der Weise, daß
man eigentlich an jedem Tag, mindestens aber von Zeit zu
Zeit, alles, was der Vogel bisher gelernt hat, gewissermaßen
vom Abc an, noch einmal wiederhole und dann erst, sobald
man sich davon überzeugt, daß er alles taktfest inne hat oder
nachdem man ihm dies oder das Entfallene wieder beigebracht,
ihm Neues vorspreche. Dabei vermeide man durchaus nach=
zuhelfen, wenn der Vogel übt und inmitten des Worts oder
Satzes stecken bleibt; er würde dadurch leicht eine falsche
doppelsilbige Aussprache der Worte annehmen. Man warte
vielmehr stets bis er schweigt und spreche ihm dann das betreffende
Wort oder den Satz nochmals klar und scharf betont vor.
Um ihn von häßlichen, widerwärtigen Redensarten, Worten
oder Lauten überhaupt zu entwöhnen, unterlasse man es, über
dergleichen zu lachen, denn das würde ihn nur dazu ermuntern,
desto eifriger gerade solche Unarten zu üben — in ganz gleicher
Weise wie es bei Kindern der Fall ist. Nur dadurch kann
er sie vergessen, daß sie in seiner Gegenwart niemals wieder=
holt oder auch nur erwähnt werden, daß man vielmehr, so=
bald er sie auszusprechen beginnt, ihn sofort mit einem andern,
erwünschten Wort unterbricht, und dies solange wiederholt, als
er jene Unart ausübt. Nothwendig ist es, daß man sich so=

wol mit dem noch in der Abrichtung befindlichen als auch
mit dem bereits tüchtigen Sprecher möglichst viel beschäftige
und zwar eingedenk dessen, daß Stillstand in allen Dingen
immer Rückschritt bedeutet, daß also bei mangelnder Uebung
auch der beste, hochbegabte Vogel in Gefahr ist, „zurückzu=
gehen", bzl. das Erlernte zu vergessen, zu verwildern oder
umgekehrt wol gar stumpfsinnig zu werden und also bedeutsam
an Werth zu verlieren. So, Schritt für Schritt lehrend, hat
man die Gewähr, daß der Papagei wirklich ein tüchtiger
Sprecher werde.

Im übrigen ergibt sich freilich die Begabung als außer=
ordentlich verschiedenartig. Der eine Papagei begreift schwer,
erfaßt ein neues Wort erst nach längrer Uebung, behält es
dann aber auch und hat alles fest inne, was ihm überhaupt
gelehrt worden; ein zweiter schnappt alles rasch auf, lernt
ein Wort wol gar beim erstenmal nachsprechen, vergißt es
jedoch leicht wieder; ein dritter nimmt gut auf und bewahrt
zugleich ebenso; ein vierter lernt garnicht oder doch nur wenig;
ein fünfter hat keine Anlage, Worte nachzusprechen, kann da=
gegen vortrefflich Melodieen nachflöten; ein sechster ahmt das
Krähen des Hahns, Hundegebell, das Knarren der Wetterfahne
und allerlei andere wunderliche Laute täuschend nach, schmettert
auch wol den Schlag des Kanarienvogels u. s. w., vermag
aber ebenfalls kein menschliches Wort hervorzubringen. Eine
Hauptaufgabe für den tüchtigen Lehrmeister ist es nun, daß er
beizeiten das entsprechende Talent eines jeden Vogels entdecke
und ihn sodann in demselben zur höchstmöglichen Ausbildung
bringe. Für den Kenner und geübten Abrichter sprachbegabter
Papageien liegt hierin erklärlicherweise gewissermaßen ein Maß=
stab zur Abschätzung, freilich nur für den Fall, daß er imstande
ist, ein sichres Urtheil inbetreff eines jeden einzelnen Vogels
zu gewinnen. Selbstverständlich steht an Werth der in der

verschiedenartigen Begabung als dritter genannte Papagei hoch obenan, und bei sachverständiger Ausbildung kann derselbe einen außerordentlich hohen Preis erlangen. Es ist aber begreiflich, daß ein derartiger Vogel mit solcher hervorragenden Naturanlage verhältnißmäßig selten vorkommt. Als der zunächst stehende in der Werthreihe darf sodann der ersterwähnte Papagei gelten, denn wenn seine Abrichtung auch ungleich größre Mühe und Ausdauer erfordert, so gewährt er doch den Vortheil, daß er den vorigen mindestens nahezu gleichkommen kann, falls er mit Sorgfalt abgerichtet worden. Der zweitangeführte Papagei könnte bedingungsweise einen fast ebenso hohen Werth, als der dritte oder doch einen höhern als der erste erreichen, für einen Liebhaber nämlich, dem das immerwährende, ganz gleichmäßige Nachplappern einunddesselben Worts, bzl. derselben Redensarten, langweilig und zuwider wird. An den wechselnden, immer neuen Leistungen dieses dann ja auch reichbegabten Vogels, kann man allerdings viel mehr Vergnügen, als an denen anderer haben. Zu recht werthvollen Vögeln sind unter günstigen Umständen auch die Papageien auszubilden, welche ich als den fünften und sechsten genannt habe. Ihnen gegenüber kommt es vor allem darauf an, die absonderliche Seite ihrer Begabung mit Sicherheit zu ermitteln, um jeden von ihnen nach dieser Richtung hin ausbilden zu können. Immerhin wird man also gut daran thun, daß man einem solchen Vogel, bei dem der Sprachunterricht auf große Schwierigkeiten zu stoßen scheint, hin und wieder eine Strofe vorflötet und ihm, wenn er dieselbe auch nicht annimmt, die Gelegenheit dazu gibt, den Hahnenschrei oder das Bellen eines Hundes oder auch das Lied eines Singvogels, insbesondre einen lauten, lebhaften Schlag zu hören. Ein Papagei, der eine oder sogar mehrere Liederweisen richtig und ohne Stocken nachflöten oder nachsingen kann, hat be-

greiflicherweise kaum geringern Werth, als ein guter Sprecher.
Schließlich kann auch ein sorgfältig ausgebildeter sogenannter
Faxenmacher in allerlei erlernten drolligen Leistungen immerhin seine dankbaren Liebhaber finden. Wie schon vorhin gesagt,
glaube ich behaupten zu dürfen, daß jeder einzelne Vogel aus
den Reihen derer, die überhaupt sprachbegabt sind, bei sachgemäßer Behandlung und Abrichtung wenigstens etwas sprechen
lernen wird. Erforschung und Erfahrung muß uns im Lauf
der Zeit zu der entsprechenden Kenntniß des ganzen Wesens
dieser Vögel führen. Für den Abrichter ist es Hauptaufgabe,
daß er dahin strebe, dieselbe in so hohem Maß als irgend
möglich zu erlangen. Jeder Papagei, der bald, wol gar
schon in den ersten Tagen des Unterrichts ein oder einige
Worte annimmt, wird, darauf ist mit ziemlich großer Sicherheit zu rechnen, sich unschwer zum tüchtigen Sprecher ausbilden lassen; bei einem andern, der allen guten Einflüssen
hartnäckig zu widerstreben scheint, kommt es darauf an, daß
der Abrichter ausreichendes Verständniß für sein absonderliches
Wesen zu gewinnen suche und daß er ihn dann in angemeßner
Weise anzuregen, seine Begabung zu wecken und dieselbe auszubilden vermag. Auf diesem Wege, freilich meistens durch
Zufall, sind in einzelnen Fällen noch Vögel zu Sprechern
ausgebildet worden, welche seit langen Jahren im Käfig sich
befanden und längst als unbegabt und unfähig zum Sprechenlernen galten. Man behauptet, daß es unter den Papageien,
gleichviel von welchen Arten, manche gibt, die niemals rein
und klar, sondern nur lispelnd, heiser oder schnarrend sprechen
lernen; nach meiner Ueberzeugung liegt dies jedoch immer vielmehr in der Schuld des Lehrmeisters. Uebrigens lasse man sich
nur keinenfalls sogleich entmuthigen, wenn ein Papagei das
oder die ersten Worte trotz des klarsten Vorsprechens undeutlich wiedergibt; dies ist nämlich anfangs bei allen mit sehr

wenigen Ausnahmen der Fall, und erst nach mehr oder minder
langer Uebung bringen sie das Wort voll und klar hervor.

Wohl zu beachten ist, daß selbst der vollständig einge=
wöhnte Papagei gegen jede Veränderung, gleichviel ergebe sich
dieselbe in der Fütterung und Wartung, in der Behandlung
oder in den Wohnungsverhältnissen, überaus empfindlich sich
zeigt; er kann bei solcher Gelegenheit so aufgeregt und ver=
drießlich werden, daß er verstummt und für lange Zeit trüb=
selig schweigend dasitzt. Darin ist auch die Ursache dafür zu
suchen, daß die meisten sprechenden Papageien beim Verkauf
aus einer Hand in die andre, zunächst keineswegs ihre werth=
vollen Eigenthümlichkeiten kundgeben, und hierin liegt wiederum
die leidige Thatsache begründet, daß es kaum möglich ist, auf
den Ausstellungen die hervorragendsten Sprecher zu prämiren;
mindestens herrscht immer die Gefahr für die Preisrichter,
eine große Ungerechtigkeit zu begehen, indem nämlich der eine
Sprecher sich bald in die neuen Verhältnisse findet und also
seine Kenntnisse zum besten gibt, während der andre, vielleicht
weit werthvollere, hartnäckig sich weigert, das geringste hören
zu lassen. Mancher hochbegabte und vorzüglich abgerichtete
Papagei spricht auch niemals in Gegenwart eines Fremden,
und da er erklärlicherweise infolgedessen bedeutsam an Werth
verliert, so sollte man vonvornherein darauf Gewicht legen,
jeden Papagei so abzurichten, daß er durch die Anwesenheit
fremder Personen sich garnicht stören läßt.

Wie bereits erörtert, erstreckt sich die Begabung der
Papageien nicht auf das Nachsprechen menschlicher Rede allein,
sondern sie lernen auch Liederweisen entweder in Worten nach=
singen oder in Lauten nachflöten. Leider liegen bis jetzt sicher
festgestellte Erfahrungen inbetreff dessen, wie weit eine derartige
Begabung nach der einen oder andern Seite hin eigentlich
reicht, noch keineswegs vor, und ich vermag daher nur die

folgenden allgemeinen Angaben anzufügen. Von Fräulein
Chr. Hagenbeck wurde einst eine Amazone an mich geschickt,
nur für den Zweck, daß ich sie einige Tage beherbergen sollte,
bevor sie ihre Reise nach Petersburg hin fortsetzte. Ueber
diesen Vogel kann ich nach eigner Wahrnehmung mittheilen,
daß er vier verschiedene Liederweisen tadellos richtig durchzu=
singen vermochte. Beim Vorsingen sowol als auch beim
Vorflöten muß der Abrichter entschieden in gleicher Weise oder
vielmehr in noch höherm Grade mit Sorgfalt und Verständniß
zuwerke gehen, als bei der Sprachabrichtung. Beides kann
natürlich sachgemäß und mit gutem Erfolg nur von Jemand
ausgeführt werden, der eine hinreichende, musikalische Bildung
hat; falsche, unreine, unschöne Töne sollten hier noch sorg=
samer vermieden werden, als Mißgriffe beim Sprechenlernen.

Inbezug auf den Gesangunterricht der Papageien gibt
Frau Baronin von Jena in meiner Zeitschrift „Die gefiederte
Welt" den folgenden beherzigenswerthen Hinweis: Oft findet
man die Anzeige, daß ein sprechender Papagei verkäuflich sei,
welcher auch „Lott' ist todt" oder „Eins, zwei, drei, an der
Bank vorbei" oder einen noch viel schlimmern Gassenhauer
singen kann. Unter fünfzig derartigen Anzeigen haben wir
kaum eine einzige vor uns, die ein andres Lied, als ein solches
gemeine und unschöne, als Leistung des Vogels angibt. Da
darf ich nun aber wol mit einer gewissen Berechtigung fragen,
warum die Abrichter unserer gefiederten Lieblinge sich denn
keine anderen, schöneren Aufgaben für diese Vögel stellen! Auf
eine Frage, welche ich dieserhalb an einen großen Vogelhändler
richtete, erhielt ich den Bescheid, daß die Papageien meistens
schon während der Seefahrt von den Matrosen abgerichtet
würden, und daß sich der Liederschatz der letzteren eben nicht
viel weiter erstrecke, als auf die todte Lotte u. drgl. Ob dies
für alle Fälle richtig ist, lasse ich dahingestellt sein; ich glaube

indessen, daß es allenfalls nur für jene Zeit gelten konnte, da die Liebhaberei für die fremdländischen Vögel erst wenig verbreitet war, und dieselben fast ausschließlich gelegentlich von den Seeleuten mitgebracht wurden. Heutzutage aber, bei der starken Nachfrage und der im Großen betriebnen Einfuhr, muß der Händler selbst für die Ausbildung der reichbegabten Vögel sorgen, und so dürfen wir ohne Bedenken gerade ihn für die Sünde der Geschmacklosigkeit in der Abrichtung unsrer Papageien verantwortlich machen. Wieviele schöne Volkslieder besitzen wir! Sollten Weisen wie „Aennchen von Tharau", „Ach, wie ist's möglich dann", „Ich hatt' einen Kameraden" u. a. m. nicht ebenso leicht und erfolgreich dem Vogel zu lehren sein, wie der erwähnte gemeine und meistens zugleich unschöne Singsang? Wieviel lieber würde man einen solchen Papagei kaufen und bereitwillig theurer bezahlen, als jenen erstern! Hoffentlich wird auch hierin bald eine Wendung zum Bessern eintreten."

Uebrigens lassen die großen Vogelhandlungen in den Hafenstädten häufig solche Papageien, welche sie für vorzugsweise gelehrig halten, von gewissen, darin geübten und viel erfahrenen Leuten unterrichten. Diese Papageienlehrer sind leider jedoch fast regelmäßig ganz ungebildete Menschen, von denen die Vögel immer nur jene bekannten Worte und Redensarten: „Jako, Koko, Lora, wackere Lora, Hurrah, Rorirora" u. drgl. lernen, und zwar einerseits in breiter, häßlicher Aussprache, oft lispelnd, schnarrend oder sonstwie unschön und undeutlich, andrerseits zuweilen auch mit einer häßlichen, schmutzigen Redensart verquickt. Beim Sprachunterricht verdient die Anregung der Frau von Jena sicherlich die gleiche Beachtung. Ein reichbegabter, also sehr werthvoller Vogel bedarf, wie schon erwähnt, einer höchst sorgfältigen Erziehung, wenn er nicht dadurch, daß er allerlei

Rohheiten, widerwärtige oder doch unschöne Worte oder Rede=
wendungen annimmt, verdorben werden soll. Bei den Händ=
lern und Papageienlehrern in den Hafenstädten wird nicht
selten ein Verfahren eingeschlagen, dessen ich wenigstens er=
wähnen muß, wenn ich es auch keinenfalls anrathen kann.
Man verhängt den Käfig während der ganzen Zeit des Unter=
richts mit einem Tuch, sodaß der Papagei, ganz ebenso
wie der junge Kanarienvogel im Gesangskasten, fast völlig
im Dunkeln sitzt und so bei Verhinderung jeder Störung
und Zerstreuung ausschließlich auf seine Sprachstudien ange=
wiesen ist.

Für empfehlenswerther halte ich es, wenn man einen
gezähmten, gesitteten und bereits sprechenden Papagei neben
den wilden störrischen bringt. Alle großen, insbesondre die
kurzschwänzigen Papageien, sind überaus kluge Vögel; sie
sehen bald ein, daß dem Genossen nichts Böses geschieht, be=
ruhigen sich an dessen Beispiel und legen ihre Wildheit manch=
mal in überraschend kurzer Frist ab. Auch nehmen sie von
jenem ungleich leichter die Nachahmung menschlicher Worte u. a.
an, als von dem Lehrmeister. So unterrichtete z. B. eine
Mülleramazone, die im Sprechen sowol wie im Singen Außer=
ordentliches leisten konnte, eine Rothbugamazone zum ebenso
guten Sprecher. Im Gegensatz zu dem zuletzt ertheilten Rath
vermeide man es, beim Beginn des Unterrichts zwei oder
mehrere rohe Papageien in einem oder in an einander stoßen=
den Zimmern zu halten, weil sie sich gegenseitig stören und
zum Kreischen aufmuntern würden.

Wer einen hervorragenden Sprecher, insbesondre einen
Graupapagei oder Jako, eine große gelbköpfige Amazone oder
einen ähnlichen Papagei vor sich hat, gelangt wol unwillkür=
lich zur wahren Begeisterung für das hochbegabte Thier. In
solcher haben sich manche Schriftsteller freilich dazu hinreißen

lassen, daß sie gar sonderbare Schilderungen der Leistungen
eines derartigen Sprechers gegeben.   „Nur zu oft," sagt
Rowley mit Bezug hierauf, „hat man den Versuch gemacht,
dem Vogel das volle, klare Verständniß der gesprochenen
Worte beizumessen, ohne zu bedenken, daß die Parteilichkeit
des Besitzers nur zu leicht sich selber täuscht — denn der
Wunsch ist oft der Schöpfer der Vorstellung".
Die erwähnte überschwengliche Auffassung kann man wol ver=
meiden, wenn man einfach auf dem Boden der Thatsächlichkeit
stehen bleibt.   Man halte nur immer daran fest, daß der
Papagei wol Verstand, aber nicht Vernunft hat,
daß er denken und auch urtheilen, aber nicht wie wir seelisch
fühlen, empfinden kann. Es würde ein schweres Unrecht sein,
wollte man behaupten, daß der Papagei die Worte bloß
mechanisch nachplappern lerne, ohne jemals eine Vorstellung
von ihrer Bedeutung zu haben.   Wie rührend weiß er zu
bitten, wenn er einen Leckerbissen zu erlangen wünscht, wie
ärgerlich kann er schelten, wenn er denselben nicht bekommt,
wie jubelt er vor Freude, wenn sein Herr nach langer Ab=
wesenheit zurückkehrt und wie herzig ruft er willkommen!
Beim Fortgehen wird er sicherlich stets lebwohl und nicht
willkommen sagen, und wenn Jemand anklopft: herein, wenn
er etwas wünscht: bitte, und wenn er es erhalten: danke!
Wie aufmerksam lauscht er auf den Unterricht und wie be=
zeichnend weiß er seiner Freude Ausdruck zu geben, wenn er
etwas Neues gelernt hat!   Das sind Thatsachen, die
Niemand bestreiten kann, sondern Jeder bestätigen muß,
der einen solchen Vogel genau beobachtet hat.   In meinem
Werk „Die fremdländischen Stubenvögel" III. habe ich gesagt:
In der That ist es richtig, daß der Papagei durch seine Sprach=
begabung sich nicht allein hoch über andere Thiere erhebt, son=
dern daß er auch durch geistige Anlagen — nur der Hund

dürfte ihm hierin gleichkommen — dem Menschen vorzugs=
weise nahe tritt. Diesen Ausspruch kann ich hier nur wieder=
holen, in der Ueberzeugung, daß ihn Niemand zu widerlegen
vermag.

Nun habe ich noch den Hinweis anzufügen, daß beim
lernenden Papagei mit dem Fortschreiten des Unterrichts so=
gleich eine bedeutende Werthsteigerung eintritt. Ein Grau=
papagei oder einer der sog. Amazonenpapageien, welche man
im ganz rohen Zustand zu Preisen von 20, 24, 30, 45 bis
60 M. einkauft, wird, wenn er ein oder zwei Worte spricht,
mit der doppelten Summe, bei einigen Sätzen aber bis 200 M.
und bei weitrer Abrichtung steigend mit 300 M. und weit
darüber, wol gar bis 1000 M., bezahlt.

Als einen Hauptvorzug aller Papageien überhaupt muß
ich schließlich noch ihre Anspruchslosigkeit hervorheben. Wer
es bedenkt, in welcher einfachen, fast mühe= und kostenlosen
Weise solch' höchst werthvoller Vogel gehalten und verpflegt
werden kann, wird mir zustimmen müssen. Eine nicht zu
unterschätzende weitre Eigenthümlichkeit der Papageien, ins=
besondre der großen Arten, ist die schon erwähnte, daß sie ein
überaus h o h e s A l t e r erreichen. Erklärlicherweise ist es nicht
bekannt, wie alt sie in der Freiheit werden; im Käfige aber
hat man Beispiele, besonders an Kakadus, auch an Grau=
papageien, Amazonen u. a. verzeichnet, nach denen sie sich
hundert Jahre und weit darüber erhalten haben.

Noch weitere Vorschriften zum Papageien=Unterricht als
die oben gegebenen sind weder bekannt, noch dürften sie noth=
wendig sein; denn wer einerseits die Neigung und andrerseits
die Befähigung dazu hat, wird auf Grund meiner Anleitungen
ja sicherlich jeden begabten, lernfähigen Vogel ausbilden können.

Gesundheitspflege.

Als eine Hauptaufgabe muß es der Liebhaber sprechender Papageien ansehen, einem derartigen Vogel in jeder Hinsicht ein so behagliches Dasein als irgend möglich zu schaffen, ihm Annehmlichkeiten aller Art zu bieten und schädliche Einflüsse von ihm fernzuhalten. Dazu bedarf es aber nicht allein einer zweckmäßigen Wohnstätte, angemeßner und bester Fütterung, aufmerksamer und liebevoller Behandlung, sondern auch sorgsamster Gesundheitspflege. Die letztre bedingt vor allem, daß der Sprecher bewahrt werde vor jedem bedrohlichen Einfluß, und zwar namentlich vor Zugluft, Naßkälte, plötzlichen und starken Wärmeschwankungen, zu starker Hitze, Ofenwärme ebenso, wie sengenden Sonnenstrahlen, zu starker, dunstiger, staubiger, mit schädlichen Gasen erfüllter oder sonstwie verdorbner Luft, schlechtem oder unpassendem Futter, verunreinigtem Wasser, Unreinlichkeit und Vernachlässigung überhaupt; auch Tabaksrauch zähle ich dazu, obwol die Erfahrung lehrt, daß ein Papagei sich an die schwüle, rauch- und dunstgeschwängerte Atmosphäre eines vielbesuchten Wirthshauses gewöhnen und darin lange Zeit ausdauern kann.

Einen Sprecher sollte man, selbst wenn er sich bereits seit Jahren in unserm Besitz befindet und also ein durchaus eingewöhnter Vogel ist, auch bei gutem, windstillem Wetter niemals vor ein offnes Fenster stellen, weil dort Zugluft unvermeidlich und diese ihm in jedem Fall schädlich ist. Will man ihn ins Freie hinaus bringen — und das ist ihm ja in der That sehr wohlthuend —, so darf es nur unter äußerster Vorsicht geschehen. Zunächst muß das Wetter warm und windstill sein, und dann muß man einen Ort wählen, an welchem er vor jeder Luftströmung, sowie gegen die unmittelbaren

glühenden Sonnenstrahlen geschützt ist, ebenso hat man dabei
Nachtluft und Nebel zu vermeiden. Oft genug erkrankt ein
Papagei trotz aller Vorsorge an Schnupfen, Hals = oder
Lungenentzündung, ohne daß man eine Ahnung davon hat,
woher die Ursache gekommen. Da hat ihn dann wol kalter
Zug getroffen, der aus einem Nebenzimmer beim Oeffnen der
Thür oder aus einer unbemerkten Thür= oder Fensterspalte
gerade nach der Stelle strömt, wo der Käfig steht. Man be=
achtet nicht, daß jede Thür beim Auf= und Zuklappen Zug=
luft hervorbringt, welche manchmal auf weite Entfernung und
nach einer Richtung hin, wo man es garnicht erwartet, empfind=
lich wirken kann. Für den Papageienkäfig, bzl. =Ständer
muß daher der Standort in jedem Zimmer mit großer Umsicht
gewählt werden.

Am schlimmsten ergeht es den Papageien, wie allen
Stubenvögeln überhaupt, gewöhnlich des Morgens beim Rei=
nigen der Zimmer, wo sie nicht allein der Zugluft, sondern
auch der von aufgewirbeltem Staub erfüllten naßkalten Luft
und namentlich zu schnellen Wärmeschwankungen ausgesetzt sind,
indem beim Lüften der eisige Hauch einströmt, während der
Vogel nicht genügend geschützt ist. Das Verdecken, selbst mit
einem recht dicken Tuch, ist nicht ausreichend, man soll viel=
mehr den Käfig immer vor der Zimmerreinigung in eine
andre, gleichwarme Stube bringen. Eine arge Erkältung, an
die man wol kaum denkt, und die doch umsomehr unheilvoll
werden kann, wird oft dadurch hervorgerufen, daß Jemand,
aus kalter, freier Luft oder einem ungeheizten Zimmer kom=
mend, plötzlich an den Käfig tritt, wie dies beim Füttern
unbedachterweise nur zu oft geschieht. Wenn der Papagei in
einem derartigen Fall plötzlich und anscheinend ohne Ver=
anlassung schwer erkrankt, so schiebt man es auf ‚die Weich=
lichkeit solcher Vögel‘, ohne zu berücksichtigen, daß von

solcher bei verständnißvoller Eingewöhnung und wirklich zweck=
mäßiger Pflege garnicht die Rede sein kann.

Zu den entschieden schädlichen Einflüssen gehört sodann
auch noch zu hohe, insbesondre stralende, trockne Wärme,
vornehmlich in einem nicht genügend gelüfteten Zimmer, wäh=
rend die meisten Papageien dagegen niedere Wärmegrade, selbst
bis etwa 5 Grad Kälte, ohne Gefahr ertragen können, wenn
nur jeder schnelle Uebergang sorgsam vermieden wird. Am
zuträglichsten ist für alle Vögel gewöhnliche Stubenwärme,
also etwa 15° R.

Viele Papageienpfleger verhängen während der Nacht
den Käfig ihres Lieblings mit e nem Tuch. Man kann
dies immerhin thun, namentlich bei frisch eingeführten, also
noch nicht eingewöhnten Vögeln, bei den als nicht kräftig und
widerstandsfähig bekannten Arten oder bei sehr kostbaren
Papageien; ferner mag es geschehen, wenn der Vogel in einem
Zimmer steht, das sich zur Nacht bedeutend abkühlt oder in
welchem der Sprecher bis spät abends beunruhigt und gestört
wird, dadurch, daß viel Verkehr darin ist. Keinenfalls darf
man es jedoch übertreiben, weil der Vogel dadurch sehr leicht
verweichlicht werden kann. Man wähle also nicht ein dickes
wollenes Tuch, und wenn man im Winter ein solches für
durchaus nöthig hält, so benutze man wenigstens für den
Sommer ein leichteres. Ich empfehle Sackleinewand oder
sorgsam gereinigte Säcke von starkem Hanf oder Jute. Die=
selben haben den Vorzug, daß sie im Sommer nicht zu warm
sind, während sie doch dazu genügen, im Winter die Kälte
abzuhalten; außerdem sind sie noch insofern besonders ge=
eignet, als die Vögel nicht leicht, wie bei vielleicht losen
Woll= und Baumwollstoffen, Fasern abnagen können, durch
deren Hinabschlucken schon oft Krankheiten verursacht worden.

Vorzugsweise großer Sorgfalt bedarf die Pflege des

Gefieders, und sie sollte solche bei allen Stubenvögeln, vornehmlich aber bei den Papageien, finden. Man muß es gesehen haben, um zu glauben, in welchem trübseligen Zustand unsere gefiederten Gäste aus den Tropen in der Regel anlangen: zerlumpt, manchmal fast ganz nackt, wol auch an vielen Körperstellen blutrünstig, die Endgelenke der Flügel blutrünstig oder sogar wund, durch fortwährendes unbändiges Aufschlagen blutend oder geschwürig, mit den harten noch festsitzenden Federstümpfen, an Unterleib und Füßen, zuweilen am ganzen Körper, arg beschmutzt, im günstigern Fall bei besserm Gefieder doch die Federn an einem, gewöhnlich aber an beiden Flügeln und selbst am Schwanz kurz verschnitten. Wollte man nun den bedauernswerthen Ankömmling sogleich in eine gründliche Federpflege nehmen, so würde man ihn allerehestens umbringen; es darf vielmehr erst ganz allmählich und mit größter Vorsicht geschehen.

Nachdem der Papagei sich völlig beruhigt und einigermaßen eingewöhnt hat, wozu er wol vier bis sechs Wochen bedarf, widme man seinem Gefieder die entsprechende Aufmerksamkeit. Die Händler benässen den ganzen Körper vermittelst des Mundes entweder bloß mit lauwarmem Wasser oder mit solchem, unter das etwa zum vierten Theil Rum oder Kognak gemischt ist. Der Liebhaber kann dies vermittelst einer kleinen Siebspritze oder eines Verstäubers ausführen. Nur muß man dem Vogel das alkoholhaltige Wasser nicht in Schnabel und Augen kommen lassen. Man stellt den Käfig ohne Schublade in eine Wanne und spritzt nun von allen Seiten, sodaß der ganze Körper gut benäßt wird. Anstatt dessen kann man an heißen Sommertagen auch einen Gewitterregen benutzen. In jedem Fall aber muß man den Papagei beim Baden und nach demselben gegen jede Erkältung durchaus sorgsam hüten; er muß also in Stubenwärme von mindestens 15 Grad R. stundenlang oder doch bis zum völligen Abtrocknen des Gefieders verbleiben. Das Bad darf etwa alle vier Wochen einmal, bei heißem Wetter auch öfter, gegeben werden; der Vogel gewöhnt sich dann sehr bald so daran, daß es ihm augenscheinlich einen Genuß gewährt. Bei den mittleren und kleineren Papageien ist das gewaltsame Abbaden nur in dem Fall nothwendig, wenn sie sich nicht freiwillig selber baden wollen; um letztres aber zu erreichen, steckt man ihnen wol einen belaubten gut durchnäßten Zweig in den Käfig, an dessen Blättern sie sich meistens noch lieber als im freien Wasser das Gefieder einnässen. Sobald sie erst an das Baden gewöhnt sind, erhalten sie möglichst oft, im Sommer an jedem warmen Tag, und sonst wenn die Stube recht erwärmt ist, den Badenapf in den Käfig. Zuvor muß dann aber der Sand aus der Schublade entfernt und diese mit Papier belegt werden. Nach dem Baden trocknet man letztre gut aus und bestreut sie wieder mit frischem Sand. Mit dem Baden allein ist jedoch die Gefiederpflege noch beiweitem nicht erschöpft. Zunächst muß man allen Papageien wenigstens die Gelegenheit dazu bieten, daß sie im Sande paddeln und sich auch darin das Gefieder abbaden können; die meisten thun es mit großem Eifer. Der Sand muß die S. 339 erwähnte gute Beschaffenheit haben und namentlich völlig trocken und staubfrei sein.

Ein schwieriger Punkt der Gefiederpflege ist dann das Entfernen der alten Stümpfe von abgestoßenen, bzl. verschnittenen Federn. Die Erfahrung hat gelehrt, daß die meisten Papageien, insbesondre aber die großen, in der Gefangenschaft keine regelmäßige Mauser (Federnwechsel) durchmachen, sondern daß die wohlthätige Erneuerung der Federn gar lange Zeit, oft Jahre, währt. Es bleibt in der Regel nichts andres übrig, als daß man die alten Federnstümpfe ge-

waltsam fortbringt. Hierzu bedarf es natürlich großer Um=
sicht und Sorgsamkeit. Man zieht, nöthigenfalls mit einer
kleinen Kneifzange, etwa alle vier bis sechs Wochen abwechselnd
an der einen und dann an der andern Flügelseite und später=
hin gleicherweise am Schwanz jedesmal einen bis drei Stümpfe
aus. Dies muß geschickt und rasch geschehen, und man muß
sich inachtnehmen, daß man den Vogel dabei an der betreffenden
Stelle oder sonstwo am Körper nicht drücke oder überhaupt
beschädige. Sollte er trotzdem blutrünstig werden, so betupfe
man die Stelle mit einem Gemisch von je 1 Theil Arnika=
Tinktur und Glycerin mit 10 Theilen Wasser. Starke Blu=
tungen, das sei hier gleich nebenbei bemerkt, stillt man durch
Bepinseln mit Eisenchloryd=Flüssigkeit (Liquor ferri sesquichlorati), 1 Theil mit 100 Theilen Wasser verdünnt, und
Auflegen von frischgebrannter Lunte aus reiner Leinewand.
Wie bei jedem Vogel muß man auch beim Papagei hartes
festes Anpacken (eigentlich Anfassen überhaupt) möglichst ver=
meiden, vor allem aber hüte man sich, eine frisch hervor=
sprießende Feder mit noch blutigem Kiel abzubrechen oder
auszuzupfen. Dadurch würde einerseits das Gefieder häßlich
und andrerseits könnte die Gefahr einer starken Blutung und
Entkräftung eintreten. Erklärlicherweise ist es rathsam, daß
man das Ausziehen der Federnstümpfe, sowie jede andre schmerz=
hafte oder auch nur unangenehme derartige Behandlung nie=
mals, insbesondre aber nicht bei frisch eingeführten, kürzlich
in den Besitz gelangten Papageien, selber ausführe, sondern
dies von einer fremden Person thun lasse; dieselbe muß aber
jedenfalls durchaus zuverlässig, nicht roh und ungeschickt, son=
dern wenn möglich schon in dergleichen geübt sein.

Bevor ich auf die eigentlichen Krankheiten der Papageien
eingehe, muß ich noch die bereits beiläufig erwähnte Mauser
oder den Federnwechsel berühren, welchen man wenigstens

bedingungsweise als eine Erkrankung ansehen kann. Während unsere einheimischen Vögel dieselbe bekanntlich alljährlich mehr oder minder regelmäßig durchmachen, stockt sie, wie schon gesagt, bei den meisten Papageien, und man hat es noch nicht feststellen können, ob dies naturgemäß begründet oder nur eine Folge der Gefangenschaft sei. Gleichviel aber — die Papageienpfleger müssen diesem Umstand Rechnung tragen. Bei der Federnpflege habe ich Anleitung dazu gegeben, in welcher Weise die sonst wol jahrelang festsitzenden Federstümpfe zu entfernen sind. Dies muß jedoch nicht allein des schönern Aussehens wegen, bzl. um die möglichst baldige Erneuerung der Schwingen und Schwanzfedern an sich zu erreichen, geschehen, sondern es ist auch zur Erhaltung oder Herbeiführung des naturgemäßen Gesundheitszustands überhaupt nothwendig. Wenn der Papagei infolge der Einflüsse der Gefangenschaft lange Zeit in demselben schadhaften Gefieder verbleibt, so liegen darin mancherlei Gefahren, und man sucht daher durch das Auszupfen der Federn eine künstliche Mauser zu bewirken.

Dabei vergesse man nicht, daß die jeder ausgezupften Feder entsprechende am andern Flügel oder an der andern Schwanzseite meistens von selber ausfällt, daß es also eine unnütze Mühe und Quälerei für den Vogel sein würde, wenn man z. B. die drei ersten Schwingen an jedem Flügel zugleich ausziehen wollte. Behält ein alter Papagei ein tadellos schönes Gefieder jahrelang ohne Erneuerung, so ist es keineswegs nothwendig, etwa aus Vorsorge eine künstliche Mauser herbeizuführen; man lasse ihm vielmehr nur eine angemeßne Federnpflege zutheil werden. Dazu gehört vor allem sorgsame Körperpflege im allgemeinen, also regelmäßige, reichliche und besonders nahrhafte Fütterung und Einhaltung aller übrigen Verpflegungsmaßregeln, die ich bereits angegeben. Man wolle beachten, daß bei abgezehrten, schwachen und alten Vögeln der

Federnwechsel immer am schwierigsten vor sich geht, und daher
sollte man den Papagei im Beginn desselben, insbesondre wenn
man ihn künstlich hervorgerufen, recht kräftig ernähren: Bester
Hanfsamen, etwas Eierbrot oder Biskuit, auch wol ein Thee=
löffel voll frische Ameisenpuppen, dann täglich ein Theelöffel voll
guten Wein und vielleicht auch täglich 1 bis 3, höchstens
5 Tropfen apfelsaure Eisen=Tinktur im Trinkwasser oder mit
dem Wein auf Biskuit sind sehr zu empfehlen; schließlich
namentlich noch warmer, trockner Aufenthalt und zeitweiliges
Baden.

Im Gefieder großer Papageien bildet und sammelt sich
Federnstaub oft in beträchtlicher Menge an, und abgesehen
von der Nothwendigkeit der Bewegung an sich, muß jeder
Papagei auch deshalb einen möglichst großen Käfig haben, da=
mit er flügelschlagend den ganzen Körper ordentlich auslüften
kann, wodurch zugleich der Staub entfernt wird. Für den
Fall, daß der Käfig, wie ja leider nur zu oft, nicht den aus=
reichenden Umfang hat, muß man den Papagei täglich für
eine mehr oder minder lange Frist herauslassen und ihn daran
gewöhnen, daß er auf dem S. 321 beschriebnen Sitzplatz ober=
halb des Bauers sich genügend ausschwinge. Hat man einen
bissigen, unbändigen Vogel vor sich, den man nicht aus dem
Käfig freilassen darf, oder ist er schon ein alter Knabe, welcher
freiwillig nicht mehr hervorkommen will und beim gewaltsamen
Hervorziehen, weil er nicht daran gewöhnt ist, sich wol gar
abängstigt, so durchpuste man ihm hin und wieder das
Gefieder vermittelst eines kleinen Hand=Blasebalgs oder
einer Kautschukspritze. Selbst wenn er bei den ersten Malen
sehr ängstlich sich zeigt, wird er sich doch bald darein fügen
und nach kurzer Zeit sogar das Gefieder freiwillig dem künst=
lichen Winde entgegenhalten. Wenn der Federnstaub garnicht
entfernt wird, so kann er durch Verstopfen der Poren Unter=

brechung der Hautthätigkeit und damit Geschwüre, innere Krankheiten oder auch arges Jucken hervorbringen, welches letztre wol gar zu der unseligen Angewohnheit des Selbst= rupfens führt.

Ein gut gehaltner Vogel, gleichviel welcher, darf auch niemals vernachlässigte Füße zeigen, denn wenn dieselben un= reinlich, verklebt, wund und geschwürig sind, so können sie nicht selten Ursache zu Erkrankungen und Tod werden. Rein= lichkeit, immer trockner Sand und häufig Badewasser sind die besten Erhaltungsmittel; vor allem aber bedarf der Papagei durchaus naturgemäßer Sitzstangen (s. S. 320). Den ver= nachlässigten Fuß reinigt man vermittelst einer weichen Bürste mit warmem Seifenwasser (doch ist auch dabei Erkältung sorg= sam zu vermeiden) und bestreicht ihn dann mit verdünntem Glycerin (1 : 10) oder dünn mit bestem Olivenöl. Die Krallen brauchen nur selten verschnitten zu werden, weil sie beim Papagei, der ausreichende Gelegenheit zum Klettern hat, nicht übermäßig wachsen; wird es nothwendig, so muß es mit großer Vorsicht geschehen.

Die Krankheiten.

Immer muß ich es hervorheben, daß die Krankheiten für mich das schwierigste Gebiet bilden. Ich bin nicht Fachmann genug, um eine streng wissenschaftliche Abhandlung geben zu können, andrerseits aber zu gewissenhaft, um mich bloß in oberflächlicher Weise mit dieser hochwichtigen Seite der Vogelpflege zu beschäftigen. Während ich in meinen früheren Werken, insbesondre in den älteren Auflagen des „Handbuch für Vogelliebhaber", bei der Besprechung der Krankheiten mich lediglich auf meine eigenen langjährigen Erfahrungen gestützt und nach denselben sowol die Diagnose gestellt, d. h. die jemalige Krankheit festzustellen gesucht, als auch die Behandlung angeordnet, kann ich jetzt meine Anleitungen bedeutsam erweitern. Herr Professor Dr. Zürn in Leipzig hat in seinem Buch „Die Krankheiten des Hausgeflügels" (Weimar 1882) eine wissenschaftliche und zugleich gemeinfaßliche Darstellung gegeben, welche neuerdings in allen Handbüchern der Geflügelzucht und derartigen Werken überhaupt der Besprechung der Krankheiten zugrundegelegt, d. h. für dieselbe mehr oder weniger verständnißvoll benutzt worden. Auch Herr Dr. v. Treskow hat ein Buch „Krankheiten des Hausgeflügels" (Kaiserslautern 1882) herausgegeben, und in den verschiedenen Zeitschriften für Geflügelzucht haben die Herren Professor Dr. Zürn, Prof. Dr. Friedberger, Prof. Dr. Csokor, Dr. Pauly, Dr. Reimann u. A. seit Jahren Untersuchungsergebnisse veröffentlicht; mit Nachdruck weisen aber alle deutschen Sachverständigen darauf hin, daß wir zunächst nur von Versuchen oder höchstens von den ersten Schritten auf dem Wege zur Erreichung eines großen Ziels sprechen dürfen; Erschöpfendes oder gar durchaus Zuverlässiges vermögen wir noch nicht zu bieten. Ohne

eine sachgemäß aufgebaute, wissenschaftlich begründete und durch reiche
Erfahrung bestätigte Lehre von den Krankheitserscheinungen, den innerlichen und äußerlichen Gesundheitsstörungen ist ja eine sachgemäße
Darstellung nebst erfolgversprechenden Anordnungen zur Heilung überhaupt nicht möglich. Sind nun aber diese Vorbedingungen beim Geflügel einigermaßen, wenn auch erst lückenhaft, vorhanden, so mangeln
sie bei den Stubenvögeln doch nur noch zu sehr. So bleibt mir denn nichts
andres übrig, als unter Anlehnung an die vorhandenen erwähnten
Forschungsergebnisse — in der Hauptsache an das Zürn'sche Werk —
meinen eignen Weg zu gehen. Vor dem Erscheinen des Zürn'schen
Werks habe ich mich immer bemüht, in jedem einzelnen Krankheits-,
bzl. Todesfall das Thatsächliche festzustellen, indem ich neben der
Krankheitserscheinung — wie ich sie entweder selbst beobachten konnte
oder wie sie mir von Anderen mitgetheilt worden — den Oeffnungs-
befund aufzeichnete. Eine Reihe von Jahren haben die Herren praktischer Arzt Dr. Moritz Löwinsohn in Berlin und unter seiner
Leitung Dr. Eydam für mich Untersuchungen gestorbener Vögel
ausgeführt, in gleicher Weise beschäftigten sich Herr Kreisphysikus
Dr. Grun in Gumbinnen und Herr Privatdozent Dr. Max Wolf
in Berlin mit derartigen Untersuchungen, wenn auch die beiden Letzteren eigentlich nur mit der sepsiskranker Graupapageien; in besonders
wichtigen Fällen hat Herr Professor Dr. Zürn bereitwillig Untersuchungen für mich gemacht und mir freundlichst Auskunft gegeben.
Viele Hunderte todter Vögel habe ich persönlich untersucht. Immer
habe ich es mir vornehmlich angelegen sein lassen, namentlich mit
Zugrundelegung der Untersuchungen Zürn's, aus der Vergleichung
der Krankheiten des Geflügels mit denen der Stubenvögel entsprechende
Belehrung zu schöpfen. Vor allem habe ich festzustellen gesucht, in
welchen Gaben die beim Geflügel erfahrungsgemäß als wirksam bekannten Arzneien in gleichen Fällen bei den Stubenvögeln angewandt
werden dürfen, bzl. wie ihre Wirkung zwischen beiden Gruppen der
Vögel als übereinstimmend oder abweichend sich ergibt. So glaube
ich nun wenigstens soviel erreicht zu haben, daß ich in zahlreichen
Fällen, wenn auch nur mit der annähernden Zuverlässigkeit des Arztes
bei den Menschen oder des Thierarztes bei den größeren Hausthieren,
Anordnungen zu treffen vermag, welche erstens und hauptsächlich dem
Eintritt von Erkrankungen möglichst vorbeugen, zweitens in einer
Anzahl gewisser Erkrankungsfälle Linderung und wol auch Heilung

bringen können, besonders bei leicht erkennbaren Krankheitszuständen und vorzugsweise bei äußerlichen Leiden, während ich es drittens immer als Hauptbedingung ins Auge fasse, daß meine Anordnungen wenigstens keinen Schaden verursachen, bzl. den Zustand verschlimmern können. Schließlich habe ich mich noch besonders bemüht, Mittel und Wege aufzufinden, um die Verbreitung ansteckender Krankheiten wenn irgend möglich zu verhindern.

Anleitung zur Feststellung der Krankheiten und zum Beibringen der Heilmittel. Zum Schluß des Abschnitts Krankheiten werde ich eine Uebersicht der zur Heilung angerathnen Arzneien anfügen, einerseits nach den Benennungen, unter denen man sie in der Apotheke oder einer großen Droguen-Handlung zu fordern hat, andrerseits nach den Gaben, bzl. Verdünnungen oder Zubereitungen, in denen man sie dem kranken Vogel beibringen, bzl. innerlich oder äußerlich anwenden muß. Eine solche Lehre von den Arzneien hat bisher noch kein andrer Schriftsteller auf diesem Gebiet gegeben. — Die Untersuchung, bzl. Beobachtung eines erkrankten Vogels muß selbstverständlich immer mit größtmöglichster Sorgfalt, Umsicht und vollem Verständniß geschehen, dabei hat man mit offnem, vorurtheilsfreiem Blick auf jedes Merkzeichen, sowie namentlich auf das Aussehen und die ganze Erscheinung des Vogels zu achten, ferner prüfe und untersuche man, wenn man meint, die Krankheit erkannt und festgestellt zu haben, nochmals recht ruhig und ohne Voreingenommenheit und erst, sobald man sich sicher überzeugt zu haben glaubt, beginne man mit der Anwendung eines Mittels. Die größte Schwierigkeit, insbesondre für den Anfänger und erst wenig erfahrnen Liebhaber liegt darin — und zwar bei den menschlichen Krankheiten ebenso wie bei denen unserer Hausgenossen aus der Thierwelt — daß man beim Lesen der Krankheitsmerkmale, eines nach dem andern, immer nur zu leicht zu der Meinung gelangt, man habe die richtige Krankheit vor sich, während man bei der nächsten wiederum annehmen muß, diese sei es. Um derartige Irrthümer und damit Mißgriffe bei unseren Vögeln zu vermeiden, wolle man in folgender Weise zuwerke gehen. Ist es bei sorgfältiger Prüfung des Vogels nicht möglich, eine bestimmte Krankheitsform festzustellen, so nehme man nur auf den Zustand im allgemeinen Rücksicht und treffe ihm entsprechend Maßnahmen. Zunächst gilt es zu ermitteln, ob die Krankheit fieberhaft ist, ob sie sich durch heißen Kopf, heiße Füße, beschleunigtes Athmen bei sonstiger

Ruhe kundgebe. Ist dies zutreffend, so hat man vor allem für unbedingte Ruhe zu sorgen, jede Erregung des kranken Vogels durchaus zu verhindern. Man füttert nur leichtverdauliche Nahrungsmittel, und wenn der Vogel voll und wohlgenährt erscheint, auch nur knapp. Gewöhnlich äußert sich dann starker Durst, und man darf weder eiskaltes, noch abgestandnes oder stark erwärmtes Trinkwasser, sondern nur solches von Stubenwärme geben. Natürlich muß man das Wassertrinken auch beschränken, weil sonst leicht Durchfall und damit noch schwerere Erkrankung eintreten kann. Man reiche, wenn möglich, aus der Hand das Trinkwasser nur in bestimmter, verhältnißmäßig geringer Menge, und nicht maßlos soviel der Vogel will. Wenn man den entzündlichen Zustand mit Bestimmtheit festgestellt hat, so darf man auch ohne Bedenken eine kleine Gabe von Chilisalpeter hinzuthun. Glaubt man irgend eine Krankheit mit voller Entschiedenheit ermittelt zu haben, so wähle man zur Behandlung, bzl. zum Heilungsversuch von den vorgeschlagenen Mitteln das aus, zu welchem man das meiste Vertrauen hat, und wende es sodann aber auch mit Umsicht und Verständniß an. Vor allem sei man nicht ungeduldig; nichts wäre schlimmer, als wenn Jemand in einsichtsloser Hast ein Mittel nach dem andern gebrauchen wollte, ohne dem vorhergehenden Zeit zur Wirkung zu lassen, oder wenn man wol gar alle Mittel, die bei einer Krankheitsform als wirksam empfohlen werden, zu gleicher Zeit anwenden wollte. Eine der größten Schwierigkeiten bei der Behandlung kranker Vögel tritt dem Liebhaber in der Art und Weise des **Eingebens der Heilmittel** oder Arzneien entgegen. Jedes Eingeben mit Gewalt birgt große Gefahr; es ist also soweit als irgend möglich zu vermeiden. — Eine große Anzahl verschiedener Arzneien bringt man den Vögeln am besten im Trinkwasser bei, und namentlich, wenn Durst vorhanden ist, hält dies nicht schwer, indem sie dann sogar Stoffe ohne weitres hinunternehmen, welche ihnen sonst widerwärtig sind. In ähnlicher Weise kann man Papageien u. a. auf dem in Wasser erweichten und wieder ausgedrückten Weißbrot (Weizenbrot, Semmel) Arzneien geben, die sie dann meistens gut verzehren. Ist man dagegen gezwungen, einem Vogel, insbesondre einem großen, starken, ungeberdigen, Papagei u. a., ein Heilmittel mit Gewalt einzugeben, so muß er festgefaßt werden, damit er weder mit dem Schnabel, noch mit den Krallen wehthun kann. Sodann gibt man ihm in den Schnabel und in die Krallen je ein entsprechendes Hölzchen, und nun sucht man vorsichtig und geschickt das Arzneimittel von einer Seite aus in den Schnabel, bzl. Schlund tief hineinzubringen, richtet darauf den Kopf in die Höhe, spült vielleicht noch mit etwas Wasser nach, entfernt das Holz aus dem Schnabel und hält den letztern noch eine Weile zu, bis der Vogel die Arznei hinuntergeschluckt hat. Dies Verfahren ist sehr umständlich und mühsam, und kann, wie schon gesagt, leicht den Erfolg der ganzen Kur in Frage stellen, indem der sich heftig sträubende Vogel dabei aufs äußerste gefährdet wird.

Erkrankungszeichen. Sobald ein Papagei mehr oder minder plötzlich seine bisherige Lebhaftigkeit und Munterkeit verliert, erscheint er krankheitsverdächtig; je mehr bewegungslos und traurig er dasitzt, um so besorgnißerregender ist sein Zustand. Ein Vogel, der bis dahin wild, stürmisch, unbändig sich zeigte und plötzlich zahm wird, ist fast regelmäßig schwer erkrankt und unrettbar verloren. Für den aufmerksamen Blick ergibt sich heranziehende oder bereits eingetretne Krankheit sodann an matten oder trüben Augen. Sobald ein Papagei anfängt, das Gefieder zu sträuben, insbesondre am Hinterkopf und Nacken, wenn er oft gähnt und mit dem Kopf schüttelt, den letztern sodann in die Federn steckt, wie frierend zittert oder zusammenschauert, so sind das verdächtige Zeichen. Das seltsame Knirschen mit dem Schnabel, welches ein Papagei aus Unbehagen, manchmal sogar bloß aus übler Angewohnheit, hören läßt, sowie gesträubte Nackenfedern an sich, haben in der Regel nicht viel zu bedeuten. Ein Hauptkennzeichen der Gesundheit, bzl. des Unwohlseins, bildet weiter die Entlerung. Beim naturgemäß gehaltnen ganz gesunden Papagei besteht sie immer in zwei Theilen, einem dicklichen, schwärzlichgrünen und einem dünnen, weißen zugleich. Wenn beide breiig in einander verlaufen oder der eine überwiegt, die Entlerung entweder gleichmäßig grünlichgrau oder weißschleimig, wol gar wässerig wird, ist der Vogel nicht mehr vollkommen gesund. Ebenso ist Magerkeit, mit spitz und scharf hervorstehendem Brustknochen, kein gutes Zeichen; der Unterleib sollte weder tief eingefallen sein, runzelig, mißfarbig, noch aufgetrieben, gedunsen, blasig oder gar entzündlichroth aussehen, ebensowenig aber auch wie mit einer Fetthülle belegt. Noch größre Sorge können uns aber die weiteren Merkmale schon eingetretner Krankheit einflößen. Als solche gelten nasse, schmutzige oder verklebte Nasenlöcher, ferner der schmatzende Ton, welchen ein anscheinend ganz gesunder Papagei am stillen Abend hin und wieder ausstößt, auf den dann wol bald öfteres Räuspern, Husten oder Schnarchen und beschwertes Athemholen mit offnem Schnabel folgt. Beschmutztes, nicht mehr sauber gehaltnes Gefieder ist immer krankheitsverdächtig; Verunreinigung am Unter= und Hinterleib muß aber stets als Zeichen schon eingetretner, nicht mehr leichter Erkrankung gelten. Wenn ein Papagei den eklen Drang hat, seinen eignen Koth zu fressen, so gehört dies zu den allerübelsten Krankheitszeichen.

Die Krankheiten der Luftwege oder Athmungswerkzeuge sind bei den Vogelliebhabern am bekanntesten, und man beschäftigt sich gerade mit ihnen, ihrer Erkundung und Heilung, am eifrigsten. Der Volksmund bezeichnet die hierher gehörenden Krankheitserscheinungen vielfach als ‚Pips‘, bringt sie sonderbarerweise nicht allein mit der Zunge, sondern auch mit der Bürzeldrüse in Beziehung und sucht sie durch ‚kuriren‘ dieser beiden zu heben. In unvernünftigster Weise wird die von der innern Hitze des kranken Vogels trocken und hart gewordne Spitze der Zunge durch Abschneiden mit einem Federmesser oder wol gar durch Abkneifen vermittelst des Fingernagels und ebenso die Bürzeldrüse durch Aufschneiden und rohes Ausdrücken zu heilen gesucht. Es bedarf jedoch sicherlich keiner weitern Erklärung, denn jeder Einsichtige kann es ermessen, daß in dieser ‚Pips‘-Kur eine ebenso arge als nutzlose Thierquälerei liegt. Ich werde weiterhin Gelegenheit finden, darauf sachgemäß zurückzukommen.

Der Schnupfen (Katarrh der Nasen=, Rachen= und Mundhöhle). Krankheitszeichen: Niesen, wäßriger oder schleimiger, weißlicher oder gelblicher Ausfluß aus den Nasenlöchern, der sich in Krusten ansetzt, Thränen der Augen, Schlenkern oder Schütteln mit dem Kopf, wobei zuweilen Schleim ausgeworfen wird. Ursachen: Zugluft, eiskaltes Trinkwasser, plötzliches Sinken der Wärme und Erkältung überhaupt. Heilmittel: Trockne Wärme oder lauwarme Wasserdämpfe, Einpinseln von gutem Fett, Auspinseln des innern Schnabels und Rachens mit Auflösung von chlorsaurem Kali oder auch Alaun= oder Tanninauflösung; Reinigen der Nasenlöcher und des Schnabels mit einer in Salzwasser getauchten Feder und dann Auspinseln mit Mandelöl oder verdünntem Glycerin.

Katarrh der Luftröhre (auch Rachen=, Kehlkopf= und Halsentzündung). Krankheitszeichen: Heiserkeit, Husten, Aufsperren des Schnabels beim Athemholen, beschleunigtes Athmen, mit Pfeifen,

Rasseln oder Röcheln, in schweren Fällen mehr oder minder starker
Schleimausfluß aus dem Schnabel und den Nasenlöchern bei fieberhaftem
Zustand und trockner Zungenspitze. Heilmittel in leichteren Fällen:
Eingeben von Süßigkeiten, wie Honig, auch wol Zuckerkand und reinem
Lakritzensaft; sodann Salmiak=Mixtur, täglich mehrmals ½—1 Theelöffel; Dulkamara=Extrakt, täglich zweimal ½—1 Theelöffel; ferner
gelinde Theer= oder Holzessigdämpfe einzuathmen [Zürn]; ferner Auspinseln des Mundes bis tief in den Schlund hinein, auch der Nasenlöcher mit Salicylsäure=Wasser; in sehr schweren Fällen Auspinseln bis
tief in den Schlund hinein mit Auflösung von chlorsaurem Kali oder
Tannin, unter Zugabe von etwas einfacher Opiumtinktur. Linderungsmittel: verschlagnes oder schwacherwärmtes Trinkwasser und Halten
des kranken Vogels in warmer und feuchter Luft, indem man Blattpflanzen um seinen Käfig stellt, und über diese hin täglich mehrmals,
vermittelst eines Verstäubers, lauwarmes Wasser spritzt, während die
Wärme des Zimmers etwa 18—24 Grad R. betragen muß.

Heiserkeit durch Ueberanstrengung beim Sprechen, Singen
oder durch zu lautes Geschrei tritt zwar bei den Papageien kaum ein,
nur bei den vorzüglichsten, zu einem oder mehreren Liedern abgerichteten Amazonen habe ich sie mehrmals beobachtet, und ich kann dann
nur zur größten Vorsicht mahnen und rathen, daß man einen solchen
Fall niemals leicht nehmen möge, weil daraus doch bald eine schwere
Erkrankung sich entwickeln kann. Zunächst sind die Rathschläge zu
befolgen, welche ich vorhin beim Katarrh der Luftröhre gegeben, und
ein wenig Süßigkeit kann hier noch wol bessere Dienste leisten, als
dort; zu reichlich Zucker, gleichviel welchen, gebe man aber nicht, weil
er bei den Papageien, wie bei den Kindern leicht säuert und dann
Verdauungsstörungen verursacht. Hilft die Anwendung solcher leichten
Mittel nicht, so ist es doch jedenfalls notwendig, daß man die Ursache
der Heiserkeit zu ermitteln und zu heben suche und ich bitte, wie vorhin angegeben zu verfahren. Heiserkeit mit Kurzathmigkeit
kann auch eine Folge zu großer Fettleibigkeit sein; Behandlung: Futterwechsel, selbst zeitweises Hungernlassen, Verabreichung von reichlichem
Grünkraut, doch bei entsprechender Vorsicht, für Papageien eigentlich
nur von grünen Zweigen zum Benagen, und sodann Bewegung, indem man dem Vogel einen geräumigen Käfig oder die Gelegenheit gewährt, daß er möglichst oft aus dem Käfig heraus und sich frei bewegen könne. Bei Kurzathmigkeit als Asthma, d. h. einer in der

Regel krampfhaften Erkrankung der Athmungswerkzeuge ist wirkliche Abhilfe nur in Hebung der Ursachen zu finden. Milderungsmittel: lauwarmes Trinkwasser mit ein wenig Zucker und darin auf ein Spitz= oder Schnapsgläschen voll Wasser 1—3 Tropfen einfache Baldrian=Tinktur gegeben und Halten des Vogels in möglichst gleich= mäßiger, feuchtwarmer Luft (18—24 Grad R.). Im weitern beruht Kurzathmigkeit, und zwar meistentheils, in anderweitiger schwerer Erkrankung der Athmungswerkzeuge, wie Lungen= und Kehlkopfentzün= dung, Lungenschwindsucht u. a. m. Schließlich kann Kurzathmigkeit, ebenso wie Heiserkeit, durch den Luftröhrenwurm hervorgebracht werden. In allen diesen letzteren Fällen muß ich auf die Krankheitsfeststellung und Behandlung verweisen, welche ich weiterhin bei den einzelnen btrf. Krankheiten angeben werde. Gelegentlich kann es auch vor= kommen, daß ein sonst gesunder Vogel anscheinend schwer, weil mit geöffnetem Schnabel, athmet, während darin durchaus keine Ursache zur Beängstigung liegt; er sperrt den Schnabel nur auf, weil er in= folge der Witterung oder starken Einheizens, große Hitze hat, ohne daß ihm diese sogleich verderblich oder auch nur schädlich wird. — Husten ist wiederum meistens nur ein Krankheitszeichen. Bei allen bisher besprochenen krankhaften Zuständen der Athmungswerkzeuge kann Husten eintreten. Bei seiner Behandlung ist im wesentlichen dasselbe zu beachten, was ich bei Heiserkeit, Kurzathmigkeit, Athem= noth u. a. gesagt.

Lungenentzündung gehört natürlich zu den schwersten und gefährlichsten und leider auch häufig eintretenden Krankheiten der Vögel. Krankheitsursachen: Wärmewechsel und manchmal leider schon garnicht bedeutende, aber plötzliche Wärmeschwankungen, ferner Zug= luft, kaltes Trinkwasser und irgendwelche Erkältung überhaupt, so= dann auch Beherbergung während längrer Zeit in einem wenig oder garnicht gelüfteten Raum mit dumpfer, schwüler, unreiner, stickiger oder von Tabaksrauch oder Gasdunst geschwängerter Luft. Er= krankungszeichen: Zunächst sitzt der Vogel, je nach dem Eintritt der Krankheit mehr oder minder plötzlich, traurig da, mit gesträubten Federn, und die Freßlust hört allmählig auf; ein fieberhafter Zustand ist wahrzunehmen, an zeitweisem Zittern und bei näherer Untersuchung an wechselnder, auffallender Körperhitze; erschwertes oder kurzes, schnelles, pfeifendes Athmen, mit aufgesperrtem Schnabel, dann Husten, der dem Vogel augenscheinlich Schmerz verursacht, zuweilen Auswurf von gelbem, wol gar mit blutigen Streifen vermischtem Schleim; trockne Zunge. Manchmal sind diese Zeichen nicht oder nur kaum zu bemerken und der Vogel erscheint noch gesund und munter, aber er läßt einen schmatzenden oder keuchenden Ton hören, der besonders abends in der Stille auffällt, und gerade dies Krankheitszeichen verräth fast regelmäßig einen Zustand so schwerer Erkrankung, daß wir den bedauernswerthen Vogel immer, nur mit Ausnahme eines seltnen Falls, als dem Tod verfallen ansehen müssen. Heilverfahren: der Vogel wird zunächst so ruhig als möglich gehalten, also vor Aufregung und Beängstigung bewahrt. Dabei muß er sich in möglichst gleichmäßiger, keinenfalls plötzlich schwankender, auch nicht zu starker und namentlich nicht trockner Wärme befinden, die Luft muß rein, besonders nicht staubig oder kohlensäurereich sein. Auch bei dieser Erkrankung der Athmungswerkzeuge sucht man eine feuchtwarme Luftumgebung dadurch hervorzubringen, daß man den Käfig mit Blattpflanzen umstellt und die letzteren häufig mit stubenwarmem Wasser besprizt; sehr sorgfältig muß dann auf hohe Wärme von 20—24 Grad gesehen werden, weil durch das Verdunsten des Wassers bekanntlich Kühle verursacht wird. Die Fütterung wolle man knapp halten, wenigstens so lange, bis die Entzündung gehoben ist. Nach Zürn gibt man zur Heilung Pillen von kohlensaurem Ammoniak, täglich zweibis dreimal; ferner wendet man gereinigten Salpeter im Trinkwasser oder noch besser Chili-Salpeter an. Ist bei der Lungenentzündung Ausfluß aus den Nasenlöchern vorhanden, so reinigt man dieselben vermittelst einer in Salzwasser getauchten Feder und pinselt sie dann mit erwärmtem Olivenöl oder verdünntem Glycerin aus. Zürn empfiehlt auch bei allen Entzündungen der Luftwege (Katarrh der Luftröhre und Lungenentzündung) Theerdämpfe und Treskow Dämpfe von Alaunauflösung oder Tanninauflösung; doch ist das Einathmen solcher Dämpfe nach meinen Erfahrungen nur mit äußerster Vorsicht anzuwenden, und ich kann es eigentlich nur dann anrathen, wenn es mit vollem Verständniß und großer Umsicht ausgeführt wird.

Lungenschwindsucht oder Lungentuberkulose ist zumtheil in erblicher Anlage, infolge eines krankhaften Zustands der alten Vögel oder durch Züchtung in ungesunden, ungelüfteten, zu heißen u. a. Räumen, zumtheil aber auch in den Ursachen, aus denen Lungenentzündung u. a. entsteht, begründet oder auch eine Folge dieser letztern. Leider tritt sie ebenfalls ziemlich häufig und in mannigfaltigster

Weise auf, indem die verderbenbringenden Geschwürchen sich nicht allein in der Lunge, sondern auch in Leber, Herz, Herzbeutel, Milz, Nieren, Magen, Eierstock, Därmen u. a. m. entwickeln. Krankheits= zeichen: verhältnißmäßig rasch vorwärts schreitende Abmagerung und sodann Geschwülste an den verschiedensten Körpertheilen; außerdem die meisten der bei Lungenentzündung angegebenen Krankheitszeichen. Heilung, sobald erst wirklich Tuberkulose, also Geschwürchenbildung und wie sie der Volksmund nennt, Abzehrung, eingetreten, ist leider unmöglich, wenigstens nach dem Stande unsrer bisherigen Kennt= niß. Abwehr=, bzl. Abwendungsmittel und =Wege: sorgfältiges Fern= halten aller bei den vorher besprochenen Erkrankungen der Luft= wege angeführten Ursachen, ferner sach= und gesundheitsgemäße, sorg= same Züchtung, bzl. Vermeidung von naturwidriger oder auch nur übermäßiger Züchtung u. s. w.

Diphtheritis und Kroup (diphtheritisch=kroupöse Schleim= hautentzündung, volksthümlich: Bräune, Rotz, gelbe Mundfäule, gelbe Knöpfchen, Schnörgel u. a. genannt) wird durch pflanzliche Schmarotzer, Kugelspaltpilze, Gregarinen oder Psorospermien bezeichnet, hervor= gerufen. Es sind mikroskopische Lebewesen, welche neuerdings meist für pflanzliche, herdenweise auftretende und verschiedene schwere Krank= heitserscheinungen an Menschen und Thieren verursachende Geschöpfe angesehen werden (Zürn). Krankheitszeichen: Husten, Niesen, schweres Athmen bei geöffnetem Schnabel, Kopfschütteln, Schlingbeschwerden, Luftschnappen, zunehmende Athemnoth unter Schnarchen und Röcheln, sodann als namentlich kennzeichnend: Auswurf von süßlichriechendem Schleim, zunehmende Mattigkeit, Sitzen am Boden, flügelhängend und mit geschlossenen Augen (zugleich fast immer Darmkatarrh mit wäßrig= schleimigen Auslerungen), dann Zittern, Schüttelfrost und Durst. Der Sitz der Krankheit sind die Schleimhäute des Rachens, Kehlkopfs, der Luftröhre, der Bronchien und des Darms, auch die Nasenschleimhäute, Bindehäute und Hornhaut der Augen. Aus den Nasenlöchern quillt gelbe, schleimige, schmierige Flüssigkeit, die sich in dunkelgelben oder bräunlichen Krusten festsetzt; die Augenlider schwellen an und werden verklebt. Gewöhnlich währt die Dauer der Krankheit höchstens 2 bis 3 Wochen, doch zuweilen auch 60—70 Tage. Vorbeugungsmittel: Untersuchung jedes neu angeschafften Vogels und Absonderung zur Beobachtung, die strengste Absonderung jedes erkrankten Vogels, also Verhinderung der geringsten Berührung desselben oder seiner Aus=

sonderungen mit anderm noch gesunden Gefieder, gleichviel von welcher
Art, die sofortige Vernichtung jedes gestorbnen Vogels durch Ver-
brennen oder tiefes Vergraben, sodann sorgfältigste Reinigung der
Käfige und Geschirre durch Ausscheuern mit Karbolsäure=Wasser, durch
Ausbrühen mit heißem Wasser. In der Regel ist jeder Heilungsversuch vergeblich, dennoch muß ich die bis jetzt vorgeschlagenen Heilmittel wenigstens anführen: Eingeben von Karbolsäure im Trinkwasser und Bepinseln oder Besprengen vermittelst des Verstäubers
der erkrankten Schleimhautstellen mit derselben. Die Krusten müssen
mit mildem Fett erweicht, nicht mit Gewalt fortgerissen werden. Auch
Höllenstein=Auflösung zum Pinseln und dann Nachpinseln mit Koch-
salz=Auflösung, selbst Jod=Tinktur, für die Augen Salicylsäure=Wasser
oder Auflösung von Kupfervitriol oder Tannin=Auflösung; innerlich
gibt man chlorsaures Kali täglich dreimal und äußerlich pinselt man
mit solchem. Immerhin bleibt es rathsam, nicht nur den todten, sondern auch jeden von dieser unheilvollsten Krankheit ergriffnen Vogel,
sobald man sich davon überzeugt hat, daß er wirklich an derselben
erkrankt ist, schleunigst zu vernichten.

Die Erkrankungen des Magens und der übrigen
Eingeweide. Während die hierhergehörenden verschiedenartigen
Krankheitszustände dem Vogelpfleger immer am häufigsten entgegentreten, haben wir doch gerade bei vielen von ihnen weder hinsichtlich
der Erkennung, bzl. Unterscheidung und Feststellung, noch der Heilung
bis jetzt auch nur einigermaßen sichre Gewähr; wir können uns vielmehr bei diesen Krankheiten wie bei den vorigen hauptsächlich nur
an das halten, was bisher die Erfahrung ergeben hat.

Verdauungsschwäche ist an folgenden Krankheitszeichen zu
erkennen: mangelnde Freßlust, nicht naturgemäße Entlerung, welche in
mißfarbnem, braunem, festem oder auch breiigem, meistens übelriechen-
dem Koth besteht, ferner Trägheit und Schwäche. Krankheitsursachen:
vor allem unrichtiges oder unpassendes Futter und dadurch hervorgerufne üble Beschaffenheit der Galle und der Verdauungssäfte. Zunächst werden bei dieser Erkrankung gewöhnlich einige Hausmittel
angewandt; man reicht verändertes, leichtes Futter, auch ein wenig
Grünkraut, sodann etwas Kochsalz im schwacherwärmten Trinkwasser.
Bei den Papageien leistet ein Theelöffel voll Rothwein, lauwarm täglich zwei- bis dreimal gegeben, gute Dienste. Zur Anregung bietet
man ein wenig Süßmandel oder Wallnuß; in England giebt man

eine Schote Cayenne=Pfeffer oder etwas Aufguß davon ins Trink=
wasser. **Dr. Zürn** empfiehlt Aufguß von Pfefferminzkraut oder
Kalmuswurzel mit doppeltkohlensaurem Natron, doch dürfte dies weder
bei Papageien noch bei anderen Stubenvögeln anzurathen sein; eher
könnte man dem Trinkwasser Salzsäure in schwacher Gabe zusetzen.

Blähsucht (Windgeschwulst, Aufblähung, Blasensucht) erscheint
als eine flache, weiße Anschwellung, bzl. blasenartige Geschwulst, welche
sich mehr oder minder über den ganzen Körper, vornehmlich aber über den
Unterleib bis zur Brust hinauf verbreitet. Ursache: Verdauungsstörungen,
hervorgerufen durch unpassendes, verdorbnes oder auch zu reichliches,
schwer verdauliches Futter. Wenn nur im leichtern Grad eingetreten, ist
sie unschwer heilbar, indem man die blasenartigen Anschwellungen
hier und da vorsichtig aufsticht, die angesammelte Luft gelinde heraus=
drückt und darauf die Stellen mit erwärmtem Oel bestreicht oder auch
mit Vorsicht ein Dampfbad gibt. Heilmittel, jedoch nur bei wieder=
holtem Eintreten der Blähsucht, Salzsäure in äußerst schwacher Gabe
im Trinkwasser. Uebrigens kommt es oft vor, daß Liebhaber unter
großer Beängstigung von einer gelben, eitrigen Blase am Hals oder
an der Oberbrust berichten; dies ist indessen der bei mangelhafter
Befiederung hervortretende Kropf, welcher, sobald sich der Vogel satt=
gefressen, bzl. reichlich gefüttert worden, wenn er also mit Körnern
gefüllt ist, naturgemäß in auffallender Weise bemerkbar wird. Sollte
es vorkommen, daß der Kropf wirklich blasig aufgebläht erscheint, wie
namentlich bei Verdauungsstörungen infolge von Futterwechsel u. a.,
so darf man, ohne Besorgniß zu hegen, ganz ebenso wie vorhin an=
gegeben, durch vorsichtiges Aufstechen die angesammelte Luft entfernen.
Im übrigen ist der kranke Vogel auch in gleicher Weise zu behandeln.
Wenn beim Aufstechen der Luftblase, gleichviel an welcher Körper=
stelle ein größres Loch, bzl. eine wunde Stelle entsteht, so darf man
nicht, wie es wol zu geschehen pflegt, englisches Pflaster oder drgl.
daraufkleben, denn dasselbe trocknet hart an und verursacht dem Vogel
großen Schmerz; auch Kollodium ist in diesem Fall besser zu ver=
meiden. Man bestreicht vielmehr nur, wie angegeben, mit warmem
Oel oder trägt ein Wundliniment von Glycerin 2 Theile, Wasser
2 Theile und feinem Stärkepulver 1 Theil, zum dünnen Brei ange=
rieben, vermittelst eines zarten Pinselchens auf.

Verdauungsstörungen und infolge derselben Magen=
und Darmentzündung (Magen= und Darmkatarrh, auch Unter=

leibsentzündung) kommen leider häufig und in mancherlei verschieden=
artiger Erscheinung bei allen Vögeln vor. Erkrankungsursachen:
irgendwie verdorbnes, sauer oder faulig gewordnes und unpassendes,
unzuträgliches Futter, Fressen irgendwelcher anderen schädlichen,
ätzenden, giftigen Stoffe, doch auch zu frischer Sämereien, nassen oder
verdorbnen oder mit Mehlthau befallnen Grünkrauts, Fressen von
ungewohnten Nahrungsmitteln, wie z. B. Grünkraut an sich, Ueber=
fressen an Leckereien, wie manchmal an frischen Ameisenpuppen, so=
dann, wenn auch glücklicherweise selten, Hinabschlucken von Metall,
Knochen, Glas, spitzen Steinchen u. a. m., schließlich aber auch eis=
kaltes Trinkwasser, Erkältung des Unterleibs, eiskalter Luftzug,
welcher aus einer Ritze u. a. her gerade den Unterkörper trifft;
im übrigen kann sich derartige schwere Erkrankung auch aus
der vorhin besprochnen leichtern Verdauungsschwäche entwickeln.
Krankheitszeichen außer den allgemeinen Merkmalen: mattes Auge,
Dasitzen mit gesträubtem Gefieder, wol gar hängenden Flügeln und
schlaff herabhängendem Schwanz, mangelnde Freßlust und Durst,
Würgen und Erbrechen, Herunterbiegen des Unterleibs und Wippen
mit dem Schwanz beim Entleeren, vor allem aber abweichende (schlei=
mige und mehr oder weniger dünne oder breiige, gleichmäßig grüne bis
schwärzlichgrünliche, weißgrünliche oder chokoladenfarbige bis blutige,
zuweilen, wenn sie auf die Hand fällt, sich förmlich heiß anfühlende,
auch wol sauer= oder übelriechende) Entleerung, Schüttelfrost und Hin=
fälligkeit: der Vogel sitzt fortwährend am Futternapf und sucht um=
her, ohne wirklich zu fressen: bei sehr schwerer Erkrankung erscheint
der Unterleib aufgetrieben, geröthet oder blau und heiß anzufühlen.
Heilmittel je nach der Krankheitsursache: verändertes und vor allem
zuträgliches Futter, Ruhe und Wärme, warmer Breiumschlag auf den
Unterleib, auch wol handwarmer Sand, der jedoch dauernd gleichmäßig
warm gehalten werden muß; sodann sind vorgeschlagen: Salicilsäure=
oder Tannin=Auflösung, Glaubersalz zum Abführen oder bei Durch=
fall einfache Opiumtinktur, auch Rothwein und in den schwersten
Fällen Höllenstein=Auflösung; bei innerlichen Verletzungen durch Glas=
splitter u. a.: Leinsamen=, Hafergrütze= oder andrer Schleim, mit
wenig mildem Oel oder Reiswasser, gebrannte Magnesia in Wasser
angerieben u. a. Durchaus zu entziehen sind: Grünkraut, Obst, ein=
gequellte Sämereien, Eierbrot und wo es thunlich ist auch jedes
Weichfutter. Das Trinkwasser darf nur erwärmt oder mindestens

ſtubenwarm gegeben werden, auch biete man ſo wenig als möglich und in den ſchlimmſten Fällen entzieht man es zeitweiſe ganz: Badewaſſer darf man garnicht reichen. — Die bereits S. 383 erwähnten Gregarinen können auch eine Darmentzündung verurſachen, welche ſich in heftigem Durchfall, baldiger großer Hinfälligkeit und raſchem Sterben kennzeichnet. Um ſie feſtzuſtellen, muß man die Entleerungen mikroſkopiſch unterſuchen. Bei bereits eingetretner Krankheit ſind Heilmittel kaum mehr wirkſam, doch darf man unterſchwefligſaures Natron und nach Zürn Salicylſäure = Auflöſung anwenden. Bei allen derartigen übertragbaren oder anſteckenden Krankheiten kann man natürlich garnicht vorſichtig genug ſein.

Der Durchfall (Diarrhöe) iſt im weſentlichen nur eine Krankheitserſcheinung, und als ſolche kann er von der geringſten Verdauungsſtörung bis zu der vorhin beſprochnen Magen= und Darmentzündung in allen ihren verſchiedenen Erſcheinungen eintreten. Bei jedem Papagei ſollte man ſtets ſorgfältig auf die Entleerungen achten, denn dieſelben dürfen gleichſam als ein hauptſächlichſter Gradmeſſer der Geſundheit wenigſtens im allgemeinen angeſehen werden: ich bitte S. 378 unter Erkrankungszeichen und S. 385 bei Magen= und Darmentzündung nachzuleſen. Kleben die Federn am Hinterleib zuſammen, zeigt ſich die Entleerungsöffnung und mehr oder minder auch der Unterleib beſchmutzt, die erſtere wol gar aufgetrieben und entzündet, ſo iſt ſchon eine ſchwere Krankheit eingetreten. Dann hört die Freßluſt auf, während der Kropf gefüllt bleibt, weil die Verdauung unterbrochen iſt, und großer Durſt läßt zugleich einen entzündlichen Zuſtand erkennen. Müſſen wir Durchfall, ohne daß es gelingt, eine beſtimmte, eingetretne Krankheit feſtzuſtellen, an ſich behandeln, ſo können wir als Heilmittel zunächſt nur Wärme, ſodann kohlenſaure Magneſia in Waſſer angerieben, Reiswaſſer, Hafer= oder andern Schleim anwenden. Wenn der Durchfall ſehr ſtark iſt, unter vielmaliger täglicher wäßriger Entleerung, ſo gibt man Rothwein (ſchon um den Vogel zu ſtärken und ſeine Körperkraft zu erhalten), in den ſchlimmſten Fällen mit Opiumtinktur, auch wol Tannin= oder Höllenſtein=Auflöſung. Der After und Hinterleib überhaupt wird täglich ein= oder mehrmals vermittelſt eines weichen Schwämmchens mit warmem Waſſer gereinigt und mit erwärmtem Oel beſtrichen. Zum Getränk darf man kein Waſſer, ſondern nur den erwähnten Schleim und zwar erwärmt geben. Bei breiiger Entleerung, welche ſauer riecht oder eine Schärfe zeigt und die Umgebung des Afters wund macht, gibt man doppeltkohlensaures Natron. Gelinder Durchfall wird am besten durch Futterwechsel gehoben, indem die stockende oder gestörte Verdauung dadurch gelinden Anreiz erhält und meistens wieder in guten Gang kommt. Schwerverdauliche oder auch ungewohnte Nahrungsmittel muß man den Vögeln dann aber entziehen oder sie während dessen vor solchen bewahren. Als Milderungsmittel bei Durchfall ohne bestimmte Krankheitserscheinung sind auch vorgeschlagen: gekochte Weizenstärke mit Wasser dünn angerührt als Getränk, Chinawein oder einen wäßrigen Auszug von Chinarinde, ferner das bekannte Volksheilmittel Safran im Trinkwasser (ein wenig Safran wird mit heißem Wasser übergossen, nach einer Viertelstunde abgeseiht und mehr oder weniger davon ins Trinkwasser gemischt). Bestätigte Erfahrungen inbetreff dieser letzteren Mittel liegen indessen noch nicht vor. — Ruhr, bzl. jeder ruhrartige Zustand läßt sich an starkem Drängen und Schwippen mit dem Hinterleib erkennen: die Entleerung ist zähschleimig und -breiig, bei schwerer Erkrankung schwärzlich oder auch blutig. Die Ruhr mit Opiumtinktur u. a. zu stopfen, würde in jedem Fall tödtlich wirken; man gibt vielmehr Rizinusöl oder ein Gemisch von diesem und Olivenöl mit dünnem Haferschleim oder auf altbacknem, in Wasser erweichtem und wieder gut ausgedrücktem Weizenbrot (Semmel), oder auch wäßrige Rhabarbertinktur und bringt dem Vogel täglich Oelklystire bei (zu welchen ich weiterhin bei der Verstopfung Anleitung geben werde). Zum Getränk reicht man irgendwelchen Schleim, wie vorhin gesagt, und zugleich reinigt man auch ebenso den Unterleib mit warmem Wasser und bestreicht ihn mit ebensolchem Oel. — Kalkdurchfall (Kalkmisten, Kalkschiß) ist wahrscheinlich mit dem Typhus oder seuchenhaften Typhoïd des Geflügels übereinstimmend; Ursache: Mikrokokken und Bakterien, also mikroskopische, pflanzliche Schmarotzer, welche sich sehr leicht übertragen, bzl. ansteckend wirken; sie zeigt sich insbesondre bei frisch eingeführten Vögeln leider nur zu häufig. Krankheitszeichen: starker Durchfall mit Entleerungen von dünnem, weißgelbem Schleim, welche dann grünlich werden und den Unterleib stark beschmutzen, mangelnde Freßlust, mattes Dasitzen mit hängenden Flügeln, Hinfälligkeit, manchmal auch Erbrechen von dünnem, grünlichem Brei, starker Durst, Zittern, hochgesträubte Federn, Taumeln, Tod unter Krämpfen. Vorbeugungsmittel: Absonderung jedes erkrankten Vogels, sorgsamste Desinfektion (insbesondere Waschen mit

Chlorwasser) und äußerste Reinlichkeit überhaupt. Wenn die Krankheit bereits völlig ausgebrochen, so reicht man den noch gesund erscheinenden Vögeln Auflösung von schwefelsaurem Eisenoxydul im Trinkwasser, mindestens 14 Tage hindurch. Als Heilmittel ist Auflösung von schwefelsaurem Eisenoxydul, drei= bis viermal täglich zu geben, vorgeschlagen. Im übrigen ist Heilung kaum möglich und ich bitte bringend, hier ganz besonders das zu beachten, was ich bei den ansteckenden Krankheiten inbetreff der Behandlung, namentlich aber hinsichtlich der Vorbeugung der weitern Ansteckung gesagt habe. — Als ein vorzügliches Heil= oder doch Linderungsmittel bei allen diesen zuletzt erwähnten Erkrankungen der Verdauungs= und Unterleibsorgane überhaupt, selbst wenn sie entzündlicher Natur sind, ist immer heißer Sand zu erachten. Allerdings bedarf es, um ihn anwenden zu können, besonderer, passender Vorrichtungen, sodaß er andauernd immer gleichmäßig erhitzt, d. h. nur handwarm ist. Der Vogel wird entweder ohne weiteres auf den bloßen Sand oder besser auf einer Unterlage von Wollenzeug unter eine Drahtglocke gesetzt. Wenn irgend möglich muß der Sand für lange Zeit, mindestens aber 6 bis 24 Stunden, gleichmäßig warm bleiben, und zugleich darf er die Blutwärme des menschlichen Körpers keinenfalls überschreiten. Am vortheilhaftesten ist es, wenn man in einer Bäckerei u. a. einen passenden Ort zur Verfügung hat; schlimmstenfalls läßt sich solch' ‚Sandbad' für eine bestimmte Frist auch in der Küche vermittelst der Kochplatte ausführen. Ein Warmwasserbad ist meines Erachtens durchaus nicht so und in vielen Fällen garnicht zuträglich.

Hierher gehört nun auch die unheilvollste aller Vogelkrankheiten überhaupt: die S e p s i s (Blutvergiftung, Hungertyphus oder Faulfieber), an welcher alljährlich viele Hunderte, zuweilen leider sogar Tausende werthvoller fremdländischen Vögel, hauptsächlich Graupapageien, doch auch Amazonen, Plattschweifsittiche u. a., zugrunde gehen und die S. 12 bereits gekennzeichnet ist. Die Papageien kommen anscheinend kerngesund, namentlich vollleibig, munter und mit klaren Augen in Europa an, sind aber wie erwähnt in 8 Wochen, meistens viel früher, oft schon in 8—14 Tagen, selten dagegen noch später, nachdem sie aus den Versandtkäfigen hervorgegangen, dem Tod verfallen; und zwar am ehesten bei Darreichung von Trinkwasser (welches ihnen infolge dessen von den Händlern gewöhnlich durchaus vorenthalten wird). Krankheitserscheinungen: Sträuben des Gefieders, insbesondre im

Nacken, Kopfschütteln, zeitweises Schnabelaufsperren und Gähnen, mattes, trauriges Dasitzen, Veränderung der nackten Haut um die Augen, vom reinen Weiß bis zum düstern, bläulichen oder gelblichen Grau, Verschmähung der Nahrung, Schnupfen, Husten mit Ausfluß aus einem oder beiden Nasenlöchern und Anschwellen derselben; sodann Schnarchen oder Röcheln beim Athemholen; die Entlerungen werden schleimig, klebrig, weiß mit grünlichen Streifen untermischt und übelriechend; manchmal, doch nicht immer, Erbrechen und Durchfall, zuweilen nur letztrer; sodann Athemnoth; der Vogel magert in kürzester Frist staunenswerth ab und zeigt ein bemitleidenswerthes Jammerbild; darauf tritt Taumeln und Tod, oft unter großer Qual, ein. Durch die Untersuchungen seitens der S. 375 genannten Aerzte, sowie durch meine eigenen und besonders die des Herrn Kreisphysikus Dr. Grun in Gumbinnen, sind als Erkrankungs= bzl. Todeserscheinungen festgestellt worden: dunkles, dickliches Blut ohne feste Gerinnsel, zahlreiche, punktförmige Blutaustretungen auf Lunge, Herzbeutel und an den Hirnhäuten; Tuberkeln (Geschwürchen), am meisten in der Leber, aber auch in Lunge und Herz; gelbliche, faserige Ausschwitzungen auf der Lunge und Leber; zerstreute, rothe Entzündungsherde in den Lungen; hellgelbe, keilförmig gestaltete, festere Ausschwitzungen in dem Stoff der Leber; oft auch große, mürbe, violettrothe oder ganz bleiche, wachsgelbe Leber; große Ausschwitzungsmassen, zuweilen sogar Schimmelpilzbildung innerhalb der Brusthöhle, zu beiden Seiten der Lunge; dazu Magen= und Darmkatarrh, und als den Zeitpunkt des Absterbens bezeichnend, Erstickungserscheinungen, nämlich Blutüberfüllung der Lungen und des venösen Blutkreislaufs des rechten Herzens, der großen Halsvenen und der Venen der weichen Hirnhaut. Die der fauligen Blutzersetzung eigentümlichen Bakterien (Bacillen) ergeben mit Sicherheit: Jauchevergiftung, also Sepsis. Diese Fäulniß=Organismen, wenn sie nur in geringer Menge vorhanden sind, kann der Körper wieder ausscheiden, sobald er genügend Sauerstoff zum Athmen hat, da gerade die Bakterien der Sepsis durch Sauerstoff zerstört und nur beim Mangel an demselben gebildet werden. Die unselige Krankheit ist aber äußerst giftig und überträgt sich leicht; daher sehen wir die Erkrankung aller zusammen angekommenen Vögel, sobald ein einziger, der Seuche verfallner darunter war. Auch können die Entlerungen noch nach Monaten ansteckend wirken. Vorgeschlagene Heilmittel: Chlorflüssigkeit, Karbolsäure, Salicylsäure, salicylsaures Natron,

Tannin, Ergotin, Chinin, Phosphorsäure und phosphorsaure Salze, Schwefelmilch, selbst Quecksilbersublimat und Arsenik und noch viel andres zum Eingeben, ja sogar in subkutanen Einspritzungen. Liebhaber und Händler in England setzten ihr ganzes Vertrauen auf Heilung vermittelst Kayenne=Pfeffers; die Händlerin Geupel=White in Leipzig wollte mit Eigelb oder ganzem Hühnerei in wenig Wasser abgequirlt, besten Erfolg erreicht haben. Alle Händler aber suchen den Ausbruch der unheilvollen Krankheit ganz oder doch so lange dadurch abzuwenden, daß sie das Trinkwasser entziehen und den Graupapageien nur in Kaffe oder Thee erweichtes Weißbrot geben. In einzelnen Fällen ist dies auch wol gelungen, denn es sind Beispiele bekannt, in denen sich ein solcher Vogel wol Jahre hindurch auch ohne Wasser am Leben erhalten hat. Einzelne von den Papageien überwinden bei derartiger Behandlung die tief wurzelnde Krankheit, lassen sich mit dem erweichten Weißbrot an Mais und Hanf bringen, erstarken und genesen vollständig und sind dann späterhin ohne Gefahr auch an Wasser zu gewöhnen. Beiweitem die größte Anzahl aber, alle noch ganz Jungen oder Kränklichen und Schwächlichen, gehen dabei doch unrettbar zugrunde. Im übrigen liegt in der Wasserentziehung auch eine arge Thierquälerei; am besten kann man dies daran ersehen, mit welcher Gier die bedauernswerthen Vögel über das ihnen gebotne Getränk herfallen und welch' augenscheinliches Labsal es ihnen gewährt, auch wenn es ihnen zugleich den Tod bringt. Erklärlicherweise habe ich es mir persönlich angelegen sein lassen, Versuche anzustellen, um nicht allein Erfahrungen zu gewinnen, sondern vor allem um, wenn irgend möglich, einen sichern Weg zur Heilung der bedauernswerthen Vögel aufzufinden. In diesem Streben sind mir die Großhändler Herren Chs. Jamrach in London und William Croß in Liverpool in anerkennenswerther Weise entgegengekommen. Zu verschiedenen Zeiten und in verschiedner Anzahl von Köpfen erhielt ich von ihnen Graupapageien=Sendungen zu mäßigen Preisen, welche es mir eben möglich machten, die derartigen Heilungsversuche zu unternehmen. Die erste Sendung bestand in 20 Köpfen, die zweite in 12 Köpfen und eine dritte in 10 Köpfen, sämmtlich von Jamrach, dann kaufte ich vier noch schwarzäugige Graupapageien von dem damaligen Händler Bartsch in Berlin, der sie soeben von seinem Bruder aus London bezogen, und außerdem empfing ich noch in neuerer Zeit zwei Sendungen zu 10 und 12 Köpfen von W. Croß. Wenn meine Leser

ermessen wollen, daß ich trotz des bereitwilligen Entgegenkommens der
Genannten jeden der im Lauf von 16 Jahren bezogenen 68 Papageien
im Durchschnitt mindestens mit 15 Mark bezahlt, so werden sie zugeben, daß ich der Sache ein beträchtliches Opfer gebracht habe. Im
Nachstehenden will ich nun mittheilen, welche Wege ich eingeschlagen
habe, um mein Ziel zu erstreben und welche Erfolge ich erreicht.
Man kann sich kaum ein lieblicheres Geschöpf denken, als einen kürzlich erst dem Nest entschlüpften Graupapagei mit dunkelen, bläulichen
oder tiefschwarzen Augen, dunkelgrauem, überall noch vom zarten
Nestflaum gleichsam überhauchten Gefieder und hellrothem Schwanz.
Er ist aber nicht allein allerliebst, wie fast jedes junge Thier, sondern
auch liebenswürdig, zutraulich und gemüthlich. Bei unserm Nahen
begrüßt er uns mit so sprechenden Geberden, daß selbst Jemand, der
wenig Verständniß für das Thierleben hat, seine hohe Begabung an-
erkennen muß. Zutraulich und zahm lernt er, wenn er eben am Leben
bleibt, in kürzester Frist sprechen und dann gelangt er bekanntlich allmählich zu einer staunenswerthen Stufe der Menschenähnlichkeit. Daher sind diese jungen, dunkeläugigen Graupapageien außerordentlich
gesucht und beliebt und sie werden mit hohen Preisen bezahlt. Aber
in den meisten Fällen treten bereits in den ersten Tagen die Krankheitserscheinungen ein. Zunächst sind diese Vögel überaus empfindlich
gegen jede Erkältung; nur geringes Sinken der Stubenwärme, der
Luftzug, den eine rasch zugeklappte Thür verursacht, oder das schnelle
Herantreten eines aus kaltem Raum Kommenden bringt ihnen Niesen,
Husten, Schnupfen, damit Ausfluß aus den Nasenlöchern, und dann
kommen allmählich alle vorhin geschilderten Krankheitszeichen zum
Vorschein. Noch schlimmer wirkt das Wassertrinken, denn ein einziger
Schluck kann schon heftige Unterleibsentzündung hervorrufen. Sobald
der Papagei erkrankt, tritt in kürzester Frist staunenswerthe Abmagerung
ein und bald zeigt er sich als ein bemitleidenswerthes Jammerbild.
Von einem Neger aus dem Nest geraubt und aufgezogen, ist er, wie
wir es bei verlassenen jungen Tauben zu thun pflegen, aus dem
Munde aufgefüttert und sodann an das Selbstfressen gewöhnt worden;
nun aber, im Gefühl seiner schweren Erkrankung und Hilflosigkeit,
hat er die Thatkraft zum Selbstfressen verloren und er bettelt zum
Erbarmen um die frühere Fütterung. In einem solchen Fall weiß
ich, daß eine liebevolle Vogelfreundin ihren kleinen, zarten Jako durch
Fütterung aus dem Munde am Leben erhalten hat, bis er allmählich

erstarkt und genesen war. Meistens, ja regelmäßig, bringt aber auch dieser Versuch keine Hilfe, sondern einer von den Vögeln nach dem andern stirbt, ohne daß man ihn zu retten vermag. — Obwol die erwähnten Graupapageien sämmtlich oder doch nur mit wenigen Ausnahmen munter und anscheinend kerngesund bei mir angekommen, waren sie doch alle von der unseligen Krankheit ergriffen und einer nach dem andern erkrankte. Zuerst innerlich in entsprechenden Gaben habe ich an den Vögeln die Wirkung von allen vorhin genannten Arzneien auszuproben gesucht, alles aber war vergeblich. Auch habe ich feststellen können, daß die ohne Wassergabe, bloß mit Weißbrot in Kaffe oder Thee gehaltenen Graupapageien und schließlich ebenso die mit Kayenne-Pfeffer Behandelten gleicherweise erkranken und sterben, wenn sie einmal von der Sepsis ergriffen sind. Große Hoffnung setzte ich auf einen Heilungsversuch vermittelst Ozon zum Einathmen und Ozonwasser, aber auch dies kräftigste aller Befehdungsmittel jener unseligen Bakterien erwies sich als unzureichend. Schließlich wurden auch Hauteinspritzungen einer Anzahl der stärksten von jenen Heilmitteln unternommen; indessen auch dieser Versuch darf keinesweg als ein gelungner angesehen werden. Zu weiteren derartigen Versuchen sei nun aber dringend angeregt, denn außer dem Bereich der Möglichkeit liegt die Heilung keinesweg. Aus früherer Zeit her wissen wir Alle, daß der Graupapagei mitrecht als ein kräftiger, ausdauernder Vogel angesehen werden durfte, während er jetzt zu den allerweichlichsten und hinfälligsten gezählt werden muß. Diese unselige Veränderung begründet sich in absonderlichen Verhältnissen. Ein ebenso einfältiger als übelwirkender Seemanns-Aberglauben ist bereits bis zu den Negern gedrungen, und auf Grund desselben halten sie die Vögel vom Wassertrinken fern und ernähren sie anstatt dessen aus dem Munde mit gekautem und mit Speichel vermischtem Mais. Nach meiner Ueberzeugung kann darin aber die erste Ursache zur Entwicklung der Sepsis liegen; denn der Speichel des Menschen, und insbesondre eines Negers, enthält zweifellos Bestandtheile, welche für den zarten Körper eines jungen Vogels nichts weniger als wohlthätig sind, zumal, wenn dabei auch noch ein unnatürlicher Zustand durch die Entziehung des Trinkwassers herbeigeführt worden. Mit vollster Berechtigung könnten wir nun sagen: die ebenso zwecklose als thierquälerische Einführung der Graupapageien muß bis auf weiters durchaus unterdrückt werden, denn sie schädigt das menschliche Vermögen

und den Reichthum der Natur an herrlichen Geschöpfen in gleicher
Weise und verleidet zahlreichen Leuten die Liebhaberei. In meiner
Zeitschrift „Die gefiederte Welt", wie auch in meinen Werken „Lehrbuch der Stubenvogelpflege, -Abrichtung und -Zucht" und „Handbuch
für Vogelliebhaber" I bin ich in der That bereits so weit gegangen, daß
ich vor dem Ankauf frisch eingeführter Graupapageien geradezu gewarnt
habe; vorläufig muß ich indessen noch eine andre, gemäßigtere Anschauung walten lassen. Noch gibt es ja Wege, auf denen wir wenigstens die Möglichkeit vor uns haben, daß wir uns diesen werthvollsten
aller Stubenvögel erhalten können. Zunächst wäre immerhin ein
wirklich stichhaltiges Verfahren zur Heilung und Wiederherstellung der
Graupapageien von der Sepsis aufzufinden, und wenn uns auch diese
Aussicht allerdings unsicher dünken muß, so haben wir doch in einer
andern eine mehr erfolgversprechende vor uns. Wenn es nämlich über
kurz oder lang gelingen wird, infolge der siegreich und unaufhaltsam
vordringenden Kultur, in den Heimatsgegenden des Jako, namentlich
soweit solche dem deutschen Einfluß eröffnet werden, auch bei den
schwarzen Bewohnern Aufklärung und Gesittung zu verbreiten, Aberglauben und Vorurtheile aufzuhellen und zu bannen, so werden wir
auch auf die Gewinnung eines der werthvollsten Ausfuhrgegenstände,
der lebenden Vögel und insbesondre der Graupapageien, wohlthätig
einwirken können, um sodann die Aufzucht der letzteren und ihre
Ueberführung nach Europa so natur- und sachgemäß zu regeln, daß
diese Art wieder wie früher zu den kräftigsten aller Papageien gezählt werden kann. Bis dahin aber bleibt mir leider nichts andres
übrig, als daß ich die dringende Warnung hier wiederhole: man
wolle sich vom Ankauf frisch eingeführter, billiger Graupapageien bis auf weiteres ganz fernhalten! Allein schon es
mitansehen zu müssen, wie das edle Thier unendlich jammervoll dahin-
stirbt, ohne daß wir ihm helfen können, verleidet vielfach die Liebhaberei für lange Zeit oder für immer. —

Die Verstopfung ist wiederum nur eine Krankheitserscheinung
und vornehmlich in Verdauungsstörungen oder auch in Fettsucht, Ein-
geweidewürmern u. a. begründet. Krankheitszeichen: Drang zum Entleeren, dabei Wippen mit dem Hinterleib, Dasitzen mit gesträubten
Federn, Traurigkeit, Mangel an Freßlust, beschmutzter und verklebter
After. Wirklich wirksame Heilmittel können immer nur solche sein,
welche die eigentliche Krankheit, bzl. deren Ursache heben. Heilmittel

bloß gegen die Verstopfung: zunächst der Versuch mechanischer Ent=
lerung; bereits beim Abwaschen des beschmutzten Hinterleibs und der
verklebten Federn mit lauwarmem Wasser tritt zuweilen eine plötzliche,
massenhafte Entlerung ein; noch besser wirkt ein sog. Klystir, d. h.
das Hineinbringen eines in erwärmtes Oel getauchten Nadelkopfs in
die Entlerungsöffnung. Auch ein wirkliches Klystir vermittelst einer
feinen Gummiballspritze mit dünner, rundgeschmolzner Glasröhre als
Spitze, oder mit gleicher gläserner Spritze thut gute Wirkung, indem
man dem Vogel einige Tropfen von dem Oel oder auch nur bloßes
lauwarmes Wasser beibringt. Dazu gehört freilich Geschick. Wenn man
dabei einem weiblichen Vogel die Spritzenspitze irrthümlich in den Ei=
leiter oder die Legeröhre führt, so thut ihm das allerdings nicht leicht
Schaden; aber jede Verletzung ist sorgsam zu vermeiden. Bei hart=
näckiger Verstopfung gibt man: Rizinusöl 1 bis 2 Tropfen und
größeren Vögeln bis 5 Tropfen in Hafer=, Leinsamen= oder irgend=
welchem andern Schleim oder auch wol auf erweichtem und gut aus=
gedrücktem Weißbrot ein.

Abzehrung oder Dürrsucht (meistens Darre genannt). Ur=
sache: mancherlei Erkrankungen der Verdauungs= und Athmungswerk=
zeuge oder auch irgendwelcher anderen Körpertheile. Heilung: also
immer nur durch Ermittelung und Abwendung der btrf. Krankheit zu
erreichen. Ist ein Papagei infolge schlechter Ernährung oder Ver=
pflegung überhaupt sehr mager und abgezehrt, ohne daß man eine
bestimmte innere Krankheit erkennen kann, so muß man ihn mit ent=
sprechendem, kräftigem, nahrhaftem, und um seine Freßlust anzuregen,
mit mannigfaltigem Futter versorgen.

Wiederum als Krankheitserscheinung bei verschiedenartigen Leiden
ergibt sich Würgen und Erbrechen und natürlich kann dasselbe
auch nur durch Hebung der Ursache, also Heilung der eigentlichen
Krankheit abgewendet werden. Hat ein Vogel sich nur gelegentlich
überfressen oder unpassendes, schwer= oder unverdauliches Futter be=
kommen, so ist das Erbrechen wohlthätig, denn die Natur hilft sich
damit ja selber. Ist das Erbrechen dagegen Folge von Magen=
schwäche oder in Erkrankung der Verdauungswerkzeuge überhaupt
begründet, so muß ich auf die Behandlung des jemaligen Leidens
verweisen. Linderungsmittel bei oft wiederkehrendem, hartnäckigem Er=
brechen: Salzsäure im Trinkwasser oder auch im Gegensatz doppeltkohlen=
saures Natron. — Bei großen Papageien wird Erbrechen manchmal

lediglich durch Gemüthserregung, Schreck, Beängstigung u. a. hervor=
gerufen und dann hat es als vorübergehende Zufälligkeit keine weitre
Bedeutung. — Auch kommt eine hierher gehörende Erscheinung vor,
welche im Parungstrieb begründet ist, der sich bei einzeln ge=
haltenen Vögeln, besonders größeren und großen Papageien nicht selten
einstellt. Kennzeichen: Ein bis dahin offenbar kerngesunder, im Aeußern
schöner Papagei fängt plötzlich an zu würgen, schüttelt sich, hat wol
gar anscheinend krampfhafte Zuckungen unter Augenverdrehen, Sich=
ducken, Flügelhängenlassen, Flügel= und Schwanzspreizen u. a. m.
Solch' Anfall geht bald vorüber, wiederholt sich aber mehrmals am
Tage. Der Zustand tritt nur bei wohlgenährten und sehr kräftigen
Vögeln ein. Gegenmittel: vor allem Zerstreuung; man beschäftige sich
mit dem Papagei sogleich beim ersten Eintreten jenes Zustands viel
und angelegentlich, wol gemerkt aber nicht in der Weise, daß man
seiner Neigung noch etwa durch Hätscheln und Zärtlichkeitsbezeigung
entgegenkommt, sondern vielmehr, indem man ihn durch Zähmungs=
und Abrichtungsvornahmen abzulenken sucht. Ferner nehme man,
mit äußerster Vorsicht, einen Wechsel in der Ernährung vor; vorzugs=
weise nahrhafte und insbesondre erregende Stoffe, so namentlich Hanf=
samen, vermindert man möglichst oder läßt sie zeitweise ganz fort,
während man anstatt ihrer kühlende und milbernde, wie Grünkraut,
besonders grüne Zweige, und etwas Frucht u. drgl. gibt. Wohlthätig
wirkt ebenso sehr vorsichtiges Herabmindern der Wärmegrade der Luft
und dauerndes Halten in größrer Kühle; schließlich auch, soweit es
ausführbar, das Umgeben des Käfigs mit zahlreichem, recht feucht
gehaltnem Pflanzenwuchs. Am besten freilich thut man in solchen
Fällen daran, daß man den btrf. Vogel mit einem seinesgleichen ver=
part, bzl. ein richtiges Par zusammenzubringen sucht, und einen
Züchtungsversuch anstellt.

Bei geistig hochstehenden Vögeln, also den am reichsten begabten,
hervorragenden Sprechern, tritt uns eine Krankheitserscheinung vor
Augen, an die wir zunächst kaum glauben möchten, während sie doch
thatsächlich vorkommt. Aufmerksame, gewissenhafte Beobachtung hat
mich zu der Ueberzeugung geführt, daß solch' Vorgang keineswegs
etwa auf Einbildung oder Täuschung meinerseits beruhte. Der Papagei
erscheint sehr krank, stöhnt und jammert, zeigt zugleich mancherlei der
übrigen vorhin geschilderten Krankheitszeichen; er athmet schwer, liegt
auf der Sitzstange auf einer Seite oder auf dem Bauch. Seltsamer=

weise aber äußern sich alle diese Krankheitserscheinungen immer nur
solange, wie die Pflegerin oder ein Andrer im Zimmer zugegen ist,
während der Kranke, sobald er sich allein befindet oder ohne daß er
es wahrzunehmen vermag, beobachtet wird, sich ganz ruhig verhält
und keinerlei Krankheit erkennen läßt. Eine Erklärung vermag ich in
folgendem zu geben: Der verwöhnte, verhätschelte Liebling der liebevollen
Pflegerin hat es sich bald gemerkt, wodurch er ihre Theilnahme am
meisten erwecken kann, ihr zärtlicher, bedauernder Ton ist ihm angenehm, und er weiß es, daß sie umsomehr in diesem zu ihm spricht,
je trübseliger und leidender er erscheint. Unpäßlichkeit, vielleicht auch
unbedeutender Schmerz, ein wenig Bauchgrimmen oder dergleichen,
hat ihn anfangs zum Stöhnen veranlaßt; das liebevolle Bedauern
aber gefällt ihm, wie erwähnt, so sehr, daß er jetzt auch stöhnt und
jammert, wenn er garkeine Schmerzen hat, daß er also simulirt, wie
man zu sagen pflegt. Zur Abhilfe dieser leidigen Gewohnheit der
Verstellung, bzl. des Erheuchelns einer garnicht vorhandenen Krankheit gibt es keinen andern Weg, als den, daß man sich hartherzig zeigt
und sich um seine angeblichen Schmerzen durchaus nicht bekümmert,
ihn vielmehr immer möglichst zu erheitern sucht, zum Sprechen und
zur Entfaltung dessen, was er gelernt hat und weiterlernt, anregt,
sich viel mit ihm beschäftigt, aber ohne jemals auf seine Verstellungs-
künste zu achten.

Fettsucht ist keine Krankheit an sich, sondern nur theils die
Ursache, theils die Folge einer solchen. Kennzeichen: erschwertes
Athmen, Keuchen, matte und schwerfällige Bewegung, steifbreiige oder
doch dickliche Entleerung, bei näherer Untersuchung sehr voller, mit
Fett förmlich umwickelter Körper, schlaffe, faltige, unthätige Haut,
auch vielfach federlose Stellen. Uebermäßiges und dann natürlich
ungesundes Fettwerden eines Vogels begründet sich in folgendem:
Unzweckmäßige Haltung und Ernährung, mangelnde Bewegung, Freß-
gier, in den meisten Fällen aber Erkrankung der Leber in verschiedenen Zuständen und Erscheinungen. Bei Besprechung der Leberkrank-
heiten werde ich noch näher auf das unnatürliche Fettwerden zurückkom-
men; Heilmittel für den Fall, in welchem ein Papagei durch unrichtige
Ernährung zu fett geworden: Möglichstes Fortlassen aller nahrhaften,
fettbildenden Futtermittel und anstatt derer Darreichung von magerm
Futter, auch zeitweise völlige Entziehung desselben; Gewährung von
möglich vieler Bewegung. Ist bei wirklicher Fettsucht oder einem

ähnlichen ungesunden Zustand zugleich Verstopfung eingetreten, so
gebraucht man die bei jener S. 394 angeordneten Mittel.

Wassersucht gehört zu den Erkrankungen, welche bei unseren
gefiederten Pfleglingen stets gleichbedeutend mit Tod und Verderben
sind, glücklicherweise aber nur selten auftreten. Ursache: zunächst
lediglich Erkältung und namentlich bei großen Papageien gewaltsames
Abbaden, welches man ohne genügende Vorsicht vornimmt; ferner
Störungen in der Thätigkeit edeler Körperorgane, so vornehmlich
Tuberkulose oder Geschwürchenbildung in den Eingeweiden, der
Milz u. a. Krankheitserscheinungen: Athembeschwerden, dann auf=
geschwollner Leib und im hochgradigen Zustand deutlich wahrnehm=
bare Flüssigkeit in dem aufgetriebnen Körpertheil. Sonderbarerweise
ist in den hervorragendsten, einschlägigen Werken, so den Büchern von
Prof. Zürn und Dr. v. Tresckow die Wassersucht beim Geflügel
garnicht erwähnt.

Krankheiten der Leber und der Milz treten ziemlich
häufig ein, doch sind sie im ganzen schwierig zu erkennen, und es ist
gerade bei ihnen schlimm, wenn man den Vogel krank vor sich sieht
und nicht weiß, bzl. festzustellen vermag, mit welchem Leiden man es
eigentlich zu thun hat. Ursache: unrichtige, zu schwer verdauliche oder
auch zu reichliche Fütterung, bei nicht ausreichender Bewegung, in=
folgedessen Verfettung (Fettleber) oder Bildung von Geschwürchen
(Tuberkeln) in der Leber. Oft ist sie eine Folge von Darmkatarrh,
bei welchem der Gang verschlossen wird, welcher die Galle in den
Dünndarm ausführt, wodurch Stauung, Aufsaugung der Galle ins
Blut und damit Gelbsucht verursacht wird. Kennzeichen bei letztrer:
das Auge und mehr oder minder alle nackten Körpertheile erscheinen
krankhaft gelb gefärbt; beim erstern Zustand: erschwertes Athmen,
Keuchen, schwerfällige Bewegung, breiige oder dicke Entlerung, bei
überaus vollem, wie in Fett eingewickeltem Körper mit schlaffer, faltiger,
unthätiger Haut und mehr oder minder großen nackten Stellen. Vor=
beugungsmittel: richtige, mannigfaltige und naturgemäß wechselnde,
zeitweise aber auch knappe Ernährung, und besonders ausreichende
Bewegung. Heilmittel bei Gelbsucht: für ausreichende Entlerung
durch Rizinusöl zu sorgen, sodann Eingeben von Salzsäure oder
doppeltkohlensaurem Natron; auch Glaubersalz, Aufguß von Kalmus=
wurzel oder Löwenzahnkraut=Extrakt. Die Tuberkulose oder Ge=
schwürchenbildung in der Leber, auch wol Leberfäule, ist unheilbar.

Geschwürchen in der Milz und Milzerweichung dürften wol auf den=
selben Ursachen beruhen, dieselben Erscheinungen zeigen und auch in
gleicher Weise behandelt werden müssen, wie die Tuberkeln und Ver=
fettung der Leber.

Alle Krankheiten des Herzens sind wiederum schwierig zu
erkennen, während sie viel häufiger vorkommen, als man anzunehmen
pflegt. Zürn spricht beim Geflügel von Herzbeutel=Entzündung und
gibt als Krankheitszeichen an: Hinfälligkeit, unsicher Gebrauch der
Füße, Athmungsbeschwerden und deutlich fühlbarer schneller Herz=
schlag; die Kranken sind traurig, sondern sich ab, suchen dunkle
Winkel auf, zittern und liegen; der Tod tritt rasch ein. Heilmittel:
versuchsweise Digitalis=Tinktur, zwei= bis dreimal täglich. Auch an
Herzmuskel= und Herzklappen=Entzündung sollen die Vögel erkranken,
doch weiß ich darüber nichts zu sagen. — Außerdem kommen vor:
Tuberkeln oder Geschwürchen im Herzen, die ich selber oft gefunden;
Verfettung des Herzens und im Gegensatz Entkräftung (Atrophie) des=
selben; jedenfalls dann auch Herzbeutelwassersucht, ferner Verknöche=
rung der Gefäßhäute oder Verengung des Hohlraums der Haupt=
schlagader (Aorta). Heilmittel sind bei allen diesen Erkrankungen wol
kaum anzuwenden; nur bei Herz= und Gehirnschlag (s. weiterhin). —
Herzverfettung ist mit Fettleber übereinstimmend und in ähn=
lichen Ursachen begründet, ebenso bedarf sie natürlich der gleichen
Behandlung.

Gehirnerkrankungen finden wir leider wiederum häufig
und mannigfaltig. Der vorhin erwähnte Gehirnschlag oder Schlag=
fluß zeigt sich in folgender Krankheitserscheinung: ein bis dahin offen=
bar gesunder, sehr munterer und lebendiger Vogel sträubt plötzlich das
Gefieder, taumelt oder geht rückwärts, dreht sich um sich selber oder
hält den Kopf in sonderbarer Weise schief, unter Augenverdrehen,
und rasch tritt der Tod unter Krämpfen ein. Die Oeffnung und
Untersuchung ergibt: das Gehirn (meistens zugleich das Herz und
die Lungen) mit Blut überfüllt, so daß der Tod also durch Schlag
verursacht ist. Am häufigsten kommen derartige Fälle bei heißem
Wetter vor und zwar durch erhitzende und erregende, ja selbst nur
zu reichliche Ernährung, z. B. durch zuviel Hanfsamen, ferner durch
starke und trockne Ofenhitze, Wassermangel, zumal in schwüler, trockner
Stubenluft; schließlich auch infolge von Aufregungen: Erschrecken,
Beängstigung, Eifersucht, Kampf u. s. w., besonders aber auch durch

geschlechtliche Erregung.		Vorbeugungsmittel: Abwendung aller der=
artigen unheilvollen Einflüsse, magre und knappe Fütterung, bei
vorwaltender Gabe von Grünkraut, Obst u. drgl., und wenn man
bereits Gefahr befürchtet, täglich Salzsäure im Trinkwasser. Noch
rasch im letzten Augenblick anzuwendende Heilmittel: kaltes Wasser
auf den Kopf, vermittelst Brause oder Auflegens eines damit ge=
füllten Schwamms, möglichst schleunig bewirkte Abführung durch
Rizinusöl und Klystir und, wo thunlich, ein vorsichtig ausgeführter
Aderlaß. Viele Vogelpfleger, insbesondre Leute, welche den Gebrauch
von Gewaltmitteln nicht scheuen, greifen zum Aderlaß selbst bei der
ersten besten Gelegenheit und zwar in der Weise, daß sie dem Vogel
einen Zeh oder wenigstens einen Nagel ohne weiteres fortschneiden.
Ich halte solchen Eingriff für unrecht, weil man dem Vogel dadurch
unverhältnißmäßig große Schmerzen macht, zugleich aber verabscheue
ich unter allen Umständen eine solche zwecklose oder doch wenigstens
nicht durchaus nothwendige Verstümmelung eines lebenden Geschöpfs.
Will, bzl. muß man, z. B. bei plötzlich eintretenden heftigen Krämpfen,
Blutentziehung vornehmen, so sehe ich einen Schnitt an der vollen,
fleischigen Brust oder am Schenkel, in beiden Fällen aber nicht zu
tief und im letztern keinenfalls so, daß der Knochen berührt wird,
als am geeignetsten zur Blutentziehung an; man schneide auch nie=
mals quer, sondern von oben nach unten. Je nach Größe des Vogels
läßt man 1 bis 5, höchstens 10 Tropfen Blut sich entleeren und
schließt dann die Wunde durch ein blutstillendes Mittel (s. weiterhin
bei Wunden). — Mehr früher als gegenwärtig kam die Drehkrank=
heit oder Taumelsucht, vornehmlich durch das fortwährende Drehen
um sich selber im engen, runden Käfig vor; seitdem die untauglichen
sog. Thurmbauer u. drgl. einerseits durch die in meinem „Lehrbuch
der Stubenvogelpflege, =Abrichtung und =Zucht“ und der Zeitschrift
„Die gefiederte Welt“ gegebenen Anleitungen zur Herstellung zweck=
mäßiger Käfige, andrerseits durch den Einfluß der vielen und groß=
artigen Vogel=Ausstellungen, fast überall verdrängt worden, sodaß
man nur noch bei verständnißlosen, bzl. gleichgiltigen Vogellieb=
habern runde Bauer überhaupt findet — ist die Drehkrankheit weit
seltner geworden. Wo sie noch vorkommt, muß man dem btrf. Vogel
einen guten, viereckigen Käfig bieten. Andere Ursachen der Drehkrank=
heit: Beschädigung des Schädels beim Umhertoben infolge Erschreckens
dadurch, daß der Vogel mit dem Kopf heftig gegen eine scharfe Kante

gestoßen. Kennzeichen: Der Papagei hält den Kopf eigenthümlich schief oder unnatürlich hintenüber, taumelt, dreht sich um sich selber, überschlägt sich und verfällt in Krämpfe. Noch weitre Ursache der Drehsucht: thierische Schmarotzer (Wurm im Gehirn). Taumelsucht als Folge der Schädel=, bzl. Gehirnbeschädigung ist kaum heilbar; nur unbedingte Ruhe kann den Vogel im Verlauf langer Zeit allenfalls noch genesen lassen. Ebensowenig liegen Erfahrungen inbetreff des letztern Falls vor. — Krämpfe, epileptische Anfälle u. a. werden gleichfalls durch Störungen in der Gehirnthätigkeit oder in der anderer wichtigen Körpertheile verursacht. Der Papagei stürzt plötzlich zusammen unter heftigen Zuckungen, Flügelschlagen und drehenden Bewegungen oder er zittert, schwankt, verdreht die Augen, dreht und wendet dann verzerrt den Kopf, fällt um und zappelt in heftigster Weise, sodaß er einen überaus beunruhigenden Anblick gewährt. Ursachen: unbefriedigter Geschlechtstrieb, Schreck und Beängstigung, starke Ofen= oder Sonnenhitze, Halten im zu engen Käfig, also mangelnde Bewegung, zumal bei überreichlicher und wol gar erregender Fütterung. Vorbeugungsmittel: Abwendung aller jener Fährlichkeiten. Wenn ein Krampfanfall nur einmal vorgekommen, so hat er meist keine Bedeutung; erst bei Wiederholung wird er beunruhigend, und der Vogelpfleger suche die Ursache zu ergründen und sie abzuwenden. Für krampfhafte Erscheinungen infolge von Parungstrieb, habe ich das Verfahren bereits S. 396 angegeben; bei allen Krämpfen aber ist noch folgendes zu beachten. Während des Anfalls nimmt man den Vogel in die Hand, damit er sich bei dem stürmischen Umhertoben nicht stoße und beschädige und hält ihn aufrecht, wodurch ihm zugleich Linderung gewährt wird; doch hat man sich dabei vor seinen Bissen zu hüten. Gerade bei Krämpfen wird das rohe Mittel des Nagel= oder Zehabschneidens am meisten angewandt, selbstverständlich aber gilt hier das, was ich inbetreff dessen bereits gesagt. Heilmittel: Entsprechende, wiederholte Gabe von einfacher Opiumtinktur, sowie von ätherischer oder einfacher Baldriantinktur und namentlich ein Dampf= oder Sandbad, andrerseits auch plötzliches Begießen mit kaltem Wasser, doch kaum erfolgverprechend. Wirkliche Hilfe kann nur durch Ermittelung und Hebung der Ursache des Reizes erlangt werden. — Lähmung der verschiedensten Körpertheile, am häufigsten der Füße kann zunächst durch eine Verletzung des Rückgrats durch plötzliches Auffliegen und heftiges Anstoßen gegen eine scharfe

Ecke verursacht sein. Solch' Papagei liegt kläglich auf dem Bauch und kann sich nicht auf eine Stange, einen Zweig u. a. niedersetzen, sondern hängt, mit dem Schnabel sich festhaltend, an einem Ast u. a. und der Körper baumelt in trübseliger Weise frei und ohne Ruhepunkt (Wellensittich u. a.). Auch in diesem Fall ist Heilung kaum zu ermöglichen, und ich kann nur auf das einzige Linderungs= und Heilungsmittel verweisen, welches ich bei jeder Gehirnverletzung angegeben: unbedingte Ruhe. — Anderweitige Lähmungen kommen von rheumatischen u. drgl. Leiden her, welche ich späterhin besprechen werde.

Erkrankungen innerer, edeler Körpertheile sind auch die Vergiftungen. Dieselben sind stets an sehr bemerkbaren Krankheitszeichen kenntlich, während die Feststellung des Gifts erklärlicherweise schwierig und meistens sogar unmöglich ist. Falls aber das Gift nicht zu ermitteln, so ist die Behandlung und damit die Aussicht auf Heilerfolg unsicher. Man thut dann gut daran, beim Verdacht jeder Vergiftung überhaupt, einhüllenden Schleim, Eiweiß, Altheewurzel= oder Leinsamen=Abkochung u. drgl., sowie kohlensaure oder gebrannte Magnesia in Wasser angerieben zu geben. Kennzeichen nach Professor Dr. Zürn: „Die mineralischen Gifte beschädigen das Thier meistens durch starkes Reizen der Magen= und Darmschleimhaut, durch Erzeugung von erheblichen Entzündungszuständen derselben. Die Giftpflanzen wirken durch ihren Gehalt an narkotischen Stoffen auf die Nervencentren und das Blut insbesondre oder durch den Gehalt an scharfen, erheblich reizenden Stoffen, dann auch noch in eigenthümlicher Weise auf Magen, Darm, Nieren. Die narkotischen Gifte, welche im Großen und Ganzen sich dadurch auszeichnen, daß sie bei den Thieren, die sie aufnehmen, starken Blutzufluß nach dem Gehirn und Rückenmark, sowie später Lähmung hervorbringen, können in ihrer Wirkung abgeschwächt werden durch Essig, Tanninauflösung, schwarzen Kaffe u. a. (letztrer, gleichviel Kaffeebohnen=Satz oder =Absud, soll jedoch, was indessen noch keineswegs bewiesen ist, für manche Vögel selbst giftig sein; bekanntlich behauptet dies der Volksmund auch vom Zucker für Enten, vom Petersilienkraut für Papageien u. s. w.); Glaubersalz als Abführungsmittel, kalte Begießungen auf Kopf und Rücken oder ein Aderlaß bringen sonst noch bei Vergiftungen Linderung oder Hilfe. Nach Genuß scharfstoffiger Pflanzentheile sind Abführmittel, dann Schleim und Chlorwasser zu empfehlen. Es gibt aber auch Giftpflanzen, welche narkotische und sehr scharfe Stoffe zugleich enthalten. Nach jeder Vergiftung zeigen sich, selbst wenn das bedrohte Thier gerettet ist, noch Nachwehen. Allgemeine Schwäche und Hinfälligkeit dauert kürzere oder längre Zeit an, je nach der Art des Gifts dann aber auch Verdauungsschwäche, Mangel an Freßlust u. a. und in vielen Fällen bleibt nach abgewendeter Gefahr noch immer Darm- und Magenentzündung mehr oder minder erheblich zurück.

Papageien vergiften sich leider recht häufig mit Oxalsäure (Zuckersäure), wenn sie in einem der leider noch immer nicht völlig verbannten Messingkäfige beherbergt werden, indem sie an dem Messinggitter lecken, wenn dasselbe geputzt und nicht sehr sorgfältig wieder trocken abgerieben ist. Erkennungszeichen: Taumeln, Kraftlosigkeit, Krämpfe, schwarze, schmierige und dann auch blutige Entleerung. Heilmittel: die bei allen Vergiftungen überhaupt angegebenen schleimigen Stoffe und insbesondre gebrannte Magnesia. Will der Papagei all' dergleichen freiwillig nicht nehmen, so gebe man ihm reichlich recht starkes Zuckerwasser zum Trinken und suche ihm darin wenigstens etwas im Wasser angeriebne gebrannte Magnesia beizubringen. Im Nothfall muß man ihm etwas davon eingießen. — Oft genug zieht sich ein Papagei, welcher immer oder zeitweise sich frei bewegen darf, durch Knabbern an Zündhölzchen Phosphorvergiftung zu. Krankheits- zeichen: Gesträubtes Gefieder, Zittern, Dasitzen mit gekrümmtem Rücken und halbgeschlossenen Augen, mangelnde Freßlust, Durst, wäßriger und blutiger Durchfall, Hinfälligkeit. Man ermittelt den Zustand manchmal durch Phosphorgeruch aus dem Schnabel. Heil- mittel: Chlorflüssigkeit, reines Terpentinöl und Eiweiß oder andrer einhüllender Schleim. — Wiederum eine Vergiftung bedroht den sich frei umherbewegenden Papagei darin, daß er einen Zigarren- stummel zernagt und frißt, trotz des bittern Geschmacks und Wider- willens, welchen Vögel sonst vor Tabak empfinden. Krankheitszeichen: Zittern, Taumeln, Lähmung, Krämpfe und gleichfalls blutige Ent- lerung. Heilmittel: Eiweiß oder Schleim und starke Gabe von Rizi- nusöl zum Abführen. — Wenn ein Papagei eine bittre Mandel oder eine verdorbne, bitter gewordne Nuß gefressen, sind Krankheits- zeichen: Beängstigung, Taumeln, Umfallen und Unfähigkeit sich zu erheben, Zittern, Krämpfe. Heilmittel: Eintauchen in kaltes Wasser und Begießen mit solchem, innerlich Salmiakgeist oder Hoffmanns- tropfen, halbstündlich und etwa dreimal im Tage. — Kupfer-

vergiftung kann vorkommen, indem ein Papagei u. a. am unsauber
gehaltnen Gitter eines Messingbauers leckt oder knabbert, oder schlimmer
noch, wenn die Verzinnung von einem kupfernen Gefäß schadhaft geworden und wenn man damit oder kupfernen Gefäßen an sich bei
Zubereitung, vornehmlich Aufbewahrung von irgendwelchen Nahrungsmitteln nachlässig umgeht. Krankheitszeichen: verringerte und dann
ganz mangelnde Freßlust, Würgen und Erbrechen, aufgetriebner Bauch
und Schmerz beim Drücken, Federnsträuben und Hocken am Boden,
heftiger Durchfall mit grün aussehender und blutiger Entlerung.
Heilmittel: Nach Zürn viel Eiweiß und andrer Schleim, Molken,
gebrannte Magnesia. — Gelegentlich kann auch Vergiftung durch
Blei eintreten, durch Verschlucken von Bleischroten oder anderen
Bleistückchen oder durch bleierne Wasserleitungsröhren, viel mehr noch
durch schlechtverzinnte (mit stark bleihaltigem Zinn) Trink-, Bade-
oder Futtergefäße, sodann durch bleiweißhaltigen Anstrich von
Käfigen u. a. und schließlich auch durch in der Häuslichkeit gebrauchte
Bleisalze, so den Bleizucker, selbst das bei Wunden angewendete
Bleiextrakt, Bleiwasser u. a. Krankheitszeichen nach Zürn, bei starker
Bleivergiftung: unter Taumeln, Niederfallen, Krämpfen und Durchfall, meistens plötzlicher Tod; bei geringer Bleivergiftung: Traurigkeit, mangelnde Freßlust, gesträubtes Gefieder, Flügelhängenlassen,
wankender Gang, auch Lähmung an Flügeln und Beinen, dünne,
flüssige, schwärzliche, übelriechende Entlerung, unter schwierigem Ab-
gang; besondres Kennzeichen bei Bleivergiftung ist, daß Kopf und
Hals sich krampfhaft hintenüber nach dem Rücken drehen. Auch bei
geringer Vergiftung erfolgt allmählich immer stärkere Abzehrung und
meistens stirbt der Vogel endschließlich doch an Erschöpfung. Heilmittel im wesentlichen die gleichen wie bei allen derartigen Vergiftungen: Einflößen von Schleim, mit Zusatz von Rizinusöl, doch löst
man, um gehörige Abführung zu bewirken, Glaubersalz darin auf
und wenn nöthig bringt man Klystire von lauwarmem Wasser bei.
In das Trinkwasser wird soviel Schwefelsäure getröpfelt, daß es
säuerlich schmeckt. — Vergiftung durch Arsenik könnte eintreten,
wenn man Ratten- oder Mäusegift unvorsichtig ausgelegt, am leichtesten aber infolge Benagens arsenikhaltiger Tapeten. Selbst bei ge-
ringster Arsenikaufnahme ist der Tod fast immer unabwendbar. Erkrankungszeichen nach Zürn: Völlig mangelnde Freßlust, Durst,
Speichelabsonderung aus dem Schnabel, häufiges Schlucken, große

Angst und Unruhe, Auslerung dünner, übelriechender, meist blutiger Kothmassen, erschwertes, verlangsamtes Athmen, unter den naturgemäßen Zustand weit herabgesunkne Körperwärme, vergrößerte Pupillen der Augen, Taumeln, Zittern, Krämpfe, rasch eintretender Tod. Heilmittel nach Zürn: Zuckerwasser, Eiweiß, Schleim, gebrannte Magnesia, vornehmlich aber Löschwasser aus der Schmiede, das Antidotum arsenici oder auch gallertartiges Eisenoxydhydrat. — Auch die übrigen stärksten Gifte, wie Strychnin, das Alkaloïd der Krähenaugen oder Kockelskörner, die Salze desselben und das Pulver jener letzteren, ferner alles, was zur Herstellung von vergiftetem Weizen oder als Mäuse- und Rattengift überhaupt dient, könnte den Stubenvögeln gelegentlich gefährlich werden, indem es durch jene Nager verschleppt und dadurch oder durch Entlerung in irgendwelches Vogelfutter gebracht wird. In fast allen Fällen sind Papageien bei derartiger Vergiftung wiederum vonvornherein verloren und es gibt dabei kaum eine Rettung, selbst wenn man die Ursache sogleich und mit Sicherheit festzustellen vermag; bevor das Gegenmittel zur Anwendung, bzl. zur Wirkung kommt, ist der Tod bereits eingetreten. Nach Zürn Krankheitserscheinungen bei Strychninvergiftung im leichtern Fall: angstvolle Unruhe, Zuckungen, dann Steifheit einzelner Glieder und des ganzen Körpers; bei Vergiftung im stärksten Maß: heftige Krämpfe, Verzerrung von Kopf und Hals nach dem Rücken, Lähmung, Erstickung. Er empfiehlt künstliche Respiration durch Lufteinblasen und wechselndes Zusammendrücken und Ausdehnen der Brust, Tanninauflösung, Einathmen von Aether und Aderlaß; nach meiner Ueberzeugung ist alles vergeblich. — Kohlendunst, bzl. Kohlenoxydgas kann, insbesondre bei Oefen mit Heizung von innen (während diese doch am vortheilhaftesten der Lüftung wegen sind), indessen auch bei solchen mit Heizung von außen, wenn die Kacheln oder sonst etwas undicht geworden, eintreten. Rauch und Dampf vermögen die meisten Vögel leidlich gut zu ertragen, d. h. freilich nur, wenn das Zimmer gelegentlich einmal davon erfüllt, dann aber wiederum schleunigst gelüftet wird. Bei häufigem Einströmen aber oder gar wenn es andauernd geschieht, können sehr verherende Wirkungen sich zeigen. In gleicher Weise unheilvoll kann für einen Papagei natürlich auch das Leuchtgas werden, falls dasselbe durch ein undichtes Rohr, einen schlechtverschloßnen Hahn u. a. einzudringen vermag. Hilfsmittel: selbst auf die Gefahr der Erkältung hin, muß

man schleunigst der freien Luft Eingang verschaffen, jeden erkrankten
Vogel hinaus oder doch in ein frischgelüftetes, recht sonniges Zimmer
bringen, wo er sich erholen kann, falls es noch möglich; ist ein Vogel
schon betäubt, ja, selbst wenn er kaum Lebenszeichen mehr gibt,
besprenge man ihn vermittelst einer Brause mit kaltem Wasser, halte
ihm auch wol vorsichtig Salmiakgeist oder Hoffmannstropfen auf ein
Baumwollflöckchen getröpfelt vor den Schnabel und flöße ihm von
den letzteren einen bis zwei Tropfen ein. Im übrigen muß er sich
von selber an der Luft erholen. — Ueber Tabaksrauch habe ich
schon S. 365 gesprochen. Bei plötzlicher, starker Wirkung, wenn
z. B. ein Papagei im Zimmer, in welchem ausnahmsweise einmal
viel geraucht worden, erkrankt ist, wendet man dieselben Ermunterungs-
und Heilmittel an, welche ich vorhin bei Kohlendunstvergiftung angegeben. Wenn der Papagei aber dem derartigen, schwächern Einfluß dauernd oder doch häufiger ausgesetzt ist, so erkrankt er entweder an Lungenentzündung oder er geht langsam an Abzehrung
zugrunde. Heilung ist nur dadurch möglich, daß man ihn in reine,
warme Luft bringt und zweckmäßig behandelt.

Auch Pflanzengifte können mehrfach zur unheilvollen Geltung
kommen. Herrn Kreisthierarzt Dr. Schaefer in Darmstadt erkrankten
durch Benagen grüner Zweige vom Lärchenbaum Wellensittiche
und große Papageien, Amazonen u. a. und mehrere starben. Gleiches
gibt Zürn von den Blättern und Beren des Eibenbaum (Taxus
baccata) an. Vorzugsweise gefährlich sind sodann Hundspeter-
silie, die verschiedenen Arten Wolfsmilch, Nachtschatten,
Hahnenfuß u. a. Ein frei im Zimmer sich bewegender Papagei
oder andrer Vogel kann auch vom Oleander oder anderen, gleichfalls
schädlichen Stubenpflanzen fressen; schließlich könnte eine Verwechs-
lung von giftigen Beren, namentlich denen der Tollkirsche, vorkommen.
Krankheitserscheinungen in allen solchen Fällen: Gesträubtes Gefieder,
Flügelhängen, sonderbare Bewegungen, Strecken, Seitwärts- und
Rückwärtsbiegen des Halses, krampfhaftes Schlucken und Schnabelaufsperren, als wolle der Vogel etwas entleren, Taumeln, starres
Ausstrecken der Füße, bald krampfhafte Zuckungen des ganzen Körpers
und Tod. Fast regelmäßig ist der Vogel verloren; der einzige Weg
zur Rettung ist der, schleunige Entlerung herbeizuführen, durch Beibringen von dünnem Schleim mit Oelgemisch und Glaubersalzauf-
lösung, ferner Oelklystire, wie bei Verstopfung angegeben, und Er-

wärmung des Unterleibs durch handwarmen Sand. Bei allen nar=
kotischen Pflanzengiften, die betäubend und lähmend wirken,
verordnet Zürn: Essig, Tanninauflösung oder schwarzen Kaffe=
v. Tresckow noch Zitronensäure. Gleiche Vergiftung wie durch bittere
Mandeln kann auch durch Kerne von Pfirsichen, Pflaumen,
Kirschen u. a. verursacht werden. Ferner sollen Kürbissamen,
welche gegen Bandwurm angewendet und auch sonst wol ohne weiteres
gefüttert werden, manchmal giftig wirken; durch Buchnüßchen oder
Buchectern sollen Hühner und Tauben vergiftet sein, und gleiches
könnte immerhin bei den Papageien eintreten; doch liegen noch keine
genaueren Angaben vor. Möglich, doch nur bei großer Unachtsamkeit,
wäre sodann eine Vergiftung durch das sog. Mutterkorn, welches
etwa unter die Futtersämereien gerathen. Dieselbe Gefahr birgt das sog.
Scheuerngesäme, also die Samen von allerlei Unkräutern, und
unter denselben die giftigen Körner von Kornraden, Trespen, Wolfs=
milch, Ackersenf u. a. m. Krankheitszeichen nach Zürn: Taumeln,
Zittern, Krämpfe, Lähmungen, starker Durchfall mit mehr oder minder
grünlicher Entlerung. Rettung wol kaum möglich; Heilungsversuch
wie bei den Pflanzengiften überhaupt. Vergiftung durch die grünen
Früchte der Kartoffeln (sog. Kartoffelglocken) könnte bei Papa=
geien auch wol, allerdings nur infolge grober Unkenntniß, bzl. Un=
achtsamkeit, stattfinden. Gleiches gilt von den verschiedenen Gift=
schwämmen oder =Pilzen, wie Fliegenschwamm u. a. Näher liegt
die Möglichkeit unheilvoller Einwirkung der Schimmelpilze, z. B.
durch im Innern schimmelig gewordene Maiskörner, schimmeliges
Eierbrot. Gleiches tritt ein, wenn die Körner vom sog. Maisbrand
(Ustilago maïdis) oder vom Weizenbrand (Tilletia caries) befallen
sind. Krankheitszeichen wie vorhin angegeben; Ursache nur durch
Untersuchung der Futterstoffe zu ermitteln. Für den erstern Fall
nach Zürn Behandlung wie bei starkwirkenden Pflanzenstoffen und
sodann schleunigstes Eingeben von schwefligsaurem Natron. —

Legenoth oder Erkrankung der Weibchen beim Eierlegen.
Es kommt vor, daß der einzeln gehaltne Papagei ein oder auch
mehrere Eier, manchmal sogar alljährlich ziemlich regelmäßig, legt.
Meistens geht dies glücklich vonstatten, nur selten erkrankt er
an Legenoth. Kennzeichen letzter: Der Vogel verliert seine Munter=
keit, sträubt das Gefieder, bis er zuletzt bewegungslos am Boden
hockt. Vorbeugungsmittel: Zugabe von Kalk; Verhinderung des

Zufettwerdens. Heilmittel: Ruhe; Bestreichen des Unterleibs mit erwärmtem Provenzeröl, Einführen eines in das Oel getauchten Stecknadelkopfs vorsichtig mehrmals in die Legeröhre (Oelklystir) und ein Dampfbad. Man setzt das Weibchen auf ein mehrfach zusammengelegtes, dickes Leinentuch, welches über einen Topf mit stark handwarmem Wasser gebreitet ist, und deckt es mit einem Zipfel lose zu, jedoch so, daß es nicht erstickt. Hier läßt man ihn eine halbe bis ganze Stunde sitzen, erneuert auch das heiße Wasser einigemal, dann wickelt man ihn in erwärmte, lose Baumwolle, deckt darüber ein Tuch so, daß nur der Kopf frei bleibt und bringt ihn auf eine warme Stelle, wenn möglich auf recht warmen Sand, bis er völlig abgetrocknet ist. Darauf wird er in eine warme Stube, bzl. in die Nähe des warmen Ofens gebracht, wo er möglichst ruhig verbleibt, bis er das Ei von sich gegeben hat. Für manche Fälle ist dies Verfahren aber nicht ausreichend. Man erweitert dann zunächst vermittelst des in warmes Oel getauchten Stecknadelkopfs sehr vorsichtig die Mündung der Legeröhre. Auch zersticht man vermittelst einer in Oel getauchten Stopfnadelspitze das in der Legeröhre festhaftende, mehr oder minder weichschalige Ei und sucht es zu zerdrücken und durch sanftes Streichen mit dem Finger herauszubringen. Dies ist jedoch immerhin sehr gewagt, und wer es nicht mit großer Vorsicht und Sorgfalt auszuführen vermag, sollte es jedenfalls lieber unterlassen. Neuerdings will man gute Erfolge in der Heilung der Legenoth dadurch erzielt haben, daß man einen dünnen Strahl kalten Wassers mehrere Minuten anhaltend auf den Unterleib des legekranken Vogels rinnen ließ. Alle derartigen Heilungsversuche sind jedoch nur zu unsicher.

Eingeweidewürmer. Mehrfach sind Bandwürmer bei Papageien nachgewiesen worden. Professor Zürn sagt, daß die Bandwürmer der Vögel, soweit man sie bisjetzt kennt, Blasenwürmer und daß bereits etwa sechs Arten beobachtet seien. Meistens leiden Papageien anscheinend durch derartige Schmarotzer nur wenig; immerhin aber können durch dieselben, wenn sie massenhaft vorhanden, erhebliche Gesundheitsstörungen verursacht werden. Die Uebertragung, bzl. die Zwischenwirthe der Blasenwürmer bei den Vögeln sind noch nicht bekannt. Kennzeichen: Solch' Papagei sitzt traurig da, mit gesträubten Federn, zeigt schleimige, wol mit Blutstreifen gemischte Entlerungen, leidet an immerwährendem Darmkatarrh, magert ab und geht, besonders wenn er schwächlich ist, durch Verkümmern zugrunde;

Tod zuweilen unter Krämpfen. Einziges Vorbeugungsmittel: äußerste
Reinlichkeit. Zur Heilung empfiehlt Zürn vor allem gepulverte
Arekanuß, ein besondres Mittel gegen den Blasenwurm, welches in=
dessen (wie freilich alle Arzneimittel) den Vögeln schwierig beizubringen
ist; ebenso verhält es sich mit Rainfarn= und Wurmfarnwurzel u. drgl.
gegen Eingeweidewürmer. Dagegen habe ich beobachtet, daß nach
mehr oder minder großen Gaben von Leinöl, vielleicht auch anderen
Oelen, sowol Band= als auch andere Eingeweidewürmer entlert wurden.
Uebrigens gelten ebenso die Kürbiskerne als Wurmmittel, und nament=
lich Papageien nehmen dieselben gern. — Auch noch mancherlei andere
Eingeweidewürmer, mehr oder minder schädlich werdende Schmarotzer,
wie Leberegel u. a. Saugwürmer, Spulwürmer u. a. Rundwürmer,
Fadenwürmer u. drgl., können bei den Vögeln vorkommen; bis jetzt
sind wir jedoch inbetreff aller derartigen bei den Stubenvögeln auftreten=
den Arten noch völlig im Unklaren. Nur vielfache mikroskopische Unter=
suchung der Entlerungen könnte den Beweis des Vorhandenseins solcher
Schmarotzer liefern; ich rathe bei jedem wurmverdächtigen Papagei zu
einer recht großen Gabe von Leinöl oder auch anderm fetten Oel, viel=
leicht mit Zusatz von äußerst wenig Anis= oder anderm ätherischen Oel.

Der Luftröhren= oder Kehlkopfswurm (Syngamus
trachealis s. Strongylus Syngamus), zu den Rundwürmern gehörend,
welche in den Athmungswegen schädlich wirken, indem sie sich in und
unter die Schleimhaut der Luftröhre (aber auch der Speiseröhre, des
Vormagens, Magens und der Därme) einbohren und hier blutsaugend
sich ernähren und Röthung, Anschwellung, dicken zähen Schleimbelag
und dadurch, sowie durch den sich immer mehr vollsaugenden Körper
selbst Erstickung hervorbringen können. Der bekannteste und zugleich
am verderblichsten auftretende ist der Luftröhrenwurm. Wenn man
den Kehlkopf eines daran gestorbnen Vogels öffnet, findet man eine
stark entzündete, blutrünstige Stelle von mehr oder minder großem
Umfang und hier einen oder mehrere dieser scheußlichen Blutsauger,
röthlich von Farbe, schlauchartig nach hinten zugespitzt, mit halbkug=
ligem Kopf und rundlichem, von sechs Papillen umgebnem Maul, mit
starker, horniger, mit Zähnen und Stacheln ausgerüsteter Mundkapsel,
die wie ein Schröpfkopf wirkt. Männchen 4—5 mm, Weibchen 12—13 mm
lang, Dicke 0,5—0,6 mm. Eier elliptisch, fast zylindrisch, an beiden
Enden kleine, kreisförmige Lücken, die mit feiner Haut verschlossen sind,
Länge 0,11 mm, Dicke 0,036 mm (Zürn). Erkrankungszeichen: eigen=

thümliches Husten, unter Hin= und Herschleudern des Kopfs, zuweilen Auswerfen von Schleim, ferner Athemnoth, indem der Vogel den Schnabel aufsperrt und nach Luft schnappt. Uebertragung dadurch, daß der Kranke selbst oder ein andrer Vogel den ausgeworfnen Schleim, in welchem sich massenhaft Eier des Schmarotzers befinden, auffrißt. Vorbeugungsmittel: Strenge Absonderung jedes neu ange= kauften oder erkrankten Vogels und sorgsame Beobachtung. Sobald ein Papagei die erwähnten Krankheitserscheinungen zeigt, sind Auswurf und Entleerungen mikroskopisch nach Eiern des Luftröhrenwurms zu untersuchen, sodann äußerste Reinlichkeit; in trockenen, sehr sauber ge= haltenen, stets mit reinem Sand ausgestreuten und gut gelüfteten Räumen soll der Luftröhrenwurm überhaupt nicht vorkommen. Ist der Luftröhrenwurm bei mehreren Papageien aufgetreten, so ist eine gründliche Desinfektion des Raums, also der Käfige und namentlich der Futter= und Wassergeschirre nothwendig, zunächst durch Waschen mit heißem Seifenwasser und dann mit Karbolsäurewasser. Heilmittel nach Zürn: Besichtigung des Kehlkopfs und wenn möglich Heraus= nehmen des Wurms mit einer feinen Pinzette; ferner hat man ver= sucht, die Luftröhre einzuschneiden und nach Entfernung des Schma= rotzers die Wunde zu verheilen; von Einpinseln vermittelst einer in gereinigtes Terpentinöl oder Benzin getauchten Federfahne erwartet Zürn nicht viel, mehr vom Einathmen von Kreosotwasser=Dämpfen. Ich schlage noch vor: einem Papagei, bei dem man den Luftröhren= wurm sicher festgestellt, mehrmals Gaben von gutem, reinem Leinöl zu verabreichen; mancher Vogel leckt dasselbe freiwillig und man gebe ihm dann etwa einen Theelöffel voll; bei einem andern muß man es mit Gewalt tief in den Schlund hineinpinseln; freilich scheinen einige Vögel, z. B. die Pinselzünglerpapageien oder Loris, das Leinöl nicht zu vertragen. Noch wirksamer als dasselbe, namentlich bei kräftigen Vögeln, dürfte das Einpinseln von Salzwasser tief hinab in die Kehle und etwa alle drei Tage einmal sein.

Die äußerlichen Krankheiten. Wunden. Alle Vögel haben in höherm Maß als die meisten übrigen Thiere die Fähigkeit zur Selbst= heilung. Sogar bedeutende Wunden heilen lediglich durch Reinhaltung, also Auswaschen vermittelst eines Schwamms mit reinem Wasser, Küh= lung mit letzterm, Anwendung desinfizirender Mittel, wie namentlich Karbolsäure und sodann Ruhe, in kürzester Frist. Schnittwunden, voraus= gesetzt daß sie mit einem scharfen und reinen Messer beigebracht worden, heilen am leichtesten, doch kommen sie bei Papageien kaum oder nur selten vor. Behandlung wie vorhin angegeben und mit Karbolsäureöl zu verbinden. Häufiger sind mehr oder minder bedeutende Biß- oder Rißwunden, letztere durch irgendwo hervorstehende Draht- oder Nagelspitzen verursacht. Jede derartige Quetsch- und Rißwunde heilt schlechter, weil sie Entzündung und Eiterung mitsichführt. Soweit als möglich Ausblutenlassen, Auswaschen mit Arnikawasser, oder, wenn schlimmer, Kühlen mit Bleiwasser, dann Aufstreichen von Glyzerin-, Vaseline- oder Bleisalbe genügt trotzdem größtentheils. Da letztre giftig ist, aber auch die ersteren vom Papagei stets abgeleckt werden, so ist es nothwendig, den verwundeten Körpertheil, nach gut angelegtem Verband, durch Einnähen in feste, grobe Leinwand zu sichern. Ist die Wunde tief und blutet sie stark, so muß, nach sorgfältigem Reinigen vermittelst eines in Arnika- oder Bleiwasser getauchten Schwamms, blutstillende Watte aufgelegt oder blutstillendes Kollodium übergepinselt werden; auch stillt man die Blutung wol durch Eintauchen in oder Ueberpinseln von Eisenchlorydflüssigkeit. Allerschlimmstenfalls ist die Wunde mit einer chirurgischen Naht zu schließen, was am besten ein Wundarzt oder Heilgehilfe ausführt, und dann wird gleichfalls Kollodium darübergestrichen. Große, klaffende Wunden, die sich nicht vernähen lassen, besonders Rißwunden, werden, selbstverständlich nach Reinigung wie oben angegeben, mit Karbolsäureöl oder Vorsäureauflösung ausgepinselt. Schlecht heilende, stark eiternde und immer wieder aufbrechende Wunden müssen täglich ein- bis zweimal mit lauwarmem Karbolsäurewasser gereinigt und dann mit Liniment aus dünnem Schleim von arabischem Gummi und Karbolsäure oder Vorsäure ausgepinselt werden. Bleibt nach dem Zuheilen einer Wunde eine Geschwulst zurück, so bestreicht man dieselbe täglich zweimal mit Kampherspiritus. Brandwunden behandelt man wie beim Menschen mit Liniment aus Kalkwasser und Leinöl oder Bleiessig und Baumöl, im leichtern Fall mit Blei-Kollodium; immer muß man aber mit einem dicken Pausch von Watte zum Abschluß der Luft und damit der Vogel nicht an den giftigen Bleimitteln lecken kann, wie bereits vorgeschrieben, einen festen, sichern Verband anlegen und im Nothfall den Körpertheil einnähen. Mehrfach sind schwere Verletzungen in der Weise eingetreten, daß ein Papagei auf ein heißes Plätteisen, einen ebensolchen Lampenzylinder, eine Kochplatte sich gesetzt oder einer glühenden Ofenthür zunahe gekommen; im ersten

Augenblick kann man dann den Vogel sofort in lose, saubre Baumwolle oder Watte hüllen, und in einen offnen Käfig bringen, wo er
durchaus ruhig verbleibt, bis man alle Hilfsmittel zur Hand hat, um
die oben angegebne Behandlung vornehmen zu können. Sorgfältigste
Reinlichkeit ist bei der Behandlung aller Wunden das erste und
wichtigste Erforderniß; die Schwämme sowol, als alle übrigen Ge-
brauchsgegenstände beim Verbinden der Wunden müssen höchst sauber
gehalten werden, denn die geringste Verunreinigung kann hier zum
Verderben führen; erstere sind nach dem Gebrauch stets in siedendem
Wasser auszubrühen, auch wol auszukochen und dann in reinem,
kaltem Wasser noch mehrmals durchzuwaschen; die letzte Ausspülung
sollte stets in abgekochtem oder besser destillirtem Wasser geschehen.
Schließlich ist zur Heilung jeder Wunde unbedingte Ruhe durchaus
nothwendig.

Auch die Knochenbrüche heilen bei den Vögeln erstaunlich
leicht. Der einfache Fußbruch oberhalb des Knöchels bedarf lediglich
der Ruhe, um vortrefflich wieder einzuheilen, sodaß der Fuß meistens
nicht einmal schief wird. Rathsamer ist es, die beiden Knochenenden
durch vorsichtiges Ziehen in die richtige Lage zu bringen, zwischen
zwei glatte Hölzchen als Schienen zu legen, und diese ziemlich fest
mit gestrichnem Heftpflaster, besser mit Leinwand oder am wohl-
thätigsten mit einem dicken, weichen Baumwollfaden zu umwinden,
darüber Gipsbrei oder dickgekochten, noch warmen, doch keinenfalls
heißen, Tischlerleim zu bringen, den Papagei bis zum Trocknen festzuhalten und ihn dann in einen engen Käfig zu stecken. Nach etwa
vier Wochen kann man den Verband durch Aufweichen mit Wasser,
bzl. Lösen mit einer Schere, vorsichtig abnehmen. Die Schienen,
welche man eigentlich nur beim schweren Bruch anzulegen braucht,
können in glatten, dünnen Hölzchen bestehen, oder in hohlen, halb-
röhrenförmigen Stäben von Rohr, Flieder (bei kleinen Vögeln auch
wol in dicken Stroh- u. a. Halmen); immer müssen sie, wenn möglich,
den ganzen Fuß umschließen. Schwieriger ist ein Bruch am Flügel
zu heilen: um Schmerz und Reiz zu vermeiden, müssen die Federn
abgeschnitten, aber nicht ausgezupft, werden. Zürn räth, die Stelle
mit einer wollenen Binde, darüber mit einer in Wasserglas-Auflösung
getauchten Leinwandbinde zu umwinden und gepulverte Schlemmkreide
aufzustreuen. Dieser Verband soll den Vorzug haben, festzuhalten und
sich dabei doch leicht abschneiden zu lassen. Als Schienen empfiehlt

er Pappstreifen oder besser dünne norwegische Verbandspäne. Wenn der Bruch sehr schwer, zugleich mit äußrer Verletzung, sodaß die Stelle wol nur noch durch eine Sehne oder gar bloß durch einen Hautfetzen zusammengehalten wird, so ist zu erwägen, ob man besser thut, vermittelst Schnitts das Glied zu trennen oder ob man den Versuch einer Zusammenheilung trotzdem unternehmen will. Vor allem ist die Bruchstelle, wie bei Wunden (s. S. 410), sorgfältig zu waschen, bzl. zu reinigen. Der Schnitt ist meist nicht gefährlich, denn alle sog. Amputationen, also Abschneiden, Abstemmen oder sonstiges Abtrennen von Gliedern, sind bei den Vögeln in der Regel weder schwierig auszuführen, noch gefahrvoll. Eine Unterbindung der Adern ist nicht nothwendig und würde auch nur von einem Sachverständigen vorgenommen werden können; man sucht vielmehr die Blutung, wie vorhin angegeben, zu stillen und legt ebenso einen entsprechenden Ver= band an. Nicht selten, selbst wenn es unabwendbar geworden, einen Fuß oberhalb der Klaue abzuschneiden, überläßt man den Vogel ohne weitres sich selbst, und er heilt in vortrefflichster Weise aus, indem sich häufig ein kräftiger, dicker Stumpf bildet, welcher gut zur Stütze dient. Für den Versuch der Zusammenheilung werden beide Stellen durch Waschen mit Arnika= oder Bleiwasser gereinigt, dann zusammen= gefügt, mit in Karbolsäureöl getauchter Watte umhüllt und nun, wie oben vorgeschrieben, fest verbunden. Natürlich muß der Vogel im möglichst engen Raum gehalten werden, sodaß er sich fast garnicht bewegen und die Bruchtheile keinenfalls aus der Lage bringen kann. In den nächsten Tagen ist dann aber sorgfältig darauf zu achten, ob der äußre Theil des zerbrochnen Glieds nicht abstirbt, schwarz und wol gar brandig wird. Oft heilt auch unter solchen Umständen die Stelle oberhalb gut zu, und das nachher völlig abgestorbne Glied wird durch die Heilung von selber abgestoßen. Bei wirklichem Brandig= werden der Bruchstelle muß schleunigst, nach Lösung des Verbands, durch einen schnellen, geschickten Schnitt vermittelst eines scharfen Messers oder gleicher Schere der Theil noch ein Endchen oberhalb der Bruchstelle abgetrennt werden. Wenn ein Knochenbruch inmitten dicken Fleisches, so also namentlich am Schenkel oder ein Bruch oder sonstige Beschädigung des Brustknochens u. drgl. stattgefunden, so ist ein Verband kaum anzulegen; man verlasse sich dann unbedingt auf die Selbstheilung und sorge vor allem für vollkomne Ruhe. Jeden derartig leidenden größern Vogel bringe man in einen so engen Käfig, daß er sich nicht einmal umwenden kann; damit er sich nicht stoße und beschädige, stopft man zu beiden Seiten, bzl. ringsum, weiches Heu ein, viel weniger gut für diesen Zweck ist Watte; die Fütterung besorge man mit großer Behutsamkeit; nachdem man den Boden des Käfigs mehrere Finger hoch mit trocknem Sand beschüttet, unterlasse man die Reinigung zunächst lieber ganz oder besorge sie doch nur selten. So gehalten, wird der Papagei in spätestens sechs Wochen vom schwersten Knochenbruch geheilt sein. Schwieriger als jeder Bruch ist eine Verrenkung, gleichviel welches Körperglieds, zu heilen. Das Wiedereinrenken kann nur von einem erfahrnen Vogelwirth, der sehr geschickt und seiner Sache ganz sicher ist, besorgt werden; Aerzte und selbst Thierärzte sind unseren Stubenvögeln (und ebenso dem Geflügel) gegenüber in solchem Fall meistens rathlos. Nach dem Einbringen eines verrenkten Gliedes ist natürlich unbedingte Ruhe für sehr lange Zeit das wichtigste Erforderniß. — Um einem Vogel jeden durch irgend= welche sog. Operation, also einen Einschnitt, Umlegen eines Verbands, Einrenkung u. a. verursachten Schmerz soviel als möglich zu lindern oder zu benehmen, hat man bereits mehrfach Chloroform mit Erfolg angewendet; ich darf daher den Gebrauch desselben, sowie anderer Betäubungsmittel empfehlen.

Geschwüre bilden sich (außer den bei inneren Krankheiten bereits erwähnten) an den verschiedensten Körpertheilen, vorzugsweise bei Papageien, leider nicht selten. Zunächst untersuche man sorgsam, ob die Anschwellung hart oder weich, ob sie fest und fleischig oder mit Flüssigkeit, Eiter, bzl. Brei gefüllt ist, ferner ob sie entzündet, roth und heiß oder gelb ist, und dem Befund entsprechend muß das Geschwür behandelt werden. Das reife Eitergeschwür, welches also mehr oder minder weich ist und gelb aussieht, kann gewöhnlich ohne Gefahr durch einen Einschnitt und gelindes Ausdrücken entleert und dann mit einem in Karbolsäureöl getauchten Bäuschchen von Wund= fäden (sog. Charpie) oder mit Wundwatte oder auch mit einem Ham= burger Pflaster verbunden werden; keinenfalls mache man den Einschnitt zu tief, und das Ausdrücken muß möglichst vollständig, doch vorsichtig geschehen. Kleinere Geschwüre braucht man dann nur mit Karbolsäureöl auszupinseln, und auch bei den größten ist das Anlegen des Verbands bloß in den ersten Tagen nothwendig. Ein hartes, insbesondre großes und tiefliegendes Geschwür erweicht man mit warmem Breiumschlag (s. Anhang Arzneimittel), welcher immerfort erneuert werden muß, bis

Reife eingetreten; eine sehr entzündete Anschwellung kühlt man mit Blei=
wasser und erst, wenn man sich überzeugt hat, daß sich wirklich ein Ge=
schwür bildet, sucht man es durch warmen Breiumschlag baldigst zu
erweichen. Leider nur zu häufig treten bei Papageien Balggeschwüre auf,
besonders am Kopf, neben dem Schnabel oder in der Augengegend. Ein
Balggeschwür ist weder hart noch weich, mit häutiger Masse gefüllt und
vergrößert sich übermäßig oder geht tiefer und verursacht dem Vogel
in jedem Fall Unbequemlichkeit und Schmerzen; solange das Balg=
geschwür klein ist und lose in der Haut sitzt, läßt es sich durch Aetzen
mit Höllenstein oder besser noch durch Abbinden vermittelst eines
dünnen, aber festen Fadens entfernen. Man faßt es mit Zeigefinger
und Daumen der rechten Hand, hebt es hoch, und ein Andrer legt
nun den Faden um, indem er möglichst kräftig zuschnürt. Der unter=
bundne Theil stirbt ab und sobald die Stelle verheilt, fällt das Ab=
geschnürte von selber hinweg. Will man lieber fortschneiden, so verfährt
man ebenso, nur daß man, anstatt den Faden umzulegen, vermittelst eines
scharfen Messers das Ganze schnell, doch vorsichtig, herauslöst. Wie
bei großen Wunden vorgeschrieben, wird dann verbunden und behan=
delt. Meistens jedoch kommen die Balggeschwüre aus innerer Ver=
derbniß der Säfte her und das örtliche Fortbringen des einzelnen
nützt nicht viel, weil immer neue entstehen. Der Papagei ist dann
in der Regel verloren, falls er nicht mehr durch strengste Enthaltung
von jeder naturwidrigen Fütterung und durch sorgsamste, naturgemäße
Pflege, vor allem aber durch die Einwirkung frischer Luft, wieder=
hergestellt werden kann: Zugabe von Salicylsäure im Trinkwasser
dürfte nebenbei gute Dienste leisten. Größtentheils aus den letzt=
erwähnten Ursachen hervorgehend bilden sich an den vorhin genannten
Stellen auch warzenartige Auswüchse oder Wucherungen, die wol gar
aufbrechen, massenhaft Flüssigkeit (Lymphe) oder Eiter absondern,
manchmal ganz wund werden; sie sind meistens kaum zu heilen, und
zugleich kann im letztern Fall Ansteckung bei anderen Vögeln eintreten.
Besteht eine Geschwulst bloß in einer Fleischwucherung, vielleicht von
warzenartiger Beschaffenheit, so kann man sie, wenn sie klein ist,
durch Abschneiden und wenn größer durch Abbinden, entfernen. Ist
es aber eine tiefgehende, mehr oder minder große und verhärtete Ge=
schwulst, welche aufbricht und viel Flüssigkeit oder Eiter absondert,
während auch wol sog. wildes Fleisch hervorwuchert, so ist die Heilung
schwierig, und es kann ein krebsartiges oder sonstwie ansteckendes

Geschwür sein. Man bepinselt die gewöhnlich ekelhaft aussehende, rohe Fleischmasse mit Aloë= und Myrrhentinktur zusammen drei Tage hintereinander, am vierten betupft man sie an der ganzen Oberfläche tüchtig mit einem befeuchteten Höllensteinstift und am fünften bestreicht man sie mit verdünntem Glycerin, um am sechsten Tage wiederum in derselben Reihenfolge anzufangen. Dazu gibt man Salicylsäure im Trinkwasser und setzt die Kur mehrere Wochen lang fort, während der Vogel in der Fütterung knapp gehalten wird. Als wildes Fleisch bezeichnet man hervorwuchernde, leicht blutende, warzenähnliche kleine Gebilde oder sog. Granulationen, welche, während sie in der Regel zum naturgemäßen Heilungsvorgang gehören, hier zu übermäßig wuchern und daher am besten durch Aetzen mit Höllenstein entfernt werden müssen, weil sie sonst wol in Eiterung übergehen. Bei frisch= eingeführten Papageien, welche unterwegs schlecht verpflegt und ge= halten worden, bilden sich unter den Flügeln und auch an anderen Stellen zuweilen scheußliche Blutgeschwüre in der Gestalt von Knollen. Da dieselben gewöhnlich auf Blutvergiftung (vrgl. Sepsis S. 389 ff.) beruhen, so ist mit ihrer Entfernung allein nichts erreicht, während man sie allerdings durch Abschneiden oder Abbinden unschwer fort= bringen kann. Wenn man gegen Blutvergiftung verordnete Mittel anwendet, schreite man zur Befreiung des Vogels von jenen Blut= geschwüren nicht eher, als bis er im Allgemeinbefinden sich schon auf dem Wege der Beßrung zeigt. — Geschwülste oder Anschwellungen können Folgen oder Erscheinungen von mancherlei Leiden sein. Ist eine Anschwellung durch Stoß oder Schlag, also infolge einer Quetschung der Bindegewebe, hervorgerufen, so kühlt man mit Blei= wasser, und wenn die Quetschung nicht zu schwer ist, darf man die Heilung ohne weiteres der Natur überlassen. Eine sog. Fett= geschwulst, welche durch naturwidriges Wuchern der Fettzellen ent= steht und bei Stubenvögeln selten vorkommt, ist nicht etwa durch Futterentziehung zu heben, sondern durch Aufschneiden, Entlerung vermittelst gründlichen Ausdrückens und Auspinselung mit Karbol= säure. Gleiches ist den sog. Grützbeuteln oder Grützgeschwüren gegen= über zu beachten. Sie bestehen in einer meist runden, weich anzu= fühlenden, weder erhitzten, entzündlichen, noch eiterig gelben Geschwulst und enthalten eine ekelhafte, weiße, dünnbreiige Masse, müssen nach einem tüchtigen Schnitt durch Ausdrücken entlert und innen mit Karbolsäureöl ausgepinselt werden. Außerdem kommen auch noch zahlreiche anderweitige Geschwüre vor; z. B. häufig innerhalb des Schnabels bis tief hinab in der Kehle, an und unter der Zunge. Dabei nützt örtliche Entfernung durch Aetzen mit Höllenstein oder Blaustein nichts, da der im Körper befindliche Krankheitsstoff immer wieder ein neues Geschwür hervorbringt. Nur durchaus naturgemäße Fütterung, Zugabe von Salicylsäure im Trinkwasser und in sehr schweren Fällen Anwendung des einen oder andern der bei der Sepsis vorgeschlagenen Mittel kann Aussicht auf Heilung bringen. — W a r z e n und warzen= artige Gebilde oder Wucherungen zeigen sich gleichfalls an den ver= schiedensten Körpertheilen, insbesondre am Kopf, um den Schnabel; Gestalt verschiedenartig, zuweilen gefäßreiche Haut= und Fleischgebilde, manchmal recht schmerzhaft. Die bloßen Hautwarzen (auch wol Haut= hörner) bringt man wie beim Menschen am besten durch tägliches Betupfen mit Höllenstein oder anderen Aetzmitteln, wenn sie größer sind, aber noch lose in der Haut sitzen, durch Abbinden, und falls sehr groß und tief, durch vorsichtiges, sachgemäßes Herausschneiden fort; eine dadurch entstehende bedeutende Wunde muß wie S. 411 angegeben behandelt werden. Bloße Fleischauswüchse, Hautwucherungen u. drgl. braucht man nur wegzuschneiden; ist ein solcher Auswuchs ausnahms= weise groß, so kann man ihn auch abbinden, ist er klein oder befindet er sich an einer besonders empfindlichen Stelle, so ätzt man ihn lieber mit Höllenstein fort. Weichwarzen bilden sich vorzugsweise rings um den Schnabel, in der Augen= und Ohrgegend, auch wol an der Kehle. (Hierher gehören meistens die vorhin erwähnten geschwürartigen Ge= bilde im Schnabel). Sie sollen nach Z ü r n in der diphtheritisch= kroupösen Schleimhautentzündung (s. S. 383), also in den Gregarinen oder Bacillen dieser begründet sein, und daher können sie ansteckend wirken, jedoch erst, wenn sie bei großer Vernachlässigung aufbrechen und schorfige, eine ätzende Flüssigkeit absondernde und sich weithin verbreitende Stellen bilden. Eine solche Erkrankung habe ich mehr= mals und an verschiedenen Vögeln beobachtet. Bei einem Rosenkopf= sittich war eine ganze Kopfseite angegriffen, nachdem das Uebel vom Auge ausgegangen und dieses zerstört worden; die Federn an dieser Stelle im weiten Umkreis hatten das schöne Rosenroth verloren und erschienen fahl mißfarbig. Uebrigens war das Uebel in diesem Fall nicht ansteckend, denn der Vogel lebte mit seinem Weibchen jahrelang zusammen, ohne daß dieses erkrankte, auch nistete das Pärchen erfolg= reich. — Nächstdem gibt es bei den Vögeln auch mannigfaltigen

Ausschlag. Schorf oder Borke, welche sich an wunden Stellen bildet und aus getrockneter Lymphe oder solchem Eiter besteht und den naturgemäßen Heilvorgang befördert, müssen wir vom eigentlichen Ausschlag unterscheiden; wir brauchen denselben nur mit mildem Fett oder besser Karbolsäureöl zu bestreichen. Sodann treten an allen nackten Körperstellen, besonders im Gesicht, um den Schnabel herum, blätterige und bläschenartige Schorfe auf, aus denen sich entweder größere Geschwüre, Eiterstellen oder Wunden entwickeln. Meistens beruhen dieselben in Säfteverderbniß, verursacht durch naturwidrige Verpflegung. Heilmittel: vornehmlich Salicylsäure und äußerlich hauptsächlich Karbolsäureöl; die innere Schnabel- und Rachenfläche kann man auch mit Aloë- und Myrrhentinktur oder besser mit Höllen-steinauflösung auspinseln. Am schlimmsten sind schwammartige Wucherungen an den Schnabelwinkeln, welche sich weithin nach außen, aber auch in den Schnabel hinein erstrecken und meistens sehr hart-näckig sich zeigen. Heilung nur von innen heraus möglich, dann Be-pinseln mit Höllensteinauflösung, und wo sie sehr üppig wuchern, sucht man sie auch mit dem Höllensteinstift zu vernichten.

Gicht, Rheumatismus und mancherlei Lähmungen. Zürn bespricht die erstre als eiternde und gichtische Gelenkentzündung, deren Unterscheidung jedoch für den Vogelpfleger keine Bedeutung hat. Ursachen: Erkältung oder auch Verletzung, sowie Sitzen auf zu dünnen und scharfkantigen oder überhaupt nichts taugenden Stangen. Krankheitszeichen: Verminderung der Freßlust, Fieber mit Gefieder-sträuben und Schütteln, Anschwellungen an den Gelenken der Flügel und Füße, die anfangs hart, stark geröthet, heiß und schmerzhaft sind, dann weich sich anfühlen und eine mit Blut und Eiter gemischte Flüssigkeit enthalten; späterhin werden sie wieder hart, und der In-halt ist gallertartig und käsig; zuweilen findet nach Wochen Selbst-heilung statt, doch bleibt gewöhnlich Verdickung des Gelenks zurück. In einem andern Fall tritt langsame Abmagerung bei Blutarmuth (blasse Schleimhäute), dann starker Durchfall und Tod an Erschöpfung ein. Vorbeugungsmittel: Abwendung der vorhin angeführten Ur-sachen, so jeder Erkältung, vornehmlich beim Stubenreinigen, bzl. Lüften frühmorgens. Heilmittel: Trockenheit und Wärme; wenn die Anschwellung entzündlich und heiß, Kühlen mit Blei- oder Essig-wasser, falls die Anschwellung hart, Einreiben mit Kampher- und Ameisenspiritus oder Pinseln mit verdünnter Jodtinktur, auch Be-

wickeln mit erwärmtem Wollzeug; wenn die Geschwulst eiterig, Auf=
schneiden, doch keinenfalls zu früh, Ausdrücken und Auspinseln mit
Karbolsäurewasser; innerlich Salicylsäure im Trinkwasser. — Wellen=
sittiche, selten andere Papageien, zeigen zuweilen die Füße, manchmal
auch die Beine bis zum Schenkel mit zahlreichen gelben Knoten be=
deckt, welche mit Eiter gefüllt sich ergeben, ohne wirkliche Geschwürchen
zu sein. Sowol die Erforschung der Krankheitsursache, als auch die
bisherigen Heilversuche haben noch zu keinem Ergebniß geführt, und
ich vermag daher nur anzurathen: sorgsame, sachgemäße Verpflegung
nebst Bepinselung der Eiterknoten mit starker Höllensteinauflösung oder
Fortätzen mit dem Höllensteinstift, natürlich bei großer Vorsicht; das
Aufschneiden und Ausdrücken aller einzelnen gelben Bläschen dürfte
weniger rathsam sein, da der Inhalt nicht flüssig oder breiig, sondern
käsig, zähe oder krümelig ist. — R h e u m a t i s c h e L e i d e n, die in
schmerzhafter Lähmung ohne Gelenkanschwellungen sich äußern, können
gleicherweise durch Erkältung, besonders Zugluft oder nach unvor=
sichtigem Abbaden u. s. w. entstehen. Heilungsversuch: Einreiben mit
warmem Oel oder besser erwärmter Rosmarinsalbe und Umwicklung
des schmerzhaften Glieds mit einem erwärmten Wolltuch, welches
selbstverständlich festgenäht oder durch einen entsprechenden Verband be=
festigt sein muß. Bepinseln mit Petroleum oder gereinigtem Terpentinöl
darf man nur im Nothfall anwenden, denn der Geruch ist für jeden
Vogel widerwärtig und schädlich. Warmer Raum und wenn möglich
warmes Sandbad sind nothwendig. — Anderweitige L ä h m u n g e n,
durch schwere Leiden innerer edler Organe hervorgerufen, sind natür=
lich nur bei sichrer Erkennung durch Beseitigung der Ursache zu heilen.
Häufig verliert ein Wellensittich, wiederum seltner ein andrer Papagei,
ohne bemerkbare Ursache den Gebrauch beider Füße und dann baumelt
er, meistens bei guter Flugkraft, sich hier und da vermittelst des
Schnabels anklammernd, mit dem Körper herab. Erkrankungsursachen:
Erkältung, durch Zugluft und die übrigen schädlichen Einflüsse. Be=
handlung dann mit warmem Oel u. s. w., bei ganz großen Vögeln
auch mit Kampheröl, bzl. Kampherspiritus, dabei recht trocken und
warm zu beherbergen. Eine andre Ursache dieser Lähmung: Be=
schädigung des Rückgrats beim Umhertoben vielleicht in der Nacht; ich
weiß dann nichts andres als unbedingte Ruhe anzurathen. Für jeden
an Lähmung, gleichviel welcher, leidenden Vogel halte man vor allem
den Käfig durchaus sauber und trocken; der Boden desselben wird

etwa stark fingerdick mit reinem, trocknen Sand bestreut; darüber deckt
man mehrere Lagen von dickem, weichem Löschpapier, welches ver=
mittelst einer Stricknadel mehrfach durchstochen ist. Die oberste Lösch=
papierschicht nebst dem angesammelten Schmutz wird täglich fort=
genommen und erneuert; um irgendwelche Beschädigung durch plötz=
liches Auffliegen beim Erschrecken zu verhüten, muß der Käfig eine
weiche, elastische Decke (welche so wie die eines Käfigs für Weichfutter=
fresser eingerichtet ist) haben; mindestens befestige man in Ermangelung
eines solchen Bauers unterhalb des obern Bodens eines andern ein
dickes Leinentuch; trotzdem ist jede Annäherung mit Vorsicht auszu=
führen, denn Ruhe und Schonung sind die besten Heilmittel.

Inbetreff der Erkrankungen der Bürzeldrüse (Fett=
drüse oder auch ‚Mandel‘ genannt) herrschen vielerlei Vorurtheile.
Beim Geflügel vornehmlich, aber auch bei den Stubenvögeln, bezeichnet
man eine angeschwollne, entzündete oder einem Geschwür gleichende
Bürzeldrüse gewöhnlich fälschlich als ‚Pips‘ und sucht denselben in
roher Weise durch Aufschneiden und Ausdrücken oder gar durch Fort=
schneiden zu heilen. Im gesunden Zustand gewährt die Bürzeldrüse
dem Vogel das für die Erhaltung des Gefieders unentbehrliche Fett.
Bei Erkrankung füllt sie sich am häufigsten zu sehr mit Fettmassen, welche
verhärten oder in Vereiterung übergehen, sodaß sie dann thatsächlich
einem Geschwür gleicht. Vorbeugungsmittel: die bei Fettsucht (siehe
S. 397) angeordneten Maßnahmen; vor allem Gelegenheit zum fleißigen
Baden oder Einnässen des Gefieders vermittelst einer feinen Sieb=
spritze. Heilung: zunächst sorgsamste Untersuchung dahin, ob die
Drüse nur verhärtetes Fett oder bereits Eiter enthält. Im erstern
Fall Bestreichen mit warmem Olivenöl, zwei= bis dreimal täglich
sachgemäßes Abbaden der Stelle mit lauwarmem Seifenwasser und
darauf wiederum jedesmaliges Oelaufstreichen, dann reichliche Be=
wegung und viel Grünkraut. Bei starker Verhärtung der Fettmassen
Entfernen eines großen Teils der aufgetriebnen und empfindungslosen
Drüse durch Fortschneiden, bzl. Entleren. Will man diesen rohen
Eingriff vermeiden, so muß man durch anhaltendes Auflegen von
warmem Breiumschlag zu erweichen suchen und hiernach erst öffnen.
Wenn Eiter vorhanden, macht man einen Einschnitt, drückt gelinde
aus und pinselt nach Zürn mit Vorsäureauflösung oder Karbolsäureöl.
Bei Entzündung der Bürzeldrüse (meistens gleichzeitig mit Durchfall)
sind die Federn ringsherum durch vorsichtiges Auszupfen oder besser

durch sorgfältiges Abschneiden, fortzubringen; dann wird mit Blei=
wasser gekühlt, nach Zürn mit Karbolsäurewasser bepinselt und
schließlich mildes Fett aufgestrichen. Die Behandlung muß täglich
mindestens einmal wiederholt werden.

Augenkrankheiten kommen bei Papageien leider häufig
vor; sie können auch vielfach auf anderweitiger Erkrankung beruhen,
bei welcher das Auge und seine Umgebung in Mitleidenschaft gezogen
wird. Zunächst treten uns Anschwellungen und Entzündungen der
Augenbindehäute, durch Erkältung hervorgebracht, entgegen. Krank=
heitszeichen: Augenthränen, Anschwellen der Lider und Lichtscheu.
Heilmittel: Pinseln mit lauwarmer Chlorflüssigkeit oder Alaun= oder
Zinkvitriolauflösung. Ferner kann Entzündung der Bindehäute, sowie
auch der Hornhaut durch Stöße oder Bisse ins Auge entstehen. Heil=
mittel: Kühlen mit Wasser, bzl. Bleiwasser, Einpinseln von Zink=
vitriolauflösung oder Pottascheauflösung mit Opiumtinktur. Innere
Augenentzündungen, welche Blindheit (grauen Star) bringen, treten
nur selten auf. Wenn man einen augenscheinlich blinden oder blind=
werdenden Vogel, dessen Auge keine äußerliche Krankheit erkennen
läßt, daraufhin behandeln und wenigstens einen Heilungsversuch an=
stellen will, so darf man immerhin das einzige hierhergehörende Heil=
mittel: Einpinselung auf den Augapfel von schwefelsaurem Atropin
(nach Zürn) anwenden. Aussicht auf Erfolg ist nur beim Beginn
der Krankheit vorhanden, welche sich aber leider meistens erst dann
feststellen läßt, wenn der Vogel schon ganz oder doch nahezu blind
geworden. An Edelsittichen, weniger bei anderen Vögeln, habe ich
die S. 415 geschilderten Geschwürchen ringsum und sogar im Aug=
apfel beobachtet. Einzige Heilmittel: Pinseln mit Höllensteinauf=
lösung oder Salicylsäurewasser. Ob diese Augenerkrankung mit der
übereinstimmend ist, welche Prof. Zürn als Entzündung der Binde=
häute eines oder beider Augen, der Nickhaut und selbst der Hornhaut
(sodaß die Lider angeschwollen und verklebt erscheinen, und auf der
letztern Trübungen sich bilden), als Folge der diphtheritisch=kroupösen
Schleimhautentzündung schildert, vermag ich nicht zu sagen. Jeden=
falls wolle man, sobald ein Vogel an einer verdächtigen Augenkrank=
heit leidet, auch das an derselben Stelle Gesagte beachten. Geschwülste,
Verhärtungen, Wärzchen u. a. an den Bindehäuten der Augen, sowie an
den Augenlidern sind ebendort schon besprochen. Bei schwerer Ver=
letzung des Auges durch Schlag, Stich oder Biß, wobei der Augapfel

beschädigt worden, läßt sich ein sachgemäßer Verband, bzl. eine solche
Behandlung überhaupt, nur schwierig ermöglichen. Man suche nach
Anwendung der obengenannten kühlenden Mittel, namentlich Auflegen
von weicher, in Bleiwasser getauchter Leinewand, einen Schutz des
Auges dadurch zu erreichen, daß man beim großen Vogel eine Wall=
nuß=, beim kleinen eine Haselnuß=Schale an der Kopfseite so anbringt,
daß sie das von dem Leinwandläppchen (oder besser Wundfäden) um=
hüllte Auge schützend einschließt. Befestigung am besten vermittelst
dünner Streifen von Heftpflaster und dann Umwickeln des Kopfs mit
einem schmalen Leinen= oder Baumwollband. Die Naturheilkraft des
Vogels thut dann außerordentlich viel. Dieser Verband braucht nur
etwa alle drei Tage einmal erneuert zu werden.

Schnabelkrankheiten. Bei zu großer Sprödigkeit des
Horns kann eine mehr oder minder tiefgehende Spaltung, bzl. ein Riß
im Schnabelhorn oder die Zersplitterung, Zerfaserung, Wucherung an
der Schnabelspitze eintreten. Im erstern Fall bepinsele man nicht bloß den
Riß an sich, sondern auch den ganzen Schnabel täglich ein= bis zweimal
mit erwärmtem, mildem Oel. Dabei ist natürlich sorgsame Reinhaltung
durch häufiges Auswaschen der Spalte vermittelst eines feinen, weichen
Pinsels mit Karbolsäurewasser nothwendig und auch ausreichend, soweit
es sich um einen keineswegs tiefgehenden und noch nicht schmerzhaften
Riß handelt; auch kann man die Stelle, nachdem sie gut abgetrocknet
worden, mit Kollodium bestreichen. Wenn der Riß tiefgehend bis ins
Fleisch reicht oder den Schnabel wol gar klaffend spaltet, muß ein
Verband angelegt werden; zunächst wird der Riß, wie vorhin gesagt,
gereinigt, dann streicht man zwischen beide Flächen Karbolsäureöl,
klebt einen entsprechenden Heftpflasterstreif darum und umgibt die
Stelle schließlich, falls es eben ausführbar ist, mit einer ähnlichen
Schiene, wie beim Knochenbruch vorgeschrieben, indem man eine der
Länge nach gespaltne Federpose, ein Rohr= oder Strohhalmstück an=
bringt und befestigt. — Einen eigentlichen Schnabelbruch, also
wenn durch irgend einen Zufall ein mehr oder minder langes Stück
des Ober= oder Unterschnabels abgebrochen worden, zuweilen bis auf's
Lebendige, d. h. auf das Fleisch, untersuche man zuerst nach Reinigung
mit warmem Wasser, den Stumpf, ob Risse oder Splitter vorhanden;
im letztern Fall sind dieselben mit einem scharfen Messer zu entfernen,
im andern Fall ist bei der weitern Behandlung auf jeden Riß sorg=
sam zu achten, obwol hierbei ein solcher ungleich leichter als der vorhin

beschriebne heilt. Täglich zweimal sodann wird die Bruchstelle vermittelst
eines weichen Schwämmchens mit lauwarmem Arnika= oder besser
Karbolsäurewasser sorgfältig gewaschen. Vor allem aber muß man
das überstehende Ende des andern, also Ober= oder Unterschnabels,
welches den Vogel an der Nahrungsaufnahme hindert, so weit als
irgend ausführbar, verstutzen; dabei ist natürlich mit äußerster Vor=
und Umsicht zuwerke zu gehen, um jeden etwaigen zu tiefen Schnitt,
bzl. Verletzung des Lebendigen, zu vermeiden und dabei doch weit
genug fortzuschneiden. Ist der Bruch nicht ein zu schwerer, d. h. die
Ungleichheit der beiden Schnabelenden eine zu große, so unterläßt
man lieber das Fortschneiden des gesunden Schnabeltheils. Da der
Vogel in den meisten Fällen hartes Futter oder wol gar Nahrung
überhaupt nicht aufnehmen kann, so muß er mit entsprechendem Weich=
futter versorgt und, wenn nöthig, gestopft werden. Einem großen
Papagei bringt man dann erweichtes und gut ausgedrücktes Weizen=
brot und allenfalls etwas gespelzten, angequellten Hafer, kleineren und
kleinsten Papageien enthülste und gleichfalls angequellte Hirse, eben=
falls mit dem Hafer und auch wol etwas Weizenbrot bei. Bei ver=
ständnißvoller Pflege heilt die Wunde und wächst das Schnabelhorn
in kurzer Frist nach, und man gewöhnt dann den Vogel sobald als
möglich wieder an seine naturgemäße Nahrung, bei welcher alle natur=
widrigen Zugaben durchaus vermieden, dagegen immer reichlich kalk=
haltige Stoffe, Sepienschale u. a. gereicht werden müssen. — Nicht
minder schlimm gestaltet sich in vielen Fällen die Schnabelmiß=
bildung, welche mit Zersplitterung der Spitze, Spaltung in zahl=
lose Fasern und unnatürlicher Wucherung beginnt und allmählich den
ganzen Schnabel ergreift, sodaß der Vogel dadurch gleichfalls meistens
arg bedroht wird. Heilung schwierig; erste Bedingung: durchaus ge=
sundheits=, bzl. naturgemäße Verpflegung, Kräftigung durch Baden,
Hinausbringen an die freie Luft; Heilmittel: täglich mehrmaliges Be=
streichen mit warmem Oel, immer erneutes Verschneiden, so tief als
nur angängig und unmittelbar darauf Bepinseln mit Kollodium.
Glücklicherweise seltner als andere Schnabelverkrüppelungen kommt
ein schiefgewachsener oder wie man zu sagen pflegt Kreuzschnabel vor.
Heilung: Zuerst muß man den schiefgewachsenen Theil des Schnabels
mit einem scharfen Messer soweit als irgend thunlich verschneiden,
ohne das Lebendige zu verletzen, dann wird der verbogne Theil, nach=
dem er mit recht warmem Oel bepinselt worden, vermittelst eines

handwarmen Plätteisens möglichst nach der naturgemäßen Gestalt hin
zurückgestrichen, darauf umwickelt man den, am besten nochmals mit
dem warmen Oel bepinselten Schnabel fest der richtigen Lage gemäß
mit starker Leinwand und erst nach einigen Stunden löst man diesen
Verband, damit der Papagei wieder fressen kann. Dies Verfahren
wiederholt man alle zwei bis drei Tage. Sobald der Schnabel nach-
zuwachsen beginnt, muß das Streichen wennmöglich noch häufiger geschehen. Auch hierbei ist der Vogel anfangs mit Weichfutter, je seiner
Art entsprechend, zu ernähren, doch bringe man ihn jedenfalls baldigst
wieder an die naturgemäße Nahrung. Heißen Kaffe oder irgendwelches noch sehr warme Futter oder Wasser darf er selbstverständlich
nicht erhalten.

Fußkrankheiten (s. auch Fußpflege S. 373). Am ver-
nachlässigten Vogelfuß bilden sich unter der Schmutzkruste leicht Entzündung, Eiterung, Geschwüre, welche wol zur mehr oder minder bedeutsamen Gelenkentzündung, zum Absterben einzelner Zehen und
selbst zum Verlust eines ganzen Fußes führen können. Heilmittel:
tägliches Baden des Fußes in warmem Seifenwasser, Kühlen der
entzündeten Stelle mit Bleiwasser, dann Bepinseln mit verdünntem
Glycerin und Bestäuben dick mit feinstem Stärkemehl, in hartnäckigen
Fällen: Bestreichen mit Bleisalbe oder, wenn die Wunde nässend ist,
mit Bleiweißsalbe; dann muß der Fuß aber in ein Lederbeutelchen
gesteckt und dieses fest verbunden oder vernäht werden, weil solche
Salben giftig für den Papagei sind. — Schlimmer sind Verhärtungen,
aus denen entweder Geschwüre in den Gelenken (Knollen genannt)
oder Hühneraugen sich bilden. Beide entwickeln sich an der untern,
innern Fußfläche und verursachen dem Vogel soviel Schmerz, daß er
daran verkümmern kann. Im erstern Fall Behandlung wie vorhin angegeben, in beiden Entfernung vor allem der leidigen Ent-
stehungsursache, nämlich der unzweckmäßigen Sitzstangen (s. S. 320).
Die Knollen, oft steinharte, häutige und förmlich verknöcherte Gebilde,
und gleicherweise die Hühneraugen oder Leichdornen erweicht man
zunächst durch Einreiben mit erwärmtem Olivenöl und dann Waschen
mit warmem Glycerin- oder Seifenwasser, um dann mit einem scharfen,
spitzen Messerchen alle harte Haut, sowie den eigentlichen Leichdorn, sorgsam herauszuschälen, wobei man natürlich nicht wund schneiden darf.
Bei geschicktem Verfahren kann die Verhärtung für immer und das
Hühnerauge wenigstens für lange Zeit unschädlich gemacht werden.

Hat man zu tief geschnitten, so soll man keinenfalls die Blutung so=
gleich stillen, sondern erst mit reinem, lauwarmem Wasser längre Zeit
waschen und sodann eins der S. 411 angeführten blutstillenden Mittel
zur Anwendung bringen. Bei verhärteten, bzl. zu groß gewachsenen
Schuppen taucht man die Füße in handwarmes Glycerin= oder Seifen=
wasser, hält sie darin 5 bis 10 Minuten, trocknet sie mit einem
weichen Leinentuch nur durch Betupfen und überpudert sie mit feinstem
Stärkepulver. Dann wird der Papagei in einen Käfig gesetzt, dessen
Schublade mit weichem, sauberm Löschpapier bedeckt ist. Dies Fuß=
abbaden wird an acht Tagen hintereinander, jedesmal in der Mittags=
stunde, wenn es in der Stube recht warm ist, wiederholt, und dann,
nachdem die Schuppen gehörig erweicht sind, sucht man sie vermittelst
eines Messerrückens oder entsprechend schräg= aber nicht zu scharf ge=
schnittnen Hölzchens vorsichtig loszubrechen, bzl. fortzuschaben. Wenn
hier und da eine zu fest ansitzt und störend groß und hart ist, so kann
man sie auch wol mit einer scharfen Schere halb fortknipsen. — Wenn
um das Handgelenk eines Fußes, um einen Zeh oder an andrer
Stelle eine zähe, scharfe Faser sich gewickelt und durch Einschneiden
derselben Entzündung und Eiterung hervorgerufen hat, muß sie, nach=
dem die Stelle durch Fußbad und Waschen, wie bereits angeordnet
erweicht und gereinigt worden, vermittelst eines spitzen Messers hervor=
geholt und entfernt werden. Bei Behandlung wie vorhin angegeben
oder auch nur nach Bestreichen mit milder Salbe heilt der Fuß dann
ganz von selber. — Durch Druck oder Reibung des Rings an einer
Papageienkette können gleichfalls Verhärtungen, Geschwüre oder Läh=
mung hervorgerufen werden; in allen solchen Fällen ist der Ring so=
gleich zu entfernen und der Papagei, falls er noch nicht ungefesselt
auf der Stange sitzen darf, in einen zweckmäßig eingerichteten Käfig
zu bringen, wo der Fuß meistens von selber heilt und nur im bereits
sehr schlimm gewordnen Fall, wie oben gesagt, zu behandeln ist. —
Glücklicherweise selten kommt es vor, daß ein Papagei durch Hängen=
bleiben im Draht, in irgend einer Ritze oder Spalte, sich einen Zeh=
nagel ausreißt oder doch denselben, bzl. den Fuß beschädigt. Heilung:
Zunächst Kühlen mit Bleiwasser oder Waschen mit Arnikawasser, Trock=
nen vermittelst eines weichen Leinentuchs und dann Bepinseln mit
Bleikollodium; unbedingte Ruhe bestes Heilmittel. Vermag sich der
Vogel nicht auf der Sitzstange zu halten, so muß der Boden des
Käfigs wiederum mit Löschpapier belegt werden. — Verkrüppelte

Zehen, meist durch lang dauernde Vernachläſſigung verurſacht, verſucht
man durch ſorgfältigſte Fußpflege (ſ. S. 373), fleißiges Abbaden und
zeitweiſe gelindes Zurechtdrücken zu heilen. — Unheilvoll iſt der krank=
hafte Hang bei Papageien, ſich einen Fuß zu benagen und wol gar
ganze Zehen abzufreſſen. Heilung ohne Hebung der eigentlichen Ur=
ſache iſt ſelbſtverſtändlich nicht zu erreichen; zunächſt unterſuche man, ob
irgend ein äußrer Reiz vorhanden, welchen man ſodann durch Baden
der Füße, bzl. Waſchungen und Reiben vermittelſt eines groben Leinen=
tuchs in warmem Seifenwaſſer benehmen könnte. Beruht die Krank=
heitsurſache dagegen auf einem innerlichen Leiden, ſo iſt daſſelbe wol
ſchwierig aufzufinden und zu heben. Bepinſeln mit Aloëtinktur iſt
vergeblich angewendet worden. Ein ſolcher Vogel, der erſt an einem
Fuß, dann am andern, darauf an einem Flügel und ſchließlich ſogar
noch an weiteren Körperſtellen ſich ſelber benagte und anfraß, wurde zu=
nächſt an den btrf. Stellen jedesmal mit verdünnter Jodtinktur, dann am
ganzen Körper mit Karbolſäureöl bepinſelt, ſchließlich in einer ſtarken
Auflöſung von Potaſche abgebadet und dadurch geheilt. Fraglich
bleibt es indeſſen immer, ob der krankhafte Hang bei vorhandner
innrer Urſache nicht doch ſtets von neuem zum Ausbruch kommt. —
Die Fußkrätze (Elephanten= oder Kalkbeine, Elephantiaſis) tritt
glücklicherweiſe bei unſeren Stubenvögeln ſelten auf. Krankheits=
erſcheinung: kleine graugelbliche, immer mehr ſchorfartig werdende
und ſich ausdehnende Flecke, allmählich überziehen ſich die Füße völlig
mit Schorfrinde (Kruſte oder Borke), welche ſich immer dicker anſetzt,
zuletzt die Beine verunſtaltet, den Vogel an den Bewegungen hindert,
unausſtehliches Jucken verurſacht und ihn ſo angreift, daß er ab=
magert und elend wird. Heilung: Zunächſt Abſonderung von allen
anderen Vögeln, weil die durch Hautmilben hervorgerufne Krankheit
ſich leicht überträgt, alſo anſteckend wirkt. Alle gegen Krätzmilben
überhaupt wirkſamen Mittel: Salbe aus gepulvertem Schwefel, Karbol=
ſäure oder Perubalſam ſind hier mit Erfolg anzuwenden; aber die
Heilung bedarf doch großer Sorgfalt, weil nämlich hier und da immer
etwas von der Ungezieferbrut ſitzen bleiben kann und ſich dann ſo=
gleich wieder in nur zu arger Weiſe vermehrt. Daher empfehle ich
folgendes Verfahren: die harten Kruſten werden mit Schmierſeife
(grüne oder ſchwarze, auch Eläinſeife) beſtrichen, nach 24 Stunden in
warmem Seifenwaſſer erweicht, vermittelſt einer ziemlich harten Bürſte
vom Schorf möglichſt geſäubert (jedenfalls aber ohne die Stellen blutig

zu kratzen) und nun am besten mit Perubalsam oder Karbolsäureöl eingerieben. Schwefelsalbe oder gar Petroleum dürfte für Stuben= vögel weniger zweckmäßig sein. Diese Behandlung wiederholt man nach drei bis vier Tagen. Schließlich müssen die angegriffenen Füße noch etwa eine Woche lang täglich einmal mit Glycerinsalbe oder anderm milden Fett bestrichen werden. Während dieser Kur belegt man die Käfigschublade täglich frisch mit dickem, sauberm Löschpapier. Als Hauptsache wolle man nicht versäumen, den ganzen Käfig, welchen der Vogel weiterhin bewohnen soll, und insbesondre die Sitzstangen mit heißem Seifenwasser auf's sorgfältigste zu reinigen.

Gefiederkrankheiten werden theils durch winzige Schmarotzer, welche sich in der Haut oder in den Federn selbst ein= nisten, und die sich übertragen, also gleichsam ansteckend wirken, theils durch Vernachlässigung und unreinliche Haltung, theils aber auch durch krankhafte Anlage von innen heraus verursacht. Erstere sind mannigfaltig und können entweder Ausschlag=Erscheinungen (ähnlich wie die Krätze beim Menschen) oder Zerstörung der Feder an sich hervorbringen. Um ihr Vorhandensein festzustellen, bedarf es meistens mikroskopischer Untersuchung; glücklicherweise sind sie dann aber fast sämmtlich verhältnißmäßig leicht zu befehden. Federlinge nisten sich im Gefieder ein und beschädigen es, aber nur selten in bedeutsamer Weise; bei sachgemäß verpflegten Vögeln kommen sie überhaupt kaum vor. Befehdungsmittel: Bepinseln der btrf. Stellen mit Insekten= pulvertinktur oder Perubalsam, darauf Abbaden des Vogels in warmem Seifenwasser und gelindes Einfetten der Federn mit Olivenöl. — Wenn kahle Stellen sich bilden, insbesondre an Hinterkopf, Nacken, Schultern, an denen die Haut sich abschuppt und dicke Schinn= oder gar Schorflager entstehen, während in Wochen und Monaten keine neuen Federn hervorsprießen, so haben sich auch hier thierische oder pflanzliche, mikroskopisch=kleine Schmarotzer entwickelt. Als erfolg= versprechende Anordnung kann ich ein ähnliches Verfahren wie vor= hin bei der Fußkrätze empfehlen. Bepinseln der btrf. Stellen einen Tag um den andern mit Perubalsam und an dem dazwischen liegen= den mit verdünntem Glycerin, während man immer nach drei oder vier Tagen vermittelst eines in warmes Seifenwasser (am besten von milder Schmierseife) getauchten weichen Pinsels sorgsam abwäscht, und den Vogel darauf für die nächsten Stunden in höherer Wärme hält. Dies Verfahren wiederholt man 8 bis 14 Tage hindurch, dann

wird der Vogel sicherlich geheilt sein. — Wenn ein Papagei bei Haltung in sehr trockner Luft sprödes, brüchiges, fehlerhaftes Gefieder
zeigt, so kann das nicht allein gleichfalls in dem Vorhandensein von
Federlingen, sondern auch darin begründet sein, daß, besonders bei
Mangel an Badewasser oder bei irgendwelcher Erkrankung des Vogels,
die Federn an sich krankhaft oder wenigstens nicht mehr ausreichend
gefettet sind. Heilmittel: Vor allem Untersuchung der Fettdrüse und
falls nöthig Behandlung wie vorhin angegeben; ferner sorgsame Gefiederpflege (s. S. 369), vornehmlich ist häufiges, aber vorsichtiges, sachgemäßes Baden und, wenn erforderlich, Abspritzen vermittelst des Erfrischers oder einer Siebspritze nothwendig. — Eine der unheilvollsten
Erkrankungen, vornehmlich der Papageien, ist das S e l b s t a u s r u p f e n
d e r F e d e r n. Es macht einen schauderhaften Eindruck, wenn ein solcher
gutsprechender, förmlich menschenkluger Vogel binnen kürzester Frist
splinternackt mit Ausnahme des Kopfs dasteht und in widerwärtiger
Weise jede hervorsprießende Feder an seinem blutrünstigen Körper sogleich wieder auszupft und gleichsam als Leckerei verzehrt. Längst dürfte
es allbekannt sein, daß diese unselige, krankhafte Sucht immer in un-
zweckmäßiger Ernährung, bzl. naturwidriger Verpflegung, begründet ist;
ob die unmittelbare Ursache aber in mikroskopischen Schmarotzern oder
in mangelnder Bewegung, also der Unmöglichkeit sich auszulüften und
infolgedessen in dem Hautreiz, welchen die Verstopfung der Poren
durch den Federnstaub hervorbringt, oder in Säfteverderbniß und dem
durch diese bewirkten Reiz von innen heraus oder schließlich, wie
Manche behaupten, bloß in übler Angewohnheit, bzl. Langweile,
liege — das ist bis jetzt noch keineswegs mit Sicherheit festgestellt
worden. Vorbeugungsmittel: durchaus sachgemäße Ernährung, strengste
Vermeidung irgendwelcher Leckereien, besonders aber jeglicher naturwidrigen Nahrungsmittel (Fleisch, Fett, Soßen, Kartoffeln, Gemüse u. a.);
dagegen stete sorgsame Versorgung mit Holz zum Benagen (s. S. 332),
auch mit Kalk und Sand; möglichst fleißige Beschäftigung mit dem
Papagei.   Alle versuchten Abhilfemittel: tägliches Bespritzen mit
Kölnischwasser, Franzbranntwein, Rum, Arak, Spiritus (mit verschlagnem Wasser gemischt) oder mit verdünntem Glycerin u. drgl.
vermittelst des Erfrischers, Bepinseln der Stellen mit Aloëtinktur,
Aufguß von Tabaks- oder Wallnußblättern oder auch mit anderen,
bitteren oder ekelhaften Flüssigkeiten, Bestreichen mit Insektenpulvertinktur, Einstreuen von Insektenpulver, Schwefelblumen u. a., auch

täglich mehrmaliges Durchpusten des Gefieders vermittelst eines Hand=
blasebalgs und noch mancherlei, sind entweder völlig erfolglos oder
doch nur bedingungsweise erfolgreich gewesen. In Rotterdam legte
man jedem Selbstrupfer einen blechernen Halskragen um, doch wußte
er sich über denselben hinaus trotzdem das Gefieder zu vernichten oder
er nagte sich die Fußzehen an. Am meisten Aussicht zur Rettung
eines werthvollen Vogels bietet das von Herrn Dulitz angerathne
Verfahren: den Papagei in ganz neue Verhältnisse zu bringen, ihm
einen geräumigen Käfig zur ausreichenden Bewegung, zum auslüften
des Gefieders und zugleich mit trocknem Sand zum scharren und bei
warmem Wetter auch darin zu paddeln zu gewähren, ihn bei naß=
kalter Witterung wenn möglich auf einen Kachelofen zu stellen, dort
täglich mit lauwarmem Wasser zu besprißen, ihn sodann streng natur=
gemäß nur mit Mais, Hafer, Hanf, dazu etwas Obst, auch Grün=
futter (ein Salatblatt, etwas Vogelmiere, Doldenriesche oder Reseda=
kraut) und thierischem Kalk (Sepia= oder gebrannte Austernschale) zu
versorgen und sich möglichst viel mit ihm zu beschäftigen. Herr
Prediger Ottermann ließ einen solchen Uebelthäter hungern, indem
er ihm allmählich die Nahrung bis auf den dritten Theil entzog, sodaß
er matt werde. Diese Gewaltkur habe ich in Folgendem abgeändert. Wenn
der Papagei leidlich vollbeleibt ist, und nachdem man anderweitige
Mittel, namentlich den von Herrn Dulitz vorgezeichneten Weg vergeblich
versucht, lasse man ihn einen Tag um den andern oder zwei Tage
in der Woche 24 Stunden hungern, sodaß er während dieser Zeit
durchaus nichts als Trinkwasser erhalte; dies geschehe 2—3 Wochen,
vielleicht noch länger, wobei freilich immer auf seine Körperbeschaffen=
heit sorgsam zu achten ist. Durch dies Verfahren sind vortreffliche
Erfolge erzielt worden. Einen wirklichen, dauernden Heilerfolg kann
man aber nur dadurch erzielen, daß man aufmerksam und mit vollem
Verständniß jeden derartigen Vogel genau kennen zu lernen suche und
ihn seiner Eigenart entsprechend und mit Rücksicht auf die in jedem
einzelnen Fall obwaltenden Verhältnisse behandele.

Ungeziefer. Wenigstens bedingungsweise ist zu den Krank=
heiten der Vögel auch die Plage seitens jener thierischen Schmarotzer,
welche man als Ungeziefer bezeichnet, zu zählen. Milben (Vogel=
milben, gewöhnlich, wenn auch nicht zutreffend, Vogelläuse genannt)
suchen in mehreren Arten unsere gefiederten Stubengenossen heim. Sie
gehören in der Klasse der Spinnenthiere zur Ordnung Milben (Acarina),

wo wir sie unter den Hautstechern (Dermanyssus, Dug.) in fünf
einheimischen Arten vor uns haben. Die eigentliche Vogelmilbe
(D. avium, Dug.) kommt bei unseren Stubenvögeln fast ausschließlich
vor; winzig, eiförmig, hinten breit und plattgedrückt, anfangs weiß,
dann braunroth (Mnch. 0,6 bis 0,8 mm, Wbch. 0,8 bis 1 mm). Hält
sich bei Tag meistens in Ritzen und Spalten der Käfige, Sitzstangen u. a.
oder auch in den Federn des Vogels versteckt, regungslos, läuft nachts
lebendig umher, um dann die Vögel anzugehen und Blut zu saugen.
Auf Grund der Kenntniß dieser Lebensweise sind die Milben leicht
zu befehden. Bei zweckmäßigen Käfigen und Sitzstangen kann Ungeziefer nur im Fall gröblicher Vernachläßigung, bzl. Unreinlichkeit
vorhanden sein; besitzt man indessen noch Käfige von ältrer Herstellung oder haben neuangekaufte Vögel Ungeziefer eingeschleppt, so sind
folgende Rathschläge zu befolgen. Ueberall, wo sich flüssiges oder
steifes Fett durch Bepinseln oder Einreiben gebrauchen läßt, werden
dadurch die Schmarotzer ertödtet, denn es erstickt sie. Aber jedes Fett
wird bald ranzig, verwandelt sich in übelriechende Masse oder es trocknet
zu einer Schmutzborke ein, über welche die Milben bald ohne Be-
hinderung fortlaufen; daher ist es nur anzuwenden, wo es durch Waschen
mit heißem Wasser oder Soda- oder Potaschenlauge leicht wieder entfernt werden kann. Nach vieljahrelanger Erfahrung habe ich festgestellt, daß einen durchaus sichern Schutz gegen alles Ungeziefer nur
das Insektenpulver gewährt und zwar gleichviel, als Pulver an
sich oder als Tinktur. Das Insektenpulver, welches von der Insekten-
pulverpflanze (Pyrethrum roseum s. persicum, kaukasische Wucher-
blume, persische Kamille, Flohtödter oder Flohgras) gewonnen wird,
ist bekanntlich ein eigenthümliches Gift für alle Kerbthiere, während
es für Menschen und alle höheren Thiere als unschädlich sich erweist;
natürlich muß es völlig rein und nicht mit fremden, übelwirkenden
Stoffen gemischt sein. Hat man durch Untersuchung mit dem Mikro-
skop festgestellt, daß ein Papagei an Milben leidet, so bepinselt man
ihm alle nackten Stellen, insbesondre am Hinterkopf, an den Schultern
und überall, wo er mit dem Schnabel nicht hingelangen kann, mit
Insektenpulvertinktur, am nächsten Tage mit verdünntem Glycerin,
gewährt ihm an zwei Tagen, wenn es recht warm im Zimmer ist,
Badewasser, schlägt drei bis vier Tage über und beginnt dann dieselbe
Kur von neuem. Falls er freiwillig nicht badet, wird er wie
S. 368 bei Gefiederpflege angegeben behandelt. Meistens ist er da-

durch der Milben entledigt und im schlimmsten Fall muß man das
ganze Verfahren wiederholen. Vor allem aber müssen auch Käfig
nebst Sitzstangen und sogar der Ort, an welchem der erstere bisher ge=
hangen oder gestanden, mit heißem Seifenwasser gereinigt, gewaschen
und abgescheuert und, wenn dies nicht thunlich, die btrf. Stellen ent=
weder vorsichtig eingeölt, darauf abgerieben und mit Insektenpulver=
tinktur bepinselt oder neu gekalkt, bzl. tapeziert werden. — Im Lauf
der Jahre habe ich auch noch mancherlei andere hierher gehörende
Schmarotzer gefunden. So bringen namentlich die Graupapageien aus
der Heimat, bzl. von der Seereise her, eine besondre Art Milben mit,
länglichrunde, fettglänzende, ekelhafte Geschöpfe von stark Mohnsamen=
Größe. Da dieselben einerseits in ihrer Schädlichkeit mit der be=
schriebnen kleinen Art übereinstimmen und da sie andrerseits bei sorg=
samer Pflege des Jako sich binnen kurzer Frist von selber verlieren,
so lasse ich es bei dieser Erwähnung bewenden. — Federlinge im
Gefieder haben keine Bedeutung. — Bei allem übrigen Ungeziefer:
Flöhen, wirklichen Läusen, Wanzen u. a. sind lediglich dieselben An=
ordnungen auszuführen.

Inbetreff etwaiger Uebertragbarkeit der Vogelkrank=
heiten auf die Menschen habe ich Folgendes mitzutheilen. Mehr=
fach ist die Warnung ausgesprochen worden, daß man sich hüten möge,
Menschen, insbesondre Kinder, mit kranken Vögeln in Berührung zu
bringen, da eine beiderseitige Ansteckung stattfinden könne. Kürzlich
ist sogar in einer Bekanntmachung seitens einer Behörde eine dringende
Warnung erlassen, nach welcher es als Thatsache feststehen sollte, daß
die Diphtheritis des Geflügels für Menschen ansteckend sei. Nach
meiner Ueberzeugung, die auf zwanzigjähriger Erfahrung in der Hal=
tung und Pflege von fremdländischen Vögeln beruht, ist der Ueber=
gang einer Krankheit von Stubenvögeln auf Menschen und auch um=
gekehrt überhaupt nicht möglich. Allerdings kommen typhusähnliche
Erkrankungen bei den Stubenvögeln vor und zwar vorzugsweise bei
großen, wie den Graupapageien. Am bekanntesten ist der Hunger=
typhus (Blutvergiftung oder Sepsis, s. S. 389), aber bei demselben,
wie auch bei andrer typhöser Erkrankung, findet eine Ueber=
tragung auf den Menschen nicht statt. Im Lauf der Jahre
habe ich Hunderte derartig kranker Vögel beherbergt, verpflegt und
behandelt, ohne daß ich oder irgend Jemand von den zahlreichen Mit=
gliedern meines Hausstands jemals angesteckt worden; ebensowenig

sind bei den Groß- u. a. Händlern oder deren Geschäftspersonal derartige Erkrankungen aufgetreten. Ich habe vielfach Vögel aus London
u. a. bekommen, die unmittelbar aus den schmutzigen Behältern auf
dem Schiff in den völlig ungereinigten Versandtkasten gebracht, von
schmierigem Koth starrend, bei mir ankamen, ihr auf den Fußboden
geschüttetes Futter in den Schmutz getreten und am letzten Tage dann
noch zerschrotet hatten, was ihre dreckigen Schnäbel bezeugten, deren
Trinkgefäß, anstatt des Wassers mit Schwamm, durchnäßtes und völlig
in saure Gährung übergangnes Weizenbrot enthielt. Diese Vögel, große
Papageien, waren durch und durch krank, starben unter den Erkrankungszeichen des Faulfiebers und zeigten bei der Eröffnung und
Untersuchung typhöse Blutvergiftung in hohem Grade. Trotzdem ist
wie gesagt bei uns und in meinem weiten Bekanntenkreise noch niemals eine Krankheitsübertragung durch derartige Vögel vorgekommen.

Uebersicht der Heilmittel, nebst Vorschrift der Mischungsverhältnisse und Gaben.

(Alle angerathenen Arzneien kauft man in den Apotheken und
zumtheil auch in Drogengeschäften. Ich bitte inbetreff derselben Folgendes beachten zu wollen. Der Name an sich bezeichnet nur das Mittel,
wie es gefordert werden muß. Wo verschiedene Verdünnungen, bzl.
Auflösungen, verzeichnet sind, wolle man vorzugsweise sorgsam das
Mittel jedesmal in der entsprechenden richtigen Gabe für den gerade
inbetracht kommenden Krankheitsfall anwenden; denn andrerseits
könnte das Heilmittel in zu starker Gabe schädlich wirken, während
es bei zu geringer Verdünnung jede Wirkung verlieren würde. Wenn
der Vogelpfleger in die Lage kommt, beim Abmessen der Verdünnung,
bzl. Auflösung in den verschiedenen Graden nach eignem Urtheil verfahren zu müssen, so rathe ich dringend, daß er stets die Kraft
des kranken Vogels lieber geringer, als zu hoch veranschlage. Die
Anordnung der Gaben für kleinere bis größte Papageien ergibt
sich ja von selbst. Näheres über besondere Zubereitungen werde
ich, wo es nöthig ist, bei den einzelnen Heilmitteln angeben. —
Die subkutanen Einspritzungen müssen vermittelst einer sehr kleinen

Glasspritze mit äußerst fein ausgezogner Spitze, am besten am fleischigen Theil der Brust, beigebracht werden. — Inbetreff des Eingebens der Heilmittel muß ich im übrigen noch auf die S. 377 gegebenen An=leitungen hinweisen).

Abbinden von Fleischwucherungen, Warzen, Hauthörnchen u. a. s. S. 415.

Aderlaß s. S. 400.

Aether, Essig= oder Schwefeläther zum Einathmen äußerst vorsichtig anzuwenden, auf Watte geträufelt vor die Nasenlöcher zu halten.

Alaun, Auflösung in Wasser zum Pinseln 1 : 200—300. — Dämpfe von A.=Auflös., A. 1 : 30 W., durch Eintauchen eines glühenden Drahts Dämpfe zu entwickeln und dem Vogel zum Einathmen vor den Schnabel zu halten.

Aloëtinktur.

Althee s. Eibischwurzel.

Ameisenspiritus.

Ammoniak, kohlensaures in Pillen: A., k. 0,05—0,1 gr. mit Eibischwurzelpulver und Wasser zu je einer kleinen Pille geformt, täglich 2—3 Stück, dreistündlich eine als Gabe.

Anisöl s. Oel.

Antidotum arsenici wie Eisenoxydhydrat anzuwenden.

Arekanuß, fein gepulvert, in Wasser dünn angerührt und so ein=zugießen 0,3, 0,5—1 gr., einmal täglich.

Arnikatinktur=Gemisch, zum Heilen blutrünstiger Stellen. A. 1, Glycerin 5, Wasser 100. — Arnikawasser: A. 1—2 : 100 W.

Arsenik; bekanntes Gift; Auflös. in heißem destillirtem Wasser 1 : 500, 800—1000 zum Einspritzen einmal täglich 0,5—1 dcgr.

Atropin, schwefelsaures, (Gift), Auflös. in dest. Wasser, 1 : 800 bis 1000.

Bäder, Dampf= und warme s. Wasser; s. auch Spritzbad.

Baldriantinktur (Tinctura valerianae simplex) 1—3 Tropfen auf ein Spitzgläschen Wasser, im Nothfall von der Verdünnung 5—10 Tropfen bis 1 Theelöffel einzugießen. — B., ätherische (T. val. aeth.) in gleicher Gabe.

Benzin.

Blaustein s. schwefelsaures Kupferoxyd oder Kupfervitriol.

Blei=Kollodium.

Karl Ruß, Die sprechenden Papageien. 2. Aufl.   28

Bleisalbe (giftig).

Bleiwasser (Bleiflüssigkeit, Liquor plumbi, sog. Blei=Extrakt oder Bleiessig) 1 : 50 Wasser. (Giftig).

Bleiweißsalbe (giftig).

Borsäure, Aufl. in dest. Wasser 1—5 : 100.

Breiumschlag; in Wasser zum dicklichen Brei gekochte Hafergrütze mit Zusatz von etwas Hammeltalg, handwarm zwischen Leinen aufzulegen.

Charpie s. Wundfäden.

Chilisalpeter s. Natron salpetersaures.

Chinarinde=Aufguß. 1 : 60—120 siedendes Wasser, davon 1—5 Tropfen bis 1 Theelöffel voll täglich zweimal einzugießen.

Chinawein, 1—5 Tropfen täglich zwei= bis dreimal in Trinkwasser oder auf erweichtem Weizenbrot.

Chinin, schwefelsaures (Chininum sulfuricum), Auflös. in dest. Wasser 1 : 100—300 mit Zusatz von 1 Tropfen reiner Salzsäure, 3—5 Tropfen bis 1 Theelöffel voll dreimal täglich einzugeben; zum Einspritzen dieselbe Auflös., 1—2 dcgr. einmal täglich.

Chlorflüssigkeit (Liquor chlori) innerlich, 1, 3—5 Tropfen in Wasser als Gabe dreimal täglich. — Chlorwasser, zum Pinseln Chlrflsst. 1 : 100—300 Wasser; zum Einspritzen ebenso verdünnt und 0,5, 1—2 dcgr. einmal täglich. (Giftig beim Einathmen).

Chlorkalk mit Salzsäure übergossen zur Chlorentwicklung beim Desinfiziren. — Chlorkalkwasser (Chlorwasser) zum Abscheuern von Geräthen und Desinfiziren überhaupt: Chlrk. in W. beliebig angerührt.

Chloroform, bestes Betäubungsmittel bei allen Operationen, während alle übrigen derartigen Mittel hier noch nicht durch Erfahrung festgestellt sind. (Gefährlich).

Chlorwasser s. Chlorkalkwasser und Chlorflüssigkeit.

Dampfbad s. Wasser.

Digitalistinktur, 1—2 Tropfen in wenig Wasser als Gabe, täglich zwei= bis dreimal.

Dulkamara=Extrakt, Auflös. in Wasser 1 : 200—300, täglich zweimal 1—3 Tropfen, 1/2—1 Theelöffel.

Eibischwurzel=Abkochung s. Schleim.

Eigelb von Hühnerei, stets frisch; zum Einreiben bei schinniger

Haut, am beſten ohne Verdünnung. — Eiweiß zum Eingeben
ebenſo.

Eiſenchloryd=Flüſſigkeit (Liquor ferri sesquichlorati) zum Blut=
ſtillen 1 : 100 Waſſer; Kollobium zum Blutſtillen C. 1 : 4—5
Koll. — Eiſenoxydhydrat, gallertartiges, 1 : 100, 300—500
Waſſer zerrieben und davon für größere Vögel 10—15, für kleinere
und kleinſte 1—5 Tropfen halbſtündlich. — Eiſenoxydul,
ſchwefelſaures oder Eiſenvitriol (Ferrum sulfuricum pur.),
Auflöſ. in deſt. Waſſer 1 : 200, 300, 500—800, als Trinkwaſſer.
— Eiſentinktur, apfelſaure (T. ferri pomati), 1, 3—5
Tropfen in einem Spitzgläschen voll Trinkwaſſer. — Eiſen=
vitriol ſ. Eiſenoxydul, ſchwefelſaures.

Ergotin, Auflöſ. in Waſſer 1 : 100—300, 3—5 Tropfen bis 1 Thee=
löffel voll zweimal täglich einzugeben; zum Einſpritzen dieſelbe
Auflöſ. 1—2 dcgr. täglich einmal.

Eſſig, ſelbſtverſtändlich immer beſter, ſtärkſter Weineſſig, in Ver=
dünnung von 1 : 5—10 Waſſer; 1, 3, 5—10 Tropfen der Miſchung
einzuflößen; dieſelbe Verdünnung äußerlich.

Fett ſ. Oel mildes; ſ. Salben.

Gipsbrei, feingepulverten Gips mit kaltem Waſſer angerieben und
ſchleunigſt aufzutragen.

Glauberſalz, Auflöſ. in warmem Waſſer 0,25, 0,50 gr. als Gabe
täglich ein= bis zweimal.

Glycerin, verdünnt mit Waſſer. Zum Eingeben 1—2 : 10, dreimal
täglich 5 Tropfen bis 1 Theelöffel voll. Zum Pinſeln kahler
ſchinniger Stellen 1 : 5; zum Bepinſeln empfindlicher, bzl. ent=
zündeter und wunder Stellen (auch nach Abbaden mit Seifen=
waſſer) 1 : 10. — G.=Waſſer zum Waſchen 1—2 : 20. —
G.=Salbe.

Haferſchleim ſ. Schleim.
Heftpflaſter.
Höllenſtein oder ſalpeterſaures Silberoxyd (Argentum nitricum
fusum), Auflöſ. in deſt. Waſſer 1 : 300, 500—800 zum Eingeben
5 Tropfen bis ½ Theelöffel voll dreimal täglich; 1 : 10 zum
Pinſeln; der Stift an ſich ſchwach angefeuchtet zum Aetzen.
Giftig; Vorſicht bei Berührung, weil die Auflöſung und der an=
gefeuchtete Stift, Haut, Kleidung u. a. dauernd ſchwarz färben.

28*

Jede H.=Auflösung muß in einem schwarz gefärbten oder mit schwarzem Papier umklebten Gefäß aufbewahrt werden.

Hoffmannstropfen (Spiritus aethereus, Schwefeläther 1:3 Alkohol), 1—2 Tropfen in wenig Wasser, zwei= bis dreimal täglich. — Zum Einathmen wie Aether.

Holzessigdämpfe, H. 1 : 50—100 Wasser; wie Alaundämpfe.

Honig, zuverlässig reinen unverfälschten, am besten daher Scheiben= honig.

Insektenpulver, persisches, s. S. 430. — Insektenpulver= tinktur s. S. 430.

Jod=Tinktur; verdünnt mit Spiritus 1 : 100—200, 1 Tropfen mit wenig Wasser einzugießen, zweimal täglich (bei Sepsis); zum Pinseln bei Diphtheritis und gichtischer Gelenkentzündung die= selbe Verdünnung; um Dämpfe zum Einathmen zu entwickeln verdünnt mit Wasser 1 : 100 und wie Alaundämpfe. (Giftig.)

Kaffe=Aufguß, nicht Abkochung, selbstverständlich von reinen, guten Bohnen, ohne Beimischung; 1 Loth auf die Tasse, und davon als Gabe 10 Tropfen bis 1 Theelöffel voll täglich etwa zweimal.

Kali, chlorsaures (Kali chloricum), zur Desinfektion, Auflös. in dest. Wasser 3—5 : 100; zum Pinseln: 1—3 : 100; bei schwerem Luftröhrenkatarrh mit Zusatz von Opiumtinktur 1—2 Tropfen auf 60 gr. der Auflösung; zum Eingeben 1 : 200—300 täglich dreimal 10 Tropfen bis 1 Theelöffel voll. — Kali, kohlen= saures, gereinigtes (Pottasche, Kali carbonicum depur.), Aufl. in Wasser 1—10:750; mit Zusatz von Opiumtinktur 1—3. — Pottasche, rohe zum Abscheuern, Auflös. in Wasser 1:10. P. rohe zum Abbaden 1:15 (Pottaschenlauge). — Kali, salpeter= saures, gereinigtes (ger. Salpeter, Kali nitricum dep.) im Trink= wasser 0,01, 0,05—0,1 gr. als dreistündliche Gabe. — Kali, über= mangansaures (Kali hypermanganicum) zur Desinfektion, auf= gelöst in reinem Wasser, soviel, daß die Flüssigkeit stark kirsch= roth wird.

Kalmuswurzel=Aufguß 1—2:60; mit doppeltkohlensaurem Natron 1 : 60; davon 10 Tropfen, ½—1 Theelöffel voll als Gabe.

Kampferöl.

Kampferspiritus.

Karbolsäure=Oel, K. 1—2:100 Olivenöl. — K.=Salbe, K.

1 : 10—20 Schmalz. — K.-Wasser zum Auspinseln der Balggeschwüre, Bepinseln oder Besprengen der Schleimhäute 2 : 100—
200; zum Bepinseln der Bürzeldrüse 1 : 400—500; zum Desinfiziren, Abscheuern der Käfige u. a. 1 : 10; zum Eingeben 1,
3, 5 : 100 und hiervon 1—2 Tropfen im Theelöffel voll Wasser
täglich dreimal als Gabe, zum Einspritzen 1 : 100—300, jedesmal
0,5, 1—3 dcgr.; zum Bepinseln des Schnabels, Reinigen von
Wunden, Geschwüren u. a. 1 : 100—150.

Kayennepfeffer an sich in 1—3 Schoten täglich zu geben; K.-Auf-
guß 1 : 50—100 kochendes Wasser; im bedeckten Gefäß ½ Stunde
ziehen zu lassen. (K.-Pulver gefährlich beim Einathmen).

Klystir s. S. 395.

Kochsalz, Auflös. in Wasser zum Nachpinseln bei Anwendung von
Höllenstein, ebenso zum Reinigen der Nasenlöcher, Pinseln beim
Kehlkopfswurm u. a. 1 : 10—15; zum Eingeben 0,1—0,25 gr. in
wenig Trinkwasser.

Kollodium. — K., blutstillendes: K. 4—5 : 1 Eisenchlorydflüssigkeit. — Blei-Kollodium.

Kreosot-Dämpfe, K. 1—2 : 100 Wasser; s. Alaundämpfe.

Kupferoxyd, schwefelsaures, Kupfervitriol oder Blaustein (Cuprum
sulfuricum), an sich zum Aetzen, angefeuchtet, anzuwenden. —
Kupfervitriol (Cupr. sulf. pur.) Auflösung, in dest. Wasser
1—3 : 100 zum Pinseln. (Alle K.-Salze giftig).

Lakritzensaft, gereinigter in dünnen Stengeln.

Leinöl s. Oel.

Leinsamen-Abkochung und L.-Schleim s. Schleim.

Liniment aus Bleiessig und Baumöl oder Olivenöl 1 : 1. — L.
aus Borsäure und Arab. Gummi-Schleim 1—5 : 100. — L. aus
Kalkwasser und Leinöl 1 : 1. — L. aus Karbolsäure mit Arab.
Gummi-Schleim 1—2 : 100; L., Wund- s. S. 385.

Löschwasser, aus jeder Schmiede zu erhalten; für größere Vögel
halbstündlich 1—2 Theelöffel voll.

Löwenzahnkraut-Extrakt 1 : 50—100 Trinkwasser.

Lunte zum Blutstillen: saubre zarte Leinwand wird entzündet, unter
Luftabschluß, sodaß sie nur zu Kohle verglimmt.

Magnesia, gebrannte in einem Mörser oder einer Untertasse
schwach angefeuchtet, tüchtig zu reiben und dann allmählich zum

ganz dünnen Brei anzureiben. — M. kohlensaure, ganz ebenso anzuwenden.

Mandelöl s. Oel.

Myrrhentinktur.

Natron, doppeltkohlensaures (Bullrichsalz, Natrum bicarbonicum) zum Eingeben 0,5—1 gr. in wenig Trinkwasser aufgelöst, täglich ein= bis zweimal. — Zusatz zu Kalmus= oder Pfeffermünz=Aufguß 1 : 60. — N., kohlensaures, rohe Soda (N. carbonicum) zum Abscheuern 1 : 10 Wasser (Sodalauge). — N., phosphorsaures (N. phosphoricum) im Trinkwasser 1 : 100 bis 200. — N., salicylsaures (N. salicylicum), Auflös. in dest. Wasser zum Eingeben, 1 : 100—300, zweimal täglich 10 Tropfen bis 1 Theelöffel voll; zum Einspritzen dieselbe Auflös. 1—2 dcgr. einmal täglich. — N., salpetersaures (Chilisalpeter, N. nitricum purum) wie N., phosphorsaures. — N., schweflig= saures; N., unterschwefligsaures (N. subsulfurosum), Aufl. in warmem Wasser 0,5—1 gr. täglich zweimal.

Oel, mildes, sog. Provencer= oder Olivenöl, bei sehr zarten Vögeln Mandelöl, bei gröberen auch wol Leinöl; darf nicht ranzig sein; niemals nehme man ein austrocknendes Oel, wie Mohnöl u. a. Zum Eingeben 10 Tropfen bis 1 Theelöffel voll. Leinöl ebenso als Wurmmittel, in größter Gabe ½—1 Theelöffel voll, mit 1 Tropfen ätherischem Oel auf 10 Thlffl. voll. — Oelklystir s. Klystir.

Olivenöl s. Oel.

Opiumtinktur 1—5 Tropfen : 30 gr. Trinkwasser; bei heftigen Erkrankungen in gleichen Gaben mit wenig Wasser einzuflößen. (Vorsicht).

Ozon; 5 : 1000 Wasser; solch' Ozonwasser erhält man in der Apotheke; im offnen Gefäß entwickelt sich das Ozon aus dem Wasser zum Einathmen; zum Einspritzen wird das O.=W. verdünnt 1 : 100—200 dest. W., 0,5—1 dcgr. einmal täglich. (Vorsicht).

Perubalsam.

Pfefferminz=Aufguß wie Kalmuswurzel=Aufguß.

Pflaster, englisches; P., Hamburger.

Phosphorsäure in Wasser 1 : 200, 300—500, 3—5 Tropfen als

Gabe zweimal täglich oder 1 Theelöffel voll auf ein Spitzgläschen Trinkwasser. (Vorsicht).

Pottasche s. Kali, kohlensaures.

Quecksilberchloryd oder salzsaures Quecksilberoryd; stark ätzendes Gift; Auflös. in heißem dest. Wasser 1 : 500, 800—1000 zum Einspritzen einmal täglich 0,5—1 dcgr. — Quecksilbersublimat s. Quecksilberchloryd.

Rainfarnwurzel wie Arekanuß.

Reiswasser s. Schleim.

Rhabarbertinktur, wäßrige, 1—3 Tropfen auf ein Spitzgläschen voll Trinkwasser; auch wol R. 1 : 2—4 Wasser in 1—3 Tropfen einzuflößen.

Rizinusöl, innerlich; am besten zur Hälfte mit Olivenöl gemischt und wie S. 388 und 395 angerathen einzugeben, 3—5 Tropfen ½—1 Theelöffel voll, letztere Gabe bei schweren Vergiftungen großer Vögel.

Rosmarinsalbe.

Rothwein, als wirksam erachte ich nur alten, echten, französischen, also Bordeaux=W., während der leichte französische und deutsche oder ungarische R. hier nicht als Heilmittel gelten kann. — R. mit Opiumtinktur: 1—3 Theelöffel R. : 1—5 Tropfen O.

Safran=Aufguß s. S. 388.

Salben, milde Glycerin=, sog. Rosen= und Vaselinesalbe.

Salicylsäure=Wasser, Auflös. von S. in heißem W. ohne Spirituszusatz zum Eingeben und Pinseln 1 : 300—500, Gabe täglich dreimal 0,5—1 dcgr.; zum Einspritzen 1 : 500, täglich einmal 0,5—1 dcgr.

Salmiakgeist oder Aetzammoniakflüssigkeit (Liquor Ammonii caustici) zum Eingeben wie Hoffmannstropfen; zum Einathmen wie Aether. — Salmiak=Mixtur: S. 0,5 gr., Honig 5 gr., Fenchelwasser 50 gr., täglich mehrmals 3—5 Tropfen, ½—1 Theelöffel voll als Gabe.

Salpeter, s. Kali, salpetersaures.

Salz s. Kochsalz. — Salze, phosphorsaure s. Natron, phosphorsaures. — Salzsäure, reine (Acidum hydrochloratum purum), 1 Tropfen auf ein großes Weinglas voll Wasser. — S., rohe oder Chlorwasserstoffsäure zur Chlorentwicklung sowie zum Ab=

scheuern von Geräthen u. a., letzternfalls mit Wasser verdünnt
1 : 5. — Salzwasser s. Kochsalz.

Sandbad, warmes, s. S. 389.

Schleim. Eibischwurzel-Abkochung: E. 1 : 15 Wasser, gelinde gesiedet und dann abgeseiht; besser wenn die E. in seine
Würfel zerschnitten nur über Nacht in Wasser eingeweicht wird.
— S. von Hafergrütze, Leinsamen u. a., erstere sehr dünn
abgekocht, vom letztern 1 Theil in 15 Theil kalten Wassers mehrere Stunden eingeweicht, unter zeitweisem Umrühren und dann
durch Mull abgeseiht, besser als Abkochung. — Reiswasser;
wie gewöhnlich in Wasser abgekochter Reis wird mit einer Kelle
fein zerrieben und mit heißem Wasser stark verdünnt, dann nach
dem Erkalten abgegossen.

Schlemmkreide darf keinenfalls verunreinigt sein.

Schwefel (Sulfur crudum) in Stangen oder Stücken zum Aus-
schwefeln (Desinfiziren). — Schwefelfäden ebenso. — Schwefelblumen (Sulfur sublimatum). — Schwefelmilch (Sulfur prac-
cipitatum) mit Wasser 1 : 200 angerieben, täglich zwei- bis
dreimal 3—5 Tropfen, $\frac{1}{2}$—1 Theelöffel voll. — Schwefelsäure (Acidum sulfuricum purum), 1 Tropfen auf ein großes
Weinglas voll Trinkwasser. — Schwefel- oder sog. Krätzsalbe
(meistens für den Vogel giftig, daher die Füße in Leder einzu-
nähen, s. S. 424).

Seifenwasser nicht nur als Reinigungs-, sondern auch als Heilmittel, sollte niemals aus scharfen, auch nicht aus harten Kali-
seifen, sondern stets aus der stark glycerinhaltigen Elaïn- (sog.
grünen oder schwarzen S.) hergestellt werden.

Soda s. Natron, kohlensaures.

Spritzbad aus Franzbranntwein, Kölnisch Wasser, Rum, Arak,
Kognak oder Spiritus mit verschlagnem Wasser 5—20 : 100.

Stärkemehl, am besten feinste Weizenstärke. — Stärkewasser
zum Trinken s. S. 388.

Tabaksblätter-Aufguß, Tabak 5 : 100 siedendes Wasser.

Tannin, Auflösung in Wasser zum Auspinseln der Augenschleim-
häute, auch des Rachens 1 : 100—200; bei schwerem Luftröhrenkatarrh ebenso, mit Zusatz von Opiumtinktur 1—2 Tropfen auf
60 gr. der Auflös.— Dämpfe von T.-Auflös. 1 : 300 und wie

Alaun=Dämpfe. — Zum Eingeben 1 : 100—300 und davon 3—5 Tropfen, ½—1 Theelöffel täglich zweimal. — Zum Einſpritzen wie Salicylſäure.

Theerdämpfe, Th. 1 : 50 Waſſer; ſ. Alaundämpfe.

Terpentinöl, gereinigtes oder rektifizirtes, innerlich für größere Vögel 1—5 Tropfen in Waſſer, für kleinere und kleinſte in Ver= dünnung von ¼—¹⁄₁₀ Tropfen, gleichfalls 1—5 Tropfen in Waſſer als Gabe zwei= bis dreimal täglich.

Vaſelineſalbe.

Verbandſpäne, norwegiſche.

Wallnußblätter=Aufguß, W. 5 : 100 ſiedendes Waſſer.

Waſſer, kaltes an ſich, iſt eins der größten Reizmittel; auch zum Kühlen und zum Begießen bei Krämpfen muß es daher ſtuben= warm ſein. W., deſtillirtes wird für alle Auflöſungen von Arz= neien gebraucht, für manche von Salzen u. a. iſt es unentbehrlich; nur im Nothfall iſt es durch Regenwaſſer, kaum durch abge= kochtes W. zu erſetzen. Dampfbad ſ. S. 408; lauwarmes Bad 26—28°; warmes Bad 28—30°.

Waſſerglas entnimmt man am beſten ſogleich aufgelöſt.

Watte, blutſtillende.

Wundfäden (Charpie), ſauberſte weiche Leinwand fein und kurz ausgezupft. — Wundwatte.

Wundliniment ſ. S. 385.

Wurmfarnwurzel wie Arekanuß.

Zinkſalbe.

Zinkvitriol, reines (Zincum sulfuricum purum), Auflöſ. in deſt. Waſſer 1—3 : 500 zum Pinſeln und Umſchlag. (Giftig).

Zitronenſaft, bzl. =Säure wie Salzſäure.

Zuckerkand oder Kandiszucker, in reinen weißen Kryſtallen.

Register.

A.